# Python面向对象编程指南

［美］Steven F. Lott　著

张心韬　兰亮　译

人民邮电出版社

北京

**图书在版编目（ＣＩＰ）数据**

Python面向对象编程指南 /（美）洛特（Lott, S. F.）
著 ；张心韬，兰亮译. -- 北京 ：人民邮电出版社，
2016.3（2022.1重印）
ISBN 978-7-115-40558-6

Ⅰ. ①P… Ⅱ. ①洛… ②张… ③兰… Ⅲ. ①软件工
具－程序设计－指南 Ⅳ. ①TP311.56-62

中国版本图书馆CIP数据核字(2015)第310843号

**版权声明**

◆ 著　　　　［美］Steven F. Lott
　　译　　　　张心韬　兰　亮
　　责任编辑　陈冀康
　　执行编辑　胡俊英
　　责任印制　张佳莹　焦志炜
◆ 人民邮电出版社出版发行　　北京市丰台区成寿寺路 11 号
　　邮编　100164　　电子邮件　315@ptpress.com.cn
　　网址　http://www.ptpress.com.cn
　　北京虎彩文化传播有限公司印刷
◆ 开本：800×1000　1/16
　　印张：36　　　　　　　　　　2016 年 3 月第 1 版
　　字数：712 千字　　　　　　　2022 年 1 月北京第 7 次印刷
　　著作权合同登记号　图字：01-2014-6030 号

定价：79.00 元
读者服务热线：(010)81055410　印装质量热线：(010)81055316
反盗版热线：(010)81055315

# 内容提要

Python 是一种面向对象、解释型的程序设计语言，它已经被成功应用于科学计算、数据分析以及游戏开发等诸多领域。

本书深入介绍 Python 语言的面向对象特性，全书分 3 个部分共 18 章。第 1 部分讲述用特殊方法实现 Python 风格的类，分别介绍了__init__()方法、与 Python 无缝集成——基本特殊方法、属性访问和特性及修饰符、抽象基类设计的一致性、可调用对象和上下文的使用、创建容器和集合、创建数值类型、装饰器和 mixin——横切方面；第 2 部分讲述持久化和序列化，分别介绍了序列化和保存、用 Shelve 保存和获取对象、用 SQLite 保存和获取对象、传输和共享对象、配置文件和持久化；第 3 部分讲述测试、调试、部署和维护，分别介绍了 Logging 和 Warning 模块、可测试性的设计、使用命令行、模块和包的设计、质量和文档。

本书深入剖析 Python，帮助读者全面掌握 Python 并构建出更好的应用程序，非常适合对 Python 语言有一定了解并想要深入学习 Python 的读者，也适合有一定开发经验并且想要尝试使用 Python 语言进行编程的 IT 从业人员。

# 译者简介

**张心韬** 新加坡国立大学系统分析硕士，北京航空航天大学北海学院软件工程学士。曾经就职于 NEC（新加坡）和 MobileOne（新加坡），目前投身金融领域，就职于 GoSwiff（新加坡），担任.NET 软件工程师，负责支付系统的研发工作。

他在编程领域耕耘数年，涉猎甚广，但自认"既非菜鸟，也非高人"。目前长期专注于.NET平台，对 Python 也甚为喜爱。业余时间爱好甚广，尤其喜欢学习中医知识，对时间管理、经济和历史也略有涉猎。

**兰亮** 北京航空航天大学北海学院软件工程学士，IT 行业一线"码农"，曾获评"微软 2014年度 MVP"和"微软 2015 年度 MVP"。曾一度混迹于飞信（中国）、NEC（新加坡）和 MobileOne（新加坡），现就职于 Keritos（新加坡），从事在线游戏研发工作。

他虽然涉猎广泛，但钟爱开源，长期关注前沿技术，并且对算法、函数式编程、设计模式以及 IT 文化等有着浓厚兴趣。工作之余，他喜欢在 Coursera 蹭课。作为一个热爱生活的人，他在钻研技术之余，还喜欢健身、旅行，立志成为一个阳光、向上的"码农"。

# 前言

本书主要介绍 Python 语言的高级特性，特别是如何编写高质量的 Python 程序。这通常意味着编写高性能且拥有良好可维护性的程序。同时，我们也会探究不同的设计方案并确定究竟是哪种方案提供了最佳性能。而对于一些正在寻找解决方案的问题，这也是一种很好的方式。

本书的大部分内容将介绍一种给定设计的不同替代方案。一些方案性能更好，另一些方案更加简单或者更加适合于特定领域的问题。最重要的是，找到最好的算法和最优的数据结构，以最少的开销换取最大的价值。时间就是金钱，高效的程序会为它们的用户创造更多的价值。

Python 的很多内部特性都可以直接被应用程序所使用。这意味着，我们的程序可以与 Python 现有的特性非常好地整合。充分利用这些 Python 特性，可以让我们的面向对象设计整合得很好。

我们经常会为一个问题寻找多种不同的解决方案。当你评估不同的算法和数据结构时，通常会设计几种不同的方案，它们在性能和内存的使用上不尽相同。通过评估不同的方案，最终合理地优化应用程序，这是一种重要的面向对象设计技巧。

本书一个更为重要的主题是，对于任何问题，没有所谓的唯一且最好的方法。相反，会有许多不同的方案，而这些方案也各有优劣。

关于编程风格的主题非常有趣。敏锐的读者会注意到，在一些非常细微的部分，例如在名称选择和符号的使用上，并非所有的例子都完全符合 PEP-8。

随着你能够越来越熟练地以面向对象的方式使用 Python，也将不得不花大量的时间去阅读各种 Python 源码。你会发现，甚至在 Python 标准库的模块中，都有很大的可变性。相比于展示完全一致的例子，我们更倾向于去关注那些不一致的部分，正如我们在各种开源项目中所看到的，一致性的缺乏，正是对代码更好的认可。

## 本书涵盖的内容

我们会用一些章节深入讲解 Python 的 3 个高级主题。

● 一些预备知识，主要讲解一些基本的主题，例如 unittest、doctest、docstrings

以及一些特殊的函数名。

第 1 部分 "用特殊方法实现 Python 风格的类",这个部分着重讲解面向对象编程以及如何更好地将 Python 内置的特性和我们的类进行集成,这个部分包括以下 8 章。

- 第 1 章 "__init__()方法",详细讲解了__init__()的功能和实现,我们会用不同的方式初始化一些简单的对象。接着,我们会尝试初始化更加复杂的对象,例如集合和容器。

- 第 2 章 "与 Python 无缝集成——基本特殊方法",讲解如何通过加入特殊函数来扩展一个简单的类。我们需要了解继承的默认行为,以便理解怎样的重写是必需的,以及什么时候应该使用重写。

- 第 3 章 "属性访问、特性和修饰符",主要讲解了默认情况下它们是如何工作的。我们需要决定在什么时候在什么地方重写默认行为。我们还将探讨描述符的细节,以便更好地理解 Python 的内部工作机制。

- 第 4 章 "抽象基类设计的一致性",主要关注 collections.abc 模块中的抽象基类。我们会探讨 collections 和 containers 的基本概念,主要关注那些常被扩展和修改的部分。类似地,我们还会探讨 numbers 的基本概念,主要关注那些常被实现的部分。

- 第 5 章 "可调用对象和上下文的使用",主要讲述了使用 contextlib 提供的方法以不同的方式来创建上下文管理器。我们会讲解可调用对象的一系列不同设计以及为什么有时候一个有状态的可调用对象会比一个简单的函数更加有用。在我们定制自己的上下文管理器之前,我们还会探讨如何使用 Python 中内置的上下文管理器。

- 第 6 章 "创建容器和集合",关注 container 类的基本使用。我们会探讨在创建容器过程中会调用的各种特殊函数。同时,我们也会探讨如何扩展内置容器以添加新特性。最后,我们将封装内置容器,然后通过委托方法让基础容器可以使用这些封装。

- 第 7 章 "创建数值类型",涵盖了这些基本的运算符:+、-、*、/、//、%和**。同时,我们也会介绍比较运算符,包括<、>、<=、>=、==和!=。最后,我们会总结一些在扩展和定制自己的数值类型时需要注意的设计要点。

- 第 8 章 "装饰器和 mixin——横切方面",涵盖了简单函数描述符,带参数的函数修饰符、类修饰符和方法修饰符。

第 2 部分 "持久化和序列化" 介绍一个序列化到存储介质的持久化对象,它可能是转换为 JSON 后写入文件系统的,也可能是通过 ORM 存储到数据库的。这个部分会着重探讨持久化的不同方法,包括以下 5 章。

- 第 9 章 "序列化和保存——JSON、YAML、Pickle、CSV 和 XML",涵盖了对不同数据格式做简单的持久化时可使用的现有的库,例如 JSON、YAML、Pickle、XML 和 CSV。

- 第 10 章 "用 Shelve 保存和获取对象",探讨了使用 Python 模块进行简单的数据库操作,例如 Shelve 和 dbm。

- 第 11 章 "用 SQLite 保存和获取对象",进入更加复杂的 SQL 和关系数据库的世界。因为 SQL 的特性并不符合面向对象设计的原则,我们会遇到 "阻抗不匹配" 问题。一个通用的解决方案是使用 ORM 存储大量的领域对象。

● 第 12 章 "传输和共享对象"，探讨 HTTP 协议以及使用 JSON、YAML 和 XML 来表示要传输的对象。

● 第 13 章 "配置文件和持久化"，涵盖了 Python 应用程序使用配置文件的不同方法。

第 3 部分 "测试、调试、部署和维护"，我们会展示如何收集数据来支持和调试高性能程序。其中包括创建尽可能完善的文档——减少技术支持的难度。这个部分包括最后 5 章。

● 第 14 章 "Logging 和 Warning 模块"，探讨了如何使用 `logging` 和 `warning` 模块来记录审计和调试信息。相比于使用 `print()` 函数，这将是巨大的进步。

● 第 15 章 "可测试性的设计"，涵盖了如何设计可测试的程序，以及如何使用 `unittest` 和 `doctest`。

● 第 16 章 "使用命令行"，探讨如何使用 `argparse` 模块解析选项和参数。接着，我们会使用命令模式来编写易于整合和扩展的程序模块，而不是使用纯粹的 shell 脚本。

● 第 17 章 "模块和包的设计"，涵盖了如何设计模块和包。这是一个更高级的主题，我们会探讨如何将相关的类组织在一个模块中，以及如何将相关的模块组合成一个包。

● 第 18 章 "质量和文档"，涵盖了我们应该如何将设计文档化，以便让用户相信我们的软件是可靠的，并且是以正确的方式实现的。

# 阅读本书你需要准备什么

你需要下面的软件来编译和运行本书中的示例。

● 安装带有标准库的 Python 3.2 或者更高版本。我们会使用 Python 3.3，但是 Python 3.2 和 Python 3.3 之间的差别很小。

● 我们还会使用一些第三方的包，包括 `PyYaml`、`SQLAlchemy` 和 `Jinja2`。

  ○ http://pyyaml.org。

  ○ http://www.sqlalchemy.org。安装的时候，对照安装指南，http://docs.sqlalchemy.org/en/rel_0_9/intro.html#installation。用--without-cextensions 可以简化安装过程。

  ○ http://jinja.pocoo.org/。

● 根据需要，你也可以选择安装 Sphinx 或者 Docutils，因为我们也会介绍它们。

  ○ http://sphinx-doc.org。

  ○ http://docutils.sourceforge.net。

# 本书的目标读者

本书主要讲述 Python 的高级主题，所以要求读者熟悉 Python 3。通过解决大型的复杂问题，你将会获益良多。

如果你非常熟悉其他的编程语言，但是想切换到 Python，那么你可能会发现本书对你很有帮助。本书不会介绍诸如语法之类的基本概念。

对于熟悉 Python 2 的程序员，本书可以帮助你切换到 Python 3。我们不会涉及任何版本切换的工具（例如，从版本 2 升级到版本 3），以及任何共用的库（例如 six）。书中重点讲述 Python 3 带来的新开发方式。

# 约定

在本书中，你会发现我们使用不同样式的文字来区分不同类别的信息，下面是这些样式的一些例子。

文本中涉及源码的单词会用以下这种样式："我们可以通过 import 来使用 Python 的其他模块"。

代码块的样式如下所示：

```
class Friend(Contact):
    def __init__(self, name, email, phone):
        self.name = name
        self.email = email
        self.phone = phone
```

当我们想提醒你注意一个代码块的特定部分时，我们对该部分使用粗体：

```
class Friend(Contact):
    def __init__(self, name, email, phone):
        self.name = name
        self.email = email
        self.phone = phone
```

以下是一个从命令行进行输入和输出的例子：

```
>>> e = EmailableContact("John Smith", "jsmith@example.net")
>>>Contact.all_contacts
```

新术语和重要的文字以粗体显示。在屏幕上看到的字，例如在菜单或对话框中出现的文字显示效果为："我们通过这个功能来实现在每次单击 Roll 按钮时，在标签中显示一个新的随机值"。

警告或重要信息会以这样的形式显示。

提示和技巧会以这样的形式显示。

# 读者反馈

非常欢迎读者对本书提供反馈和建议。让我们知道你关于本书的看法——你所喜欢和不喜欢的部分。哪部分内容使读者获得了最大收获，了解这点对于我们是重要的。

如果你要为我们提供反馈的话，只需要发送邮件到 feedback@packpub.com，并在消息标题中包含书名。

如果你有推荐让我们出版的书，请发送邮件至 suggest@packtpub.com。

如果有一个你所擅长的主题并有兴趣写书，可以联系 www.packtpub.com/authors。

# 客服支持

作为 Packt 图书的主人，我们会尽力为你提供帮助。

# 下载本书的示例代码

你可以从此处下载所有你通过 Packt 账号支付的 Packt 图书的示例代码：http://www.PacktPub.com。如果你是通过其他方式支付的，可以访问 http://www.PacktPub.com/support 并进行注册，我们将通过邮件的方式发送给你。

# 勘误

我们已经尽力保证本书内容的质量并避免错误的发生。如果你发现了本书的任何错误——可能是在文字描述上或代码中——我们将非常感谢你能联系我们。这样做可以为其他读者提供帮助并有助于我们提高本书后续的内容质量。如果你发现了任何勘误，请通过访问 http://www.packtpub.com/support 来联系我们，选择你的书并单击 let us know 链接，然后勘误会被上传到我们的网站，或是添加到该书名下的勘误列表。任何已有的勘误都可以通过在 http://www.packtpub.com/support 选择书名来进行查看。

# 版权

对各种媒体而言，互联网上受版权保护的各种材料都长期面临非法复制的问题。Packt 非常重视对版权和许可的保护。如果你在网络上发现了任何对我们的内容进行非法复制的情形，请立即为我们提供网址或网站名称，这样我们可以采取相应措施。

你也可以通过 copyright@packtpub.com 联系我们，提供盗版材料的链接。

我们感谢你能协助保护作者版权并帮助我们为你提供更有价值的内容。

# 其他问题

如果你对本书任何一方面存在疑问，可以通过 questions@packtpub.com 和我们联系，我们会尽力提供答复。

# 审阅者简介

**Mike Driscoll** 从 2006 年开始使用 Python 语言，他很喜欢在自己的博客中分享有关 Python 的使用技巧（博客地址：http://www.blog.pythonlibrary.org/）。他也是 DZone 出版的 *Core Python refcard* 一书的作者之一，同时也在 Packt 出版社出版过多本个人著作，例如 *Python 3 Object Oriented Programming*、*Python 2.6 Graphics Cookbook* 和 *Tkinter GUI Application Development Hotshot*。Mike 最近在写 *Python 101* 这本书。

**我要感谢我的妻子 Evangeline 对我长期以来的支持，感谢我的朋友和家庭成员为我所做的一切。**

**Róman Joost** 从 1997 年就开始从事开源项目的开发。作为 GIMP 用户文档的项目经理，他已经为 GIMP 和 Python/Zope 的开源项目做了 8 年的贡献。目前 Róman 在澳大利亚布里斯班的红帽公司工作。

**Sakis Kasampalis** 来自新西兰，目前在基于位置服务的 B2B 提供商担任软件开发工程师。他不赞成对编程语言和开发工具持过度追捧的态度。他的原则是把正确的技术应用在适合的问题上。Python 是他最喜爱的工具之一，他很看重 Python 的高效。在 FOSS 的项目工作期间，Kasampalis 维护 GitHub 上的一个与 Python 设计模式相关的项目，相关资料可以从 https://github.com/faif/python-patterns 下载。同时，他也是 Packt 出版的 *Learning Python Design Patterns* 一书的审阅者。

**Albert Lukaszewski Ph.D** 目前是苏格兰南部的 Lukaszewski 咨询服务中心的首席顾问。他已经有 30 多年的编程经验，现在是系统设计与实现方面的顾问。他之前还在爱可信欧洲有限公司担任过首席工程师。他的大部分经验都与文本处理、数据库系统和自然语言处理（**Natural Language Processing，NLP**）相关。同时，他还写过 *MySQL for Python* 一书，该书由 Packt 出版。除此之外，他之前还曾为纽约时报子公司 About.com 写过 Python 专栏。

**Hugo Solis** 是哥斯达黎加大学物理系的教授助理。他目前主要研究计算宇宙学、复杂性和氢对材料特性的影响。他在使用 C/C++和 Python 进行科研和可视化方面有着丰富的编程经验。他是自由软件基金会的成员之一，也做过一些开源项目。目前他主要负责管理 IFT，这是哥斯达黎加的一个非营利的科研机构，致力于物理学科的实践（http://iftucr.org）。

**我要向我亲爱的母亲 Katty Sanchez 表示感谢，感谢她的支持以及诸多不错的创意。**

# 作者简介

**Steven F. Lott** 的编程生涯开始于 20 世纪 70 年代，那时候计算机体积很大、昂贵并且非常少见。作为软件工程师和架构师，他参与了 100 多个不同规模的项目研发。在使用 Python 解决业务问题方面，他已经有 10 多年的经验了。

Steven 目前是自由职业者，居住在美国东海岸。他的技术博客是：http://slott-softwarearchitect. blogspot.com。

我要对 **Floating Leaf** 的支持和引导表示深深的感谢。

# 一些预备知识

为了使本书接下来的内容更清晰，我们先来看一些关心的问题。其中一项是 21 点游戏。我们将重点关注 21 点游戏的模拟，但并不赞成赌博。

然而，对于面向对象编程来说，模拟是最早的问题之一。这也是能够体现出面向对象编程优雅的一个情形。有关更多信息，可参见 http://en.wikipedia.org/wiki/Simula，以及 Rob Pooley 写的 *An Introduction to Programming*。

本章会介绍一些工具的背景，它们是编写出完整的 Python 程序和包的基础。在接下来的章中会使用它们。

我们会使用 timeit 模块将面向对象设计进行对比，找出性能更好的那个。在很多有关如何更好地写出适用于问题模型代码的主观考虑中，使用客观事实来进行说明是非常重要的。

我们将介绍如何在面向对象中使用 unittest 和 doctest 模块，它们是在开发过程中核对实际工作的基本工具。

一个良好的面向对象设计应当是清晰的并且可读性很强。为了确保良好的可读性，编写 Python 风格的文档是必要的。Docstrings 在模块、类和方法中都很重要。我们会在这里简单概括 RST 标记并会在第 18 章"质量和文档"中详细介绍。

此外，我们还要解决集成开发环境（Integrated Development Environment，IDE）的问题。常见的问题是 Python 开发最好的 IDE。

最后，我们会介绍 Python 中特殊基本方法的概念。关于特殊方法，在前 7 章都有介绍。在这里，我们会介绍一些有助于理解第 1 部分"用特殊方法实现 Python 风格的类"的背景知识。

在讨论 Python 面向对象编程过程中，将尽量避免一些题外话。我们会假设你已经读了 *Python 3 Object Oriented Programming* 这本书。我们不会重复在其他地方已经讲得很清楚的内容。在本书中，会完全关注 Python 3 的内容。

我们会引用很多常见的面向对象设计模式，也不会重复在 *Learning Python Design Patterns* 书中出现的内容。

# 关于 21 点游戏

如果你还不熟悉 21 点游戏，以下是大致的介绍。

游戏的最终目标是，从庄家手中拿到牌，将手中的牌组成和为在庄家点总数与 21 之间的数字。

在纸牌中数字牌（2 到 10）包含了牌的点数值。而非数字牌（J、Q、K）等同于 10 点。而 A 等于 11 点或 1 点。当把 A 当作 11 点使用时，手中牌的值被称为软手。当将 A 当作 1 点使用时，手中牌的值称为硬手。

如果手中牌中包含了 A 和 7，就可以当作 8 点硬手或 18 点软手。

有 4 种两张牌的组合可以构成 21 点。它们都称为 21 点，尽管其中一种组合包含了 J。

# 玩 21 点游戏

21 点游戏在不同的场合会有所不同，但主要流程类似，包含如下几点。

- 首先，玩家和庄家各自发两张牌，玩家会知道自己手中的牌面值。在有些场合中会需要将牌面朝上。

- 庄家的牌一张朝上一张朝下。因而玩家会了解一点庄家的牌，但不完全知道。

- 如果庄家朝上的那张牌是 A，那么另一张牌有 4/13 的概率为 10，因而构成总数 21。玩家可以选择做一个额外的保险下注。

- 下一步，玩家可以选择拿牌或停止拿牌。这两种常见的选择称为叫或停牌。

- 还会有更多选择。如果玩家手中的牌匹配，可以选择分牌。这算是额外的下注，分后的两手牌将分开进行游戏。

- 最终，玩家可以在拿最后一张牌前选择双倍下注，称为天生 21 点。如果玩家的牌总数为 10 或 11，这就是一种常见的下注方式。

手牌的最终评判如下。

- 如果玩家的牌大于 21 点，称为超出 21，玩家输并且庄家朝下的那张牌将不做考虑。

- 如果玩家的牌小于等于 21 点，那么根据一种简单的规则庄家拿牌。之后庄家手中的牌必须小于 18 点。手中牌的总数高出 18，庄家必须停叫。关于这点会略有不同，现在暂时忽略。

- 如果庄家超出 21，玩家赢。

- 如果庄家和玩家都小于等于 21 点，则比较他们手中牌的大小。

现在暂时不关心最终的收益。对不同玩法和下注策略的模拟过程来说，总收益关系不大。

# 21 点游戏策略

对于 21 点游戏来说，玩家必须使用以下两种策略。

● 一种策略用于决定玩法：保险、叫、停叫、分牌或双倍。

● 另一种策略用于决定下注大小。一种常见的谬误统计可以引导玩家提高或降低下注，进而最大限度地保证胜的概率并减少输的概率。任何模拟游戏的软件也必须对复杂下注策略进行模拟。它们是一些有趣的算法，通常包含状态，需要学习一些高级的 Python 编程技巧来完成。

这两种策略是介绍策略模式不错的例子。

# 21 点游戏模拟器对象的设计

我们将使用游戏中的元素，例如玩家手中的牌作为对象模型的例子。然而，不会对整个过程进行模拟。我们会重点关注游戏中的元素，因为它们会有细微的差别但不是特别复杂。

使用一个简单的容器：存放手中的牌对象，可以包含 0 个或多个。

介绍 Card 的子类：NumberCard，FaceCard 和 Ace。

介绍几种不同的方式来定义这种简单的类层次结构。由于层次结构很小（并且简单），可以简单对几种不同的实现方式进行尝试。

介绍几种实现玩家手中牌的方式。这只是一个简单的纸牌集合，包含了一些额外的功能。

从全局的视角来看玩家对象，玩家会有几手牌和下注策略以及 21 点游戏策略。这是一个复杂的组合对象。

我们也会对洗牌和发牌进行快速介绍。

# 性能——timeit 模块

我们会使用 timeit 模块来将不同面向对象设计和 Python 结构进行对比，timeit 模块包含了很多函数。重点关注的是 timeit，这个函数会为一些语句创建一个 Timer 对象，也会包含一些预备环境的安装代码，然后调用 Timer 的 timeit()方法来执行一次安装过程并重复执行目标语句。返回值为运行语句所需的时间。

默认计数为 100000 次。这提供了一个有意义的平均时间值，来自其他计算机上 OS 级别活动的统计。对于复杂的或长时间运行的语句，需要谨慎使用小计数值。

以下是与 timeit 简单交互的示例代码：

```
>>> timeit.timeit( "obj.method()", """
... class SomeClass:
...     def method(self):
...         pass
... obj= SomeClass()
""")
0.1980541350058047
```

**下载示例代码**

你可以通过自己的帐号下载所有从 Packt 出版社所购买的书籍中的示例代码：http://www.packtpub.com。如果你是从其他地方购买的，可以访问 http://www.packtpub.com/support 并注册，我们会通过邮件形式发送给你。

obj.method()语句以字符串的形式提供给 timeit()，安装为类定义并且也由字符串的形式提供。语句中所需要的任何东西都必须在安装中提供，它包括所有的导入和所有的变量定义以及对象创建。

可能会需要多尝试几次来完成安装过程。当使用交互式 Python 时，经常会由于命令行窗口的翻屏导致无法追踪全局变量和导入信息。有一个例子是，10000 次空方法的调用，花了 0.198 秒。

以下是另一个使用 timeit 的例子：

```
>>> timeit.timeit( "f()","""
... def f():
...     pass
... """ )
0.13721893899491988
```

这个例子说明，空函数的调用会比空方法的调用略快一些，在这个例子中差不多为 44%。

在一些情况下，OS 的开销可以作为性能的测量组件，它们通常源自难以控制的因素。在这个模块中可以使用 repeat()函数来替代 timeit()函数。它会收集基本定时的多个样本，对 OS 在性能上的影响做进一步分析。

对于我们而言，timeit()函数会提供所有反馈信息，我们可用于在客观上对不同面向对象涉及的要素进行评估。

# 测试——unittest 和 doctest

单元测试当然是基本的。如果没有用于展示某个功能的单元测试，那么这个功能就不是真的存在。换句话说，对于一个功能来说，直到有测试可以说明它已经完成才算是完成。

我们只会对测试进行少量介绍。如果对每个面向对象设计功能的测试都进行深入介绍，那么这本书的厚度应该是现在的两倍。在忽略测试内容的细节上会存在一个误区，好的单元测试似乎只是可选的。当然不是，它们是必需的。

**单元测试是必需的**
如果有疑问，可以先设计测试用例，再对代码进行修改，满足测试用例。

Python 提供了两种内置的测试框架。大部分应用和库会同时使用两者。对于所有测试来说，普遍的一种封装为 unittest 模块。另外，在许多公共 API docstrings 中可以找到一些例子，都使用了 doctest 模块。而且，在 unittest 中可以包含 doctest 中的一些模块。

好一点的做法是，每个类和函数都至少有一个单元测试。更重要的是，可见的类、函数和模块也要包含 doctest。还有更好的做法：100%的代码覆盖，100%的逻辑分支覆盖等。

实际上，一些类不需要测试。例如由 namedtuple() 创建的类不需要单元测试，除非首先去怀疑 namedtuple() 的实现。如果不相信 Python 的实现，就无法基于它来写程序。

一般地，我们会先设计测试用例再编写可以通过测试用例的代码。测试用例会凸显出代码中 API 的形态。本书会介绍几种写代码的方式，它们的接口是相同的，这点很重要。一旦我们定义了接口，会有几种不同的实现方式。一组测试应该能够适应几种不同面向对象的设计。

一种常见的方式是使用 unittest 工具为项目创建至少有以下 3 种平行的目录。

- myproject：这个目录会需要安装在 lib/site-packages 中，作为应用最终的包。它会有一个 __init__.py 包，而且会放在每个模块中。
- test：这个目录包含测试脚本。对于一些情形，这些脚本在模块中是平行存在的。在一些情况下，脚本可能会很大并且比模块自身更复杂。
- doc：这个目录中会包含其他文档。我们会在下一节以及第 18 章 "质量和文档" 中对它进行介绍。

在一些情况下，你会希望在多个类上运行同样的测试组件，这样就能够确保每个类是工作的。但在根本不工作的类上使用 timeit 进行比较是没有意义的。

# 单元测试与技术探究

作为面向对象设计的一部分，通常会创建一个类似本节代码中所演示的技术探究模块，我们会把它分为 3 个部分。首先，是以下这个全局的抽象类。

```
import types
import unittest

class TestAccess( unittest.TestCase ):
    def test_should_add_and_get_attribute( self ):
        self.object.new_attribute= True
```

```
        self.assertTrue( self.object.new_attribute )
    def test_should_fail_on_missing( self ):
        self.assertRaises( AttributeError, lambda: self.object.
undefined )
```

抽象类 TestCase 的子类中定义了一些希望类可以通过的测试。实际被测试的对象被忽略了。它通过 self.object 被引用，但是没有提供定义，使得 TestCase 子类保持抽象。每个具体类都会需要 setUp() 方法。

以下是 3 个具体的 TestAccess 子类，会包含以下 3 种不同对象的测试。

```
class SomeClass:
    pass
class Test_EmptyClass( TestAccess ):
    def setUp( self ):
        self.object= SomeClass()
class Test_Namespace( TestAccess ):
    def setUp( self ):
        self.object= types.SimpleNamespace()
class Test_Object( TestAccess ):
    def setUp( self ):
        self.object= object()
```

TestAccess 类的每个子类都提供了所需要的 setUp() 方法。每个方法创建了一种不同的被测试对象。第 1 个是空类的实例。第 2 个是 types.SimpleNamespace 的实例。第 3 个是 object 的实例。

为了运行这些测试，需要创建一个组件，来阻止我们运行 TestAccess 抽象类的测试。

以下是探究的其余部分。

```
def suite():
    s= unittest.TestSuite()
    s.addTests( unittest.defaultTestLoader.loadTestsFromTestCase(Test_
EmptyClass) )
    s.addTests( unittest.defaultTestLoader.loadTestsFromTestCase(Test_
Namespace) )
    s.addTests( unittest.defaultTestLoader.loadTestsFromTestCase(Test_
Object) )
    return s

if __name__ == "__main__":
    t= unittest.TextTestRunner()
    t.run( suite() )
```

现在我们得到了具体的证据，object 类的使用方式与其他类是不同的。进一步说，我们有了一个可以用于演示其他可行（或不可行）设计的测试。例如，用于演示 types.SimpleNamespace 作为空类行为的测试。

我们跳过了很多单元测试用例的细节，会在第 15 章 "可测试性的设计"中进行详细介绍。

# Docstring——RST 标记和文档工具

所有的 Python 代码都应该在模块、类和方法级别包含 docstrings。不是每个方法都需要 docstring，有一些方法名已经很好了，不需要进一步说明。而大多数情况下，文档的说明是基本的。

Python 文档通常使用 ReStructured Text（RST）标记来写。

然而，在本书的示例代码中，为了限制本书内容在合理的范围内，没有使用 docstrings。这样的缺点是，docstrings 看起来是可选的，可它们是必需的。

再次强调，docstrings 是必需的。

docstrings 在 Python 中通过以下 3 种方式使用。

- 内部的 help() 函数用于显示 docstrings。
- doctest 工具可以在 docstrings 中查找示例并把它们当作测试用例运行。
- 类似 Sphinx 和 epydoc 这样的外部工具可以帮助文档的提取。

由于 RST 相对简单，编写好的 docstrings 相对非常简单。我们会在第 18 章 "质量和文档" 中对文档以及预计标记进行详细介绍。现在通过一个例子来看一下 docstring 的形式。

```
def factorial( n ):
    """Compute n! recursively.

    :param n: an integer >= 0
    :returns: n!

    Because of Python's stack limitation, this won't
    compute a value larger than about 1000!.

    >>> factorial(5)
    120
    """
    if n == 0: return 1
    return n*factorial(n-1)
```

以上代码展示了 RST 标记的参数和返回值，还包括了关于限制的一段说明。所包括的 doctest 输出可用于验证使用 doctest 工具完成的实现。有很多标记功能可用于提供更多的结构和语义方面的信息。

## IDE 的选择

关于 Python 开发的 IDE 常见问题是最好的 IDE 是什么。简单的回答是 IDE 的选择根本不重要，支持 Python 的开发环境实在太多了。

本书的所有实例都通过 Python 的 >>> 提示来演示交互的过程。运行能够交互的例子是非常有意义的。精心编写的 Python 代码应该很简单，并能够从命令行运行。

 我们应该能够在>>>提示中展示一个设计。

从>>>提示来运行代码是对 Python 设计复杂度的一个重要的质量测试。如果类或函数过于复杂，那么就没有办法从>>>提示运行。对于一些复杂的类，应该提供模仿对象来模拟简单的交互过程。

## 关于特殊方法名

Python 有多层的实现，但我们只关心其中两层。

从表面上看，我们有 Python 的源代码。源代码是传统面向对象与过程式函数调用的混合体。面向对象符号的后缀中通常包括 object.method() 或 object.attribute 这样的结构。而前缀中包括了 function(object) 的调用，是典型的过程式设计。此外还包含了插入符，例如 object+other。另外还有其他语句，例如 for 和调用对象方法的 with 语句。

function(object) 前缀的出现会导致一些程序员产生疑问，是否进行纯面向对象的 Python 编程。认为严格的遵守面向对象（object.method()）的设计方式是有必要或有帮助的，这种说法是不够明确的。Python 混合使用了前缀和后缀的编程方式，前缀符号代表了特殊方法的后缀符号。前缀、中缀和后缀符号的选择要基于表达力和优雅程度。良好 Python 代码的目标之一是，它看起来应该像英文。在底层，语法变化是由 Python 特殊方法实现的。

在 Python 中的任何事物都是对象。这点与 Java 或 C++不同，它们会有"原始"类型来避免对象范型。每个 Python 对象都提供了一个特殊方法的数组，其中包含了语言最上层功能的实现细节。例如，可以在应用程序中写 str(x)。这个前缀符号在底层的实现为 x.__str__()。

类似 a+b 这样的结构会被实现为 a.__add__(b) 或 b.__radd__(a)，取决于对象 a 和 b 所属的类定义中所提供的类型兼容性规则。

需要强调的是，在外部语法与特殊方法内部实现之间的映射不只是把 function(x) 重写为 x.__function__()。在许多语言功能中，包含了一些特殊方法支持这项功能。一些特殊方法包含了从基类、object 所继承的默认实现，另一些特殊方法则没有默认实现而会直接抛出异常。

第 1 部分"用特殊方法实现 Python 风格的类"将会介绍这些特殊方法并会演示如何实现这些特殊方法，以使得我们的类定义能够与 Python 无缝结合。

## 总结

我们介绍了示例的问题域：21 点游戏。选择这个例子是因为它包含了一定的算法复杂度但又不是过于复杂或者难懂。另外也介绍了在本书中会用到的 3 个重要模块。

● timeit 模块，我们会用于对比不同实现的性能。

● unittest 和 doctest 模块，我们会用于确保软件能够正确运行。

书中也介绍了几种向 Python 程序中添加文档的方式。我们会在模块、类和函数中使用 docstrings。为了节省空间，不是每个例子都会展示 docstrings，但它们都是最基本的。

集成开发环境（Integrated Development Environment，IDE）的使用不是基本的，任何有效的 IDE 或文本编辑器对于高级 Python 开发都应该是可以选择的。

在后续的 8 章中，我们将对特殊方法名进行分类介绍，内容主要包括如何能够创建出与内置模块无缝集成的 Python 程序。

在第 1 章中，我们会重点关注\_\_init\_\_()方法以及使用它的不同方式。\_\_init\_\_()方法很重要，因为初始化是对象生命周期的第 1 个大步骤；每个对象必须正确地初始化才能很好地工作。更重要的是，\_\_init\_\_()参数值的形式有很多种。我们会介绍几种不同设计\_\_init\_\_()的方式。

# 目录

# 第 1 部分

# 用特殊方法实现
# Python 风格的类

__init__()方法

与 Python 无缝集成——基本特殊方法

属性访问、特性和修饰符

抽象基类设计的一致性

可调用对象和上下文的使用

创建容器和集合

创建数值类型

装饰器和 mixin——横切方面

# 用特殊方法实现 Python 风格的类

通过重写特殊方法来完成对 Python 内部机制的调用，在 Python 中是很普遍的。例如 len() 函数就可以重写一个类的 __len__() 方法。

这意味着对于像 (len(x)) 这样的通用公共接口，任何类（例如，声明一个类叫 tidy）都可以实现它。任何类都可以重写一个像 __len__() 这样的特殊方法，这样一种机制构成了 Python 多态机制的一部分；任何实现了 __len__() 函数的类都会响应通用公共接口 (len(x)) 中的 len() 函数。

每当定义一个类，可以（而且应该）提供这些特殊方法的实现来与 Python 语言更好地结合。本书的第 1 部分 "用特殊方法实现 Python 风格的类" 是对传统面向对象设计的一种延伸，可以使创建的 Python 类更具 Python 风格。任何一个类都应当与 Python 语言其余的任何原生部分很好地结合。这样一来，不仅可以重用很多其他语言现有的功能和标准库，而且编写的包和模块也将更容易维护和扩展。

在某种程度上，创建的类都可以作为 Python 扩展的形式来实现。开发者都希望自己的类更接近 Python 语言的原生类。这样一来，在语言之间、标准库之间以及应用程序之间的代码区别就能够最小化。

为了实现更好的可扩展性，Python 语言提供了大量的特殊方法，它们大致分为以下几类。

- **特性访问（Attribute Access）**：这类特殊方法实现了对象的特性访问，使用方式为 object.attribute，既可以用来赋值，也可以在 del 语句中执行删除操作。
- **可调用对象（Callables）**：这个方法的适用对象为参数，就像 Python 内部的 len() 函数。（也是应用于参数。）
- **集合（Collections）**：这类方法提供了很多集合操作的功能。类似这类方法的使用有 sequence[index]、mapping[key] 和 some_set|another_set。
- **数字（Numbers）**：这类方法提供了大量的数学运算符和比较运算符。可以使用这些方法来扩展 Python 的数字部分。
- **上下文（Context）**：这类函数通常使用 with 语句来实现上下文的管理。

- **迭代器（Iterator）**：可以使用这类方法定义迭代器，通常不需要考虑这部分的扩展，因为生成器（Generator）已经提供了非常优雅的实现。然而，我们仍会探究如何创建自己的迭代器。

在 *Python 3 Object Oriented Programming* 一书中已经介绍了这些特殊方法中的一部分，以下我们将重新回顾这些主题并对其他属于基本范畴的特殊方法进行深入介绍。

尽管是基础的范畴，仍可以针对其他比较深入的主题进行讨论。这里将会以基础的几个特殊方法作为开始，后续会讨论一些高级的特殊方法。

\_\_init\_\_()函数为对象的初始化操作提供了很大的自由度，对于不可变（每次操作都会产生一个新实例）的对象而言，声明和定义是非常重要的。在第 1 章中，我们会讨论一些关于这个函数设计的方案。

# 第 1 章
# __init__()方法

　　__init__()方法的重要性体现在两点。首先，初始化既是对象生命周期的开始，也是非常重要的一个步骤，每个对象都必须正确地执行了初始化才能够正常地工作。其次，__init__()方法的参数可以多种形式来完成赋值。

　　因为__init__()方法传参方式的多样化，意味着对象的初始化过程也会有多种。关于这一点我们将使用一些有代表性的例子对此进行详细说明。

　　在深入讨论__init__()函数之前，需要看一下 Python 语言的类层次结构。简单地说，所有的类都可以继承 object 类，在自定义类中可以提供比较操作的默认实现。

　　本章会演示简单对象初始化的不同形式（例如，打牌）。随后将深入探讨复杂对象的初始化过程，涉及集合以及使用策略和状态模式实现的玩家类。

## 1.1　隐式的基类——object

　　每个 Python 类的定义都会隐式继承自 object 类，它的定义非常简单，几乎什么行为都不包括。我们可以创建一个 object 实例，但很多事情无法完成，因为很多特殊方法的调用程序都会抛出异常。

　　对于任何自定义类，都会隐式继承 object。以下是一个类定义的示例（隐式继承了 object 类）。

```
class X:
    pass
```

下面是对自定义类进行交互的代码。

```
>>> X.__class__
<class 'type'>
>>> X.__class__.__base__
<class 'object'>
```

可以看到类定义就是对 type 类的一个对象的类型声明，基类为 object。

相应地，派生自 object 类中的对象方法也将继承各自相应的默认实现。在某些情况下，基类中一些特殊方法的默认行为也正是我们想要的。对于一些特殊情况，就需要重写这些方法。

# 1.2　基类中的__init__()方法

对象的生命周期主要包括了创建、初始化和销毁。后面章节会详细讨论对象的创建和销毁，本章专注于对象的初始化。

object 作为所有类的基类，已经为__init__()方法提供了默认实现，一般情况下不需要重写这个函数。如果没有对它进行重写，那么在创建对象时将不会产生其他变量的实例。在某些情况下，这种默认行为是可以接受的。

对于继承自 object 的子类，总可以对它的属性进行扩展。例如，对于下面这个类，实例化就不对函数（area）所需的变量（width 和 length）进行初始化。

```
class Rectangle:
    def area( self ):
        return self.length * self.width
```

Rectangle 类的 area 函数在返回值时使用了两个属性，可并没有在任何地方对其赋值。在 Python 中，这种看似奇怪的调用尚未赋值属性的操作却是合法的。

下面这段代码演示如何使用刚定义的 Rectangle 类。

```
>>> r= Rectangle()
>>> r.length, r.width = 13, 8
>>>r.area()
104
```

虽然这种延迟赋值的实现方式在 Python 中是合法的，但是却给调用者带来了潜在的困惑，因此要尽量避免这样的用法。

然而，这样的设计看似又提供了灵活性，意味着在__init__()方法被调用时不必为所有的属性赋值。这看似是不错的选择，一个可选属性即可以看作是某子类中的成员，且无须对这个子类进行显式地定义就可以完成对原生机制的扩展。然而这种多态机制不但给程序带来了隐藏的不确定性，也会相应产生很多令人费解的 if 语句。

因此，延迟初始化属性的设计在某种情形下可能会有用，可是这样也可能会导致非常糟糕的设计。

在 *Zen of python poem* 一书中曾提出过这样的建议：

"显式而非隐式"。

对于每个__init__()方法，都应当显式地指定要初始化的变量。

**糟糕的多态**

在灵活性与糟糕之间有一个临界。

一旦发觉书写了这样的代码,我们就已经丧失了灵活性并开始了糟糕的设计。

```
if 'x' in self.__dict__:
```

或:

```
try:
    self.x
except AttributeError:
```

这时就要考虑添加一个公共函数或属性来重构这个 API,相比于添加 if 语句,重构将是更好的选择。

## 1.3 在基类中实现__init__()方法

通过实现__init__()方法来初始化一个对象。每当创建一个对象,Python 会先创建一个空对象,然后调用该对象的__init__()函数。这个方法提供了对象内部变量以及其他一些一次性过程的初始化操作。

以下是关于一个 Card 类层次结构定义的一些例子。这里定义了一个基类和 3 个子类来描述 Card 类的基本信息。有两个变量是参数直接赋值的,另外两个参数是通过初始化方法计算来完成初始化的。

```python
class Card:
    def __init__( self, rank, suit ):
        self.suit= suit
        self.rank= rank
        self.hard, self.soft = self._points()
class NumberCard( Card ):
    def _points( self ):
        return int(self.rank), int(self.rank)
class AceCard( Card ):
    def _points( self ):
        return 1, 11
class FaceCard( Card ):
    def _points( self ):
        return 10, 10
```

在以上代码段中,__init__()把公共初始化方法引入到了基类 Card 中,这样 3 个子类 NumberCard、AceCard 和 FaceCard 都能够共享公共的初始化逻辑。

这是一个常见的多态设计,每个子类为_points()方法提供特有的实现。所有的子类有相同的方法名和属性。这 3 个子类在使用时可以通过互换对象来更换实现方式。

如果只是简单地使用字母来定义花色，就可以使用如下的代码段来创建 Card 对象。

```
cards = [ AceCard('A', '♠'), NumberCard('2','♠'), NumberCard('3','♠'), ]
```

这里枚举了 Card 集合中的几个 Card 对象，把牌面值（rank）和花色（suit）作为参数传入来实例化。从长远来看，需要一个更智能的工厂函数来创建 Card 对象，因为枚举所有 52 张牌非常麻烦而且容易出错。在介绍工厂函数前，先看一些其他的问题。

# 1.4  使用__init__()方法创建常量清单

我们可以为所有卡片的花色单独创建一个类。可在 21 点应用中，花色不是很重要，用一个字母来代替就可以。

这里使用花色的初始化作为创建常量对象的一个实例。很多情况下，应用会包括一个常量集合。静态常量也正构成了**策略**（**Strategy**）或**状态**（**State**）模式的一部分。

有些情况下，常量会在应用或配置文件的初始化阶段被创建。或者创建变量的行为是基于命令行参数的。我们会在第 16 章 "使用命令行" 中介绍应用初始化和启动的详细设计过程。

Python 中并没有提供简单而直接的方式来定义一个不可变对象。我们会在第 3 章 "属性访问、特性和修饰符" 中介绍如何创建可靠的不可变对象。这个例子中，把花色这个属性定义为不可变是有意义的。

如下代码定义了一个花色类，可以用来创建 4 个花色常量。

```
class Suit:
    def __init__( self, name, symbol ):
        self.name= name
        self.symbol= symbol
```

如下代码是对这个类的调用。

```
Club, Diamond, Heart, Spade = Suit('Club','♣'), Suit('Diamond','♦'),
Suit('Heart','♥'), Suit('Spade','♠')
```

现在就可以使用如下代码创建 Card 对象了。

```
cards = [ AceCard('A', Spade), NumberCard('2', Spade), NumberCard('3', Spade), ]
```

对于以上的这个小例子来说，这样的方式相比于简单地使用一个字母来代替花色的实现方式并没有太大的优势。可在更复杂的情况下，可能会需要创建一组策略或状态模式对象的集合。如果把创建好的花色对象做缓存，构成一个常量池，使得在调用时对象可被重用，那么性能将得到显著的提升。

我们不得不承认在 Python 中这些对象只是在概念上是常量，它们仍然是可变的。使用额外的代码实现使得这些对象成为完全不可变的可能会更好。

**无关紧要的不可变性**

不可变性可能显得很有诱惑力。有时一些"恶意程序员"会修改应用程序中的常量。从设计的角度来看，这是愚蠢的，即使不可变变量也无法阻止这种恶意行为。没有任何简单的方法能够阻止这种恶意行为，程序员对代码进行恶意修改就像他们可以修改一个常量那样简单。

不再纠结于如何把类定义为不可变通常是更好的选择。在第 3 章"属性访问、特性和修饰符"中，我们会介绍不可变性的几种实现方法来为有 bug 的程序提供适当的诊断信息。

# 1.5 通过工厂函数调用 __init__()

我们可以使用工厂函数来完成所有 Card 对象的创建，这比枚举 52 张牌的方式好很多。在 Python 中，实现工厂有两种途径。

- 定义一个函数，返回不同类的对象。
- 定义一个类，包含了创建对象的方法。这是完整的工厂设计模式，正如设计模式书中提到的。在类似 Java 这样的语言里，工厂类层次结构是必需的，因为语言本身不支持可以脱离类而单独存在的函数。

在 Python 里，类定义不是必需的。仅当特别复杂的情形，工厂类才是不错的选择。Python 的优势之一是，对于只需要简单地定义一个函数就能做到的事情没必要去定义类层次结构。

尽管本书介绍的是面向对象编程，但函数式编程在 Python 的世界中也是常见的、惯用的。

如果需要，我们总可以将函数重写为合适的可调用对象。进行工厂模式设计时，也可以将可调用对象进一步重构为工厂类的层次结构。我们将在第 5 章"可调用对象和上下文的使用"中详细介绍可调用对象。

从大体上来看，类定义的优势是：可以通过继承来使得代码可以被更好地重用。工厂类封装了类本身的层次结构以及对象构建的复杂过程。对于已有的工厂类，可以通过添加子类的方式来完成扩展，这样就获得了工厂类的多态设计，不同的工厂类名有相同的方法签名并可以在调用时通过替换对象来改变具体实现。

这种类级别的多态机制对于类似 Java 和 C++这样的编译型语言来说是非常有用的，可以在编译器在生成目标代码时决定类和方法的实现细节。

如果可替代的工厂类并没有重用任何代码，那么类层次结构在 Python 中并没有多大作用，完全可以使用函数来替代。

以下是用来生成 Card 子类对象的一个工厂函数的例子。

```
def card( rank, suit ):
    if rank == 1: return AceCard( 'A', suit )
    elif 2 <= rank < 11: return NumberCard( str(rank), suit )
    elif 11 <= rank < 14:
        name = { 11: 'J', 12: 'Q', 13: 'K' }[rank]
        return FaceCard( name, suit )
    else:
        raise Exception( "Rank out of range" )
```

这个函数通过传入牌面值 rank 和花色值 suit 来创建 Card 对象。这样一来，创建对象的工作更简便了。我们已经把创造对象的过程封装在了单独的工厂函数内，外界无需了解对象层次结构以及多态的工作细节就可以通过调用工厂函数来创建对象。

如下代码演示了如何使用工厂函数来构造 deck 对象。

```
deck = [card(rank, suit)
    for rank in range(1,14)
        for suit in (Club, Diamond, Heart, Spade)]
```

这段代码枚举了所有牌面值和花色的牌，完成了 52 张牌对象的创建。

## 1.5.1  错误的工厂设计和模糊的 else 语句

这里需要注意 card() 函数里的 if 语句。并没有使用一个 catch-all else 语句做一些其他步骤，而只是单纯地抛出了一个异常。像这样的 catch-all else 语句的使用方式是有争议的。

一方面，else 语句不能不做任何事情，因为这将隐藏微小的设计错误。另一方面，一些 else 语句的意图已经很明显了。

因此，避免模糊的 else 语句是非常重要的。

关于这一点，可以参照以下工厂函数的定义。

```
def card2( rank, suit ):
    if rank == 1: return AceCard( 'A', suit )
    elif 2 <= rank < 11: return NumberCard( str(rank), suit )
    else:
        name = { 11: 'J', 12: 'Q', 13: 'K' }[rank]
        return FaceCard( name, suit )
```

创建纸牌对象可以通过如下代码实现。

```
deck2 = [card2(rank, suit) for rank in range(13) for suit in (Club,
Diamond, Heart, Spade)]
```

这是最好的方式吗？如果 if 条件更复杂些呢？

一些程序员可以很快理解这样的 if 语句，而另一些则会纠结于是否要对 if 语句的逻辑做进一步划分。

作为高级的 Python 程序员，我们不应该把 else 语句的意图留给读者去推断，条件语句的意图应当是非常直接的。

**什么时候使用 catch-all 语句**

很少，仅当条件非常明确时才使用。如果条件不够明确，使用 else 语句将抛出异常。因此要避免使用模糊的 else 语句。

## 1.5.2 使用 elif 简化设计来获得一致性

工厂方法 card() 中包括了两个很常见的结构。

- if-elif 序列。
- 映射。

为了简单化，重构将是更好的选择。

我们总可以使用 elif 条件语句代替映射。（是的，总可以。反过来却不行；把 elif 条件转换为映射有时是有风险的。）

以下是没有使用映射 Card 工厂类的实现。

```
def card3( rank, suit ):
    if rank == 1: return AceCard( 'A', suit )
    elif 2 <= rank < 11: return NumberCard( str(rank), suit )
    elif rank == 11:
        return FaceCard( 'J', suit )
    elif rank == 12:
        return FaceCard( 'Q', suit )
    elif rank == 13:
        return FaceCard( 'K', suit )
    else:
        raise Exception( "Rank out of range" )
```

这里重写了 card() 工厂方法，将映射转换为了 elif 语句。比起前一个版本，这个函数在实现上获得了更好的一致性。

## 1.5.3 使用映射和类来简化设计

在一些情形下，可以使用映射而非这样的一个 elif 条件语句链。如果认为使用一个 elif 条件语句链是表达逻辑的唯一明智的方式，那么很容易会发现，它看起来很复杂。对于简单的情形，做同样的事情采用映射完成的代码可以更好地工作，而且代码的可读性也更强。

由于类是第 1 级别的对象，从 rank 参数映射到对象是很容易的事情。

这个 Card 工厂类就是使用映射实现的版本。

```
def card4( rank, suit ):
    class_= {1: AceCard, 11: FaceCard, 12: FaceCard,
        13: FaceCard}.get(rank, NumberCard)
    return class_( rank, suit )
```

我们把 rank 映射为对象，然后又把 rank 值和 suit 值作为参数传入 Card 构造函数来创建 Card 实例。

也可以使用一个 defaultdict 类，然而比起简单的静态映射其实并没有简化多少。下例就是它的实现。

```
defaultdict( lambda: NumberCard, {1: AceCard, 11: FaceCard, 12:
FaceCard, 13: FaceCard} )
```

defaultdict 类的默认构造函数必须是无参的。我们使用了一个 lambda 构造函数作为常量的封装函数。这个函数有个很明显的缺陷，缺少从 1 到 A 和 13 到 K 的映射。当试图添加这段代码逻辑时，就遇到了问题。

我们需要修改映射逻辑，除了提供 Card 子类，还需要提供 rank 对象的字符串结果。如何实现这两部分的映射？有 4 种常见的方案。

- 可以建立两个并行的映射。此处并不推荐这种做法，后面的章节会说明为什么这样做是不值得的。
- 可以映射为一个二元组。当然，这个方案也有一些弊端。
- 可以映射为 partial() 函数。partial() 函数是 functools 模块的一个功能。
- 也可以考虑修改类定义来完成映射逻辑。在下一节里会介绍如何在子类中重写 __init__() 函数来完成这个方案。

对于每个方案我们会通过具体示例逐一演示。

### 1. 并行映射

以下是此方案代码的基本实现。

```
class_= {1: AceCard, 11: FaceCard, 12: FaceCard, 13: FaceCard
}.get(rank, NumberCard)
rank_str= {1:'A', 11:'J', 12:'Q', 13:'K'}.get(rank,str(rank))
return class_( rank_str, suit)
```

这样是不值得的。这种实现方式带来了映射键 1、11、12 和 13 的逻辑重复。重复是糟糕的，因为软件更新后通常会带来对并行结构多余的维护成本。

**不要使用并行结构**
并行结构应该被元组或一些更好的组合所代替。

### 2. 映射到一个牌面值的元组

以下代码演示了如何映射到二元组的基本实现。

```
class_, rank_str= {
    1:  (AceCard,'A'),
    11: (FaceCard,'J'),
    12: (FaceCard,'Q'),
    13: (FaceCard,'K'),
    }.get(rank, (NumberCard, str(rank)))
return class_( rank_str, suit )
```

这个方案看起来还不错。并没有太多代码来完成特殊情形的处理。接下来我们会看到当需要修改 Card 类层次结构时：添加一个 Card 子类时，如何来修改和扩展。

从 rank 值映射为类对象是很少见的，而且两个参数中只有一个用于对象的初始化。从 rank 映射到一个相对简单的类或函数对象，而不必提供目的不明确的参数，这才是明智的选择。

### 3. partial 函数设计

除了映射到二元组函数和只提供一个参数来实例化的方案外，我们还可以创建 partial() 函数。这个函数可以用来实现可选参数。我们会从 functools 库中使用 partial() 函数创建一个带有 rank 参数的部分类。

以下演示了如何建立从 rank 到 partial() 函数的映射来完成对象的初始化。

```
from functools import partial
part_class= {
    1: partial(AceCard,'A'),
    11: partial(FaceCard,'J'),
    12: partial(FaceCard,'Q'),
    13: partial(FaceCard,'K'),
    }.get(rank, partial(NumberCard, str(rank)))
return part_class( suit )
```

通过调用 partial() 函数然后赋值给 part_class，完成了与 rank 对象的关联。可以使用同样的方式创建 suit 对象，并完成最终 Card 对象的创建。partial() 函数的使用在函数式编程中是很常见的，当使用的是函数而非对象方法的时候就可以考虑使用。

大致上，partial() 函数在面向对象编程中不是很常用。我们可以简单地提供构造函数的不同版本来做同样的事情。partial() 函数和构造对象时的流畅接口很类似。

### 4. 工厂模式的流畅 API 设计

有时我们定义在类中的方法必须按特定的顺序来调用。这种按顺序调用的方法和创建 partial() 函数的方式非常类似。

假如有这样的函数调用 x.a().b()。对于 x(a,b)这个函数，放在 partial() 函数的实现就可以是先调用 x.a()再调用 b()函数，这种方式可以理解为 x(a)(b)。

这意味着 Python 在管理状态方面提供了两种选择。我们可以直接更新对象或者对具有状态的对象使用 partial() 函数。由于两种方式是等价的，因而可以把 partial() 函数重构为工厂对象创建的流畅接口。我们在流畅接口函数中设置可以反馈 self 值的 rank 对象，然后传入花色类从而创建 Card 实例。

以下是 Card 工厂流畅接口的定义，包含了两个函数，它们必须按顺序调用。

```
class CardFactory:
    def rank( self, rank ):
        self.class_, self.rank_str= {
            1:(AceCard,'A'),
            11:(FaceCard,'J'),
            12:(FaceCard,'Q'),
            13:(FaceCard,'K'),
            }.get(rank, (NumberCard, str(rank)))
        return self
    def suit( self, suit ):
        return self.class_( self.rank_str, suit)
```

先是使用 rank()函数更新了构造函数的状态，然后通过 suit()函数创造了最终的 Card 对象。这个工厂类可以以如下方式来使用。

```
card8 = CardFactory()
deck8 = [card8.rank(r+1).suit(s) for r in range(13) for s in (Club,
Diamond, Heart, Spade)]
```

我们先实例化一个工厂对象，然后再创建 Card 实例。这种方式并没有利用__init__()在 Card 类层次结构中的作用，改变的是调用者创建对象的方式。

# 1.6    在每个子类中实现__init__()方法

正如介绍工厂函数那样，这里我们也先看一些 Card 类的设计实例。我们可以考虑重构 rank 数值转换的代码，并把这个功能加在 Card 类上。这样就可以把初始化的工作分发到每个子类来完成。

这通常需要在基类中完成一些公共的初始化逻辑，子类中完成各自特殊的初始化逻辑。我们需要遵守不要重复自己（Don't Repeat Yourself，DRY）的原则来防止子类中的代码重复。

以下代码演示了如何把初始化职责分发到各自的子类中。

```
class Card:
    pass
class NumberCard( Card ):
    def __init__( self, rank, suit ):
        self.suit= suit
        self.rank= str(rank)
        self.hard = self.soft = rank
class AceCard( Card ):
    def __init__( self, rank, suit ):
        self.suit= suit
        self.rank= "A"
        self.hard, self.soft = 1, 11
class FaceCard( Card ):
```

```
    def __init__( self, rank, suit ):
        self.suit= suit
        self.rank= {11: 'J', 12: 'Q', 13: 'K' }[rank]
        self.hard = self.soft = 1
```

上例代码是多态的实现，由于缺乏公共初始化函数，导致了一些不受欢迎的重复代码。以上代码的主要重复部分是对 suit 的赋值。这部分代码放在基类中显然比较合适。我们可以在子类中显式调用基类的__init__()方法。

以下代码演示了如何把__init__()方法提到基类 Card 中实现的过程，然后在子类中可以重用基类的实现。

```
class Card:
    def __init__( self, rank, suit, hard, soft ):
        self.rank= rank
        self.suit= suit
        self.hard= hard
        self.soft= soft
class NumberCard( Card ):
    def __init__( self, rank, suit ):
        super().__init__( str(rank), suit, rank, rank )
class AceCard( Card ):
    def __init__( self, rank, suit ):
        super().__init__( "A", suit, 1, 11 )
class FaceCard( Card ):
    def __init__( self, rank, suit ):
        super().__init__( {11: 'J', 12: 'Q', 13: 'K' }[rank], suit,
10, 10 )
```

我们在子类和基类中都提供了__init__()方法的实现，这样会在一定程度上简化工厂函数的逻辑，如下面代码段所示。

```
def card10( rank, suit ):
    if rank == 1: return AceCard( rank, suit )
    elif 2 <= rank < 11: return NumberCard( rank, suit )
    elif 11 <= rank < 14: return FaceCard( rank, suit )
    else:
        raise Exception( "Rank out of range" )
```

仅仅是简化工厂函数不应该是我们重构焦点的全部。我们还应该看到这次的重构导致__init__()方法变得复杂了，做这样的权衡是正常的。

> **使用工厂函数封装复杂性**
>
> 在__init__()方法和工厂函数之间存在一些权衡。通常直接调用比"程序员友好"的__init__()函数并把复杂性分发给工厂函数更好。当需要封装复杂的构造函数逻辑时考虑使用工厂函数则更好。

## 1.7    简单的组合对象

一个组合对象也可以称作**容器**。我们会从一个简单的组合对象开始介绍:一副牌。这是一个基本的集合对象。我们的确可以简单地使用一个 list 来代替一副牌(deck)对象。

在设计一个类之前,我们需要考虑这样的一个问题:简单地使用 list 是合适的做法吗?

可以使用 random.shuffle()函数完成洗牌操作,使用 deck.pop()来完成发牌操作。

一些程序员可能会过早定义新类,正如像使用内置类一样,违反了一些面向对象的设计原则。比如像下面的这个设计。

```
d= [card6(r+1,s) for r in range(13) for s in (Club, Diamond, Heart,
Spade)]
random.shuffle(d)
hand= [ d.pop(), d.pop() ]
```

可如果业务逻辑这么简单的话,为什么要定义新类?

这里没有明确的答案。类定义的一个优势是:类给对象提供了简单的、不需要实现的接口。正如之前在对工厂的设计讨论时所看到的,对于 Python 来说,类并不是必需的。

在之前的例子中,有两个关于 Deck 的使用实例而且类定义似乎并不能过于简化。这有个很大的好处是它隐藏了具体的实现。而由于细节过于细微因此暴露它们并不需要太高的维护成本。本章主要专注于__init__()方法,因此接下来会讨论一些关于如何创建和初始化一个集合的设计。

设计集合类,通常有如下 3 种策略。

● **封装**:这个设计是基于现有集合类来定义一个新类,属于外观模式的一个使用场景。
● **扩展**:这个设计是对现有集合类进行扩展,通常使用定义子类的方式来实现。
● **创建**:即重新设计。在第 6 章 "创建容器和集合" 中我们会深入探讨。

这 3 个方面是面向对象设计的核心。我们在设计一个类时,总需要谨慎考虑再做出选择。

### 1.7.1    封装集合类

以下是对内部集合进行封装的设计。

```
class Deck:
    def __init__( self ):
        self._cards = [card6(r+1,s) for r in range(13) for s in (Club,
Diamond, Heart, Spade)]
        random.shuffle( self._cards )
    def pop( self ):
        return self._cards.pop()
```

我们已经定义了 Deck 类,内部实际调用的是 list 对象。Deck 类的 pop()方法只是对 list 对象相应函数的调用。

我们可以使用以下代码来创建一个 Hand 对象：

```
d= Deck()
hand= [ d.pop(), d.pop() ]
```

一般来说，外观模式或者封装类中的方法实现只是对底层对象相应函数的代理调用。有时候这样的代理未免显得有些多余，因为对于复杂的集合，我们需要代理大量的函数来更完整地封装这个底层对象。

## 1.7.2 扩展集合类

类设计的另一个选择是扩展现有类。这样做的好处是不需要再重新实现已有的 pop() 方法了，只需简单地继承即可。重用 pop() 方法的好处是，无需编写太多代码就可以创建一个类。在这个例子中，扩展 list 类引入了很多我们实际并不需要的函数。

以下代码演示了基于对内部集合类扩展的 Deck 类的定义。

```
class Deck2( list ):
    def __init__( self ):
        super().__init__( card6(r+1,s) for r in range(13) for s in
(Club, Diamond, Heart, Spade) )
        random.shuffle( self )
```

在一些情形下，在子类中需要显式调用基类的函数来完成适当的实现。关于这一点，在接下来的章节中会看到其他一些例子。

我们使用了基类中的 __init__() 函数来初始化 list 对象进而构造了一个对象集合。然后进行洗牌操作。pop() 函数只需继承自 list 集合就可以很好地工作了，其他函数也一样。

## 1.7.3 可适应更多需求的另一种设计

在玩牌时，牌通常会从一个发牌机中取出，这个容器通常包含了混在一起的 6 副牌。这样就需要我们来创建一个自定义的 Deck 类而不再只是简单地从 list 对象继承。

进一步说，发牌机并未完全发牌，而是插入一个标记牌。由于有一张标记牌，有些牌就被有效地分开了。

以下是一个 Deck 类的定义，包含了多副牌，每副牌有 52 张牌。

```
class Deck3(list):
    def __init__(self, decks=1):
        super().__init__()
        for i in range(decks):
            self.extend( card6(r+1,s) for r in range(13) for s in
(Club, Diamond, Heart, Spade) )
        random.shuffle( self )
        burn= random.randint(1,52)
        for i in range(burn): self.pop()
```

这里我们使用了基类的 __init__() 函数来创建一个空集合。然后调用 self.extend() 函数来把多副牌加载到发牌机中。由于我们没有在子类重写 super().extend() 函数，因为我们也可以直接调用基类中相应的实现。

我们也可以使用更底层的表达式生成器通过调用 super().__init__()函数来实现，如以下代码所示。

```
( card6(r+1,s) for r in range(13) for s in (Club, Diamond, Heart,
Spade) for d in range(decks) )
```

这个类提供了一副牌 Card 实例的集合，可以用来模拟 21 点中的发牌机的发牌过程。

当销牌时，有一个特殊的过程。在我们设计玩家的纸牌计数策略时，也要考虑到这个细节。

## 1.8  复合的组合对象

为了描述 21 点游戏中的发牌。以下代码定义了 Hand 类，用来模拟打牌策略。

```
class Hand:
    def __init__( self, dealer_card ):
        self.dealer_card= dealer_card
        self.cards= []
    def hard_total(self ):
        return sum(c.hard for c in self.cards)
    def soft_total(self ):
        return sum(c.soft for c in self.cards)
```

在本例中，定义了一个 self.dealer_card 变量，值由__init__()函数传入。可 self.cards 变量不基于任何参数来赋值，只是创建了一个空集合。使用如下代码可以创建一个 Hand 实例。

```
d = Deck()
h = Hand( d.pop() )
h.cards.append( d.pop() )
h.cards.append( d.pop() )
```

可是这段代码有个缺陷，需要用好几行代码来构造一个 Hand 对象。不但给序列化 Hand 对象带来了困难，而且再次创建对象又需要再重复以上过程。尽管再添加一个 append()函数暴露给外面调用，也仍然需要很多步骤来创建集合对象。

可能会考虑使用流畅接口，但那样并不能简化实际问题。它只是在创建 Hand 对象的语法上做了一些改变。流畅接口依然会需要多个步骤来创建对象。在第 2 部分"持久化和序列化"中，我们需要一个接口完成类之间的调用，可以通过类中的一个函数完成，而这个函数最好是构造函数。在第 9 章"序列化和保存 ——JSON、YAML、Pickle、CSV 和 XML"中会详细深入介绍。

可以注意到 hard_total 函数和 soft_total 函数并没有完全符合 21 点的规则。在第 2 章"与 Phthon 无缝集成——基本特殊方法"中会对这个问题进行讨论。

### 完成组合对象的初始化

__init__()初始化方法应当返回一个完整的对象，这样是理想的情况。而这样也带来了一些复杂性，因为要创建的对象内部可能包含了集合，集合里面又包含了其他对象。如果可以一步完成对象创建的工作这样是最好的。

通常考虑使用一个流畅接口来完成逐个将对象添加到集合的操作，同时将集合对象作为构造函数的参数来完成初始化。

例如，如下代码段对类的实现。

```
class Hand2:
    def __init__( self, dealer_card, *cards ):
        self.dealer_card= dealer_card
        self.cards = list(cards)
    def hard_total(self ):
        return sum(c.hard for c in self.cards)
    def soft_total(self ):
        return sum(c.soft for c in self.cards)
```

代码中的初始化函数中完成了所有变量实例的赋值操作。其他函数的实现都是从上一个 Hand 类的版本中复制过来的。此处可以用两种方式来创建 Hand2 对象。第 1 种是一次加载一张牌。

```
d = Deck()
P = Hand2( d.pop() )
p.cards.append( d.pop() )
p.cards.append( d.pop() )
```

第 2 种使用*cards 参数一次加载多张牌。

```
d = Deck()
h = Hand2( d.pop(), d.pop(), d.pop() )
```

第 2 种初始化方式给单元测试代码带来了便利，构造一个复合对象只需一步。更重要的是，一步构造复合对象也有利于后续要介绍的序列化。

# 1.9　不带__init__()方法的无状态对象

以下是一个不需要__init__()方法的类定义。对于策略模式的对象来说这是常见的设计。一个**策略**对象以插件的形式复合在主对象上来完成一种算法或逻辑。它或许依赖主对象中的数据，策略对象自身并不携带任何数据。通常策略类会和享元设计模式一起使用：在策略对象中避免内部存储。所有需要的值都从策略对象的方法参数传入。策略对象自身是无状态的，可以把它看作是一系列函数的集合。

这里定义了一个类给 Player 实例提供游戏模式的选择，以下这个策略包括了拿牌和下调投注。

```
class GameStrategy:
    def insurance( self, hand ):
        return False
    def split( self, hand ):
        return False
    def double( self, hand ):
        return False
```

```
def hit( self, hand ):
    return sum(c.hard for c in hand.cards) <= 17
```

每个函数需要传入已有的 Hand 对象。函数逻辑所需的数据基于现有的可用信息，意味着数据会来自庄家和玩家手中的牌。

我们可以创建一个单例的策略对象给多个玩家实例来调用。

```
dumb = GameStrategy()
```

我们也可以根据 21 点给玩家提供的不同玩法，考虑定义一系列像这样的策略对象。

## 1.10  一些其他的类定义

正如前面所提到的，玩家有两种策略：下注和打牌。每个 Player 实例会和模拟器进行很多交互。我们这里把这个模拟器命名为 Table 类。

Table 类的职责需要配合 Player 实例完成以下事件。

● 玩家必须基于玩牌策略初始化一个牌局。

● 随后玩家会得到一手牌。

● 如果手中的牌是可以拆分的，玩家需要在基于当前玩法的情况下决定是否分牌。这会创建新的 Hand 对象。在一些场合中，新分出去的牌是可以再分的。

● 对于每个 Hand 实例，玩家必须基于当前玩法决定叫牌、双倍还是停叫。

● 然后玩家会收到账单，他们可以根据输赢情况来决定之后的游戏策略。

基于以上需求，我们可以看出 Table 类需要提供一些 **API** 函数来获取牌局、创建 Hand 对象、分牌、提供单手和多手策略以及支付，这个对象的职责很多，用于追踪与 Players 集合所有相关操作的状态。

以下是 Table 类中投注和牌的逻辑处理的相关代码。

```
class Table:
    def __init__( self ):
        self.deck = Deck()
    def place_bet( self, amount ):
        print( "Bet", amount )
    def get_hand( self ):
        try:
            self.hand= Hand2( d.pop(), d.pop(), d.pop() )
            self.hole_card= d.pop()
        except IndexError:
            # Out of cards: need to shuffle.
            self.deck= Deck()
            return self.get_hand()
        print( "Deal", self.hand )
        return self.hand
    def can_insure( self, hand ):
        return hand.dealer_card.insure
```

Table 类会被 **Player** 类调用，从而接受牌局、创建 Hand 对象，然后决定手中的牌是否为保险下注。此外，还需要提供一些可以被 Player 类用来获取牌和支付的函数。

在 get_hand() 函数中的异常处理部分，并没有准确的模拟玩牌时的真实场景。这可能会导致统计不正确。更好的模拟方式是，在牌用尽的情况下需要新建一副牌并洗牌，而不是抛出异常。

为了更适当地交互设计并模拟真实的游戏场景，Player 类需要一个下注策略。下注策略是一个状态对象，它决定了初始的下注级别，通常当每局游戏输赢之后可以再次选择不同的下注策略。

理想情况下，希望有多个下注策略对象。Python 中有一个模块包含了很多装饰器，可以用来创建抽象基类。一种非正式的创建策略对象的方式是在基类函数中抛出异常，用以标识一些方法必须在子类中提供实现。

以下代码包含了一个抽象基类和一个子类，用来定义一种下注策略。

```python
class BettingStrategy:
    def bet( self ):
        raise NotImplementedError( "No bet method" )
    def record_win( self ):
        pass
    def record_loss( self ):
        pass


class Flat(BettingStrategy):
    def bet( self ):
        return 1
```

基类中定义了带有默认返回值的方法。抽象基类中的 bet() 方法抛出异常，子类必须给出 bet() 方法的实现。其他方法可以选择是否使用基类的默认实现。前面给出的游戏策略加上这个下注策略，可以模拟出 Play 类中更复杂的__init__()函数的使用场景。

我们可以使用 abc 模块来丰富抽象基类的实现，如以下代码段所示。

```python
import abc
class BettingStrategy2(metaclass=abc.ABCMeta):
    @abstractmethod
    def bet( self ):
        return 1
    def record_win( self ):
        pass
    def record_loss( self ):
        pass
```

它有两个好处：首先，它阻止了对抽象基类 BettingStrategy2 的实例化，其次任何没有提供 bet() 方法实现的子类也是不能被实例化的。如果我们试图创建一个类的实例，而这个类并没有提供抽象方法的实现，程序就会抛出一个异常。

当然，如果基类的抽象方法提供了实现，那么就是合法的，而且可以通过 super().bet() 来调用。

# 1.11 多策略的__init__()方法

有些对象的创建来自多个来源。例如，我们也许需要克隆一个对象作为备忘录模式的一部分，或者冻结一个对象以使它可以用来作为字典的键或放入哈希集合；这也是 set 和 fronezenset 类的实现方式。

有很多全局的设计模式使用了多种方式来创建对象。其中一个为多策略初始化，__init__()函数的实现逻辑较为复杂，也会用到类层次结构中不同的（静态）构造函数。

它们是非常不同的实现方式，在接口的定义上就有根本区别。

**避免克隆方法**

在 Python 中，克隆方法是很少用到的，因为它会引入不必要的重复对象。使用克隆或许意味着没有正确地理解 Python 中面向对象的设计原则。

一个克隆方法为对象创建的细节做了不必要的隐藏，被克隆的源对象无法知道目标对象的结构。然而，如果源对象提供了可读性和封装都良好的接口，反过来（目标对象知道源对象的结构）就是可以接受的。

之前的例子可以被高效的克隆是因为它们非常简单，在下一章中会进行展开描述。然而，为了更详细地说明更多关于对象克隆的基本技巧，我们会讨论一下如何把可变的 Hand 对象冻结成为不可变的 Hand 对象。

以下代码演示了两种创建 Hand 对象的例子。

```
class Hand3:
    def __init__( self, *args, **kw ):
        if len(args) == 1 and isinstance(args[0],Hand3):
            # Clone an existing hand; often a bad idea
            other= args[0]
            self.dealer_card= other.dealer_card
            self.cards= other.cards
        else:
            # Build a fresh, new hand.
            dealer_card, *cards = args
            self.dealer_card= dealer_card
            self.cards= list(cards)
```

第 1 种方式，Hand3 实例从已有的 Hand3 对象创建。第 2 种方式，Hand3 对象的创建基于 Card 实例。

一个 fronzenset 对象的创建可以基于已有的实例，或基于已存在集合对象。下一章会具体介绍创建不可变对象。基于已有的 Hand，创建一个 Hand 对象，可用于创建一个 Hand 对象的备忘录模式，例如下面这段实现。

```
h = Hand( deck.pop(), deck.pop(), deck.pop() )
memento= Hand( h )
```

我们使用 memento 变量来保存 Hand 对象。可以用来比较当前对象和之前被处理的对象，我们也可以冻结它用于集合或映射。

## 1.11.1　更复杂的初始化方式

为了将多策略应用于初始化，通常要被迫放弃显式命名的参数。这样的设计虽然获得了灵活性，却使得参数名不够透明，意图不够明显，需要针对不同的使用场景分别提供文档进行解释说明。

也可以扩展初始化的实现来分离 Hand 对象。要分离的 Hand 对象只需修改构造函数。以下代码段演示了如何分离一个 Hand 对象。

```
class Hand4:
    def __init__( self, *args, **kw ):
        if len(args) == 1 and isinstance(args[0],Hand4):
            # Clone an existing handl often a bad idea
            other= args[0]
            self.dealer_card= other.dealer_card
            self.cards= other.cards
        elif len(args) == 2 and isinstance(args[0],Hand4) and 'split'
in kw:
            # Split an existing hand
            other, card= args
            self.dealer_card= other.dealer_card
            self.cards= [other.cards[kw['split']], card]
        elif len(args) == 3:
            # Build a fresh, new hand.
            dealer_card, *cards = args
            self.dealer_card= dealer_card
            self.cards= list(cards)
        else:
            raise TypeError( "Invalid constructor args={0!r}
kw={1!r}".format(args, kw) )
    def __str__( self ):
        return ", ".join( map(str, self.cards) )
```

这个设计需要传入更多的纸牌对象来创建合适的、分离的 Hand 对象。当我们从一个 Hand4 对象中分离出另一个 Hand4 对象时，使用 split 参数作为索引从原 Hand4 对象中读取 Card 对象。以下代码演示了我们怎样分离出一个 Hand 对象。

```
d = Deck()
h = Hand4( d.pop(), d.pop(), d.pop() )
s1 = Hand4( h, d.pop(), split=0 )
s2 = Hand4( h, d.pop(), split=1 )
```

我们初始化了一个 Hand4 类的实例然后再分离出其他的 Hand4 实例,命名为 s1 和 s2,然后将 Card 对象传入每个 Hand 对象。在 21 点的规则中,只有当手中两张牌大小相等的时候才可允许分牌。可以看到 __init__()函数的逻辑已经非常复杂,优势在于,它可以基于已有集合同时创建多个像 fronzenset 这样的对象。然而也将需要更多的注释和文档来说明这些行为。

### 1.11.2 静态函数的初始化

当我们有多种方式来创建一个对象时,有时使用静态函数好过使用复杂的 __init__()函数。

也可以考虑使用类函数作为初始化的另一种选择,然而将依赖的对象作为参数传入函数会更好。当冻结或分离一个 Hand 对象时,我们或许希望创建两个新的静态函数来完成任务。使用静态函数作为代理构造函数在语法上略有差别,但是在代码的组织上却有明显的优势。

以下是 Hand 类的实现,使用了静态函数来完成初始化,从已有的 Hand 实例创建两个新实例。

```python
class Hand5:
    def __init__( self, dealer_card, *cards ):
        self.dealer_card= dealer_card
        self.cards = list(cards)
    @staticmethod
    def freeze( other ):
        hand= Hand5( other.dealer_card, *other.cards )
        return hand
    @staticmethod
    def split( other, card0, card1 ):
        hand0= Hand5( other.dealer_card, other.cards[0], card0 )
        hand1= Hand5( other.dealer_card, other.cards[1], card1 )
        return hand0, hand1
    def __str__( self ):
        return ", ".join( map(str, self.cards) )
```

使用一个函数完成了冻结和备忘录模式,用另一个函数将 Hand5 对象分离为两个子实例。这样既可以增强可读性,也不必使用参数名称来解释接口意图。

以下代码段演示了我们如何把 Hand5 对象进行分离:

```python
d = Deck()
h = Hand5( d.pop(), d.pop(), d.pop() )
s1, s2 = Hand5.split( h, d.pop(), d.pop() )
```

我们创建了一个 Hand5 类的 h 实例,把它分为另外两个 Hand 实例,名为 s1 和 s2,然后分别为它们赋值。而使用 __init__()函数实现同样的功能时,split()静态函数的实现版本简化了很多。然而它并没有遵守一个原则:使用已有的 set 对象来创建 fronzenset 对象。

## 1.12 更多的 __init__()技术

我们再来看一下其他一些更高级的 __init__()技术的应用。相比前面的介绍,它们的应用场景不是特别常见。

以下是 Player 类的定义，初始化使用了两个策略对象和一个 table 对象。这个__init__()函数看起来不够漂亮。

```
class Player:
    def __init__( self, table, bet_strategy, game_strategy ):
        self.bet_strategy = bet_strategy
        self.game_strategy = game_strategy
        self.table= table
    def game( self ):
        self.table.place_bet( self.bet_strategy.bet() )
        self.hand= self.table.get_hand()
        if self.table.can_insure( self.hand ):
            if self.game_strategy.insurance( self.hand ):
                self.table.insure( self.bet_strategy.bet() )
        # Yet more... Elided for now
```

Player 类中的__init__()函数的行为似乎仅仅是保存对象。代码逻辑只是把参数的值复制到同样名称的变量中。如果我们有很多参数，复制逻辑会显得臃肿且重复。

我们可以像如下代码这样使用这个 Player 类（和相关对象）。

```
table = Table()
flat_bet = Flat()
dumb = GameStrategy()
p = Player( table, flat_bet, dumb )
p.game()
```

我们可以通过把关键字参数值直接转换为内部变量，以提供一个非常短而且灵活的初始化方式。

以下是一种使用关键字参数值来创建 Player 类的方式。

```
class Player2:
    def __init__( self, **kw ):
        """Must provide table, bet_strategy, game_strategy."""
        self.__dict__.update( kw )
    def game( self ):
        self.table.place_bet( self.bet_strategy.bet() )
        self.hand= self.table.get_hand()
        if self.table.can_insure( self.hand ):
            if self.game_strategy.insurance( self.hand ):
                self.table.insure( self.bet_strategy.bet() )
        # etc.
```

为了换来简洁的代码，这种实现方式牺牲了大量的可读性。它使得代码意图变得模糊。

既然__init__()函数缩减到了一行，函数的很多多余的重复逻辑也被拿掉了。然而这种多余也被转化为对象各自的构造函数表达式。既然我们不再使用位置参数，那么我们就需要为对象初始化表达式提供参数名，如以下代码段所示。

```
p2 = Player2( table=table, bet_strategy=flat_bet, game_strategy=dumb )
```

为什么这样做？

这样的类设计非常容易扩展，我们几乎不用担心是否需要传入额外的参数给构造函数。

以下是调用的例子。

```
>>> p1= Player2( table=table, bet_strategy=flat_bet, game_
strategy=dumb)
>>>p1.game()
```

以下代码演示了这个设计带来的可扩展性。

```
>>> p2= Player2( table=table, bet_strategy=flat_bet, game_
strategy=dumb, log_name="Flat/Dumb" )
>>>p2.game()
```

我们添加了一个 log_name 属性而并不需要修改类定义，这个属性或许可以用来进行统计分析。Player2.log_name 属性可以用于日志的注解或其他数据。

这里存在一个限制，我们只可以添加类内部不会发生冲突的参数名。在创建子类时需要了解类的实现，以避免关键字参数名冲突。由于**kw 参数提供了很少的信息，我们不得不去知道它的实现细节。可在大多数情况下，我们要相信一个类并使用它而不是去查看它的实现细节。

这种基于关键字的初始化可以放在基类中实现，以简化子类。当新需求导致需要添加参数时，我们不必在每个子类中都实现一个\_\_init\_\_()函数。

这种实现方式的弊端在于存在一些变量在子类中没有提供文档说明。当仅需要添加一个变量时，可能需要改变整个类层次结构。第 1 个变量添加之后往往还会需要第 2 个和第 3 个。在设计的开始，我们应当考虑设计一些灵活的子类，而不是完美的基类。

我们可以（而且应该）像下面代码段那样同时使用位置变量和关键字变量。

```
class Player3( Player ):
    def __init__( self, table, bet_strategy, game_strategy, **extras
):
        self.bet_strategy = bet_strategy
        self.game_strategy = game_strategy
        self.table= table
        self.__dict__.update( extras )
```

这种方式看起来比完全开放的定义更明智。我们把必需的参数设为位置参数，把可选参数通过关键字参数传入。这也演示了如何通过 extra 关键字参数把可选参数传入\_\_init\_\_()函数。

这样的灵活性，基于关键字的初始化依赖于我们是否已经定义了相对透明的类。这种实现需要特别关注一下命名，因为关键字参数名是开放式的，要避免调试过程中发生命名冲突。

## 1.12.1　带有类型验证的初始化

需要类型验证的场景很少。从某种程度上说，这是对 Python 的误解。从概念上来看，类型验证是为了验证所有的参数类型是恰当的类型，而这里对"恰当"的定义往往作用不大。

这和验证对象是否符合其他标准是不同的，例如数字范围检查和防止无限循环。

在__init__()函数中实现以下逻辑可能会带来问题。

```
class ValidPlayer:
    def __init__( self, table, bet_strategy, game_strategy ):
        assert isinstance( table, Table )
        assert isinstance( bet_strategy, BettingStrategy )
        assert isinstance( game_strategy, GameStrategy )

        self.bet_strategy = bet_strategy
        self.game_strategy = game_strategy
        self.table= table
```

这里使用了 isinstance() 函数检查了每个类型的合法性。

我们编写了玩牌游戏模拟器并通过不断地改变 GameStrategy 类来进行实验。由于它们都很简单（只有 4 个函数），继承的好处不够凸显，我们可以单独定义每个子类而不再定义基类。

正如本例中所演示的，我们将不得不创建子类，目的只是为了通过初始化过程的错误检查，而未能从抽象基类继承到任何可用的代码。

其中一个最大的鸭子类型问题是关于数值类型的，不同的数值类型会在不同的上下文工作。试图验证参数类型也许会导致原本工作很好的一个数值类型不再工作。当试图验证时，在 Python 中我们有以下两种选择。

● 为不是很广泛的集合类型加验证。一旦代码不工作了我们将会知道本该允许使用的类型被禁止了。

● 针对相对广泛的集合类型，通常不考虑加验证，一旦代码不工作了我们将会知道我们使用了一个不允许使用的类型。

这两点基本表达了相同的意思。代码某一天可能会无效，要么是因为一个本该允许的类型被禁止了，要么是使用了被禁止的类型。

**允许任何类型**

一般在 Python 中允许使用任何类型。关于这一点，在第 4 章"抽象基类设计的一致性"中会再次回顾。

面临这样一个问题：为什么要限制未来潜在的使用场景？

而通常没有一个合理的理由来说明这一点。

为了不为以后的应用场景带来阻碍，可以考虑提供文档、测试和调试日志来帮助其他程序员理解哪些类型限制是可以被处理的。为了使工作量最小化，无论如何我们都必须提供文档、日志和测试用例。

以下是一段示例文档，用于说明类所需的参数。

```
class Player:
    def __init__( self, table, bet_strategy, game_strategy ):
        """Creates a new player associated with a table,
         and configured with proper betting and play strategies
        :param table: an instance of :class:'Table'
        :param bet_strategy: an instance of :class:'BettingStrategy'
        :param game_strategy: an instance of :class:'GameStrategy'
        """
        self.bet_strategy = bet_strategy
        self.game_strategy = game_strategy
        self.table= table
```

当使用这个类时，就会从文档得知类的参数需求。可以传入任何类型。如果类型和期望的类型不兼容，那么代码将会不工作。理想情况下，我们会使用文档测试（doctest）和单元测试(unittest)来发现这些异常的场景。

## 1.12.2 初始化、封装和私有化

关于 Python 中的私有化可以概括为：大家都是成年人。

面向对象设计使得接口和实现有了很大的差别，这也是封装的意义。一个类封装了一种数据结构、一个算法和一个外部接口等，程序设计的目的是要把接口与实现分离。

然而，没有编程语言会暴露出所有设计的细节。对于 Python，也是如此。

关于类设计的一个方面，这一点没有用代码演示：对象中有关私有（实现）和公有（接口）函数或属性的差异。有些编程语言只是在概念上支持私有（C++或 Java 是两个例子）已经很复杂了。这类语言中的访问修饰符包括了私有、保护、公有和"未指定"，可以理解为半私有。私有关键字经常被错误使用，为子类的定义带来了没必要的复杂性。

Python 中私有的概念很简单，如下所示。

● 基本都是公有。源代码随时可修改，大家都是成年人，没有什么是可以真正被隐藏的。

● 传统上，我们会使用命名来表明哪些不是完全公有的。它们通常是容易变化的具体实现细节，然而并不存在正式的、概念上的私有。

Python 中的部分函数以_命名，标记为不完全公有。help()函数通常会忽略这类函数。可以使用像 Sphinx 这样的工具从文档中查找出它们的命名。

Python 的内部命名以__起始（和结尾）。这也是 Python 如何避免内部和外部应用程序发生冲突的方式。这些内部集合的命名方式完全只是参考。毕竟，没有必要在代码中试图使用___前缀来定义一个"超级私有"的属性或函数。如果这样做的话就为以后制造了一个潜在的麻烦，当新版本的 Python 发布并使用了同样命名的函数或属性时，就会有命名冲突。我们还有可能和新版本中的其他名称发生冲突。

Python 中关于可见度的命名规则如下所示。

- 大部分名称是公有的。

- 以__开始的名字通常不完全公有。使用它们来命名那些经常变化的函数，这些函数通常是实现细节。

- 以__作为前缀和后缀的函数通常是 Python 内部的。程序中不该使用；命名要参考编程语言的定义。

通常，Python 中的命名是根据函数（或属性）的目的来定义的，并提供文档说明。通常接口函数会有说明文档以及文档测试的例子，而实现细节的函数就不必了，提供简单的说明就可以了。

对于刚接触 Python 的程序员，有时会对私有化不是很常用而感到惊讶。可对于已经熟悉 Python 的程序员也会同样惊讶于，为了不必要的私有和公有定义的顺序而浪费很多脑细胞。因为函数名和文档已经把意图描述的很明白了。

# 1.13 总结

在本章中，我们回顾了几种__init__()函数的设计方法。在下一章中，我们会介绍特殊方法，包括一些高级的方法。

# 第2章
# 与 Python 无缝集成——基本
# 特殊方法

Python 中有一些特殊方法，它们允许我们的类和 Python 更好地集成。在标准库参考（Standard Library Reference）中，它们被称为基本特殊方法，是与 Python 的其他特性无缝集成的基础。

例如，我们用字符串来表示一个对象的值。Object 基类包含了__repr__()和__str__()的默认实现，它们提供了一个对象的字符串描述。遗憾的是，这些默认的实现不够详细。我们几乎总会想重写它们中的一个或两个。我们还会介绍__format__()，它更加复杂一些，但是和上面两个方法的作用相同。

我们还会介绍其他的转换方法，尤其是__hash__()、__bool__()和__bytes__()。这些方法可以把一个对象转换成一个数字、一个布尔值或者一串字节。例如，当我们实现了__bool__()，我们就可以像下面这样在 if 语句中使用我们的对象：if someobject:。

接下来，我们会介绍实现了比较运算符的几个特殊方法：__lt__()、__le__()、__eq__()、__ne__()、__gt__()和__ge__()。

当我们定义一个类时，几乎总是需要使用这些基本的特殊方法。

我们会在最后介绍__new__()和__del__()，因为它们的使用更加复杂，而且相比于其他的特殊方法，我们并不会经常使用它们。

我们会详细地介绍如何用这些特殊方法来扩展一个简单类。我们需要了解从 object 继承而来的默认行为，这样，我们才能理解应该在什么时候使用重写，以及如何使用它。

## 2.1 __repr__()和__str__()方法

对于一个对象，Python 提供了两种字符串表示。它们和内建函数 repr()、str()、print()及 string.format()的功能是一致的。

- 通常，str()方法表示的对象对用户更加友好。这个方法是由对象的__str__方法实现的。
- repr()方法的表示通常会更加技术化，甚至有可能是一个完整的 Python 表达式。文档中写道：

对于大多数类型，这个方法会尝试给出和调用 eval() 一样的结果。

这个方法是由__repr__()方法实现的。

● print()函数会调用 str() 来生成要输出的对象。

● 字符串的 format() 函数也可以使用这些方法。当我们使用{!r}或者{!s}格式时，我们实际上分别调用了__repr__()或者__str__()方法。

下面我们先来看一下这些方法的默认实现。

下面是一个很简单的类。

```
class Card:
    insure= False
    def __init__( self, rank, suit ):
        self.suit= suit
        self.rank= rank
        self.hard, self.soft = self._points()
class NumberCard( Card ):
    def _points( self ):
        return int(self.rank), int(self.rank)
```

我们定义了两个简单类，每个类包含 4 个属性。

下面是在命令行中使用 NumberCard 类的结果。

```
>>> x=NumberCard( '2', '♣')
>>>str(x)
'<__main__.NumberCard object at 0x1013ea610>'
>>>repr(x)
'<__main__.NumberCard object at 0x1013ea610>'
>>>print(x)
<__main__.NumberCard object at 0x1013ea610>
```

可以看到，__str__()和__repr__()的默认实现并不能提供非常有用的信息。

在以下两种情况下，我们可以考虑重写__str__()和__repr__()。

● **非集合对象**：一个不包括任何其他集合对象的"简单"对象，这类对象的格式化通常不会特别复杂。

● **集合对象**：一个包含集合的对象，这类对象的格式化会更为复杂。

## 2.1.1  非集合对象的__str__()和__repr__()

正如我们在前面看到的，__str__()和__repr__()并没有提供有用的信息，我们几乎总是需要重载它们。下面是当对象中不包括集合时我们可以使用的一种方法。这些方法是我们前面定义的 Card 类的方法。

```
    def __repr__( self ):
        return "{__class__.__name__}(suit={suit!r}, rank={rank!r})".
format(
```

```
            __class__=self.__class__, **self.__dict__)
    def __str__( self ):
        return "{rank}{suit}".format(**self.__dict__)
```

这两个方法依赖于如何将对象的内部实例变量 __dict__ 传递给 format() 函数。这种方式对于使用 __slots__ 的函数并不合适，通常来说，这些都是不可变的对象。在格式规范中使用名字可以让格式化更加可读，不过它也让格式化模板更长。以 __repr__() 为例，我们传递了 __dict__ 和 __class__ 作为 format() 函数的参数。

格式化模板使用了两种格式化的规范。

- {__class__.__name__} 模板，有时候也被写成 {__class__.__name__!s}，提供了类名的简单字符串表示。
- {suit!r} 和 {rank!r} 模板，它们都使用了 !r 格式规范来给 repr() 方法提供属性值。

以 __str__() 为例，我们只传递了对象的 __dict__，而内部则是隐式使用了 {!s} 格式规范来提供 str() 方法的属性值。

## 2.1.2　集合中的 __str__() 和 __repr__()

涉及集合的时候，我们需要格式化集合中的单个对象以及这些对象的整体容器。下面是一个包含 __str__() 和 __repr__() 的简单集合。

```
class Hand:
    def __init__( self, dealer_card, *cards ):
        self.dealer_card= dealer_card
        self.cards= list(cards)
    def __str__( self ):
        return ", ".join( map(str, self.cards) )
    def __repr__( self ):
        return "{__class__.__name__}({dealer_card!r}, {_cards_str})".
format(
            __class__=self.__class__,
            _cards_str=", ".join( map(repr, self.cards) ),
            **self.__dict__ )
```

__str__() 方法很简单。

1. 调用 map 函数对集合中的每个对象使用 str() 方法，这会基于返回的字符串集合创建一个迭代器。
2. 用 ",".join() 将所有对象的字符串表示连接成一个长字符串。

__repr__() 方法更加复杂。

1. 调用 map 函数对集合中的每个对象应用 repr() 方法，这会基于返回的结果集创建一个迭代器。
2. 使用 ".".join() 连接所有对象的字符串表示。
3. 用 __class__、集合字符串和 __dict__ 中的不同属性创建一些关键字。我们将集合字符串命名为 __card__str，这样就不会和现有的属性冲突。

4. 用"{\_\_class\_\_.\_\_name\_\_}({dealer\_card!r}, {\_cards\_str})".format()来连接类名和之前连接的对象字符串。我们使用!r格式化来保证属性也会使用 repr()来转换。

在一些情况下，我们可以优化这个过程，让它更加简单。在格式化中使用位置参数可以在一定程度上简化模板字符串。

## 2.2 \_\_format\_\_()方法

string.format()和内置的 format()函数都使用了\_\_format\_\_()方法。它们都是为了获得给定对象的一个符合要求的字符串表示。

下面是给\_\_format\_\_()传参的两种方式。

● someobject.\_\_format\_\_("")：当应用程序中出现 format(someobject) 或者 "{0}".format(someobject)时，会默认以这种方式调用\_\_format\_\_()。在这些情况下，会传递一个空字符串，\_\_format\_\_()的返回值会以默认格式表示。

● someobject.\_\_format\_\_(specification)：当应用程序中出现 format(someobject, specification) 或者"{0:specification}".format (someobject)"时，会默认以这种方式调用\_\_format\_\_()。

注意，"{0!r}".format()和"{0!s}".format()并不会调用\_\_format\_\_()方法。它们会直接调用\_\_repr\_\_()或者\_\_str\_\_()。

当 specification 是""时，一种合理的返回值是 return str(self)，这为各种对象的字符串表示形式提供了明确的一致性。

在一个格式化字符串中，":"之后的文本都属于格式规范。当我们写"{0:06.4f}"时，06.4f 是应用在项目 0 上的格式规范。

Python 标准库的 6.1.3.1 节定义了一个复杂的数值规范，它是一个包括 9 个部分的字符串。这就是格式规范的基本语法，它的语法如下。

```
[[fill]align][sign][#][0][width][,][.precision][type]
```

这些规范的正则表示如下。

```
re.compile(
r"(?P<fill_align>.?[\<\>=\^])?"
"(?P<sign>[-+ ])?"
"(?P<alt>#)?"
"(?P<padding>0)?"
"(?P<width>\d*)"
"(?P<comma>,)?"
"(?P<precision>\.\d*)?"
"(?P<type>[bcdeEfFgGnosxX%])?" )
```

这个正则表达式将规范分解为 8 个部分。第 1 部分同时包括了原本规范中的 fill 和 alignment

字段。我们可以利用它们定义我们的类中的数值类型的格式。

但是，Python 格式规范的语法有可能不能很好地应用到我们之前定义的类上。所以，我们可能需要定义我们自己的规范化语法，并且使用我们自己的 __format__() 方法来处理它。如果我们定义的是数值类型，那么我们应该使用 Python 中内建的语法。但是，对于其他类型，没有理由坚持使用预定义的语法。

例如，下面是我们自定义的一个微型语言，用 %r 来表示 rank，用 %s 来表示 suit，用 % 代替 %%，所有其他的文本保持不变。

我们可以用下面的格式化方法扩展 Card 类。

```python
def __format__( self, format_spec ):
    if format_spec == "":
        return str(self)
    rs= format_spec.replace("%r",self.rank).replace("%s",self.suit)
    rs= rs.replace("%%","%")
    return rs
```

方法签名中，需要一个 format_spec 作为格式规范参数。如果没有提供这个参数，那么就会使用 str() 函数来返回结果。如果提供了格式规范参数，就会用 rank、suit 和 % 字符替换规范中对应的部分，来生成最后的结果。

这允许我们使用下面的方法来格式化牌。

```python
print( "Dealer Has {0:%r of %s}".format( hand.dealer_card) )
```

其中，("%r of %s") 作为格式化参数传入 __format__() 方法。通过这种方式，我们能够为描述自定义对象提供统一的接口。

或者，我们可以用下面的方法：

```python
default_format= "some specification"
def __str__( self ):
    return self.__format__( self.default_format )
def __format__( self, format_spec ):
    if format_spec == "": format_spec = self.default_format
    # process the format specification.
```

这种方法的优点是把所有与字符串表示相关的逻辑放在 __format__() 方法中，而不是分别写在 __format__() 和 __str__() 里。但是，这样做有一个缺点，因为并非每次都需要实现 __format__() 方法，但是我们总是需要实现 __str__()。

## 2.2.1 内嵌格式规范

string.format() 方法可以处理 {} 中内嵌的实例，替换其中的关键字，生成新的格式规范。这种替换是为了生成最后传入 __format__() 中的格式化字符串。通过使用这种内嵌的替换，我们可以使用一种更加简单的带参数的更加通用的格式规范，而不是使用相对复杂的数值格式。

下面是使用内嵌格式规范的一个例子，它让 format 参数中的 width 更容易改变：

```
width=6
for hand,count in statistics.items():
    print( "{hand}{count:{width}d}".format(hand=hand,count=count,width= width) )
```

我们定义了一个通用的格式，"{hand}{count:{width}d}"，它需要一个 width 参数，才算是一个正确的格式规范。

通过 width=参数提供的值会被用来替换{width}。替换完成后，完整的格式化字符串会作为__format__()方法的参数使用。

## 2.2.2  集合和委托格式规范

当格式化一个包含集合的对象时，我们有两个难题：如何格式化整个对象和如何格式化集合中的对象。以 Hand 为例，其中包含了 Cards 类的集合。我们会更希望可以将 Hand 中一部分格式化的逻辑委托给 Card 实例完成。

下面是 Hand 中的__format__()方法。

```
def __format__( self, format_specification ):
    if format_specification == "":
        return str(self)
    return ", ".join( "{0:{fs}}".format(c, fs=format_specification)
        for c in self.cards )
```

Hand 集合中的每个 Card 实例都会使用 format_specification 参数。对于每一个 Card 对象，都会使用内嵌格式规范的方法，用 format_specification 创建基于"{0:{fs}}"的格式。通过这样的方法，一个 Hand 对象 player_hand，可以以下面的方法格式化：

```
"Player: {hand:%r%s}".format(hand=player_hand)
```

这会将%r%s 格式规范应用在 Hand 对象中的每个 Card 实例上。

# 2.3  __hash__()方法

内置的 hash()函数默认调用了__hash__()方法。哈希是一种将相对复杂的值简化为小整数的计算方式。理论上说，一个哈希值可以表示出源值的所有位。还有一些其他的哈希方法，会得出非常大的值，这样的算法通常用于密码学。

Python 中有两个哈希库。其中，hashlib 可以提供密码级别的哈希函数，zlib 模块包含两个高效的哈希函数：adler32()和 crc32()。对于相对简单的值，我们不使用这些内置的函数，对于复杂的或者很大的值，这些内置的函数可以提供很大的帮助。

hash()函数（以及与其相关联的__hash__()方法）主要被用来创建 set、frozenset 和 dict 这些集合类型的键。这些集合利用不可变对象的哈希值来高效地查找集合中的对象。

在这里，不可变性是非常重要的，我们还会多次提到它。不可变对象不会改变自己的状态。例如，数字 3 不会改变状态，它永远是 3。对于更复杂的对象，同样可以有一个不变的状态。Python

中的 string 是不可变的,所以它们可以被用作 map 和 set 的键。

object 中默认的 \_\_hash\_\_ () 方法的实现是基于对象内部的 ID 值生成哈希值。这个 ID 值可以用 id() 函数查看:

```
>>> x = object()
>>>hash(x)
269741571
>>>id(x)
4315865136
>>>id(x) / 16
269741571.0
```

可以看到,在笔者的系统中,哈希值是用对象的 id 除以 16 算出来的。对于不同的平台,哈希值的计算方法有可能不同。例如,CPython 使用 portable c 库,而 Jython 则基于 JVM。

这里最关键的是,在 \_\_hash\_\_ () 和内部的 ID 之间有很强的依赖关系。\_\_hash\_\_ () 方法默认的行为是要保证每一个对象都是可哈希的,并且哈希值是唯一的,即使这些对象包含同样的值。

如果我们希望包含同样值的不同对象有相同的哈希值,就需要修改这个方法。在下一节中,我们会展示一个例子,这个例子中,具有相同值的两个 Card 实例被当作相同的对象。

## 2.3.1    决定哈希的对象

并非每个对象都需要提供一个哈希值,尤其是,当我们创建一个包含有状态、可改变对象的类时,这个类不应该返回哈希值。\_\_hash\_\_ 的定义应该是 None。

另外,对于不可变的对象,可以显式地返回一个哈希值,这样这个对象就可以用作字典中的一个键或者集合中的一个成员。在这种情况下,哈希值需要和相等性判断的实现方式兼容。相同的对象返回不同的哈希值是很糟糕的实践。反之,具有相同哈希值的对象互相不等是可以接受的。

我们将在比较运算符一章中讲解的 \_\_eq\_\_ () 方法也和哈希有紧密的关联。

等价性比较有 3 个层次。

- **哈希值相等**:这意味两个对象可能相等。哈希值是判断两个对象有可能相等的快捷方式。如果哈希值不同,两个对象不可能相等,也不可能是同一个对象。
- **比较结果相等**:这意味着两个对象的哈希值已经是相等的,这个比较用的是==运算符。如果结果相等,那么两个对象有可能是同一个。
- **IDD 相等**:这意味着两个对象是同一个对象。它们的哈希值相同,并且使用==的比较结果相等,这个比较用的是 is 运算符。

基本哈希法(Fundamental Law of Hash,FLH)定义如下:比较相等的对象的哈希值一定相同。

我们可以认为哈希比较是等价性比较的第 1 步。

反之则不成立,有相同哈希值的对象不一定相等。当创建集合或字典时,这带来了==预期的处理开销。我们没有办法从更大的数据结构中可靠地创建 64 位不同的哈希值,这时就会出现不同的对象的哈希值碰巧相等的情况。

巧合的是，当使用 sets 和 dicts 的时候，计算哈希值相等是预期的开销。这些集合中有一些内置的算法，当哈希值出现冲突的时候，它们会使用备用的位置。

对于以下 3 种情况，需要使用__eq__()和__hash__()方法来定义相等性测试和哈希值。

- **不可变对象**：这些是不可以修改的无状态类型对象，例如 tuple、namedtuple 和 frozenset。我们针对这种情况有两个选择。
  - ◆ 不用自定义__hash__()和__eq__()。这意味着直接使用继承而来的行为。这种情况下，__hash__()返回一个简单的函数代表对象的 ID 值，然后__eq__()比较对象的 ID 值。默认相等性测试的行为有时候比较反常。我们的应用程序可能会需要 Card(1, Clubs)的两个实例来测试相等性和计算哈希值，但是默认情况下这不会发生。
  - ◆ 自定义__hash__()和__eq__()。请注意，这种自定义必须是针对不可变对象。
- **可变对象**：这些都是有状态的对象，它们允许从内部修改。设计时，我们有一个选择如下。
  - ◆ 自定义__eq__()，但是设置__hash__为 None。这些对象不可以用作 dict 的键和 set 中的项目。

除了上面的选择之外，还有一种可能的组合：自定义__hash__()但使用默认的__eq__()。但是，这简直是浪费代码，因为默认的__eq__()方法和 is 操作符是等价的。对于相同的行为，使用默认的__hash__()方法只需要写更少的代码。

接下来，我们细致地分析一下以上 3 种选择。

## 2.3.2 有关不可变对象和继承的默认行为

首先，我们来看看默认行为是如何工作的。下面是一个使用了默认__hash__()和__eq__()的简单类。

```
class Card:
    insure= False
    def __init__( self, rank, suit, hard, soft ):
        self.rank= rank
        self.suit= suit
        self.hard= hard
        self.soft= soft
    def __repr__( self ):
        return "{__class__.__name__}(suit={suit!r}, rank={rank!r})".
format(__class__=self.__class__, **self.__dict__)
    def __str__( self ):
        return "{rank}{suit}".format(**self.__dict__)

class NumberCard( Card ):
    def __init__( self, rank, suit ):
        super().__init__( str(rank), suit, rank, rank )

class AceCard( Card ):
    def __init__( self, rank, suit ):
```

```
        super().__init__( "A", suit, 1, 11 )

class FaceCard( Card ):
    def __init__( self, rank, suit ):
        super().__init__( {11: 'J', 12: 'Q', 13: 'K' }[rank], suit, 10, 10 )
```

这是一个基本的不可变对象的类结构。我们还没有实现防止属性更新的特殊方法。我们会在下一章中介绍属性访问。

接下来，我们使用之前定义的类。

```
>>> c1 = AceCard( 1, '♣' )
>>> c2 = AceCard( 1, '♣' )
```

我们定义了两个看起来一样的 Card 实例。我们可以用下面的代码获得 id() 的值。

```
>>>print( id(c1), id(c2) )
4302577232 4302576976
```

可以看到，它们的 id() 值不同，说明它们是两个不同的对象。这正是我们期望的行为。

我们还可以用 is 运算符检测它们是否相同。

```
>>>c1 is c2
False
```

"is 测试"基于 id() 的值，它表明，这两个对象确实是不同的。

我们可以看到，它们的哈希值也是不同的。

```
>>>print( hash(c1), hash(c2) )
268911077 268911061
```

这些哈希值是根据 id() 的值计算出来的。对于继承的方法，这正是我们期望的行为。在这个例子中，我们可以用下面的代码用 id() 计算出哈希值。

```
>>>id(c1) / 16
268911077.0
>>>id(c2) / 16
268911061.0
```

由于哈希值不同，因此它们比较的结果肯定不同。这符合哈希和相等性的定义。但是，这和我们对这个类的预期不同。下面是一个相等性测试。

```
>>>print( c1 == c2 )
False
```

我们之前用相等的参数创建了这两个对象，但是它们不相等。在一些应用程序中，这样的行为可能不是所期望的。例如，当统计庄家牌的点数时，我们不想因为使用了 6 副牌而把同一张牌统计 6 次。

可以看到，由于我们可以把它们存入 set 中，因此它们一定是不可变对象。

```
>>>print( set( [c1, c2] ) )
{AceCard(suit='♣', rank=1), AceCard(suit='♣', rank=1)}
```

这是标准参考库中记录的行为。默认地，我们会得到一个基于对象 ID 值的__hash__()方法，这样每一个实例都是唯一的。但我们并非总是需要这样的行为。

## 2.3.3  重载不可变对象

下面是一个重载了__hash__()和__eq__()定义的简单类。

```
class Card2:
    insure= False
    def __init__( self, rank, suit, hard, soft ):
        self.rank= rank
        self.suit= suit
        self.hard= hard
        self.soft= soft
    def __repr__( self ):
        return "{__class__.__name__}(suit={suit!r}, rank={rank!r})".
format(__class__=self.__class__, **self.__dict__)
    def __str__( self ):
        return "{rank}{suit}".format(**self.__dict__)
    def __eq__( self, other ):
        return self.suit == other.suit and self.rank == other.rank
    def __hash__( self ):
        return hash(self.suit) ^ hash(self.rank)
class AceCard2( Card2 ):
    insure= True
    def __init__( self, rank, suit ):
        super().__init__( "A", suit, 1, 11 )
```

原则上，这个对象应该是不可变的。但是，我们还没有引入让它成为真正的不可变对象的机制。在第 3 章中，我们会探讨如何防止属性值被改变。

同时，请注意，上述代码中省略了上个例子中的两个子类，因为它们的代码和之前一样。

__eq__()方法比较了两个初始值：suit 和 rank，而没有比较对象中从 rank 继承而来的值。

21 点的规则让这样的定义看起来有些奇怪。在 21 点中，suit 并不重要。那么是不是我们只需要比较 rank 就可以了？我们是否应该再定义一个方法只比较 rank？或者，我们是否应该相信应用程序可以用合适的方式比较 rank？对于这 3 个问题，没有最好的答案，因为这些都是权宜的方法。

hash()方法函数通过对两个基本数字的所有位取异或计算出一种新的位模式。用^运算符是另外一种快速但不好的方法。对于更复杂的对象，最好能使用更合理的方法。在开始自己造轮子之前可以先看看 ziplib。

接下来，我们看看这些类的对象是如何工作的。我们预期它们是等价的，并且能够用于 set 和 dict 中。以下是两个对象。

```
>>> c1 = AceCard2( 1, '♣' )
>>> c2 = AceCard2( 1, '♣' )
```

我们定义了两个看起来似乎相同的对象。但是，通过查看 ID 的值，我们可以确保它们事实上是不同的。

```
>>>print( id(c1), id(c2) )
4302577040 4302577296
>>>print( c1 is c2 )
False
```

这两个对象的 id() 返回值不同。如果用 is 运算符比较它们，可以看到，它们是两个不同的对象。

接下来，我们比较它们的哈希值。

```
>>>print( hash(c1), hash(c2) )
1259258073890 1259258073890
```

可以看到，哈希值是相同的，也就是说它们有可能相等。

==运算符比较的结果和我们预期的一样，它们是相等的。

```
>>>print( c1 == c2 )
True
```

由于这两个都是不可变的对象，因此我们可以将它们放进 set 里。

```
>>>print( set( [c1, c2] ) )
{AceCard2(suit='♣', rank='A')}
```

对于复杂的不可变对象，这样的行为和我们预期的一致。我们必须同时重载这两个特殊方法来使结果一致并且有意义。

## 2.3.4  重载可变对象

这个例子会继续使用 Cards 类。可变的牌听起来有些奇怪，甚至是错误的。但是，我们只会对前面的例子做一个小改变。

下面的类层次结构中，我们重载了可变对象的__hash__()和__eq__()。

```
class Card3:
    insure= False
    def __init__( self, rank, suit, hard, soft ):
        self.rank= rank
        self.suit= suit
        self.hard= hard
        self.soft= soft
    def __repr__( self ):
        return "{__class__.__name__}(suit={suit!r}, rank={rank!r})".
format(__class__=self.__class__, **self.__dict__)
    def __str__( self ):
        return "{rank}{suit}".format(**self.__dict__)
    def __eq__( self, other ):
        return self.suit == other.suit and self.rank == other.rank
        # and self.hard == other.hard and self.soft == other.soft
    __hash__ = None
class AceCard3( Card3 ):
```

```
        insure= True
    def __init__( self, rank, suit ):
        super().__init__( "A", suit, 1, 11 )
```

接下来，让我们看看这些类对象的行为。我们期望的行为是，它们在比较中是相等的，但是不可以用于 set 和 dict。我们创建了如下两个对象。

```
>>> c1 = AceCard3( 1, '♣' )
>>> c2 = AceCard3( 1, '♣' )
```

我们再次定义了两个看起来相同的牌。

下面，我们看看它们的 ID 值，确保它们实际上是不同的两个实例。

```
>>>print( id(c1), id(c2) )
4302577040 4302577296
```

和我们预期的一样，它们的 ID 值不同。接下来，让我们看看是否可以获得哈希值。

```
>>>print( hash(c1), hash(c2) )
Traceback (most recent call last):
  File "<stdin>", line 1, in <module>
TypeError: unhashable type: 'AceCard3'
```

因为\_\_hash\_\_被设为 None，所以这些用 Card3 生成的对象不可以被哈希，也就无法通过 hash()函数提供哈希值了。这正是我们预期的行为。

我们可以用下面的代码比较这两个对象。

```
>>>print( c1 == c2 )
True
```

比较的结果和我们预期的一样，这样我们就仍然可以使用==来比较它们，只是这两个对象不可以存放在 set 中或者用作 dict 的键。

下面是当我们试图将这两个对象插入 set 中时的结果。

```
>>>print( set( [c1, c2] ) )
Traceback (most recent call last):
  File "<stdin>", line 1, in <module>
TypeError: unhashable type: 'AceCard3'
```

当试图插入 set 中时，我们得到了一个适当的异常。

很明显，对于生活中的一些不可变的对象，例如一张牌，这样的定义并不合适。这种定义方式更适合有状态的对象，例如 Hand，因为手中的牌时常改变。下面的部分，我们会展示第 2 个有状态对象的例子。

## 2.3.5  从可变的 Hand 类中生成一个不可变的 Hand 类

如果我们想要统计特定的 Hand 实例，我们可能希望创建一个字典，然后将一个 Hand 实例映射为一个计数。在映射中，不能使用一个可变的 Hand 类作为键。但是，我们可以模仿 set 和

frozenset 设计，定义两个类：Hand 和 FrozenHand。FrozenHand 允许我们"冻结"一个 Hand 类，冻结的版本是不可变的，所以可以作为字典的键。

下面是一个简单的 Hand 定义。

```
class Hand:
    def __init__( self, dealer_card, *cards ):
        self.dealer_card= dealer_card
        self.cards= list(cards)
    def __str__( self ):
        return ", ".join( map(str, self.cards) )
    def __repr__( self ):
        return "{__class__.__name__}({dealer_card!r}, {_cards_str})".format(
        __class__=self.__class__,
        _cards_str=", ".join( map(repr, self.cards) ),
        **self.__dict__ )
    def __eq__( self, other ):
        return self.cards == other.cards and self.dealer_card ==
other.dealer_card
    __hash__ = None
```

这是一个包含适当的相等性比较的可变对象（__hash__ 是 None）。

下面是不可变的 Hand 版本。

```
import sys
class FrozenHand( Hand ):
    def __init__( self, *args, **kw ):
        if len(args) == 1 and isinstance(args[0], Hand):
            # Clone a hand
            other= args[0]
            self.dealer_card= other.dealer_card
            self.cards= other.cards
        else:
            # Build a fresh hand
            super().__init__( *args, **kw )
    def __hash__( self ):
        h= 0
        for c in self.cards:
            h = (h + hash(c)) % sys.hash_info.modulus
        return h
```

不变的版本中有一个构造函数，从另外一个 Hand 类创建一个 Hand 类。同时，还定义了一个 __hash__()方法，用 sys.hash_info.modulus 的值来计算 cards 的哈希值。大多数情况下，这种基于模计算复合对象哈希值的方法能够满足我们的要求。

现在我们可以开始使用这些类了，如下所示。

```
stats = defaultdict(int)

d= Deck()
```

```
h = Hand( d.pop(), d.pop(), d.pop() )
h_f = FrozenHand( h )
stats[h_f] += 1
```

我们初始化了一个数据字典——stats，作为一个可以存储整数的defaultdict字典。我们也可以用collections.Counter对象作为这个字典。

Hand类冻结后，我们就可以将它用作字典的键，用这个键对应的值来统计实际的出牌次数。

# 2.4　__bool__()方法

Python中有很多关于真假性的定义。参考手册中列举了许多和False等价的值，包括False、0、''、()、[]和{}。其他大部分的对象都和True等价。

通常，我们会用下面的语句来测试一个对象是否"非空"。

```
if some_object:
    process( some_object )
```

默认情况下，这个是内置的bool()函数的逻辑。这个函数依赖于一个给定对象的__bool__()方法。

默认的__bool__()方法返回True。我们可以通过下面的代码来验证这一点。

```
>>> x = object()
>>>bool(x)
True
```

对大多数类来说，这是完全正确的。大多数对象都不应该和False等价。但是，对于集合，这样的行为并不总是正确的。一个空集合应该和False等价，而一个非空集合应该返回True。或许，应该给我们的Deck集合对象增加一个类似的方法。

如果我们在封装一个列表，我们可能会写下面这样的代码。

```
def __bool__( self ):
    return bool( self._cards )
```

这段代码将__bool__()的计算委托给了内部的集合_cards。

如果我们在扩展一个列表，可能会写下面这样的代码：

```
def __bool__( self ):
    return super().__bool__( self )
```

这段代码使用了基类中定义的__bool__()函数。

在这两个例子中，我们都将布尔值的计算委托给其他对象。在封装的例子中，我们委托给了一个内部的集合。在扩展的例子中，我们委托给了基类。不管是封装还是扩展，一个空集合的布尔值都是False。这会让我们很清楚Deck对象是否已经被处理完了。

现在，我们就可以像下面这样使用Deck。

```
d = Deck()
while d:
```

```
card= d.pop()
# process the card
```

这段代码会处理完 Deck 中所有的牌，当所有的牌都处理完时，也不会抛出 IndexError 异常。

## 2.5 \_\_bytes\_\_()方法

只有很少的情景需要我们把对象转换为字节。在第 2 部分"持久化和序列化"中，我们会详细探讨这个主题。

通常，应用程序会创建一个字符串，然后使用 Python 的 IO 类内置的编码方法将字符串转换为字节。对于大多数情况，这种方法就足够了。只有当我们自定义一种新的字符串时，我们会需要定义这个字符串的编码方法。

依据不同的参数，bytes()函数的行为也不同。

- bytes(integer)：返回一个不可变的字节对象，这个对象包含了给定数量的 0x00 值。
- bytes(string)：这个版本会将字符串编码为字节。其他的编码和异常处理的参数会定义编码的具体过程。
- bytes(something)：这个版本会调用 something.\_\_bytes\_\_()创建字节对象。这里不用编码或者错误处理参数。

基本的 object 对象没有定义\_\_bytes\_\_()。这意味着所有的类在默认情况下都没有提供\_\_bytes\_\_()方法。

在一些特殊情况下，在写入文件之前，我们需要将一个对象直接编码成字节。通常使用字符串并且使用 str 类型为我们提供字符串的字节表示会更简单。要注意，当操作字节时，没有什么快捷方式可以解码文件或者接口中的字节。内置的 bytes 类只能解码字符串，对于我们的自定义对象，是无法解码的。在这种情况下，我们需要解析从字节解码出来的字符串，或者我们可以显式地调用 struct 模块解析字节，然后基于解析出来的值创建我们的自定义对象。

下面我们来看看如何把 Card 编码和解码为字节。由于 Card 只有 52 个可能的值，所以每一张牌都应该作为一个单独的字节。但是，我们已经决定用一个字符表示 suit，用另外一个字符表示 rank。此外，我们还需要适当地重构 Card 的子类，所以我们必须对下面这些项目进行编码。

- Card 的子类（AceCard、NumberCard、FaceCard）。
- 子类的\_\_init\_\_()参数。

注意，我们有一些\_\_init\_\_()方法会将一个数值类型的 rank 转换为一个字符串，导致丢失了原始的数值。为了使字节编码可逆，我们需要重新创建 rank 的原始数值。

下面是\_\_bytes\_\_()的一种实现，返回了 Card、rank 和 suit 的 UTF-8 编码。

```
def __bytes__( self ):
    class_code= self.__class__.__name__[0]
    rank_number_str = {'A': '1', 'J': '11', 'Q': '12', 'K': '13'}.get( self.rank,
```

```
self.rank )
        string= "("+" ".join([class_code, rank_number_str, self.suit,] ) + ")"
        return bytes(string,encoding="utf8")
```

这种实现首先用字符串表示 Card 对象，然后将字符串编码为字节。这通常是最简单也是最灵活的方法。

当我们拿到一串字节时，我们可以将这串字节解码为一个字符串，然后将字符串转换为一个新的 Card 对象。下面是基于字节创建 Card 对象的方法。

```
def card_from_bytes( buffer ):
    string = buffer.decode("utf8")
    assert string[0 ]=="(" and string[-1] == ")"
    code, rank_number, suit = string[1:-1].split()
    class_ = { 'A': AceCard, 'N': NumberCard, 'F': FaceCard }[code]
    return class_( int(rank_number), suit )
```

在上面的代码中，我们将字节解码为一个字符串。然后我们将字符串解析为数值。基于这些值，现在我们可以重建原始的 Card 对象。

我们可以像下面这样生成一个 Card 对象的字节表示。

```
b= bytes(someCard)
```

然后我们可以用生成的字节重新创建 Card 对象。

```
someCard = card_from_bytes(b)
```

需要特别注意的是，通常自己定义字节表示是非常有挑战性的，因为我们试图表示一个对象的状态。Python 中已经内置了很多字节表示的方式，通常这些方法足够我们使用了。

如果需要定义一个对象底层的字节表示方式，最好使用 pickle 或者 json 模块。在第 9 章 "序列化和保存——JSON、YAML、Pickle、CSV 和 XML" 中，我们会详细探讨这个主题。

# 2.6  比较运算符方法

Python 有 6 个比较运算符。这些运算符分别对应一个特殊方法的实现。根据文档，运算符和特殊方法的对应关系如下所示。

- x < y 调用 x.__lt__(y)。
- x <=y 调用 x.__le__(y)。
- x == y 调用 x.__eq__(y)。
- x != y 调用 x.__ne__(y)。
- x > y 调用 x.__gt__(y)。
- x >= y 调用 x.__ge__(y)。

我们会在第 7 章 "创建数值类型" 中再探讨比较运算符。

对于实际上使用了哪个比较运算符，还有一条规则。这些规则依赖于作为左操作数的对象定义需要的特殊方法。如果这个对象没有定义，Python 会尝试改变运算顺序。

**下面是两条基本的规则：**

首先，运算符的实现基于左操作数：A＜B 相当于 A.__lt__(B)。

其次，相反的运算符的实现基于右操作数：A＜B 相当于 B.__gt__(A)。

如果右操作数是左操作数的一个子类，那这样的比较基本不会有什么异常发生；同时，Python 会首先检测右操作数，以确保这个子类可以重载基类。

下面，我们通过一个例子看看这两条规则是如何工作的，我们定义了一个只包含其中一个运算符实现的类，然后把这个类用于另外一种操作。

下面是我们使用类中的一段代码。

```
class BlackJackCard_p:
    def __init__( self, rank, suit ):
        self.rank= rank
        self.suit= suit
    def __lt__( self, other ):
        print( "Compare {0} < {1}".format( self, other ) )
        return self.rank < other.rank
    def __str__( self ):
        return "{rank}{suit}".format( **self.__dict__ )
```

这段代码基于 21 点的比较规则，花色对于大小不重要。我们省略了比较方法，看看当缺少比较运算符时，Python 将如何回退。这个类允许我们进行＜比较。但是有趣的是，通过改变操作数的顺序，Python 也可以使用这个类进行＞比较。换句话说，x＜y 和 y＞x 是等价的。这遵从了镜像反射法则；在第 7 章"创建数值类型"中，我们会再探讨这个部分。

当我们试图评估不同的比较运算时就会看到这种现象。下面，我们创建两个 Cards 类，然后用不同的方式比较它们。

```
>>> two = BlackJackCard_p( 2, '♠' )
>>> three = BlackJackCard_p( 3, '♠' )
>>> two < three
Compare 2♠ < 3♠
True
>>> two > three
Compare 3♠ < 2♠
False
>>> two == three
False
>>> two <= three
Traceback (most recent call last):
  File "<stdin>", line 1, in <module>
TypeError: unorderable types: BlackJackCard_p() <= BlackJackCard_p()
```

从代码中，我们可以看到，two < three 调用了 two.__lt__(three)。

但是，对于 two > three，由于没有定义__gt__()，Python 使用 three.__lt__(two)作为备用的比较方法。

默认情况下，__eq__()方法从 object 继承而来，它比较不同对象的 ID 值。当我们用于==或!=比较对象时，结果如下。

```
>>> two_c = BlackJackCard_p( 2, '♣' )
>>>two == two_c
False
```

可以看到，结果和我们预期的不同。所以，我们通常都会需要重载默认的__eq__()实现。

此外，逻辑上，不同的运算符之间是没有联系的。但是从数学的角度来看，我们可以基于两个运算符完成所有必需的比较运算。Python 没有实现这种机制。相反，Python 默认认为下面的 4 组比较是等价的。

$$x < y \equiv y > x$$
$$x \leqslant y \equiv y \geqslant x$$
$$x = y \equiv y = x$$
$$x \neq y \equiv y \neq x$$

这意味着，我们必须至少提供每组中的一个运算符。例如，我可以提供__eq__()、__ne__()、__lt__()和__le__()的实现。

@functools.total_ordering 修饰符打破了这种默认行为的局限性，它可以从__eq__()或者__lt__()、__le__()、__gt__()和__ge__()的任意一个中推断出其他的比较方法。在第 7 章"创建数值类型"中，我们会详细探讨这种方法。

## 2.6.1 设计比较运算

当设计比较运算符时，要考虑两个因素。

● 如何比较同一个类的两个对象。

● 如何比较不同类的对象。

对于一个有许多属性的类，当我们研究它的比较运算符时，通常会觉得有很明显的歧义。或许这些比较运算符的行为和我们的预期不完全相同。

再次考虑我们 21 点的例子。例如 card1==card2 这样的表达式，很明显，它们比较了 rank 和 suit，对吗？但是，这总是和我们的预期一致吗？毕竟，suit 对于 21 点中的比较结果没有影响。

如果我们想决定是否能分牌，我们必须决定下面两个代码片段哪一个更好。下面是第 1 个代码段。

```
if hand.cards[0] == hand.cards[1]
```

下面是第 2 个代码段。

```
if hand.cards[0].rank == hand.cards[1].rank
```

虽然其中一个更短，但是简洁的并不总是最好的。如果我们比较牌时只考虑 rank，那么当我们创建单元测试时会有问题，例如一个简单的 TestCase.assertEqual() 方法就会接受很多不同的 Cards 对象，但是一个单元测试应该只关注正确的 Cards 对象。

例如 card1 <= 7，很明显，这个表达式想要比较的是 rank。

我们是否需要在一些比较中比较 Cards 对象所有的属性，而在另一些比较中只关注 rank？如果我们想要按 suit 排序需要做什么？而且，相等性比较必须同时计算哈希值。我们在哈希值的计算中使用了多个属性值，那么也必须在相等性比较中使用它们。在这种情况下，很明显相等性的比较必须比较完整的 Card 对象，因为在计算哈希值时使用了 rank 和 suit。

但是，对于 Card 对象间的排序比较，应该只需要基于 rank。类似地，如果和整数比较，也应该只关注 rank。对于判断是否要发牌的情况，很明显，用 hand.cards[0].rank == hand.cards[1].rank 判断是很好的方式，因为它遵守了发牌的规则。

## 2.6.2 实现同一个类的对象比较

下面我们通过一个更完整的 BlackJackCard 类来看一下简单的同类比较。

```python
class BlackJackCard:
    def __init__( self, rank, suit, hard, soft ):
        self.rank= rank
        self.suit= suit
        self.hard= hard
        self.soft= soft
    def __lt__( self, other ):
        if not isinstance( other, BlackJackCard ): return
NotImplemented
        return self.rank < other.rank

    def __le__( self, other ):
        try:
            return self.rank <= other.rank
        except AttributeError:
            return NotImplemented
    def __gt__( self, other ):
        if not isinstance( other, BlackJackCard ): return
NotImplemented
        return self.rank > other.rank
    def __ge__( self, other ):
        if not isinstance( other, BlackJackCard ): return
NotImplemented
        return self.rank >= other.rank
    def __eq__( self, other ):
        if not isinstance( other, BlackJackCard ): return
NotImplemented
        return self.rank == other.rank and self.suit == other.suit
    def __ne__( self, other ):
```

```
        if not isinstance( other, BlackJackCard ): return
NotImplemented
        return self.rank != other.rank and self.suit != other.suit
    def __str__( self ):
        return "{rank}{suit}".format( **self.__dict__)
```

现在我们定义了 6 个比较运算符。

我们已经展示了两种类型检查的方法：显式的和隐式的。显式的类型检查调用了 isinstance()。隐式的类型检查使用了一个 try: 语句块。理论上，使用 try: 语句块有一个小小的优点：它避免了重复的类名称。有的人完全可能会想创建一种和这个 BlackJackCard 兼容的 Card 类的变种，但是并没有适当地定义为一个子类。这时候使用 isinstance() 有可能导致一个原本正确的类出现异常。

使用 try: 语句块可以让一个碰巧也有一个 rank 属性的类仍然可以正常工作。不用担心这样会带来什么难，因为它除了在此处被真正使用外，这个类在程序的其他部分都无法被正常使用。而且，谁会真的去比较一个 Card 的实例和一个金融系统中恰好有 rank 属性的类呢？

后面的例子中，我们主要会关注 try: 语句块的使用。isinstance() 方法是 Python 中惯用的方式，而且也被广泛应用。我们通过显式地返回 NotImplemented 告诉 Python 这个运算符在当前类型中还没有实现。这样，Python 可以尝试交换操作数的顺序来看看另外一个操作数是否提供了对应的实现。如果没有找到正确的运算符，那么 Python 会抛出 TypeError 异常。

我们没有给出 3 个子类和工厂函数：card21() 的代码，它们作为本章的习题。

我们也没有给出类内比较的代码，这个我们会在下一个部分中详细讲解。用上面定义的这个类，我们可以成功地比较不同的牌。下面是一个创建并比较 3 张牌的例子。

```
>>> two = card21( 2, '♠' )
>>> three = card21( 3, '♠' )
>>> two_c = card21( 2, '♣' )
```

用上面定义的 Cards 类，我们可以进行像下面这样的一系列比较。

```
>>> two == two_c
False
>>> two.rank == two_c.rank
True
>>> two< three
True
>>> two_c < three
True
```

这个类的行为与我们预期的一致。

## 2.6.3　实现不同类的对象比较

我们会继续以 BlackJackCard 类为例来看看当两个比较运算中的两个操作数属于不同的类时会发生什么。

下面我们将一个 Card 实例和一个 int 值进行比较。

```
>>> two = card21( 2, '♣' )
>>> two < 2
Traceback (most recent call last):
  File "<stdin>", line 1, in <module>
TypeError: unorderable types: Number21Card() < int()
>>> two > 2
Traceback (most recent call last):
  File "<stdin>", line 1, in <module>
TypeError: unorderable types: Number21Card() > int()
```

可以看到，这和我们预期的行为一致，`BlackJackCard` 的子类 `Number21Card` 没有实现必需的特殊方法，所以产生了一个 `TypeError` 异常。

但是，再考虑下面的两个例子。

```
>>> two == 2
False
>>> two == 3
False
```

为什么用等号比较可以返回结果呢？因为当 Python 遇到 `NotImplemented` 的值时，会尝试交换两个操作数的顺序。在这个例子中，由于整型的值定义了一个 `int.__eq__()` 方法，所以可以和一个非数值类型的对象比较。

## 2.6.4  硬总和、软总和及多态

接下来，我们定义 Hand 类，这样它可以有意义地比较不同的类。和其他的比较一样，我们必须确定我们要比较的内容。

对于 Hand 类之间相等性的比较，我们应该比较所有的牌。

而对于 Hand 类之间顺序的比较，我们需要比较每一个 Hand 对象的属性。对于与 int 值的比较，我们应该将当前 Hand 对象的总和与 int 值进行比较。为了获得当前总和，我们需要弄清 21 点中硬总和与软总和的细微差别。

当手上有一张 A 牌时，下面是两种可能的总和。

● 软总和把 A 牌当作 11 点。如果软总和超过 21 点，那么这张 A 牌就不可用。

● 硬总和把 A 牌当作 1 点。

也就是说，手中牌的总和不是简单地累加所有的牌面值。

首先，我们需要确定手中是否有 A 牌。然后，我们才能确定是否有一个可用的（小于或者等于 21 点）的软总和。否则，我们就要使用硬总和。

对于确定子类与基类的关系逻辑的实现是否依赖于 `isinstance()`，是判断多态使用是否合理的标志。通常，这样的做法不符合基本的封装原则。一个好的子类定义应该只依赖于相同的方法签名。理想状态下，类的定义是不可见的，我们也没有必要知道类内部的细节。而不合理的多态则会广泛地使用 `isinstance()`。在一些情况下，`isinstance()` 是必需的，尤其是当使用 Python 内置的类时。但是，

我们不应该向内置类中追加任何方法函数，而且为了加入一个多态的方法而去使用继承也是不值得的。

在一些没有继承的特殊方法中，我们可以看到必须使用 isinstance() 来实现不同类的对象间的交互。在下一个部分中，我们会展示在没有关系的类间使用 isinstance() 的方法。

对于与 Card 相关的类，我们希望用一个方法（或者一个属性）就可以识别一张 A 牌，而不需要调用 isinstance()。这个方法是一个多态的辅助方法，它可以确保我们能够辨别不同的牌。

这里，我们有两个选择。

● 新增一个类级别的属性。

● 新增一个方法。

由于保险注的存在，有两个原因让我们检测是否有 A 牌。如果庄家牌是 A 牌，那么就会触发一个保险注。如果庄家或者玩家的手上有 A 牌，那么需要对比软总和与硬总和。

对于 A 牌而言，硬总和与软总和总是需要通过 card.soft-card.hard 的值来区分。仔细看看 AceCard 的定义就可以知道这个值是 10。但是，仔细地分析这个类的实现，我们就会发现这个版本的实现会破坏封装性。

我们可以把 BlackJackCard 看作不可见的，所以我们仅仅需要比较 card.soft-card.hard!=0 的值是否为真。如果结果为真，那么我们就可以用硬总和与软总和算出手中牌的总和。

下面是 total 方法的一种实现，它使用硬总和与软总和的差值计算出当前手中牌的总和。

```
def total( self ):
    delta_soft = max( c.soft-c.hard for c in self.cards )
    hard = sum( c.hard for c in self.cards )
    if hard+delta_soft <= 21: return hard+delta_soft
    return hard
```

我们用 delta_soft 记录硬总和与软总和之间的最大差值。对于其他牌而言，这个差值是 0。但是对于 A 牌，这个差值不是 0。

得到了 delta_soft 和硬总和之后，我们就可以决定返回值是什么。如果 hard + delta_soft 小于或者等于 21，那么就返回软总和。如果软总和大于 21，那么就返回硬总和。

我们可以考虑把 21 定义为宏。有时候一个有意义的名字比一个字面值更有用。但是，因为 21 在 21 点中几乎不可能变成其他值，所以很难找到其他比 21 更有意义的名字。

## 2.6.5 不同类比较的例子

定义了 Hand 对象的总和之后，我们可以合理地定义 Hand 实例间的比较函数和 Hand 与 int 间的比较函数。为了确定我们在进行哪种类型的比较，必须使用 isinstance()。

下面是定义了比较方法的 Hand 类的部分代码。

```
class Hand:
    def __init__( self, dealer_card, *cards ):
        self.dealer_card= dealer_card
        self.cards= list(cards)
```

```
    def __str__( self ):
        return ", ".join( map(str, self.cards) )
    def __repr__( self ):
        return "{__class__.__name__}({dealer_card!r}, {_cards_str})".format(
        __class__=self.__class__,
        _cards_str=", ".join( map(repr, self.cards) ),
        **self.__dict__ )

    def __eq__( self, other ):
        if isinstance(other,int):
            return self.total() == other
        try:
            return (self.cards == other.cards
                and self.dealer_card == other.dealer_card)
        except AttributeError:
            return NotImplemented
    def __lt__( self, other ):
        if isinstance(other,int):
            return self.total() < other
        try:
            return self.total() < other.total()
        except AttributeError:
            return NotImplemented
    def __le__( self, other ):
        if isinstance(other,int):
            return self.total() <= other
        try:
            return self.total() <= other.total()
        except AttributeError:
            return NotImplemented
    __hash__ = None
    def total( self ):
        delta_soft = max( c.soft-c.hard for c in self.cards )
        hard = sum( c.hard for c in self.cards )
        if hard+delta_soft <= 21: return hard+delta_soft
        return hard
```

这里我们只定义了 3 个比较方法。

为了和 Hand 对象交互，我们需要一些 Card 对象。

```
>>> two = card21( 2, '♠' )
>>> three = card21( 3, '♠' )
>>> two_c = card21( 2, '♣' )
>>> ace = card21( 1, '♣' )
>>> cards = [ ace, two, two_c, three ]
```

我们会把这些牌用于两个不同 Hand 对象。

第 1 个 Hand 对象有一张不相关的庄家牌和我们上面创建的 4 张牌，包括一张 A 牌：

```
>>> h= Hand( card21(10,'♠'), *cards )
>>> print(h)
A♣, 2♠, 2♣, 3♠
>>> h.total()
18
```

软总和是 18，硬总和是 8。

下面是第 2 个 Hand 对象，除了上面第 1 个 Hand 对象的 4 张牌，还包括了另一张牌。

```
>>> h2= Hand( card21(10,'♠'), card21(5,'♠'), *cards )
>>> print(h2)
5♠, A♣, 2♠, 2♣, 3♠
>>> h2.total()
13
```

硬总和是 13，由于总和超过了 21 点，所以没有软总和。

从下面的代码中可以看到，Hand 对象之间的比较结果和我们预期的一致。

```
>>> h < h2
False
>>> h > h2
True
```

我们可以用比较运算符对 Hand 对象排序。

我们也可以像下面这样把 Hand 对象和 int 比较。

```
>>> h == 18
True
>>> h < 19
True
>>> h > 17
Traceback (most recent call last):
  File "<stdin>", line 1, in <module>
TypeError: unorderable types: Hand() > int()
```

只要 Python 没有强制使用后备的比较方法，Hand 对象和整数的比较就可以很好地工作。上面的例子也展示了当没有定义__gt__()方法时会发生什么。Python 检查另一个操作数，但是整数 17 也没有任何与 Hand 相关的__lt__()方法定义。

我们可以添加必要的__gt__()和__ge__()函数，这样 Hand 就可以很好地与整数进行比较。

# 2.7　__del__()方法

__del__()方法有一个让人费解的使用场景。

这个方法的目的是在将一个对象从内存中清除之前，可以有机会做一些清理工作。如果使用上下文管理对象或者 with 语句来处理这种需求会更加清晰，这也是第 5 章"可调用对象和上下文的使用"的内容。对于 Python 的垃圾回收机制而言，创建一个上下文比使用__del__()更加容易预判。

但是，如果一个 Python 对象包含了一些操作系统的资源，__del__() 方法是把资源从程序中释放的最后机会。例如，引用了一个打开的文件、安装好的设备或者子进程的对象，如果我们将资源释放作为__del__() 方法的一部分实现，那么我们就可以保证这些资源最后会被释放。

很难预测什么时候__del__() 方法会被调用。它并不总是在使用 del 语句删除对象时被调用，当一个对象因为命名空间被移除而被删除时，它也不一定被调用。Python 文档中用不稳定来描述__del__() 方法的这种行为，并且提供了额外的关于异常处理的注释：运行期的异常会被忽略，相对地，会使用 sys.stderr 打印一个警告。

基于上面的这些原因，通常更倾向于使用上下文管理器，而不是实现__del__()。

## 2.7.1 引用计数和对象销毁

CPython 的实现中，对象会包括一个引用计数器。当对象被赋值给一个变量时，这个计数器会递增；当变量被删除时，这个计数器会递减。当引用计数器的值为 0 时，表示我们的程序不再需要这个对象并且可以销毁这个对象。对于简单对象，当执行删除对象的操作时会调用__del__() 方法。

对于包含循环引用的复杂对象，引用计数器有可能永远也不会归零，这样就很难让__del__() 被调用。

我们用下面的一个类来看看这个过程中到底发生了什么。

```
class Noisy:
    def __del__( self ):
        print( "Removing {0}".format(id(self)) )
```

我们可以像下面这样创建和删除这个对象。

```
>>> x= Noisy()
>>>del x
Removing 4313946640
```

我们先创建，然后删除了 Noisy 对象，几乎是立刻就看到了__del__() 方法中输出的消息。这也就是说当变量 x 被删除后，引用计数器正确地归零了。一旦变量被删除，就没有任何地方引用 Noisy 实例，所以它也可以被清除。

下面是浅复制中一种常见的情形。

```
>>> ln = [ Noisy(), Noisy() ]
>>> ln2= ln[:]
>>> del ln
```

Python 没有响应 del 语句。这说明这些 Noisy 对象的引用计数器还没有归零，肯定还有其他地方引用了它们，下面的代码验证了这一点。

```
>>> del ln2
Removing 4313920336
Removing 4313920208
```

ln2 变量是 ln 列表的一个浅复制。有两个列表引用了 Noisy 对象，所以在这两个列表被删除并且引用计数器归零之前，Python 不会销毁这两个 Noisy 对象。

还有很多种创建浅复制的方法。下面是其中的一些。

```
a = b = Noisy()
c = [ Noisy() ] * 2
```

这里的关键是，由于浅复制在 Python 中非常普遍，所以我们往往对存在的对象的引用感到非常困惑。

## 2.7.2 循环引用和垃圾回收

下面是一种常见的循环引用的情形。一个父类包含一个子类的集合，同时集合中的每个子类实例又包含父类的引用。

下面我们用这两个类来看看循环引用。

```
class Parent:
    def __init__( self, *children ):
        self.children= list(children)
        for child in self.children:
            child.parent= self
    def __del__( self ):
        print( "Removing {__class__.__name__} {id:d}".
format( __class__=self.__class__, id=id(self)) )

class Child:
    def __del__( self ):
        print( "Removing {__class__.__name__} {id:d}".
format( __class__=self.__class__, id=id(self)) )
```

一个 Parent 的 instance 包括一个 children 的列表。

每一个 Child 的实例都有一个指向 Parent 类的引用。当向 Parent 内部的集合中插入新的 Child 实例时，这个引用就会被创建。

我们故意把这两个类写得比较复杂，所以下面让我们看看当试图删除对象时，会发生什么。

```
>>> p = Parent( Child(), Child() )
>>> id(p)
4313921808
>>> del p
```

Parent 和它的两个初始 Child 实例都不能被删除，因为它们之间互相引用。

下面，我们创建一个没有 Child 集合的 Parent 实例。

```
>>> p= Parent()
>>> id(p)
4313921744
>>> del p
Removing Parent 4313921744
```

和我们预期的一样，这个 Parent 实例成功地被删除了。

由于互相之间有引用存在，因此我们不能从内存中删除 Parent 实例和它包含的 Child 实例的集合。如果我们导入垃圾回收器的接口——gc，我们就可以回收和显示这些不能被删除的对象。

下面的代码中，我们使用了 gc.collect() 方法回收所有定义了 __del__() 方法但是无法被删除的对象。

```
>>> import gc
>>> gc.collect()
174
>>> gc.garbage
[<__main__.Parent object at 0x101213910>, <__main__.Child object at 0x101213890>,
<__main__.Child object at 0x101213650>, <__main__.Parent object at 0x101213850>,
<__main__.Child object at 0x1012130d0>, <__main__.Child object at 0x101219a10>,
<__main__.Parent object at 0x101213250>, <__main__.Child object at 0x101213090>,
<__main__.Child object at 0x101219810>, <__main__.Parent object at 0x101213050>,
<__main__.Child object at 0x101213210>, <__main__.Child object at 0x101219f90>,
<__main__.Parent object at 0x101213810>, <__main__.Child object at 0x1012137d0>,
<__main__.Child object at 0x101213790>]
```

可以看到，我们的 Parent 对象（例如，4313921808 的 ID = 0x101213910）在不可删除的垃圾对象列表中很突出。为了让引用计数器归零，我们需要删除所有 Parent 对象中的 children 列表，或者删除所有 Child 实例中对 Parent 的引用。

注意，即使把清理资源的代码放在 __del__() 方法中，我们也没办法解决循环引用的问题。因为 __del__() 方法是在循环引用被解除并且引用计数器已经归零之后被调用的。当有循环引用时，我们不能只是简单地依赖于 Python 中计算引用数量的机制来清理内存中的无用对象。我们必须显式地解除循环引用或者使用可以保证垃圾回收的 weakref 引用。

## 2.7.3　循环引用和 weakref 模块

如果我们需要循环引用，但是又希望将清理资源的代码写在 __del__() 中，这时候我们可以使用**弱引用**。循环引用的一个常见场景是互相引用：一个父类中包含了一个集合，集合中的每一个实例也包含了一个指向父类的引用。如果一个 Player 对象中包含多个 Hand 实例，那么在每一个 Hand 对象中都包括一个指向对应的 Player 类的引用可能会更方便。

默认的对象间的引用可以被称为**强引用**，但是，叫直接引用可能更好。Python 的引用计数机制会直接使用它们，而且如果引用计数无法删除这些对象的话，垃圾回收机器也能及时发现。它们是不可忽略的对象。

对一个对象的强引用就是直接引用，下面是一个例子。

当我们遇到如下语句。

```
a= B()
```

变量 a 直接引用了 B 类的一个对象。此时 B 的引用计数至少是 1，因为 a 变量包含了一个指向它的引用。

想要找个一个弱引用相关的对象需要两个步骤。一个弱引用会调用 x.parent()，这个函数将弱引用作为一个可调用对象来查找它真正的父对象。这个过程让引用计数器得以归零，垃圾回收器可以回收引用的对象，但是不回收这个弱引用。

weakref 定义了一系列使用了弱引用而没有使用强引用的集合。它让我们可以创建一种特殊的字典类型，当这种字典的对象没有用时，可以保证被垃圾回收。

我们可以修改 Parent 和 Child 类，在 Child 指向 Parent 的引用中使用弱引用，这样就可以简单地保证无用对象会被销毁。

下面是修改后的类，它在 Child 指向 Parent 的引用中使用了弱引用。

```
import weakref
class Parent2:
    def __init__( self, *children ):
        self.children= list(children)
        for child in self.children:
            child.parent= weakref.ref(self)
    def __del__( self ):
        print( "Removing {__class__.__name__} {id:d}".format( __class__=self.__class__, id=id(self)) )
```

我们将 child 中的 parent 引用改为一个 weakref 对象的引用。

在 Child 类中，我们必须用上面说的两步操作来定位 parent 对象：

```
p = self.parent()
if p is not None:
    # process p, the Parent instance
else:
    # the parent instance was garbage collected.
```

我们可以显式地确认引用的对象是否已经找到，因为有可能该引用已经变成虚引用。

当我们使用这个新的 Parent2 类时，可以看到引用计数成功地归零同时对象也被删除了：

```
>>> p = Parent2( Child(), Child() )
>>> del p
Removing Parent2 4303253584
Removing Child 4303256464
Removing Child 4303043344
```

当一个 weakref 引用变成死引用时（因为引用被销毁了），我们有 3 个可能的方案。

● 重新创建引用对象，或重新从数据库中加载。

● 当垃圾回收器在低内存情况下错误地删除了一些对象时，使用 warnings 模块记录调试信息。

● 忽略这个问题。

通常，weakref 引用变成死引用是因为响应的对象已经被删除了。例如，变量的作用域已经执行结束，一个没有用的命名空间，应用程序正在关闭。对于这个原因，通常我们会采取第 3 种响应方法。因为试图创建这个引用的对象时很可能马上就会被删除。

## 2.7.4　__del__()和 close()方法

__del__()最常见的用途是确保文件被关闭。

通常，包含文件操作的类都会有类似下面这样的代码。

```
__del__ = close
```

这会保证__del__()方法同时也是 close()方法。

其他更复杂的情况最好使用上下文管理器。详情请看第 5 章 "可调用对象和上下文的使用"，我们会在第 5 章提供更多和上下文埋器有关的信息。

## 2.8　__new__()方法和不可变对象

__new__方法的一个用途是初始化不可变对象。__new__()方法中允许创建未初始化的对象。这允许我们在__init__()方法被调用之前先设置对象的属性。

由于不可变类的__init__()方法很难重载，因此__new__方法提供了一种扩展这种类的方法。

下面是一个错误定义的类，我们定义了 float 的一个包含单位信息的版本。

```
class Float_Fail( float ):
    def __init__( self, value, unit ):
        super().__init__( value )
        self.unit = unit
```

我们试图（不合理地）初始化一个不可变对象。

下面是当我们试图使用这个类时会发生的情况。

```
>>> s2 = Float_Fail( 6.5, "knots" )
Traceback (most recent call last):
  File "<stdin>", line 1, in <module>
TypeError: float() takes at most 1 argument (2 given)
```

可以看到，对于内置的 float 类，我们不能简单地重载__init__方法。对于其他的内置不可变类型，也有类似的问题。我们不能在不可变对象 self 上设置新的属性值，因为这是不可变性的定义。我们只能在对象创建的过程中设置属性值，对象创建之后__new__()方法就会被调用。

__new__()方法天生就是一个静态方法。即使没有使用@staticmethod 修饰符，它也是静态的。它没有使用 self 变量，因为它的工作是创建最终会被赋值给 self 变量的对象。

这种情况下，我们会使用的方法签名是__new__( cls, *args, **kw)。cls 变量是准备创建的类的实例。下一个部分关于元类型的例子，会比这里展示的 args 的参数序列更加复杂。

__new__()方法的默认实现如下。

return super().__new__( cls )将调用基类的__new__()方法创建对象。这个工作最终委托给了 object.__new__()，这个方法创建了一个简单的空对象。除了 cls 以外，其他的参数和关键字最终都会传递给__init__()方法,这是 Python 定义的标准行为。

除了有下面的两个例外,这就是我们期望的行为。

- 当我们需要继承一个不可变的类的时候,我们会在后面的部分详细讲解。
- 当我们需要创建一个元类型的时候,这是下一个部分的主题,因为它与创建不可变对象是完全不同的。

当创建一个内置的不可变类型的子类时,不能重载__init__()方法。取而代之的是,我们必须通过重载__new__()方法在对象创建的过程中扩展基类的行为。下例是扩展 float 类的正确方式。

```python
class Float_Units( float ):
    def __new__( cls, value, unit ):
        obj= super().__new__( cls, value )
        obj.unit= unit
        return obj
```

上面的代码在对象创建的过程中设置了一个属性的值。

下面的代码使用上面定义的类创建了一个带单位的浮点数。

```python
>>>speed= Float_Units( 6.5, "knots" )
>>>speed
6.5
>>>speed * 10
65.0
>>> speed.unit
'knots'
```

注意,像 speed * 10 这种表达式不会创建一个 Float_Units 对象。这个类的定义继承了 float 中所有的运算符;float 的所有算术特殊方法也都只会创建 float 对象。创建 Float_Units 对象会在第 7 章“创建数值类型”中介绍。

## 2.9  __new__()方法和元类型

__new__()方法的另一种用途,作为元类型的一部分,主要是为了控制如何创建一个类。这和之前的如何用__new__()控制一个不可变对象是完全不同的。

一个元类型创建一个类。一旦类对象被创建,我们就可以用这个类对象创建不同的实例。所有类的元类型都是 type,type()函数被用来创建类对象。

另外,type()函数还可以被用作显示当前对象类型。

下面是一个很简单的例子,直接使用 type()作为构造器创建了一个新的但是几乎完全没有任何用处的类:

```python
Useless= type("Useless",(),{})
```

一旦我们创建了这个类,我们就可以开始创建这个类的对象。但是,这些对象什么都做不了,因为我们没有定义任何方法和属性。

为了最大化利用这个类，在下面的例子中，我们使用这个新创建的 Useless 类来创建对象。

```
>>> Useless()
<__main__.Useless object at 0x101001910>
>>> u=_
>>> u.attr= 1
>>> dir(u)
['__class__', '__delattr__', '__dict__', '__dir__', '__doc__',
'__eq__', '__format__', '__ge__', '__getattribute__', '__gt__',
'__hash__', '__init__', '__le__', '__lt__', '__module__', '__ne__',
'__new__', '__reduce__', '__reduce_ex__', '__repr__', '__setattr__',
'__sizeof__', '__str__', '__subclasshook__', '__weakref__', 'attr']
```

我们可以向这个类的对象中增加属性。至少，作为一个对象，它工作得很好。

这样的类定义与使用 types.SimpleNamespace 或者像下面这样定义一个类的方式几乎相同。

```
class Useless:
    pass
```

这带来一个重要的问题：为什么我们一开始要复杂化定义一个类的方法呢？

答案是，类中一些默认的特性无法应用到一些特殊的类上。下面，我们会列举 4 种应该使用元类型的场景。

- 我们可以使用元类型来保留一个类源码中的文本信息。一个使用内置的 type 创建的类型会使用 dict 来存储不同的方法和类级属性。因为字典是无序的，所以属性和方法没有特别的排列顺序。所以极有可能这些信息会以和源码中不同的顺序出现。我们会在第 1 个例子中讲解这点。

- 在第 4～7 章中我们会看到元类型被用来创建抽象基类。一个抽象基类基于__new__()方法来确定子类的完整性。在第 4 章 "抽象基类设计的一致性" 中，我们会介绍这点。

- 元类型可以被用来简化对象序列化的某些方面。在第 9 章 "序列化和保存——JSON、YAML、Pickle、CSV 和 XML" 中，我们会详细介绍这一点。

- 作为最后一个也是最简单的例子，我们会看看一个类中对自己的引用。我们会设计一个引用了 master 类的类。这不是一种基类—子类的关系。这是一些平行的子类，但是引用了这些子类中的一个作为 master。为了和它平行的类保持一致，主类需要包含一个指向自身的引用，如果不用元类型，不可能实现这样的行为。这是我们的第 2 个例子。

### 2.9.1　元类型示例 1——有序的属性

这是 *Python Language Reference* 3.3.3 节 "自定义 Python 的类创建" 中的经典例子，这个元类型会记录属性和方法的定义顺序。

下面是实现的 3 个具体步骤。

1.　创建一个元类型。元类型的__prepare__()和__new__()方法会改变目标类创建的方式，会将原本的 dict 类替换为 OrderedDict 类。

2. 创建一个基于此元类型的抽象基类。这个抽象类简化了其他类继承这个元类型的过程。

3. 创建一个继承于这个抽象基类的子类，这样它就可以获得元类型的默认行为。

下面是使用该元类型的例子，它将保留属性创建的顺序。

```
import collections
class Ordered_Attributes(type):
    @classmethod
    def __prepare__(metacls, name, bases, **kwds):
        return collections.OrderedDict()
    def __new__(cls, name, bases, namespace, **kwds):
        result = super().__new__(cls, name, bases, namespace)
        result._order = tuple(n for n in namespace if not
n.startswith('__'))
        return result
```

这个类用自定义的__prepare__()和__new__()方法扩展了内置的默认元类型type。

__prepare__()方法会在类创建之前执行，它的工作是创建初始的命名空间对象，类定义最后被添加到这个对象中。这个方法可以用来处理任何在类的主体开始执行前需要的准备工作。

__new__()静态方法在类的主体被加入命名空间后开始执行。它的参数是要创建的类对象、类名、基类的元组和创建好的命名空间匹配对象。这个例子很经典：它将__new__()的真正工作委托给了基类；一个元类型的基类是内置的type；然后我们使用type.__new__()创建一个稍后可以修改的默认类。

这个例子中的__new__()方法向类中增加了一个_order属性，用于存储原始的属性创建顺序。

当我们定义新的抽象基类时，我们可以用这个元类型而非type。

```
class Order_Preserved( metaclass=Ordered_Attributes ):
    pass
```

然后，我们可以将这个新的抽象基类作为任何其他自定义类的基类，如下所示。

```
class Something( Order_Preserved ):
    this= 'text'
    def z( self ):
        return False
    b= 'order is preserved'
    a= 'more text'
```

我们可以用下面的代码来介绍 Something 类的使用。

```
>>> Something._order
>>> ('this', 'z', 'b', 'a')
```

我们可以考虑利用这些信息来正确序列化对象或者用于提供原始代码定义的调试信息。

## 2.9.2 元类型示例2——自引用

接下来，我们看看一个关于单位换算的例子。例如，长度单位包括米、厘米、英寸、英尺和许多其他的单位。正确地管理单位换算是非常有挑战性的。表面上看，我们需要一个表示不同单位间转换因子的矩阵。例如，英尺转换为米、英尺转换为英寸、英尺转换为码、米转换为英寸、米转换为码等可能的组合。

但是，在实践中，一个更好的方案是定义一个长度的标准单位。我们可以把任何其他单位转换为标准单位，也可以把标准单位转换为任何其他单位。通过这种方式，我们可以很容易地将单位转换变成一致的两步操作，而不用再考虑包含了所有可能转换的复杂矩阵：英尺转换为标准单位，英寸转换为标准单位，码转换为标准单位，米转换为标准单位。

在下面的例子中，我们不准备继承 float 或者 numbers.Number。相比于将单位和数值绑定在一起，我们更倾向于允许让每一个值仅仅代表一个简单的数字。这是享元模式的一个例子，类中不会定义包含相关值的对象，对象中仅仅包括转换因子。

另一种方案（将值和单位绑定）会造成需要相当复杂的三围分析。虽然这很有趣，但是太复杂了。

我们会定义两个类：Unit 和 Standard_Unit。我们可以很容易保证每个 Unit 类中都正确地包含一个指向它的 Standard_Unit 的引用。但是，我们如何能够保证每一个 Standard_Unit 类中都有一个指向自己的引用呢？在类定义中实现子引用是不可能的，因为此时都还没有定义类。

下面是我们的 Unit 类的定义。

```
class Unit:
    """Full name for the unit."""
    factor= 1.0
    standard= None # Reference to the appropriate StandardUnit
    name= "" # Abbreviation of the unit's name.
    @classmethod
    def value( class_, value ):
        if value is None: return None
        return value/class_.factor
    @classmethod
    def convert( class_, value ):
        if value is None: return None
        return value*class_.factor
```

这个类的目的是 Unit.value() 可以将一个值从给定的单位转换为标准单位，而 Unit.convert() 方法可以将一个值从标准单位转换为给定的单位。

这让我们可以用下面的方式转换单位。

```
>>> m_f= FOOT.value(4)
>>> METER.convert(m_f)
1.2191999999999998
```

创建的值类型是内置的 float 类型。对于温度的计算，我们需要重载默认的 value() 和 convert() 方法，因为简单的乘法运算不能满足实际物景。

对于 Standard_Unit，我们可能会使用下面这样的代码：

```
class INCH:
    standard= INCH
```

但是，这段代码无效。因为 INCH 还没有定义在 INCH 类中。在完成定义之前，这个类都是不存在的。

我们可以用下面的备用方法来处理这种情况。

```
class INCH:
    pass
INCH.standard= INCH
```

但是，这样的做法相当丑陋。

我们还可以像下面这样定义一个修饰符。

```
@standard
class INCH:
    pass
```

这个修饰符方法可以用来向类定义中加入一个属性。在第 8 章“装饰器和 mixin——横切方面”中，我们再详细探讨这种方法。

现在，我们会定义一个可以向类定义中插入一个循环引用的元类型，如下所示。

```
class UnitMeta(type):
    def __new__(cls, name, bases, dict):
        new_class= super().__new__(cls, name, bases, dict)
        new_class.standard = new_class
        return new_class
```

这段代码强制地将变量 standard 作为类定义的一部分。

对大多数单位，SomeUnit.standard 引用了 TheStandardUnit 类。类似地，我们也让 TheStandardUnit.standard 引用 TheStandardUnit 类。Unit 和 Standard_Unit 类之间这种一致的结构能够帮助我们书写文档和自动化单位转换。

下面是 Standard_Unit 类：

```
class Standard_Unit( Unit, metaclass=UnitMeta ):
    pass
```

从 Unit 继承的单位转换因子是 1.0，所以它并没有提供任何值。它包括了特殊的元类型定义，这样它就会有自引用，这个自引用表明这个类是这一特定维度的测量标准。

作为一种优化的手段，我们可以重载 value() 和 convert() 方法来禁止乘法和除法运算。

下面是一些单位类的例子。

```
class INCH( Standard_Unit ):
    """Inches"""
    name= "in"

class FOOT( Unit ):
    """Feet"""
    name= "ft"
    standard= INCH
```

```
    factor= 1/12

class CENTIMETER( Unit ):
    """Centimeters"""
    name= "cm"
    standard= INCH
    factor= 2.54

class METER( Unit ):
    """Meters"""
    name= "m"
    standard= INCH
    factor= .0254
```

我们将 INCH 定为标准单位，其他单位需要转换成英寸或者从英寸转换而来。

在每一个单位类中，我们都提供了一些文档信息：全名写在 docstring 中并且用 name 属性记录缩写。从 Unit 继承而来的 convert() 和 value() 方法会自动应用转换因子。

有了这些类的定义，我们就可以在程序中像下面这样编码。

```
>>> x_std= INCH.value( 159.625 )
>>> FOOT.convert( x_std )
13.302083333333332
>>> METER.convert( x_std )
4.054475
>>> METER.factor
0.0254
```

我们可以根据给定的英寸值设置一种特定的测量方式并且可以将该值转换为任何兼容的单位。

由于元类型的存在，我们可以像下面这样从单位类中查询。

```
>>> INCH.standard.__name__
'INCH'
>>> FOOT.standard.__name__
'INCH'
```

这种引用方式让我们可以追踪一个指定维度上的不同单位。

## 2.10　总结

我们已经介绍了许多基本的特殊方法，它们是我们在设计任何类时的基本特性。这些方法已经包含在每个类中，只是它们的默认行为不一定能满足我们的需求。

我们几乎总是需要重载 __repr__()、__str__() 和 __format__()。这些方法的默认实现不是非常有用。

我们几乎不需要重载 __bool__() 方法，除非我们想自定义集合。这是第 6 章 "创建容器和集合" 的主题。

我们常常需要重载比较运算符和 __hash__() 方法。默认的实现只适合于比较简单不可变对象，但是不适用于比较可变对象。我们不一定要重写所有的比较运算符，在第 8 章 "装饰器和 mixin——横切方面" 中，我们会详细介绍 functools. total_ordering 修饰符。

另外两个较为特殊的方法 __new__() 和 __del__() 有更特殊的用途。大多数情况下，使用 __new__() 来扩展不可变类型。

基本的特殊方法和 __init__() 方法几乎会出现在我们定义的所有类中。其他的特殊方法则有更特殊的用途，它们分为 6 个不同的类别。

- **属性访问**：这些特殊方法实现的是表达式中 object.attribute 的部分，它通常用在一个赋值语句的左操作数以及 del 语句中。

- **可调用对象**：一个实现了将函数作为参数的特殊方法，很像内置的 len() 函数。

- **集合**：这些特殊方法实现了集合的很多特性，包括 sequence[index]、mapping[index] 和 set | set。

- **数字**：这些特殊方法提供了算术运算符和比较运算符。我们可以用这些方法扩展 Python 支持的数值类型。

- **上下文**：有两个特殊方法被我们用来实现可以和 with 语句一起使用的上下文管理器。

- **迭代器**：有一些特殊方法定义了一个迭代器。没有必要一定要使用这些方法，因为生成器函数很好地实现了这种特性。但是，我们可以了解如何实现自定义的迭代器。

在下一章中，我们会着重探讨属性、特性和修饰符。

# 第 3 章
# 属性访问、特性和修饰符

一个对象是一系列功能的集合，包括了方法和属性。object 类的默认行为包括设置、获取和删除属性。可以通过修改这些默认行为来决定对象中哪些属性是可用的。

本章会专注于有关属性访问的以下 5 种方式。

● 内部集成属性处理方式，这也是最简单的方式。

● 重温@property 修饰符。特性扩展了属性的概念，包含了方法的处理。

● 使用底层的特殊方法来控制属性的访问：__getattr__()、__setattr__()和__delattr__()。这些特殊方法会简化属性的处理过程。

● 使用__getattribute__()方法在更细粒度的层面上操作属性，也可以用来编写特殊的属性处理逻辑。

● 最后，会介绍一些修饰符。它们用于属性访问，但它们的设计也会相对复杂些。修饰符在 Python 中的特性、静态方法和类方法中被广泛使用。

本章会具体介绍默认方法，我们需要知道在什么情况下需要重写这些默认行为。在一些情形下，需要使用属性完成一些不仅仅是一个实例变量能够完成的工作。在其他情况下，我们可能需要禁止属性的添加，也可能在一些场景需要创建逻辑更为复杂的属性。

正如我们研究修饰符那样，我们会从 Python 内部的工作机制入手。我们不会经常显式地使用修饰符，而是隐式地使用它们。在 Python 中，修饰符能够被用来完成很多功能。

## 3.1 属性的基本操作

默认情况下，创建任何类内部的属性都将支持以下 4 种操作。

● 创建新属性。

● 为已有属性赋值。

● 获取属性的值。

● 删除属性。

我们可以使用如下简单的代码来对这些操作进行测试，创建一个简单的泛型类并将其实例化。

```
>>> class Generic:
...     pass
...
>>> g= Generic()
```

以上代码允许我们创建、获取、赋值和删除属性。我们可以容易地创建和获取一个属性，以下是一些例子。

```
>>> g.attribute= "value"
>>> g.attribute
'value'
>>> g.unset
Traceback (most recent call last):
  File "<stdin>", line 1, in <module>
AttributeError: 'Generic' object has no attribute 'unset'
>>> del g.attribute
>>> g.attribute
Traceback (most recent call last):
  File "<stdin>", line 1, in <module>
AttributeError: 'Generic' object has no attribute 'attribute'
```

我们可以添加、修改和删除属性。如果试图获取一个未赋值的属性或者删除一个不存在的属性则会抛出异常。

另一种更好的办法是从 types.SimpleNamepace 类创建实例。此时不需要额外定义一个新类，就能实现同样的功能。我们可以像如下代码这样创建 SimpleNamespace 类的对象。

```
>>> import types
>>> n = types.SimpleNamespace()
```

在如下代码中，可以看到使用 SimpleNamespace 类能够完成同样的任务。

```
>>> n.attribute= "value"
>>> n.attribute
'value'
>>> del n.attribute
>>> n.attribute
Traceback (most recent call last):
  File "<stdin>", line 1, in <module>
AttributeError: 'namespace' object has no attribute 'attribute'
```

我们可以为这个对象添加属性，试图获取任何一个未定义的属性将会引发异常。比起我们之前看到的，使用创建 object 类实例的实现方式，使用 SimpleNamespace 类的做法会略有不同。object 类的实例不允许创建新属性，因为它缺少 Python 内部用来存储属性值的 \_\_dict\_\_ 结构。

## 特性和\_\_init\_\_()方法

大多数情况，我们使用类的 \_\_init\_\_() 方法来初始化花色特性。理想情况下，可以在 \_\_init\_\_()

方法中提供所有属性的默认值。

而在 __init__() 方法中没必要为所有的属性赋值。基于这样的考虑，一个特性的存在与否就构成了对象状态的一部分。

可选特性更好地完善了类定义，它使得特性在类的定义中发挥了很大的作用。特性通常可以根据类层次结构进行选择性的添加（或删除）。

因此，可选特性隐藏了一种非正式的子类关系。当使用可选特性时，要考虑到对多态性的影响。

在 21 点游戏中，需要考虑这样的规则：只允许发牌一次。即如果已经发牌了，就不能再次发牌。我们可以考虑用以下几种方式来实现。

● 基于 Hand.split 方法提出一个子类，并将其命名为 SplitHand，在这里省略该类的具体实现。

● 也可以为 Hand 对象创建一个 Status 属性，其值可以从 Hand.split() 方法返回，函数类型为布尔型，但是我们也可以考虑把它实现为可选属性。

以下是 Hand.split() 函数的一种实现方式，通过可选属性来检测并阻止多次发牌的操作。

```
def split( self, deck ):
    assert self.cards[0].rank == self.cards[1].rank
    try:
        self.split_count
        raise CannotResplit
    except AttributeError:
        h0 = Hand( self.dealer_card, self.cards[0], deck.pop() )
        h1 = Hand( self.dealer_card, self.cards[1], deck.pop() )
        h0.split_count= h1.split_count= 1
        return h0, h1
```

事实上，split() 方法的逻辑仅仅是检查是否已存在 split_count 属性。如果属性存在，则判断为多次分牌操作并抛出异常；如果 split_count 属性不存在，说明这是第 1 次发牌，就是允许的。

使用可选属性的一个好处是使得 __init__() 方法看起来相对整洁了一些，不好的地方在于它隐藏了一些对象的状态。对于 try 语句的这种使用方式（检测对象属性是否存在，存在则抛出异常），很容易造成困惑而且应该避免使用。

# 3.2 创建特性

特性是一个函数，看起来（在语法上）就是一个简单的属性。我们可以获取、设置和删除特性值，正如我们可以获取、设置和删除属性值。这里有一个重要的区别：特性是一个函数，而且可以被调用，而不仅仅是用于存储的对象的引用。

除了复杂程度，特性和属性的另一个区别在于，我们不能轻易地为已有对象添加新特性。但是默认情况下，我们可以很容易地给对象添加新属性。在这一点上，特性和属性有很大区别。

可以用两种方式来创建特性。我们可以使用 @property 修饰符或者使用 property() 函数。

它们只是语法不同。我们会详细介绍使用修饰符的方式。

我们先看一下关于特性的两个基本设计模式。

- **主动计算（Eager Calculation）**：每当更新特性值时，其他相关特性值都会立即被重新计算。
- **延迟计算（Lazy calculation）**：仅当访问特性时，才会触发计算过程。

为了对比这两种模式，我们会把 Hand 对象的一些公共逻辑提到抽象基类中，如以下代码所示。

```
class Hand:
    def __str__( self ):
        return ", ".join( map(str, self.card) )
    def __repr__( self ):
        return "{__class__.__name__}({dealer_card!r}, {_cards_str})".
format(
        __class__=self.__class__,
        _cards_str=", ".join( map(repr, self.card) ),
        **self.__dict__ )
```

以上代码的逻辑只是定义了一些字符串的表示方法。在下面代码中定义了 Hand 类的子类，其中 total 属性的实现方式使用了延迟计算模式。

```
class Hand_Lazy(Hand):
    def __init__( self, dealer_card, *cards ):
        self.dealer_card= dealer_card
        self._cards= list(cards)
    @property
    def total( self ):
        delta_soft = max(c.soft-c.hard for c in self._cards)
        hard_total = sum(c.hard for c in self._cards)
        if hard_total+delta_soft <= 21: return hard_total+delta_soft
        return hard_total
    @property
    def card( self ):
        return self._cards
    @card.setter
    def card( self, aCard ):
        self._cards.append( aCard )
    @card.deleter
    def card( self ):
        self._cards.pop(-1)
```

Hand_Lazy 类使用了一个 Cards 对象的集合来初始化 Hand 对象。其中 total 特性被定义为一个方法，仅当被调用时才会计算总值。另外，也定义了一些其他特性来更新手中的纸牌。card 特性可以用来获取、设置或删除手中的牌，我们会在特性的 setter 和 deleter 部分介绍它们。

我们可以创建一个 Hand 对象，total 看起来就是一个简单的属性。

```
>>> d= Deck()
>>> h= Hand_Lazy( d.pop(), d.pop(), d.pop() )
>>> h.total
```

```
19
>>> h.card= d.pop()
>>> h.total
29
```

当每次获取总值时，都会重新扫描每张牌并完成延迟计算，这个过程也是非常耗时的。

## 3.2.1　主动计算特性

以下是 Hand 类的子类，其中的 total 属性的实现方式为主动计算，每当有新牌添加时，total 属性值都会被重新计算。

```
class Hand_Eager(Hand):
    def __init__( self, dealer_card, *cards ):
        self.dealer_card= dealer_card
        self.total= 0
        self._delta_soft= 0
        self._hard_total= 0
        self._cards= list()
        for c in cards:
            self.card = c
    @property
    def card( self ):
        return self._cards
    @card.setter
    def card( self, aCard ):
        self._cards.append(aCard)
        self._delta_soft = max(aCard.soft-aCard.hard,
            self._delta_soft)
        self._hard_total += aCard.hard
        self._set_total()
    @card.deleter
    def card( self ):
        removed= self._cards.pop(-1)
        self._hard_total -= removed.hard
        # Issue: was this the only ace?
        self._delta_soft = max( c.soft-c.hard for c in self._cards
            )
        self._set_total()
    def _set_total( self ):
        if self._hard_total+self._delta_soft <= 21:
            self.total= self._hard_total+self._delta_soft
        else:
            self.total= self._hard_total
```

每当有新牌添加时，total 属性值都会被更新。

在 card 特性的 deleter 中也需要相应维护 total 值的更新，即每当牌被移除时也会触发 total 属性值的计算过程。关于 deleter 的内容将会在下一部分中具体介绍。

有关对 Hand 类的两个子类（Hand_Lazy()和 Hand_Eager()）的调用代码逻辑是类似的。

```
d= Deck()
h1= Hand_Lazy( d.pop(), d.pop(), d.pop() )
print( h1.total )
h2= Hand_Eager( d.pop(), d.pop(), d.pop() )
print( h2.total )
```

两种情况下，客户端都只需使用 total 属性（不需要关心内部实现）。

使用特性的好处是，每当特性内部实现改变时调用方无需更改。使用 getter 和 setter 方法也可达到类似的目的。然而，getter 和 setter 方法需要使用额外的语法来实现。以下是两个例子，其中一个使用了 setter 方法，而另一个则是使用了赋值运算符。

```
obj.set_something(value)
obj.something = value
```

由于使用赋值运算符（=）实现方式的代码意图会更显然一些，因此许多程序员会更倾向于使用这种方式。

## 3.2.2  setter 和 deleter 特性

在之前的例子中，我们使用 card 特性来处理从牌对象到 Hand 对象的构造过程。

由于 setter（和 deleter）特性是基于 getter 属性创建的，因此先要使用如下代码定义一个 getter 特性。

```
@property
def card( self ):
    return self._cards
@card.setter
def card( self, aCard ):
    self._cards.append( aCard )
@card.deleter
def card( self ):
    self._cards.pop(-1)
```

可以简单地使用如下代码完成发牌。

```
h.card= d.pop()
```

以上代码有一个缺陷，看起来像是使用一张牌来替换所有的牌。另外，它更新了可变对象的状态。可以使用__iadd__()特殊方法来使实现更简洁。我们会在第 7 章"创建数值类型"中详细介绍这类特殊方法。

对于当前示例，虽没有明确的理由需要使用 deleter 特性，仍可以使用它来做一些其他事情。我们可以使用它来移除最后一张被处理的牌，这可以作为分牌过程的一部分。

可以考虑使用如下代码作为 split() 的一个实现版本。

```
def split( self, deck ):
    """Updates this hand and also returns the new hand."""
```

```
assert self._cards[0].rank == self._cards[1].rank
c1= self._cards[-1]
del self.card
self.card= deck.pop()
h_new= self.__class__( self.dealer_card, c1, deck.pop() )
return h_new
```

在以上代码所示的函数中，修改了传入的 Hand 对象并返回了新的 Hand 对象，以下是分牌的过程。

```
>>> d= Deck()
>>> c= d.pop()
>>> h= Hand_Lazy( d.pop(), c, c ) # Force splittable hand
>>> h2= h.split(d)
>>> print(h)
2♠, 10♠
>>> print(h2)
2♠, A♠
```

一旦有两张牌，就可以使用 split() 函数实现分牌并返回一个新的 Hand 对象。相应的，一张牌会从初始的 Hand 对象中移除。

这个版本的 split() 函数是有效的。然而，直接使用 split() 函数返回两个新的 Hand 对象会更好一些。而对于分牌前的 Hand 对象，可以使用备忘录模式来存放一些统计的数据。

# 3.3 使用特殊方法完成属性访问

本节将介绍 3 个用于属性访问的标准函数：__getattr__()、__setattr__() 和 __delattr__()。此外，还可以用__dir__() 函数来查看属性的名称。下一部分会介绍__getattribute__() 函数的使用。

关于属性，之前章节中介绍了如下的几种默认操作。

● __setattr__() 函数用于属性的创建和赋值。

● __getattr__() 函数可以用来做两件事。首先，如果属性已经被赋值，__getattr__() 则不会被调用，直接返回属性值即可。其次，如果属性没有被赋值，那么将使用__getattr__() 函数的返回值。如果找不到相关属性，要记得抛出 AttributeError 异常。

● __delattr__() 函数用于删除属性。

● __dir__() 函数用于返回属性名称列表。

__getattr__() 函数只是复杂逻辑中的一个小步骤而已，仅当属性未知的情况下它才会被使用。如果属性已知，这个函数将不会被使用。__setattr__() 函数和__delattr__() 函数没有内部的处理过程，也没有和其他函数逻辑有交互。

关于控制属性访问的设计，可以有很多选择。基于这 3 个基本的设计出发点：扩展、封装和创建，以下是具体描述。

● 扩展类。通过重写__setattr__() 和__delattr__() 函数使得它几乎是不可变的。也可以使用\_\_slots\_\_替换内部的\_\_dict\_\_对象。

● 封装类。提供对象（或对象集合）属性访问的代理实现。这可能需要完全重写和属性相关的那3个函数。

● 创建类并提供和特性功能一样的函数。使用这些方法来对特性逻辑集中处理。

● 创建延迟计算属性，仅当需要时才触发计算过程。对于一些属性，它的值可能来自文件、数据库或网络。这是\_\_getattr\_\_()函数的常见用法。

● 创建主动计算属性，其他属性更新时会相应地更新主动计算属性的值，这是通过重写\_\_setattr\_\_()函数实现的。

我们不必对以上各项逐一讨论。我们只会详细看一下其中两种最常用的：扩展和封装。我们会创建不可变对象并看一些其他有关实现提前属性的方式。

## 3.3.1　使用\_\_slots\_\_创建不可变对象

如果一个属性是不允许被赋值或创建的，就被称为不可变的。以下代码演示了我们所期望和Python的一种交互方式。

```
>>> c= card21(1,'♠')
>>> c.rank= 12
Traceback (most recent call last):
  File "<stdin>", line 1, in <module>
  File "<stdin>", line 30, in __setattr__
TypeError: Cannot set rank
>>> c.hack= 13
Traceback (most recent call last):
  File "<stdin>", line 1, in <module>
  File "<stdin>", line 31, in __setattr__
AttributeError: 'Ace21Card' has no attribute 'hack'
```

以上代码中，我们不能对当前对象属性的值进行修改。

需要相应对类的定义做两处修改。在以下代码中，我们仅关注与对象不可变相关的3个部分。

```
class BlackJackCard:
    """Abstract Superclass"""
    __slots__ = ( 'rank', 'suit', 'hard', 'soft' )
    def __init__( self, rank, suit, hard, soft ):
        super().__setattr__( 'rank', rank )
        super().__setattr__( 'suit', suit )
        super().__setattr__( 'hard', hard )
        super().__setattr__( 'soft', soft )
    def __str__( self ):
        return "{0.rank}{0.suit}".format( self )
    def __setattr__( self, name, value ):
        raise AttributeError( "'{__class__.__name__}' has no
attribute '{name}'".format( __class__= self.__class__, name= name
) )
```

我们做了如下 3 处明显的修改。

- 把 __slots__ 设为唯一被允许操作的属性。这会使得对象内部的 __dict__ 对象不再有效并阻止对其他属性的访问。
- 在 __setattr__() 函数中，代码逻辑仅仅是抛出异常。
- 在 __init__() 函数中，调用了基类中 __setattr__() 实现，为了确保当类没有包含有效的 __setattr__() 函数时，属性依然可被正确赋值。

如果需要，也可以像如下代码绕过不可变对象。

```
object.__setattr__(c, 'bad', 5)
```

这会引发一个问题。"如何阻止恶意程序员绕过不可变对象？"这样的问题是愚蠢的。我们永远无法阻止恶意程序员的行为。另一个同样愚蠢的问题是，"为什么一些恶意程序员会试图绕过对象的不可变性？"当然，我们无法阻止恶意程序员做恶意的事情。

如果一个程序员不喜欢一个类的不可变性，他们可以修改它并移除重定义过的 __setattr__() 函数。一个类似的例子是：对 __hash__() 来说，不可变对象的目的是能够返回一致的值而非阻止程序员写糟糕的代码。

**不要误解__slots__**

__slots__ 的主要目的是通过限制属性的数量来节约内存。

## 3.3.2  使用 tuple 子类创建不可变对象

我们也可以通过让 Card 特性成为 tuple 类的子类并重写 __getattr__() 函数来实现一个不可变对象。这样一来，我们将把对 __getattr__(name) 的访问转换为对 self[index] 的访问。正如我们在第 6 章"创建容器和集合"中会看到的，self[index] 被实现为 __getitem__(index)。

以下是对内部 tuple 类的一种扩展实现。

```
class BlackJackCard2( tuple ):
    def __new__( cls, rank, suit, hard, soft ):
        return super().__new__( cls, (rank, suit, hard, soft) )
    def __getattr__( self, name ):
        return self[{'rank':0, 'suit':1, 'hard':2 ,
'soft':3}[name]]
    def __setattr__( self, name, value ):
        raise AttributeError
```

在以上代码中，只抛出了异常而并未包含异常的详细错误信息。

可以按照如下代码这样使用这个类。

```
>>> d = BlackJackCard2( 'A', '♠', 1, 11 )
>>> d.rank
```

```
'A'
>>> d.suit
'♠'
>>> d.bad= 2
Traceback (most recent call last):
  File "<stdin>", line 1, in <module>
  File "<stdin>", line 7, in __setattr__AttributeError
```

尽管无法轻易改变纸牌的面值，但是我们仍可通过操作 d.__dict__ 来引入其他属性。

**不可变性真的有必要吗?**

为确保一个对象没有被误用可能需要非常多的工作量。实际上，比起构建一个非常安全的不可变类，我们更关心的是如何通过异常抛出的诊断信息来进行错误追踪。

### 3.3.3　主动计算的属性

可以定义一个对象，当其内部一个值发生变化时，相关的属性值也会立刻更新。这种及时更新属性值的方式使得计算结果在访问时无需再次计算，从而优化了属性访问的过程。

我们可以定义许多这样特性的 setter 来达到此目的。然而，如果有很多特性 setter，每个 setter 都要去计算多个与之相关的属性值，这样做有时又是多余的。

我们可以对有关属性的操作集中处理。以下例子中，会对 Python 的内部 dict 类型进行扩展。这样做的好处在于，可以和字符串的 format() 函数很好地配合。而且，无需担心不必要的属性赋值操作。

如下代码演示了所希望的交互方式。

```
>>> RateTimeDistance( rate=5.2, time=9.5 )
{'distance': 49.4, 'time': 9.5, 'rate': 5.2}
>>> RateTimeDistance( distance=48.5, rate=6.1 )
{'distance': 48.5, 'time': 7.950819672131148, 'rate': 6.1}
```

可以在 RateTimeDistance 对象中设置必需的属性值。至于其他属性值，可以当所需数据被提供时再计算。可以像以上代码演示的那样，一次性完成赋值过程，也可以按照以下代码这样分多次完成赋值。

```
>>> rtd= RateTimeDistance()
>>> rtd.time= 9.5
>>> rtd
{'time': 9.5}
>>> rtd.rate= 6.24
>>> rtd
{'distance': 59.28, 'time': 9.5, 'rate': 6.24}
```

以下代码对内部的 dict 进行了扩展。扩展了 dict 的基本映射功能，加入了对缺失属性的逻辑处理。

```
class RateTimeDistance( dict ):
    def __init__( self, *args, **kw ):
        super().__init__( *args, **kw )
        self._solve()
    def __getattr__( self, name ):
        return self.get(name,None)
    def __setattr__( self, name, value ):
        self[name]= value
        self._solve()
    def __dir__( self ):
        return list(self.keys())
    def _solve(self):
        if self.rate is not None and self.time is not None:
            self['distance'] = self.rate*self.time
        elif self.rate is not None and self.distance is not None:
            self['time'] = self.distance / self.rate
        elif self.time is not None and self.distance is not None:
            self['rate'] = self.distance / self.time
```

dict 类型使用__init__()方法完成字典值的填充，然后判断是否提供了足够的初始化数据。它使用了__setattr__()函数来为字典添加新项，每当属性的赋值操作发生时就会调用_solve()函数。

在__getattr__()函数中，使用 None 来标识属性值的缺失。对于未赋值的属性，可以使用 None 标记为缺失的值，这样会强制对这个值进行查找。例如，属性值来自用户输入或网络传输的数据，只有一个变量值为 None 而其他变量都有值。此时我们可以这样操作。

```
>>> rtd= RateTimeDistance( rate=6.3, time=8.25, distance=None )
>>> print( "Rate={rate}, Time={time}, Distance={distance}".format(
**rtd ) )
Rate=6.3, Time=8.25, Distance=51.975
```

 注意，我们不能轻易地在类定义的内部对属性赋值。

考虑如下这行代码的实现。

```
self.distance = self.rate*self.time
```

如果编写了以上代码，会造成__setattr__()函数和_solve()函数之间的无限递归调用。可使用之前演示的 self['distance']方式，就可有效地避免__setattr__()函数的递归调用。

一旦 3 个属性被赋值，对象的灵活性会下降，了解这一点也是很重要的。

在不改变 distance 的情况下，不能通过对 rate 赋值，从而计算出 time 的值。现在对这个模型做适度调整，清空一个变量的同时为另一个变量赋值。

```
>>> rtd.time= None
>>> rtd.rate= 6.1
>>> print( "Rate={rate}, Time={time}, Distance={distance}".format(
```

```
**rtd ) )
Rate=6.1, Time=8.25, Distance=50.324999999999996
```

以上代码中，为了使 time 可以使用 distance 既定的值，清空了 time 并修改了 rate。

可以设计一个模型，追踪变量的赋值顺序，这个模型可以帮助来解决这样的情景。为了计算结果的正确性，在为另一个变量赋值之前，不得不先清空一个变量。

# 3.4 __getattribute__()方法

__getattribute__()方法提供了对属性更底层的一些操作。默认的实现逻辑是先从内部的 __dict__（或 __slots__）中查找已有的属性。如果属性没有找到则调用 __getattr__()函数。如果值是一个修饰符（参见 3.5 节"创建修饰符"），对修饰符进行处理。否则，返回当前值即可。

通过重写这个方法，可以达到以下目的。

● 可以有效阻止属性访问。在这个方法中，抛出异常而非返回值。相比于在代码中仅仅使用下划线（_）为开头来把一个名字标记为私有的方式，这种方法使得属性的封装更透彻。

● 可仿照 __getattr__()函数的工作方式来创建新属性。在这种情况下，可以绕过 __getattribute__()的实现逻辑。

● 可以使得属性执行单独或不同的任务。但这样会降低程序的可读性和可维护性，这是个很糟糕的想法。

● 可以改变修饰符的行为。虽然技术上可行，改变修饰符的行为却是个糟糕的想法。

当实现 __getattribute__()方法时，将阻止任何内部属性访问函数体，这一点很重要。如果试图获取 self.name 的值，会导致无限递归。

 __getattribute__()函数不能包含任何 self.name 属性的访问，因为会导致无限递归。

为了获得 __getattribute__()方法中的属性值，必须显式调用 object 基类中的方法，像如下代码这样。

```
object.__getattribute__(self, name)
```

可以通过使用 __getattribute__()方法阻止对内部 __dict__ 属性的访问来实现不可变。以下代码中的类定义隐藏了所有名称以下划线（_）为开头的属性。

```
class BlackJackCard3:
    """Abstract Superclass"""
    def __init__( self, rank, suit, hard, soft ):
        super().__setattr__( 'rank', rank )
        super().__setattr__( 'suit', suit )
        super().__setattr__( 'hard', hard )
```

```
            super().__setattr__( 'soft', soft )
        def __setattr__( self, name, value ):
            if name in self.__dict__:
                raise AttributeError( "Cannot set {name}".
format(name=name) )
            raise AttributeError( "'{__class__.__name__}' has no attribute
'{name}'".format( __class__= self.__class__, name= name ) )
        def __getattribute__( self, name ):
            if name.startswith('_'): raise AttributeError
            return object.__getattribute__( self, name )
```

以上代码重写了__getattribute__()的方法逻辑，当访问私有名称或Python内部名称时代码会抛出异常。和之前的例子相比，这样做的其中一个好处是：对象被封装得更彻底了，我们完全无法改变。

以下代码演示了和这个类的交互过程。

```
>>> c = BlackJackCard3( 'A', '♠', 1, 11 )
>>> c.rank= 12
Traceback (most recent call last):
  File "<stdin>", line 1, in <module>
  File "<stdin>", line 9, in __setattr__
  File "<stdin>", line 13, in __getattribute__
AttributeError
>>> c.__dict__['rank']= 12
Traceback (most recent call last):
  File "<stdin>", line 1, in <module>
  File "<stdin>", line 13, in __getattribute__
AttributeError
```

一般情况下，不会轻易使用__getattribute__()。该函数的默认实现非常复杂，大多数情况下，使用特性或改变__getattr__()函数的行为就足以满足需求了。

# 3.5 创建修饰符

修饰符可看作属性的访问中介。修饰符类可以被用来获取、赋值或删除属性值，修饰符对象通常在类定义时被创建。

修饰符模式有两部分：拥有者类（owner class）和属性修饰符（attribute descriptor）。拥有者类使用一个或多个修饰符作为它的属性。在修饰符类中可以定义获取、赋值和删除的函数。一个修饰符类的实例将作为拥有者类的属性。

特性是基于拥有者类的函数。修饰符不同于特性，与拥有者类之间没有耦合。因此，修饰符通常可以被重用，是一种通用的属性。拥有者类可同时包含同一个修饰符类的不同实例，管理相似行为的属性。

和属性不同，修饰符是在类级别定义的。它的引用并非在__init__()初始化函数中被创建。修饰符可在初始化过程中被赋值，修饰符通常作为类定义的一部分，处于任何函数之外。

当定义拥有者类时，每个修饰符对象都是修饰符类的实例，绑定在类级别的属性上。

为了标识为修饰符，修饰符类必须实现以下 3 个方法的一个或多个。

- `Descriptor.__get__( self, instance, owner )` → object：在这个方法中，instance 参数来自被访问对象的 self 变量。owner 变量是拥有者类的对象。如果这个修饰符在类中被调用，instance 参数默认值将为 None。此方法负责返回修饰符的值。

- `Descriptor.__set__( self, instance, value )`：在这个方法中，instance 参数是被访问对象的 self 变量，而 value 参数为即将赋的新值。

- `Descriptor.__delete__( self, instance )`：在这个方法中，instance 参数是被访问对象的 self 变量，并在这个方法中实现属性值的删除。

有时，修饰符类也需要在 __init__() 函数中初始化修饰符内部的一些状态。

基于方法的定义，如下是两种不同的修饰符类型。

- **非数据修饰符**：这类修饰符需要定义__set__()或__delete__()或两者皆有，但不能定义__get__()。非数据修饰符对象经常用于构建一些复杂表达式的逻辑。它可能是一个可调用对象，可能包含自己的属性或方法。一个不可变的非数据修饰符必须实现__set__()函数，而逻辑只是单纯地抛出 AttributeError 异常。这类修饰符的设计相对简单一些，因为接口更灵活。

- **数据修饰符**：这类修饰符至少要定义__get__()函数。通常，可通过定义__get__()和__set__()函数来创建一个可变对象。这类修饰符不能定义自己内部的属性或方法，因为它通常是不可见的。对修饰符属性的访问，也相应地转换为对修饰符中的__get__()、__set__()或 delete__()方法的调用。这样对设计是一个挑战，因此不会作为首要选择。

关于修饰符的使用有大量的例子。在 Python 中使用修饰符的场景主要有如下几点。

- 类内部的方法被实现为修饰符。它们是非数据修饰符，应用在对象和不同的参数值上。

- property()函数是通过为命名的属性创建数据修饰符来实现的。

- 类方法或静态方法被实现为修饰符，修饰符作用于类而非实例。

在第 11 章"用 SQLite 保存和获取对象"中，我们会讲到对象关系映射，如何大量使用修饰符的 ORM 类，完成从 Python 类定义到 SQL 表和列的映射。

当设计修饰符时，通过考虑以下 3 种常见的场景。

- 修饰符对象包含或获取数据。在这种情况下，修饰符对象的 self 变量是相关的并且修饰符是有状态的。使用数据修饰符时，__get__()方法用于返回内部数据。使用非数据修饰符时，由修饰符中其他方法或属性提供数据。

- 拥有者类实例包含数据。这种情况下，修饰符对象必须使用 instance 参数获取拥有者对象中的数据。使用数据修饰符时，__get__()函数从实例中获取数据。使用非数据修饰符时，由修饰符中其他方法提供数据。

- 拥有者类包含数据。在这种情况下，修饰符对象必须使用 owner 参数。由修饰符实现的静态方法或类方法的作用范围通常是全局的，这种做法是常见的。

我们会详细看一下第 1 种情况。使用__get__()和__set__()函数创建数据修饰符，以及不使用__get__()方法的情况下创建非数据修饰符。

第 2 种情况（数据包含在拥有者实例中），正是@property 装饰器的用途。比起传统的特性，修饰符带来的好处是，它把计算逻辑从拥有者类搬到了修饰符类中。而完全采用这样的设计思路来设计类是片面的，有些场景不能获得最大的收益。如果计算逻辑相当复杂，使用策略模式则更好。

对于第 3 种情况，@staticmethod 和@classmethod 装饰器的实现就是很好的例子。此处不再赘述。

## 3.5.1    使用非数据修饰符

经常会遇到一些对象，内部的属性值是紧密结合的。为了举例说明，在这里看一些和测量单位紧密相关的数值。

以下代码实现了一个简单的非数据修饰符类的实现，但未包含__get__()函数。

```
class UnitValue_1:
    """Measure and Unit combined."""
    def __init__( self, unit ):
        self.value= None
        self.unit= unit
        self.default_format= "5.2f"
    def __set__( self, instance, value ):
        self.value= value
    def __str__( self ):
        return "{value:{spec}} {unit}".format( spec=self.default_
format, **self.__dict__ )
    def __format__( self, spec="5.2f" ):
        #print( "formatting", spec )
        if spec == "": spec= self.default_format
        return "{value:{spec}} {unit}".format( spec=spec,
**self.__dict__ )
```

这个类定义了简单的数值对，一个是可变的（数值）而另一个是不可变的（单位）。

当访问这个修饰符时，修饰符对象自身先要可用，它内部的属性或方法才可以被使用。可以使用这个修饰符来创建一些类，这些类用于计量以及其他与物理单位相关数值的管理。

以下这个类用来完成速率—时间—距离的计算。

```
class RTD_1:
    rate= UnitValue_1( "kt" )
    time= UnitValue_1( "hr" )
    distance= UnitValue_1( "nm" )
    def __init__( self, rate=None, time=None, distance=None ):
        if rate is None:
            self.time = time
            self.distance = distance
            self.rate = distance / time
        if time is None:
```

```
                    self.rate = rate
                    self.distance = distance
                    self.time = distance / rate
               if distance is None:
                    self.rate = rate
                    self.time = time
                    self.distance = rate * time
          def __str__( self ):
               return "rate: {0.rate} time: {0.time} distance:
{0.distance}".format(self)
```

一旦对象被创建并且属性被加载，默认的值就会被计算出来。一旦值被计算，修饰符就可以被用来获取数值或单位名称。另外，修饰符还包含了 str() 函数和一些字符串格式化功能的函数。

以下是一个修饰符和 **RTD_1** 类交互的例子。

```
>>> m1 = RTD_1( rate=5.8, distance=12 )
>>> str(m1)
'rate: 5.80 kt time: 2.07 hr distance: 12.00 nm'
>>> print( "Time:", m1.time.value, m1.time.unit )
Time: 2.0689655172413794 hr
```

我们使用 rate 和 distance 参数创建了 **RTD_1** 的实例，它们用于完成 rate 和 distance 修饰符中 __set__() 函数的计算逻辑。

当调用 str(m1) 函数时，会调用 **RTD_1** 中全局的 __str__() 函数，进而调用了速率、时间和距离修饰符的 __format__() 函数，并会返回带有单位的数值。

由于非数据修饰符不包含 __get__() 函数，也没有返回内部数值，因此只能直接访问各个元素值来获得数据。

## 3.5.2 使用数据修饰符

数据修饰符使得设计变得更复杂了，因为它的接口是受限制的。它必须包含 __get__() 方法，并且只能包含 __set__() 方法和 __delete__() 方法。与接口相关的限制：可以包含以上方法的1~3个，不能包含其他方法。引入额外的方法将意味着 Python 不能把这个类正确地识别为一个数据修饰符。

接下来将实现一个非常简单的单位转换，实现过程由修饰符中 __get__() 和 __set__() 方法来完成。

以下是一个单位修饰符的基类定义，实现了标准单位之间的转换。

```
class Unit:
     conversion= 1.0
     def __get__( self, instance, owner ):
          return instance.kph * self.conversion
     def __set__( self, instance, value ):
          instance.kph= value / self.conversion
```

以上的类通过简单的乘除运算实现了标准单位和非标准单位的互转。

使用这个基类，可以定义一些标准单位的转换。在之前的例子中，标准单位是 **KPH**（千米每小时）。

以下是两个转换修饰符类。

```
class Knots( Unit ):
    conversion= 0.5399568

class MPH( Unit ):
    conversion= 0.62137119
```

从基类继承的方法完成了此过程的实现，唯一的改变是转换因数。这些类可用于包含单位转换的数值，可以用在 MPH（英里每小时）或海里的转换。以下是一个标准单位的修饰符定义千米每小时。

```
class KPH( Unit ):
    def __get__( self, instance, owner ):
        return instance._kph
    def __set__( self, instance, value ):
        instance._kph= value
```

这个类仅仅是定义了一个标准，因此没有任何转换逻辑。它使用了一个私有变量来保存 KPH 中的速度值。避免算术转换只是一种优化技巧，以防止任何对公有属性的引用，这是避免无限递归的前提。

以下是一个类，包含了给定测量的一些转换过程。

```
class Measurement:
    kph= KPH()
    knots= Knots()
    mph= MPH()
    def __init__( self, kph=None, mph=None, knots=None ):
        if kph: self.kph= kph
        elif mph: self.mph= mph
        elif knots: self.knots= knots
        else:
            raise TypeError
    def __str__( self ):
        return "rate: {0.kph} kph = {0.mph} mph = {0.knots}
knots".format(self)
```

对于不同的单位来说，每一个类级别的属性都是一个修饰符，在 get 和 set 函数中提供转换过程的实现，可以使用这个类来转换速度之间的各种单位。

以下是使用这个 Measurement 类进行交互的例子。

```
>>> m2 = Measurement( knots=5.9 )
>>> str(m2)
'rate: 10.92680006993152 kph = 6.789598762345432 mph = 5.9 knots'
>>> m2.kph
10.92680006993152
>>> m2.mph
6.789598762345432
```

我们创建了 Measurement 类的对象，设置了不同的修饰符。例子中，我们设置了 knots（海里）修饰符。

当数值需要显示在一个格式化的字符串中时，修饰符中的 __get__() 方法就会被调用。这些函数从拥有者类的对象中获取 KPH（千米每小时）的属性值，设置转换因数并返回结果。

KPH（千米每小时）属性也使用了一个修饰符。这个修饰符没有做任何转换。然而，只是简单地返回了拥有者类对象中缓存的一个私有的数值。当使用 KPH 和 Knots 修饰符时，需要拥有者类实现一个 KPH 属性。

# 3.6 总结、设计要素和折中方案

在本章中，我们看了一些对象属性的工作方式。我们可以使用 object 类中已经定义好的功能来获取和设置属性值，可通过定义特性来改变属性的行为。

对于更复杂的情况，可以重写 __getattr__()、__setattr__() 和 __delattr__() 或 __getattribute__() 函数的实现。这样一来，可以从根本上更细粒度地控制（也可能带来疑惑）Python 的行为。

Python 在内部使用了修饰符实现一些函数、静态方法和特性。对于一些场景，使用修饰符显得更自然，也体现了一种编程语言的优势。

其他语言（尤其 Java 和 C++）的程序员通常一开始要把所有的属性定义为私有的，并编写可扩展的 getter 和 setter 函数。对于在编译期处理类型定义的语言来说，这种编码方式是可取的。

在 Python 中，建议把所有的属性公有，这意味着如下几点。

● 此处应当有很好的文档说明。

● 此处应能够正确地反映出对象的状态，它们不应当是暂时性的或者临时变量。

● 在少数情形下，属性包含了容易产生歧义的值，可使用单下划线（_）来标记为"不在接口定义范围内"，以此表明它并不是真正意义上的私有。

私有属性是令人厌烦的。封装，并不会因为某种编程语言缺乏一种复杂的私有机制而被破坏，它只会被糟糕的设计所破坏。

## 3.6.1 特性与属性对比

在大多数情况，属性附加在类的外部。之前的 Hand 类的例子中演示了这一点。使用这个类的其他版本时，只需简单地把对象添加到 hand.cards 中，使用延迟计算方式实现的 total 特性，就可以有效地工作了。

有时对一个属性值的改变会造成其他属性值的改变，需要更复杂的类定义。

● 选择在函数内部维护状态的改变，当函数定义包含多个参数值时可以考虑这种做法。

● 一个 setter 特性或许比一个函数要表达的意图更清晰。当只需访问一个值时，这个做法是明智的。

● 我们也可以使用原地运算符，在第 7 章"创建数值类型"中会介绍。

在使用方面没有严格的规定。这样一来，当需要为单一参数赋值时，在方法函数与属性之间的区别在 API 语法上的差异以及在传达意图上是否有更好的方式。

对于已经计算的值，特性允许延迟计算，然而属性却需要主动计算。这需要在性能上进行考虑，至于使用哪一种还要看具体的应用场景。

## 3.6.2　修饰符的设计

Python 中定义了一些修饰符，我们并不需要重新创建特性、类方法或静态方法。

创建修饰符的典型例子是完成 Python 和非 Python 之间的映射。例如，对于对象关系数据库映射，需要在 Python 类中定义大量的属性，并确保它们的顺序和 SQL 数据表中列的顺序是一致的。再如，当需要完成 Python 之外的映射时，修饰符类可以用来完成编码和解码的工作，或从外部资源中获取数据。

当创建一个网络服务客户端时，可以考虑使用修饰符来完成网络请求。可考虑使用__get__()方法构造 HTTP GET 请求对象，也可使用__set__()方法来构造 HTTP PUT 请求对象。

在一些情形下，一个请求的构造可能需要由多个修饰符来完成。这样的话，在构造一个新的 HTTP 请求对象之前，__get__()函数可以先从缓存中获取可用的实例。

许多数据修饰符的操作使用特性会更容易一些，可以这样的思考顺序来设计：先考虑特性。如果特性的逻辑非常复杂，可以考虑使用修饰符或对类进行重构。

## 3.6.3　展望

在下一章中，会着重介绍抽象基类（Abstract Base Classes，ABC），在第 5 章、第 6 章和第 7 章也会深入探讨。这些抽象基类会帮助我们定义一些可以和 Python 机制无缝集成的类，这也使得类层次结构的设计能够在一致性设计和扩展性上发挥更大的作用。

# 第 4 章
# 抽象基类设计的一致性

Python 标准库为若干容器类的特性提供了抽象基类。Python 为内置的容器类（例如 list、map 和 set）提供了一致的框架。

另外，标准库也为数值类型提供了抽象基类。我们可以使用这些类来扩展 Python 支持的数值类型。

我们会通过 collections.abc 模块来了解抽象基类的基本概念。从这里开始，我们会关注抽象基类的一些用例，它们也是以后一些章节的主题。

我们有 3 个设计原则：封装、扩展和创建。除了了解各种容器和集合类型以外，我们可能还要了解封装或者扩展的一般概念。类似地，我们也会关注除了数值类型外一些其他想要实现的一般概念。

我们的目标是保证我们的程序能够和 Python 内置的特性无缝集成。例如，我们创建一个集合，最好能够让集合也实现一个 __iter__() 迭代器。一个实现了 __iter__() 的集合可以与 for 语句很好地集成。

## 4.1 抽象基类

抽象基类的核心定义在一个名为 abc 的模块中。模块中包括了创建抽象基类需要的修饰符和元类型。其他的类也依赖于这些定义。

在 Python 3.2 版本中，集合的抽象基类定义在 collections 中。但是，在 Python 3.3 版本中，抽象基类被分离到了一个独立的模块 collections.abc 中。

我们还会介绍 numbers 模块，因为它包含了数值类型的抽象基类的定义。io 模块包含了 I/O 的抽象基类。

我们主要基于 Python 3.3 版本讨论。Python 3.3 版本中的定义对 Python 3.2 版本也同样适用，只是由于库的结构有一些变化，需要稍微修改一下 import 语句。

一个抽象基类具有以下特性。

- 抽象意味着这些类中不包括我们需要的所有方法的定义。为了让它成为一个真正有用的子类，我们需要提供一些方法定义。

- 基类意味着其他类会把它当作基类来使用。

- 抽象类本身提供了一些方法的定义。更重要的是，抽象基类为缺失的方法函数提供了方法签名。子类必须提供正确的方法来创建符合抽象类定义的接口的具体类。

这些抽象类的特性是基于下面的初衷设计的。

● 我们可以用它们为 Python 的内部类和我们的程序中的自定义类定义一组一致的基类。

● 我们可以用它们创建一些通用的、可重用的抽象。

● 我们可以用它们来支持适当的类检查，以确定一个类的功能。这让我们的自定义类可以与库中的类更好地协作。为了正确地实现类检查，对于像"容器"和"数值"这种概念，我们最好可以有正式的定义。

如果没有抽象基类，一个容器不一定能够为 Sequence 类提供一致的特性。这经常会导致我们得到一个很像 Sequence 的类。反过来，这也会带来一些奇怪的不一致的行为，而对于一个没有为 Sequence 提供完整实现的类，这会给出一些笨拙的解决办法。

使用抽象基类，你就可以保证一个给定的类会有所有我们预期的行为。如果这个类没有实现其中的一个特性，那么这个未定义的抽象方法会造成无法使用这个类构建对象实例。

我们在以下这些情况下会考虑使用抽象基类。

● 当我们自定义类时，使用抽象基类作为基类。

● 我们在一个方法中使用抽象基类来确保一种操作是可行的。

● 我们在诊断信息或者异常中使用抽象基类来指出一种操作为什么不能生效。

对于第 1 种情况，我们可能会用下面的方式创建模块。

```
import collections.abc
class SomeApplicationClass( collections.abc.Callable ):
    pass
```

SomeApplicationClasss 定义为一个 Callable 类。接着，它必须实现可回调对象需要的方法，否则我们无法使用它来创建实例。

一个函数是一个 Callable 类的具体例子。抽象基类是定义了 __call__() 方法的类。在后面的部分和第 5 章 "可调用对象和上下文的使用"中，我们会介绍 Callable 类的细节。

对于第 2 种情况，我们可能会用下面的方式定义方法。

```
defsome_method( self, other ):
    assertisinstance(other, collections.abc.Iterator)
```

some_method() 方法要求 other 参数是 Iterator 的一个子类。如果 other 参数无法通过这个测试，我们会得到一个异常。另外一种更好的方法是在 if 语句中抛出一个 TypeError。在下面的部分中，我们会看到这种用法。

对于第 3 种情况，可以使用以下代码进行判断。

```
try:
    some_obj.some_method( another )
exceptAttributeError:
```

```
        warnings.warn( "{0!r} not an Iterator, found {0.__class__.__bases__!r}".
format(another) )
        raise
```

在这个例子中，我们输出了包含给定对象基类的警告信息，这些信息有助于我们调试。

# 4.2 基类和多态

在这个部分中，我们来看看特别糟糕的多态实现。在 Python 编程实践中，有一些特殊的情况，参数值的检查应该被独立看待。

设计很好的多态通常会符合 Liskov 替换原则。基于这个原则，多态类之间可以互相替换而且每一个多态类都包含相同的属性。如果想查看更多这方面的信息，请参见 http://en.wikipedia.org/wiki/Liskov_substitution_principle。

过度使用 isinstance() 来区分参数的类型在带来不必要的复杂性的同时会降低程序的效率。程序中持续在进行实例的比较，但是通常只有在软件维护阶段才会发现错误。比起在代码中使用冗长的类型检查，单元测试能够更有效地发现代码中的错误。

包含许多 isinstance() 方法的函数可以被认为是糟糕的多态实现的标志。相比于在类的外部处理类型相关的操作，通常更好的方式是扩展或者封装，让它们更合理地实现多态性并且将类型相关的处理封装起来。

isinstance()方法的一个很好的用处是用来创建诊断信息，使用在 assert 语句中是其中一种简单的用法。

```
assertisinstance( some_argument, collections.abc.Container ),
"{0!r} not a Container".format(some_argument)
```

当有问题发生时，这段代码会抛出一个 AssertionError 异常。这样做的优点是用很短的代码就达到了我们的目的。但是，这样的用法有两个缺点：assert 语句有可能不会抛出异常，所以显式地抛出一个 TypeError 异常可能会更好一些。下面是一个更好的例子。

```
if not isinstance(some_argument, collections.abc.Container):
    raiseTypeError( "{0!r} not a Container".format(some_argument)
)
```

上面的代码的优点是它显式地抛出了正确的异常，缺点就是代码太长了。

更具有 Python 风格的做法总结如下：

"请求原谅比请求许可更好。"

这句的意思是我们应该尽量减少直接测试参数（请求许可）来确定它们的类型是否正确。参数类型检查没有任何实际的好处。取而代之的是，我们应该合理地处理异常（请求原谅）。

如果使用了不正确的类型却仍然通过了单元测试这种情况不太可能发生，最好的方式是结合使用诊断信息和异常。

下面是我们经常会使用的策略。

```
try:
    found = value in some_argument
exceptTypeError:
    if not isinstance(some_argument, collections.abc.Container):
        warnings.warn( "{0!r} not a Container".format(some_argument) )
    raise
```

isinstance()方法假定 some_argument 是一个正确的 collections.abc.Container 实例，并将结果返回给 in 运算符。

在一些特殊情况中，例如某些人更改了程序，将一个错误的类作为 some_argument 参数，我们的程序会输出一条诊断信息，然后以抛出一个 TypeError 异常的方式将程序终止。

## 4.3  可调用对象

Python 中可调用对象的定义包括显式地使用 def 语句创建函数。

它同时也包括了任何定义了__call__()方法的类。在 *Python 3 Object Oriented Programming* 中，我们可以看到一些这样的例子。如果要让这样的类成为更正规的可调用对象，我们应该让所有的可调用对象继承自 collections.abc.Callable。

对于 Python 中的任何函数，我们都可以看到下面的操作。

```
>>>abs(3)
3
>>>isinstance(abs, collections.abc.Callable)
True
```

内置的 abs()函数是一个 collections.abc.Callable 的实现。对于我们自定义的函数，这条规则也适用，请看下面的例子。

```
>>>def test(n):
...     return n*n
...
>>>isinstance(test, collections.abc.Callable)
True
```

所有的函数都认为自己属于 Callable 类。这样做有助于简化参数的类型检查，同时也能够记录更有意义的调试信息。

在第 5 章 "可调用对象和上下文的使用" 中，我们会详细介绍可调用对象的细节。

## 4.4  容器和集合

除了内置的容器类之外，collections 模块也定义许多集合。这些容器类包括 namedtuple()、

deque、ChainMap、Counter、OrderedDict 和 defaultdict。所有这些类都是基于抽象基类定义类的例子。

下面是在命令行中显式集合是否支持一个特定方法的快捷方式。

```
>>>isinstance( {}, collections.abc.Mapping )
True
>>>isinstance(collections.defaultdict(int), collections.abc.Mapping)
True
```

我们可以检查简单的 dict 类，看它是否遵循基本的映射协议，并支持必需的方法。

我们可以检查 defaultdict 集合，确认它也是一种映射。

当自定义容器的时候，可以不用这样正式的方法。我们可以创建一个包含所有正确的特殊方法的类。但是，不用正式声明这个类为某种容器。

使用正确的抽象基类作为我们程序中自定义类的基类显得更清晰也更可靠，额外的形式化声明有以下两个优点。

- 对于读（和有可能在使用或者维护）我们代码的人，这样的声明清晰地表达了我们设计这个类的意图。当我们继承自 collections.abc.Mapping 时，我们就已经很清晰地表达了这个类应该被如何使用。

- 这样的声明能够对错误诊断提供一些支持。如果没有正确地实现所有必需的方法，那么就会无法创建这个抽象基类的实例。如果因为无法创建对象的实例而使单元测试失败，就说明这是一个必须修复的大问题。

内置容器的完整图谱都是用抽象基类来表示的。底层的特性包括 Container、Iterable 和 Sized。而它们同时也是高级构造过程的一部分。它们需要一些特殊方法，分别是__contains__()、__iter__()和__len__()。

高级的特性包括以下几个部分。

- Sequence 和 MutableSequence：它们是 list 和 tuple 的抽象基类，具体的序列实现还包括 bytes 和 str。

- MutableMapping：这是 dict 的抽象基类，它扩展了 Mapping 类，但是没有内置具体的实现。

- Set 和 MutableSet：它们是 frozenset 和 set 的抽象基类。

这些特性允许我们创建新的类，扩展现有的类并且能够使之与 Python 内置特性的集成变得清晰、流畅。

在第 6 章“创建容器和集合”中，我们会详细探讨容器和集合的细节。

## 4.5 数值类型

当我们需要创建新的数值类型或者扩展现有的数值类型时，需要用到 numbers 模块。这个模块包含了 Python 内置数值类型的抽象定义。从最简单的数值类型到最复杂的，这些类型共同构成一个庞大的层次结构。在这个例子中，简单和复杂指的是可用方法的集合。

numbers.Number 抽象基类定义了所有数值以及类数值类型，我们使用下面的代码来介绍这个类。

```
>>> import numbers
>>>isinstance( 42, numbers.Number )
True
>>> 355/113
3.1415929203539825
>>>isinstance( 355/113, numbers.Number )
True
```

很明显，整数和浮点数都是 numbers.Number 抽象基类的子类。

这个基类的子类包括 numbers.Complex、numbers.Real、numbers.Rational 和 numbers.Integral。这些定义和数学上对不同数字的分类是一致的。

但是，decimal.Decimal 类和这些类不太一样。我们可以用下面代码中的 issubclass() 来看看它和其他类的关系。

```
>>>issubclass(decimal.Decimal, numbers.Number )
True
>>>issubclass(decimal.Decimal, numbers.Integral )
False
>>>issubclass(decimal.Decimal, numbers.Real )
False
>>>issubclass(decimal.Decimal, numbers.Complex )
False
>>>issubclass(decimal.Decimal, numbers.Rational )
False
```

对于 Decimal 与所有内置的具体数值类型都没有关系这一点，并不用感到奇怪。对于 numbers.Rational 的具体实现，请参见 fractions 模块。在第 7 章 "创建数值类型" 中，我们会详细介绍这些不同的数值类型。

## 4.6  其他的一些抽象基类

接下来，我们会介绍其他的一些有趣的抽象基类，它们很少被扩展。但这并不意味着这些类很少被使用，只是这些抽象基类的具体实现很少需要扩展和修改。

我们也会介绍 collections.abc.Iterator 中定义的迭代器。同时，我们还会介绍上下文管理器带来的不同的实现方式。这和其他的抽象基类的定义不尽相同。在第 5 章 "可调用对象和上下文的使用" 中，我们会详细探讨这个内容。

### 4.6.1  迭代器的抽象基类

当我们在 for 语句中使用一个可迭代的容器时，Python 会隐式地创建一个迭代器。所以我们几乎不用关心迭代器本身。即使有时候我们真的需要关心迭代器的细节，也很少需要扩展或者修改现有的实现。

我们可以通过 iter() 函数来剖析 Python 使用的隐式迭代器，可以用下面的方式和迭代器进行交互。

```
>>> x = [ 1, 2, 3 ]
>>>iter(x)
<list_iterator object at 0x1006e3c50>
>>>x_iter = iter(x)
>>>next(x_iter)
1
>>>next(x_iter)
2
>>>next(x_iter)
3
>>>next(x_iter)
Traceback (most recent call last):
  File "<stdin>", line 1, in <module>
StopIteration
>>>isinstance(x_iter, collections.abc.Iterator )
True
```

我们创建一个基于列表对象的迭代器，然后调用 next() 函数来遍历列表中的值。

最后的 isinstance() 表达式确定了这个迭代器对象是 collections.abc.Iterator 的一个实例。

大多数时候，我们会使用集合类自己创建的迭代器。但是，当我们想创建自己的集合类型或者扩展一个集合类时，就可能需要创建一个不一样的迭代器。在第 6 章 "创建容器和集合"中，我们会详细探讨这个内容。

## 4.6.2 上下文和上下文管理器

一个上下文管理是和 with 语句一起使用的。当我们写了如下的代码时，就说明我们正在使用上下文管理器。

```
with function(arg) as context:
    process( context )
```

在上面的例子中，function(arg) 创建了上下文管理器。

一个常用的上下文管理器是一个文件。当打开文件时，我们应该创建一个会自动关闭文件的上下文管理器。所以，我们几乎应该总是以下面的方式操作文件。

```
with open("some file") as the_file:
    process(the_file )
```

在 with 语句中的代码执行完成后，**Python** 可以保证文件一定会正确地关闭。Contextlib 模块提供了一些用于创建上下文管理器的工具。这个库没有提供任何抽象基类，而是提供了装饰器和 contextlib.ContextDecorator 基类，其中装饰器会将简单的函数转成上下文管理器，

contextlib.ContextDecorator 基类可以被扩展并创建一个上下文管理器类。

在第 5 章 "可调用对象和上下文的使用" 中，我们会详细讲解上下文管理器。

## 4.7　abc 模块

创建抽象基类的核心方法定义在 abc 模块中。此模块中包含的 ABCMeta 类提供了一些有用的特性。

首先，ABCMeta 类保证抽象基类不可以被实例化。但是，一个提供了所有必须实现的子类可以被实例化。这个元类型会在执行__new__()的时候调用抽象基类中的__subclasshook__()特殊方法。如果这个方法返回 NotImplemented，就会抛出一个异常，指出当前类没有实现所有必需的方法。

其次，它提供了__instancecheck__()和__subclasscheck__()的定义。这两个特殊方法实现了 isinstance()和 issubclass()两个内置的函数。它们用于确保一个对象（或者类）属于正确的抽象基类。同时，为了提高性能，这个类也会包括一个子类的缓存。

abc 模块还包括了许多用于创建抽象方法函数的装饰器，子类中必须实现用这些装饰器定义的抽象方法。其中最重要的是@abstractmethod 装饰器。

在我们试图创建一个新的抽象基类时，我们会像下面这样做。

```python
from abc import ABCMeta, abstractmethod
class AbstractBettingStrategy(metaclass=ABCMeta):
    __slots__ = ()
    @abstractmethod
    def bet(self, hand):
        return 1
    @abstractmethod
    def record_win(self, hand):
        pass
    @abstractmethod
    def record_loss(self, hand):
        pass
    @classmethod
    def __subclasshook__(cls, subclass):
        if cls is Hand:
            if (any("bet" in B.__dict__ for B in subclass.__mro__)
                and any("record_win" in B.__dict__ for B in
subclass.__mro__)
                and any("record_loss" in B.__dict__ for B in
subclass.__mro__)
                ):
                    return True
        return NotImplemented
```

这个类用 ABCMeta 类作为它的元类型；同时，它也实现了用于检查类型完整性的__subclasshook__()方法。这些方法提供了作为一个抽象基类应有的核心特性。

这个抽象基类使用 abstractmethod 装饰器定义了 3 个抽象方法，任何试图实现这个抽象类的子类都必须实现这 3 个方法。

　　__subclasshook__ 方法需要这 3 个方法都被实现。这样的做法似乎有一些过于严格了，因为一个很简单的下注方法不应该提供用来计算输赢的方法。

　　__subclasshook__ 依赖于 Python 内置的两个类特性：__dict__ 特性和 __mro__ 特性。__dict__ 特性用于存储类中定义的方法名和特性名，这个特性中存储了类的主体。__mro__ 特性中记录了解析方法的顺序，这个特性记录了当前类层次结构的顺序。由于 Python 中允许多继承，因此有可能有许多基类，那么这些基类的顺序同时也决定了解析方法名的优先级。

　　下面是一个实现这个基类的例子。

```
class Simple_Broken(AbstractBettingStrategy):
    def bet( self, hand ):
        return 1
```

上面的类无法使用，因为它没有为 3 个抽象方法提供实现。

下面是当我们试图创建这个子类的实例时会发生的情况。

```
>>>simple= Simple_Broken()
Traceback (most recent call last):
  File "<stdin>", line 1, in <module>
TypeError: Can't instantiate abstract class Simple_Broken with
abstract methods record_loss, record_win
```

错误信息指出这个具体类是不完整的，下面是一个可以通过完整性测试的类。

```
class Simple(AbstractBettingStrategy):
    def bet( self, hand ):
        return 1
    def record_win(self, hand):
        pass
    def record_loss(self, hand):
        pass
```

我们可以创建这个类的一个实例并将它用于程序的模块中。

　　如上所述，bet() 方法应该是唯一必须被实现的方法。另外两个方法中可以允许使用单独的 pass 语句作为默认实现。

# 4.8　总结、设计要素和折中方案

　　在本章中，我们介绍了抽象基类中最重要的部分。对于每种抽象基类，我们都介绍了它们的一些特性。

　　我们也学习到一个好的类设计中应该尽可能地使用继承。我们使用了两大不同的模式，也看了这条原则的一些特殊情况。

　　一些程序中的类需求的行为无法重用 Python 内置的特性。在我们 21 点的例子中，一张牌不是一个数值类型、一个容器、一个迭代器或者一个上下文，它只是一张牌。在这个例子中，通常我们会自定义一个新类，因为没有任何内置的特性可以继承。

但是，当我们看 Hand 类时，我们会发现它很明显是一个容器。正如我们在第 1 章 "\_\_init\_\_()方法" 和第 2 章 "与 Python 无缝集成——基本特殊方法" 中所叙述的，下面是 3 个基本的设计原则。

- 封装一个现有的容器。
- 扩展一个现有的容器。
- 创建一个全新的容器。

大多数情况下，我们会选择封装或者扩展一个现有的容器，这和我们尽可能使用继承的原则一致。

当我们扩展一个现有的类时，我们的自定义类能够很好地融入这个现有类的层次结构中。例如，一个扩展了内置的 list 类就已经是 collections.abc.MutableSequence 的一个实例了。

但是，当我们封装一个现有的类时，我们必须仔细地考虑原始接口中有哪些部分我们想要继续保留，有哪些部分我们不想保留。在之前章节的例子中，对于封装的 list 对象，我们只提到了 pop() 方法。

由于封装好的新类不是一个完整的不可变序列的实现，所以有很多特性它无法支持。另一方面，一个扩展类在很多情况下往往更有用。例如，一个扩展了 list 的 Hand 类天生就是可迭代的。

如果我们发现扩展一个类不足以满足我们的需求，我们可以考虑创建一个全新的集合类型。至于新创建的一个集合类型必须提供哪些方法才能与现有的 Python 特性无缝集成，抽象基类的定义中提供了许多建议。在第 6 章 "创建容器与集合" 中，我们会给出一个创建集合类型的详细例子。

## 展望

在后面的章节中，我们会大量地使用本章中讨论的这些抽象基类。在第 5 章 "可调用对象和上下文的使用" 中，我们会介绍可回调对象和上下文中一些相对简单的特性。在第 6 章 "创建容器和集合" 中，我们会介绍 Python 中内置的容器和集合，同时也会介绍如何创建一种独特的新容器。最后，在第 7 章 "创建数值类型" 中，我们会介绍不同的数值类型，并且会介绍如何自定义数值类型。

# 第 5 章
# 可调用对象和上下文的使用

我们可以使用 collections.abc.Callable 抽象基类和记忆化技术来创建类似函数的对象，但它们的运行速度会快一些，因为它们可以记忆上一次的处理结果。在一些情形下，为了优化算法的性能，记忆功能是基本的。

上下文使得资源的管理更优雅可靠。with 语句定义了上下文并创建了一个上下文管理器来控制上下文中的资源使用。Python 的文件通常都包含了上下文管理器；每当使用 with 语句时，它们就会被适当地关闭。我们会看到一些使用 contextlib 模块中的工具来创建上下文管理器的方式。

在 Python 3.2 中，抽象基类定义在 collections 模块中。

在 Python 3.3 中，抽象基类定义在有一个单独的、命名为 collections.abd 的子模块中。在本章中，我们会专注 Python 3.3 版本。基本定义和 Python 3.2 是相同的，但 import 语句可能会改变。

我们会看到一系列关于可调用对象的设计，并会演示为什么有状态的可调用对象在一些情形下比一个简单的函数更有用。在编写自己的上下文管理器之前，我们也会看一下如何使用 Python 中一些内置的上下文管理器。

## 5.1 使用 ABC 可调用对象来进行设计

在 Python 中有两种创建可调用对象的简单方式，如下所示。

● 使用 def 语句创建一个函数。

● 通过创建继承自 collections.abc.Callable 类的实例。

也可以将一个变量赋值为 lambda 表达式。一个 lambda 表达式是一个小的匿名函数，其中只包含了一个表达式语句。我们不倾向于将 lambda 表达式保存在变量中，因为当使用了一个类似函数的、并未使用 def 语句定义的可调用对象，这种做法就会带来困惑。

```
import collections.abc
class Power1( collections.abc.Callable ):
    def __call__( self, x, n ):
        p= 1
        for i in range(n):
```

```
            p *= x
        return p
pow1= Power1()
```

以上的可调用对象包含了如下 3 个部分。

- 类继承自 abc.Callable。
- 定义了 \_\_call\_\_() 方法。
- 创建了类的实例 pow1()。

算法的确不是很高效，我们稍后会优化这一点。

一个完整的类定义显然是不必要的。为了逐步完成优化，比起把一个函数重构为可调用对象，从一个可调用对象作为开始更容易入手一些。

像使用其他函数那样，现在可以使用刚刚定义的 pow1() 函数了。如下是如何在 Python 命令行中使用 pow1() 函数的示例。

```
>>> pow1( 2, 0 )
1
>>> pow1( 2, 1 )
2
>>> pow1( 2, 2 )
4
>>> pow1( 2, 10 )
1024
```

我们使用了各种各样的参数值来构造可调用对象。如果仅仅是为了创建 abc.Callable 子类的对象，这样做是不必要的。然而，这样做可以帮助调试。考虑如下的定义。

```
class Power2( collections.abc.Callable ):
    def __call_( self, x, n ):
        p= 1
        for i in range(n):
            p *= x
        return p
```

以上的类定义有一个错误并且不符合可调用基类的定义规则。

是否找到了这个错误？如果没有，在本章最后会揭晓。

当我们试图使用这个类创建实例时，会产生如下错误。

```
>>> pow2= Power2()
Traceback (most recent call last):
  File "<stdin>", line 1, in <module>
TypeError: Can't instantiate abstract class Power2 with abstract
methods __call__
```

也许无法一下子发现错误的根源，但是可以通过调试来把它找出来。如果没有继承自 collections.abc.Callable 基类，将非常难调试。

这里就是调试的难点，我们会跳过 power3 的代码。和 power2 一样，唯一不同的是在没有继承自 collections.abc.Callable 的前提下就开始了类定义：class power3。

当试图把 power3 作为一个类来使用时，由于此类并没有满足可调用的条件并且没有继承自 abc.Callable，因此将会出现如下错误。

```
>>> pow3= Power3()
>>> pow3( 2, 5 )
Traceback (most recent call last):
  File "<stdin>", line 1, in <module>
TypeError: 'Power3' object is not callable
```

关于 power3 的类定义哪里出现了问题，以上错误只提供了少量的信息。power2 的错误信息对找到问题的根源更有用一些。

# 5.2　提高性能

我们针对 power3 类的性能问题可以考虑两个方面。

首先，考虑使用更好的算法。然后，考虑带有记忆的算法，包含缓存。因此，函数变得有状态了，这是可调用对象的亮点。

第 1 点改变是使用分治算法。在先前版本中把 $x^n$ 拆分为 $n$ 个步骤；使用循环计算每个 $n$ 的乘法运算。如果可以找到把一个问题划分为两个相同子问题的方式，问题就会被分解为 $\log_2 n$ 个步骤。对于 pow1(2,1024)，power1 函数中执行了 1024 次 2 的乘法运算。我们可以把这个问题优化为只需要 10 次乘法计算，无疑是显著的性能提升。

如果只是简单地使用一个固定的值做乘法运算，我们会使用"快速幂"算法。它使用了以下 3 个基本逻辑来计算 $x^n$。

- 如果 $n=0$：$x^n=1$，结果返回 1。
- 如果 $n$ 是奇数并且 $n \bmod 2 = 1$，结果为 $x^{n-1} \times x$。这里包含了 $x^{n-1}$ 的递归运算。这里仍做了一次乘法运算但并非是一个优化的点。
- 如果是偶数并且 $n \bmod = 0$，结果为 $x^{n/2} \times x^{n/2}$。这里包含了 $x^{n/2}$ 的递归计算。这里把乘法计算的数量减少了一半。

以下是一个递归的、可调用对象的实现。

```python
class Power4( abc.Callable ):
    def __call__( self, x, n ):
        if n == 0: return 1
        elif n % 2 == 1:
            return self.__call__(x, n-1)*x
        else: # n % 2 == 0
            t= self.__call__(x, n//2)
            return t*t
```

```
pow4= Power4()
```

我们应用以上思路实现了快速幂算法。如果 $n$ 为 0，返回 1。如果 $n$ 为奇数，返回递归调用的 $x^{n-1} \times x$。如果 $n$ 为偶数，返回递归调用的 $x^{n/2} \times x^{n/2}$。

执行效率显著提高了。可以使用 timeit 模块来查看性能的对比。在使用 timeit 时，需要学习一些预备知识。当我们分别允许 pow1(2,1024) 和 pow4(2,1024) 函数 10000 次进行对比，会发现第 1 个函数耗时 183 秒而后者只需要 8 秒。加入记忆化功能还可以进一步优化。

以下是使用 timeit 来进行性能分析的示例。

```
import timeit
iterative= timeit.timeit( "pow1(2,1024)","""
import collections.abc
class Power1( collections.abc.Callable ):
    def __call__( self, x, n ):
        p= 1
        for i in range(n):
            p *= x
        return p
pow1= Power1()
""", number=100000 ) # otherwise it takes 3 minutes
print( "Iterative", iterative )
```

通过 timeit 模块，可使用 timeit.timeit() 函数来对每行语句的表达式进行耗时计算。在上例中，表达式为 pow1(2,1024)。而该语句的上下文是 Pow1() 函数的定义，包含了导入、类定义和实例的创建。

通过定义 number=100000 来让测试更快地结束。如果使用之前例子的迭代数量，几乎要花两分钟才能运行完毕。

## 记忆化与缓存

所谓的记忆化功能，即缓存上一次的计算结果为了下次可以重用。为了提高性能，可考虑通过使用更多的内存而尽量避免计算。

一个普通的函数通常不会缓存上次的执行结果。函数通常是无状态的，然而一个可调用对象可以是有状态的，它可以缓存上次的执行结果。

如下是 power 可调用对象带有记忆功能的实现版本。

```
class Power5( collections.abc.Callable ):
    def __init__( self ):
        self.memo = {}
def __call__( self, x, n ):
    if (x,n) not in self.memo:
        if n == 0:
            self.memo[x,n]= 1
        elif n % 2 == 1:
```

```
            self.memo[x,n]= self.__call__(x, n-1) * x
        elif n % 2 == 0:
            t= self.__call__(x, n//2)
            self.memo[x,n]= t*t
        else:
            raise Exception("Logic Error")
        return self.memo[x,n]
pow5= Power5()
```

我们修改了算法，加入了 `self.memo` 缓存。

如果 $x^n$ 的值之前计算过，再次访问时将会从缓存取而非重新计算。这就是之前说的性能提升的地方。

否则，$x^n$ 的值必须被计算然后放入缓存。计算快速指数的 3 条法则只是操作缓存中的值，这使得以后的计算过程可以重用缓存的结果。

记忆化发挥的作用还不止于此。通常使用可调用对象来替换执行速度缓慢、逻辑复杂的函数，对性能的提升也是显著的。

# 5.3 使用 functools 完成记忆化

Python 库的 `functools` 模块中包含了记忆化的装饰器。可以重用这个模块而不必新建自己的可调用对象。

可像如下代码这样使用。

```
from functools import lru_cache
@lru_cache(None)
def pow6( x, n ):
    if n == 0: return 1
    elif n % 2 == 1:
        return pow6(x, n-1)*x
    else: # n % 2 == 0:
        t= pow6(x, n//2)
        return t*t
```

以上定义了一个函数 `pow6()`，装饰了一个最近最少使用（Least Recently Used，LRU）缓存。会把之前的请求放入缓存。请求在缓存中的大小是有限的。存入最新的请求，移除最近最少使用的请求，正是 LRU 缓存机制的逻辑。

使用 `timeit`，可以看到 `pow5()` 函数执行 10000 次迭代需要大约 1 秒，而 `pow6()` 函数执行相同次数需要 8 秒。

可以看到这里使用 `timeit` 时，错误地计算了记忆化算法的性能。`timeit` 模块可以写的更复杂一些，为了在实际的应用场景中可以更恰当地使用缓存。只是简单的随机数只对部分问题模型适用。

## 使用可调用 API 简化

一个 API 只专注一个方法，正是可调用对象的思路。

一些对象有很多相关的方法。例如对于 21 点中的 Hand 对象，需要添加手中的牌并计算总值。21 点中的 Player 需要下注、接牌和其他决定（例如，叫牌、停叫、分牌、加保险、双倍，等等）。这些复杂接口的场景不适合使用可调用对象实现。

可考虑把投注策略作为可调用对象。

投注策略可以被实现为一系列方法（一些 setter 和 getter 方法）或者是一个包含了一些公有属性的可调用接口。

如下是直接投注策略。

```
class BettingStrategy:
    def __init__( self ):
        self.win= 0
        self.loss= 0
    def __call__( self ):
        return 1
bet= BettingStrategy()
```

这个 API 的逻辑是，Player 的对象会通知投注策略输赢的数量。Player 对象也可使用如下这样的方法来通知投注策略输赢结果。

```
def win( self, amount ):
    self.bet.win += 1
    self.stake += amount
def loss( self, amount ):
    self.bet.loss += 1
    self.stake -= amount
```

这些方法会通知投注策略对象（self.bet 对象）的输赢结果。当需要下注时，Player 会使用类似如下的操作来获取当前的下注级别。

```
def initial_bet( self ):
    return self.bet()
```

这是一个简短的 API。毕竟，投注策略只需封装一些相关的、简单的规则。

而正是这个接口实现的简短，体现了使用可调用对象所带来的简洁和高雅。对于这样一个简单的逻辑，没有定义太多方法，也没有使用很多复杂的语法。

## 5.4 可调用 API 和复杂性

我们一起看一下这个 API 是如何应对逻辑由简单变为复杂的。如下是对于输策略的加注逻辑（也称为鞅投注系统）。

```
class BettingMartingale( BettingStrategy ):
    def __init__( self ):
        self._win= 0
        self._loss= 0
        self.stage= 1
    @property
    def win(self): return self._win
    @win.setter
    def win(self, value):
        self._win = value
        self.stage= 1
    @property
    def loss(self): return self._loss
    @loss.setter
    def loss(self, value):
        self._loss = value
        self.stage *= 2
    def __call__( self ):
        return self.stage
```

通过将 loss 方法中的 stage 乘 2 来完成加注逻辑。加注操作会一直进行，直到赢一局，补偿之前的损失；或者达到了下注的最大值；或者破产了。玩牌时通常添加下注最大值来阻止不断的加注。

每当赢一局，重置为第 1 次的下注数额。相应地，stage 变量也会被重置为 1。

为了维护接口的稳定。需要完成如 bet.win += 1 这样的代码逻辑时，可通过创建特性来根据输赢的变化维护状态值的改变。我们只关心 setter 特性，可为了更清晰地创建 setter 特性，需要定义 getter 特性。

可根据如下代码这样使用此类。

```
>>> bet= BettingMartingale()
>>> bet()
1
>>> bet.win += 1
>>> bet()
1
>>> bet.loss += 1
>>> bet()
2
```

API 的逻辑仍然很简单：如果赢了，赢的数量累加并重置下注对象；如果输了，输的数量累加并翻倍下注。

特性的加入使得类的定义看起来很臃肿。我们只关心 setter 而非 getter，因此可像如下代码使用__setattr()__()函数来简化类定义。

```
class BettingMartingale2( BettingStrategy ):
    def __init__( self ):
```

```
            self.win= 0
            self.loss= 0
            self.stage= 1
        def __setattr__( self, name, value ):
            if name == 'win':
                self.stage = 1
            elif name == 'loss':
                self.stage *= 2
            super().__setattr__( name, value )
        def __call__( self ):
            return self.stage
```

我们使用了 `__setattr__()` 函数来监控 `win` 和 `loss` 值的变化。另外，使用了 `super().__setattr__()` 函数设置了实例变量值，同时也更新了下注数额。

这个类定义更好一些。使用了可调用对象中的两个属性来作为 API。

# 5.5　管理上下文和 with 语句

在 Python 中，在很多地方用到了上下文的管理。接下来会结合一些示例来对基本用法进行说明。

上下文是通过 `with` 语句来定义的。以下的这个例子中使用了一个程序解析日志文件并保存为 CSV 格式。由于需要同时打开两个文件，因此需要使用嵌套的 `with` 语句来创建上下文。下例使用了复杂的正则表达式 `format_1_pat`。接下来会进行说明。

这个程序的实现代码如下。

```
import gzip
import csv
with open("subset.csv", "w") as target:
    wtr= csv.writer( target )
    with gzip.open(path) as source:
        line_iter= (b.decode() for b in source)
        match_iter = (format_1_pat.match( line ) for line in
          line_iter)
        wtr.writerows( (m.groups() for m in match_iter if m is not
          None) )
```

这里使用了两个上下文管理器。

外部的上下文以 `with open("subset.csv", "w") as target` 为起始。使用 Python 中的 `open()` 函数打开一个文件，赋值给 `target` 变量以备后用。

内部的上下文以 `with gzip.open(path, "r") as source` 为起始。`gzip.open()` 函数和 `open()` 函数的行为是类似的，也是打开一个文件赋值给一个上下文管理器。

当 `with` 语句结束，上下文也会相应终止并关闭引用的文件。即使当 `with` 上下文中有异常抛出，上下文管理器也会正常终止并相应关闭所引用的文件。

> **总是使用 with 语句来操作文件**
>
> 既然文件属于系统资源。当应用程序不再使用系统资源时，需要
> 及时释放，这点是重要的。with 语句可以确保资源被正确释放。

为了完成上例，如下代码是用来将 Apache HTTP 服务器日志文件解析为通用日志格式（Common Log Format）的正则表达式。

```
import re
format_1_pat= re.compile(
    r"([\d\.]+)\s+"    # digits and .'s: host
    r"(\S+)\s+"        # non-space: logname
    r"(\S+)\s+"        # non-space: user
    r"\[(.+?)\]\s+"    # Everything in []: time
    r'"(.+?)"\s+'      # Everything in "": request
    r"(\d+)\s+"        # digits: status
    r"(\S+)\s+"        # non-space: bytes
    r'"(.*?)"\s+'      # Everything in "": referrer
    r'"(.*?)"\s*'      # Everything in "": user agent
)
```

以上表达式实现了不同日志格式中字段的解析，正是之前例子中使用的。

## 5.5.1  使用小数上下文

另一个经常使用的上下文的例子是小数上下文。它定义了很多 decimal.Decimal 计算的特性，包含了大量的规则用来求近似值或对值进行截取。

考虑如下实现。

```
import decimal
PENNY=decimal.Decimal("0.00")

price= decimal.Decimal('15.99')
rate= decimal.Decimal('0.0075')
print( "Tax=", (price*rate).quantize(PENNY), "Fully=", price*rate
)

with decimal.localcontext() as ctx:
    ctx.rounding= decimal.ROUND_DOWN
    tax= (price*rate).quantize(PENNY)
    print( "Tax=", tax )
```

上例中演示了默认上下文和本地上下文。默认上下文有默认的求近似值的规则。而本地上下文演示了通过对特殊计算设置小数的近似规则来确保操作的一致性。

with 语句用来确保当本地上下文改变时原来的上下文可以复原。在这个上下文之外，应用了默认的求近似值规则。在上下文之内，应用自己特殊的近似值规则。

## 5.5.2 其他上下文

还有一些其他公共的上下文。几乎它们所有都涉及基本的输入/输出操作。大多数模块打开一个文件，创建一个上下文和一个类似文件的对象。

锁和数据库的事务也会用到上下文。有时会需要释放一个外部锁，比如一个 semaphore，再如希望数据库事务可以在执行成功时提交，抑或在失败时回滚。这些都已经在 Python 中的上下文中定义好了。

PEP343 文件提供了很多其他使用 with 语句和上下文管理器的例子，这些用法也许会在其他一些特殊场景中用到。

我们也可能只是创建一些上下文管理器的类，或者创建含有多个用意的类，其中之一是上下文管理器。与 file() 对象是类似的。我们会看到很多上下文的设计方法。

我们会在第 8 章 "装饰器和 mixin——横切方面" 对这点进行回顾，会介绍多种方式来创建具有上下文管理功能的类。

# 5.6 定义__enter__()和__exit__()方法

上下文管理器的定义包含两个特殊方法：__enter__()和__exit__()。with 语句使用它们进行上下文的进入和退出。接下来会通过一个示例来进行说明。

我们经常使用上下文管理器来执行短暂的全局修改。可能是数据库事务状态的改变或者是锁状态的改变，亦或一些事情，只希望在事务结束前执行的逻辑，而事务结束后可以被移除。

接下来的例子中，在全局上改变了随机数生成器。我们会创建一个上下文，在这个上下文内随机数生成器使用一个固定的、已知的随机种子来生成固定的值。

以下是这个上下文管理器类的定义。

```python
import random
class KnownSequence:
    def __init__(self, seed=0):
        self.seed= 0
    def __enter__(self):
        self.was= random.getstate()
        random.seed(self.seed, version=1)
        return self
    def __exit__(self, exc_type, exc_value, traceback):
        random.setstate(self.was)
```

我们定义了所需的__enter__()和__exit__()方法。__enter__()方法会保存随机模块上次的状态并将种子重置为设定的值。__exit__()方法用于恢复随机数生成器之前的状态。

注意，__enter__()方法返回了 self。这点对于被添加到了其他类定义中的 mixin 上下文管理器来说是常见的。我们会在第 8 章 "装饰器和 mixin——横切方面" 中进行介绍。

\_\_exit\_\_()方法的参数值在正常情况下会被赋值为 None。除非我们有特殊的异常处理需要，我们通常会忽略参数值。在以下代码中介绍异常处理的过程。

这里是一个使用上下文的例子。

```
print( tuple(random.randint(-1,36) for i in range(5)) )
with KnownSequence():
    print( tuple(random.randint(-1,36) for i in range(5)) )
print( tuple(random.randint(-1,36) for i in range(5)) )
with KnownSequence():
    print( tuple(random.randint(-1,36) for i in range(5)) )
print( tuple(random.randint(-1,36) for i in range(5)) )
```

每次创建一个 KnownSequence 的实例，修改了 random 模块的实现。在 with 语句的上下文中，会得到一串固定的随机数。而在上下文之外，由于随机种子被复原了，因此会得到随机的数值。

输出可能会是如下这样（大多数情况下）。

```
(12, 0, 8, 21, 6)
(23, 25, 1, 15, 31)
(6, 36, 1, 34, 8)
(23, 25, 1, 15, 31)
(9, 7, 13, 22, 29)
```

以上结果可能会因机器不同而改变。然而其他行可能会不一样，可第 2 行与第 4 行一定是一致的，因为种子已经在上下文中被固定了。其他行没必要相同，因为它们取决于随机模块自身的随机功能。

## 异常处理

抛出的异常会传给上下文管理器中的\_\_exit\_\_()函数。异常的标准信息——类，参数和追踪栈——都会作为参数值传入。

\_\_exit\_\_()方法可以使用异常信息做如下两件事情。

- 通过返回一些 True 的值把异常吞掉。
- 通过返回其他一些 False 的值允许异常正常抛出。什么都不返回和返回 None 是一样的，都是一个 False 值，这将允许异常向上冒泡。

异常也可用于改变上下文管理器在退出时的行为。比如，可能希望当 OS 抛出错误时可以做一些特殊的逻辑处理。

# 5.7 上下文管理器工厂

可以创建一个上下文管理器类来作为应用程序对象的工厂。这样的设计使得耦合降低，而且无需在应用程序类编写过多有关上下文管理器功能的逻辑。

假如需要一个 Deck 类来完成 21 点中的发牌。可它并非像听起来那样有用。对于单元测试，将需要一个完整的、模拟的 deck 对象和特殊序列的牌。它有一个优势，正如之前看到的，可以和上下文管理器类一起工作。

我们将扩展以上演示的简单上下文管理器：创建 Deck 类，它可以在 with 语句上下文中使用。

以下是一个类，它是 Deck 的工厂，改变了 random 模块的实现。

```
class Deterministic_Deck:
    def __init__( self, *args, **kw ):
        self.args= args
        self.kw= kw
    def __enter__( self ):
        self.was= random.getstate()
        random.seed( 0, version=1 )
        return Deck( *self.args, **self.kw )
    def __exit__( self, exc_type, exc_value, traceback ):
        random.setstate( self.was )
```

以上的上下文管理器类存了参数值，为了用于创建 Deck。

__enter__()方法存了旧的随机数状态，然后将随机数模块的逻辑改为：产生固定的随机值，用来创建和洗牌。

注意__enter__()方法返回了一个新的 Deck 对象，用于 with 语句的上下文中，并使用 with 的 as 语句为其赋值。

也可以考虑另一种方式达到同样的目的。可以在 Deck 类中创建一个 random.Random(x=seed) 实例。它也会工作，由于代码仅用于展示，使得 Deck 类显得更混乱。

以下是使用这个上下文管理器工厂的方式。

```
with Deterministic_Deck( size=6 ) as deck:
    h = Hand( deck.pop(), deck.pop(), deck.pop() )
```

之前的代码示例保证了在演示时可以产生特定的牌。

## 上下文管理器的清理

在本节中，将会讨论一些有关上下文管理器复杂的应用场景，当遇到异常时会尝试执行清理操作。

这样可以解决一个常见的问题：希望想保存应用程序正在写的一个文件的副本。正如以下代码所示。

```
with Updating( "some_file" ):
    with open( "some_file", "w" ) as target:
        process( target )
```

目的是将原文件重命名为 some_file copy 并备份。如果上下文中一切正常（没有异常）

然后删除备份文件或重命名为 `some_file old`。

如果上下文没有正常工作——出现了异常——我们需要重命名新文件为 `some_file error` 并重命名旧文件为 `some_file`，并把抛出异常前的原文件复制回去。

将需要如下这样的上下文管理器。

```
import os
class Updating:
    def __init__( self, filename ):
        self.filename= filename
    def __enter__( self ):
        try:
            self.previous= self.filename+" copy"
            os.rename( self.filename, self.previous )
        except FileNotFoundError:
            # Never existed, no previous copy
            self.previous= None
    def __exit__( self, exc_type, exc_value, traceback ):
        if exc_type is not None:
            try:
                os.rename( self.filename, self.filename+ " error" )
            except FileNotFoundError:
                pass # Never even got created?
            if self.previous:
                os.rename( self.previous, self.filename )
```

这个上下文管理器的 __enter__()方法会试图对之前的文件进行备份（如果它已经存在）。如果它不存在，就不会有任何行为。

__exit__()方法用来接收从上下文中抛出的异常信息。如果没有异常，将返回之前保存的文件，同时上下文中创建的文件也会被保留。如果出现异常，__exit__()方法将保存输出（使用"error"为后缀），为了之后的调试。它也会将异常前保存的文件复制回去。

这个功能和 `try-except-finally` 语句是等价的。然而，它具备一个优势，分离了应用程序的相关处理和上下文的管理逻辑。应用程序处理在 with 语句内部中完成。而上下文的问题被放在另一个类中处理。

# 5.8 总结

我们看了类定义中的 3 个特殊方法。__call__()方法用于创建一个可调用对象，可调用对象用于创建有状态的函数。之前的例子中定义了可以记忆之前计算结果的函数。

__enter__()和__exit__()函数用来创建上下文管理器，上下文用于处理 with 语句中的逻辑处理，之前的大多数例子包含了输入和输出。然而，在 Python 中，对于一些场景使用局部上下文处理起来很方便。接下来会介绍如何创建容器和集合。

## 5.8.1 可调用对象的设计要素和折中方案

在设计一个可调用对象时，需要考虑以下几点。

● 首先是 API。如果一个对象使用函数式接口更好一些，那么使用可调用对象是合理的。通过使用 collections.abc.Callable 来确保可调用 API 被正确地创建，并且可以让读代码的人很明确地了解类的目的。

● 其次是函数的状态。Python 中的普通函数没有迟滞性——没有保存的状态，而可调用对象可以保存状态，记忆化设计模式很好地应用了有状态的可调用对象。

可调用对象唯一的缺点就是需要的语法更多了。而一个普通函数的定义显得更简洁、出错概率小并且可读性更强。

把一个普通函数转换为可调用对象是很容易的，比如这个函数。

```
def x(args):
    body
```

之前的函数可以被转换为下面的可调用对象。

```
class X(collections.abc.callable):
    def __call__(self, args):
        body
x= X()
```

在不破坏单元测试的情况下，以上的改动是最小的。而 body 中的代码可以直接在新的上下文中正常运行。

一旦完成修改，新功能就会被添加到可调用对象实现版本的函数中。

## 5.8.2 上下文管理器的设计要素和折中方案

上下文通常用于获取/释放、打开/关闭和加锁/解锁这类的操作对。大多数操作是与文件的 I/O 相关的，而且 Python 中的大多数文件操作对象已经是不错的上下文管理器了。

对于包含了多个处理步骤，而每步又包含了括号的逻辑来说，上下文管理器总是需要的。特别是对于最终需要调用 close() 方法的逻辑，应该包含在上下文管理器中。

Python 中的一些类库提供了打开/关闭操作，可其中的对象并不是上下文对象。比如对于 shelve 模块，就没有创建一个上下文。

可以（而且应该）在操作 shelve 文件时使用 contextllib.closing() 上下文。我们会在第 9 章 "序列化和保存——JSON、YAML、Pickle、CSV 和 XML" 中对这一点进行介绍。

对于需要 close() 方法的类，可以使用 closing() 函数。对于生命周期中包含有获取/释放的类，可以在 __init__() 方法或类级别的 open() 方法中获取资源，然后在 close() 中释放。这样一来，类就可以和 closing() 函数很好地集成了。

以下是一个类封装的例子，内部包含了 close() 函数。

```
with contextlib.closing( MyClass() ) as my_object:
    process( my_object )
```

contextllib.closing()函数会调用参数对象的 close()方法。其中，my_object 中包含了 close()方法。

### 5.8.3 展望

在接下来的两章里，会介绍如何使用特殊函数创建容器和数字。在第 6 章"创建容器和集合"中，会详细介绍标准类库中的容器和集合，也会演示如何创建唯一的、新的容器类型。在第 7 章"创建数值类型"中，会介绍不同的数值类型以及如何创建自定义的数值类型。

# 第 6 章
# 创建容器和集合

我们可以通过扩展不同的抽象基类的方式来创建新的集合。抽象基类为我们提供了扩展内置容器的基本准则。这让我们可以修改现有的属性或者重新定义更加符合我们需求的新数据结构。

我们会介绍容器的抽象基类的基本知识。Python 使用了很多抽象基类来组合内置类型，例如 list、tuple、dict、set 和 frozenset。

我们会重温各种与创建容器相关或者为容器提供了不同功能的特殊方法。我们会将这些方法单独归类为核心容器方法，与一些用于 sequence、map 和 set 的特殊方法区分开。

我们会着重介绍如何通过扩展容器的方式往容器类中添加新的属性。我们还会介绍如何封装内置容器并将方法的行为从封装类委托给基础容器。

最后，我们会介绍如何创建全新的容器。这是很有挑战的一个部分，因为 Python 标准库中已经内置了许多非常有用而且功能强大的集合算法。为了避免涉及过深的计算机科学知识，我们会创建一个非常简陋的集合。开始在真实的应用中创建我们自己的容器之前，很有必要认真地学习 Cormen、Leiserson、Rivest 和 Stein 所著的 *Introduction to Algorithms*。

在结束本章之前，我们会总结一些在扩展或者创建新的集合时需要考虑的设计要素。

## 6.1 集合的抽象基类

collections.abc 模块提供了很多抽象基类，这些类将集合分解成许多互相独立的属性集。

即使不深入地考虑不同的属性以及它们和 set 类以及 dict 类的关系，我们仍然可以顺利地使用 list 类。但是，一旦我们开始探究这些抽象基类，就会发现这些类有一些微妙之处。由于将集合的不同概念独立地分解出来，即使在不同的数据结构之间，我们也可以看到一些重复的地方，但却都声称自己是优雅的多态实现。

在这些基类的最后是一些"只会一招的小马"（one-trick pony）定义。这些只包含一个特殊方法的基类有如下几种。

- Container 基类要求子类实现 __contains__() 方法，这个特殊方法实现了 in 运算符。
- Iterable 基类要求子类实现 __iter__() 方法。for 语句、生成器表达式和 iter()

函数都需要使用这个方法。

- Sized 基类要求子类实现`__len__()`方法。`len()`函数需要使用这个方法，它也很稳妥地实现了`__bool__()`方法，但是这个方法不是必需的。

- Hashable 基类要求子类实现`__hash__()`方法。`hash()`函数需要使用这个方法，如果这个方法被实现了，就意味着当前对象是不可变的。

这些抽象基类都是用来建立可以直接在我们的程序中使用且层次更高的复合结构。这些复合结构包括了低层次的基类 Sized、Iterable 和 Container。下面是一些可能在程序中直接使用的复合基类。

- Sequence 和 MutableSequence 类，它们是基于例如 `index()`、`count()`、`reverse()`、`extend()`和 `remove()`这些方法创建的，同时也包含了这些方法的实现。

- Mapping 和 MutableMapping 类，这两个类包含了例如 `keys()`、`items()`、`values()`、`get()`和其他的一些方法的实现。

- Set 和 MutableSet 类包含了用于 set 类型的比较操作和算术运算符的实现。

如果我们深入地探究一下内置的集合，我们就能发现抽象基类是如何组织我们需要重写或者修改的特殊方法的。

# 6.2 特殊方法示例

通过观察 21 点中的 Hand 对象，会发现有一个很有趣的关于包含关系的例子。我们常常会想知道玩家的手中是否有 ace。如果我们用扩展 list 的方式来定义 Hand，那么我们就不能直接查询是否有 ace。取而代之的是，我们只能查询某张牌。我们不想写类似下面这样的代码。

```
any( card(1,suit) for suit in Suits )
```

这似乎是一种寻找 ace 的很麻烦的方法。

下面是一种更好的方法，但是，它或许还是有一些不够完美。

```
any( c.rank == 'A' for c in hand.cards )
```

所以，我们实际上只是想用下面这样的方法。

```
'A' in hand.cards
```

这意味着，我们试图修改 list 中对于"包含"的定义。我们并没有查询一个 Card 实例，我们只是在查询一个 Card 对象的 rank 属性。我们可以通过重写`__contains__()`方法实现。

```
def __contains__( self, rank ):
    return any( c.rank==rank for rank in hand.cards )
```

这个实现让我们可以用一个简单的 in 在 hand 对象中查找给定的 rank。

类似的设计也会用在`__iter__()`和`__len__()`这两个特殊方法中。但是，请注意，改变 `len()`的语义和更改一个集合与 for 交互的方式可能是一个非常糟糕的设计。

# 6.3　使用标准库的扩展

我们会介绍标准库中一些对内置类型的扩展实现。这些是扩展或者修改了内置集合类的类型。在诸如 *Python 3 Object Oriented Programming* 这样的书中，已经用不同的方式介绍了它们中的大多数。

我们会介绍下面 6 个集合函数。

- namedtuple() 函数会创建允许包含可命名属性的 tuple 类，我们可以使用这个函数而不是额外完整地定义一个仅仅为属性值命名的类。

- deque（注意这种不规则的拼写方式）是一个双端队列，一个类似 list 的集合，但是可以在任何一段快速地进行增加和弹出操作。可以用这个类的其中一部分属性来创建常规的栈或队列。

- 在一些情况下，我们可以使用 ChainMap，而不是合并不同的映射。这是一个将多个映射连接起来的方法。

- 一个 OrderedDict 集合是会保持所有元素原始插入顺序的一种映射。

- defaultDict（注意这种不规则的拼写方式）是 dict 的一个子类，它内部使用一个工厂函数为所有没有值的键提供默认值。

- Counter 也是一个 dict 的子类，它可以被用来统计对象，进而创建频率表。但是，它实际上是一个更复杂的数据结构，通常我们称为多重集合（multiset）或者包（bag）。

我们会看到上述每一个集合的示例。通过学习这些库集合，我们应该学会很重要的两课。

- 什么是已经存在而不需要我们自己重新创建的。

- 如何通过扩展抽象基类的方式向 Python 语言中添加有趣且有用的新结构。

同时，阅读库的源码也非常重要。这些源码会向我们展示许多 Python 中使用的面向对象编程技术。除了这些基本的集合外，主要就是模块了，如下所述。

- Heapq 模块是包含了一系列将堆队列（heap queue）的属性添加到一个现有的 list 对象上的函数。堆队列的不变性是指堆上的所有元素按顺序存储，这样可以对堆队列进行升序的快速检索。如果我们在一个 list 结构上使用 heapq 方法，我们就不再需要显式地排序列表。这个方法可以带来很大的性能提升。

- array 模块是一种对特定值的存储方式进行优化的序列，这为包括了大量简单值的集合提供了一些类似列表的特性。

## 6.3.1　namedtuple()函数

namedtuple() 函数根据提供的参数创建一个新类。这个类会有一个类名，一些字段名和一对可选的用于定义类行为的关键字。

使用 namedtuple() 会将类定义浓缩成在一个很短的不可变对象的定义中。在我们需要一组命名属性的时候，它让我们不用再编写冗长而复杂的类定义。

比如，对于打牌，我们可能会想将下面的代码加入类定义中。

```
from collections import namedtuple
BlackjackCard = namedtuple('BlackjackCard','rank,suit,hard,soft')
```

我们定义了一个新的类，它带有 4 个命名属性：rank、suit、hard 和 soft。由于这些对象都是不可变的，因此我们不需要担心一个不守规矩的程序试图修改一个 BlackjackCard 实例的 rank 值。

我们可以用一个工厂函数创建这个类的不同实例，如下所示。

```
def card( rank, suit ):
    if rank == 1:
        return BlackjackCard( 'A', suit, 1, 11 )
    elif 2 <= rank < 11:
        return BlackjackCard( str(rank), suit, rank, rank )
    elif rank == 11:
        return BlackjackCard( 'J', suit, 10, 10 )
    elif rank == 12:
        return BlackjackCard( 'Q', suit, 10, 10 )
    elif rank == 13:
        return BlackjackCard( 'K', suit, 10, 10 )
```

上面的代码会根据不同的牌面值创建带有正确软总和和硬总和的 BlackjackCard 实例。通过用不同的参数填充 tuple 的子类模板，最终会创建一个名为 namedtuple 的新类。基本上，这种模板都是以类似下面这样的代码开始的。

```
class TheNamedTuple(tuple):
    __slots__ = ()
    _fields = {field_names!r}
    def __new__(_cls, {arg_list}):
        return _tuple.__new__(_cls, ({arg_list}))
```

模板代码扩展了内置的 tuple 类，这里没有其他特殊的地方。

它将__slots__设为空元组。有两种方式来管理实例变量：__slots__和__dict__。通过设置了__slots__，__dict__被禁止修改，同时也保证了不会有新的实例变量被添加到这个类的对象中。此外，生成的对象依然保持在最小的大小。

模板中创建了一个名为_fields 的类级变量，这个变量用于为类中的字段命名。{field_names!r}用于接收字段名列表。

模板定义了一个__new__()方法用来初始化不可变对象。{arg_list}被用来接收定义如何创建每个实例的参数列表。

还有其他的一些方法函数，以上介绍为了解 namedtuple 函数是如何工作的提供了一些提示。

当然，我们可以继承一个 namedtuple 类，然后添加新的属性。但是，当我们试图往 namedtuple 类中添加新的属性时，必须非常小心。属性的列表和__new__()的参数会编码后存储在_fields 中。

下面是一个继承 namedtuple 类的例子：

```
BlackjackCard = namedtuple('BlackjackCard','rank,suit,hard,soft')
class AceCard( BlackjackCard ):
    __slots__ = ()
    def __new__( self, rank, suit ):
        return super().__new__( AceCard, 'A', suit, 1, 11 )
```

我们用 __slots__ 保证子类中没有 __dict__，我们无法添加任何新属性。我们重载了 __new__()，这样我们就可以只用两个值（rank 和 suit）构造实例，但是重载的 __new__() 会填充所有的 4 个值。

## 6.3.2 deque 类

一个 list 对象旨在为容器内的任何位置元素的修改提供一致的性能。但是，有一些操作会损失性能。最值得注意的是，任何在 list 头部的操作（list.insert(0, item) 或者 list.pop(0)）都会损失一些性能，因为列表的大小改变了，同时所有元素的位置也改变了。

deque——一个双向队列——旨在为列表中的第 1 个和最后一个元素提供一致的性能。它的追加和弹出操作会比内置的 list 对象快。

**不规则的拼写**

类名的首字母通常大写。但是，deque 没有这样做。

通过总是从尾部弹出，一副牌的设计避免了 list 对象潜在的性能缺陷。

但是，由于我们只使用了 list 对象中很少的一部分特性，或许一个像 deque 这样的结构能够更好地适应我们的需求。我们只是用 list 存储所有的牌，这样就可以实现洗牌和从集合中弹出的操作。除了洗牌，我们的程序从未通过下标访问元素。

尽管 deque.pop() 方法可能非常快，但是不是非常适合洗牌操作。洗牌会随机地访问容器中的元素，deque 并不是为这种操作所设计的。

为了找出潜在的开销，我们可以像下面这样，用 timeit 来比较用 list 和 deque 洗牌的性能。

```
>>> timeit.timeit('random.shuffle(x)',"""
... import random
... x=list(range(6*52))""")
597.951664149994
>>>
>>> timeit.timeit('random.shuffle(d)',"""
... from collections import deque
... import random
... d=deque(range(6*52))""")
609.9636979339994
```

我们使用 random.shuffle() 调用 timeit。一个基于 list 对象，另一个基于 deque。

结果说明 deque 的洗牌操作仅仅比 list 慢一点——大约慢 2%，这样的差别可以忽略不计。

我们可以很自信地尝试将 list 换成 deque。

需要做的修改如下。

```
from collections import dequeue
class Deck(dequeue):
    def __init__( self, size=1 ):
        super().__init__()
        for d in range(size):
            cards = [ card(r,s) for r in range(13) for s in Suits ]
            super().extend( cards )
        random.shuffle( self )
```

在 Deck 的定义中，我们把 list 换成了 deque，其他部分保持不变。

现在性能的差别有多大呢？让我们测试一下创建 100000 张牌的性能。

```
>>> timeit.timeit('x.pop()', "x=list(range(100000))",
number=100000)
0.032304395994287916
>>> timeit.timeit('x.pop()', "from collections import deque;
x=deque(range(100000))", number=100000)
0.013504189992090687
```

这里，我们用了 x.pop() 来调用 timeit。一个基于 list，另一个基于 deque。

处理时间几乎减少了一半（准确地说是 42%）。数据结构上的一个小改变为我们节省了大量的开销。

通常，为程序选择最优的数据结果是非常重要的。多尝试几种不同的数据结构可以告诉我们哪一种更高效。

## 6.3.3 使用 ChainMap

将映射连接在一起的场景非常符合 Python 中关于本地与全局的概念。当我们在 Python 中使用一个变量时，会按照先本地命名空间、后全局命名空间的顺序搜索这个变量。除了搜索这两种命名空间外，Python 还会在本地命名空间中设置一个变量，但是这个变量不会影响到全局命名空间。这种默认的行为（没有使用 global 或者 nonlocal 语句）也是 ChainMap 的工作方式。

当我们的程序开始运行时，我常常会从命令行参数、配置文件、操作系统环境变量甚至有可能是基于安装范围的配置中获取属性。我们希望可以将这些属性整合到一个类似于字典的结构中，这样我们就可以轻易地对配置进行定位。

不使用类似下面这样的程序启动代码，它结合了多个不同来源的配置选项。

```
import argparse
import json
import os
parser = argparse.ArgumentParser(description='Process some
integers.')
parser.add_argument( "-c", "--configuration", type=open,
nargs='?')
```

```
parser.add_argument( "-p", "--playerclass", type=str, nargs='?',
default="Simple" )
cmdline= parser.parse_args('-p Aggressive'.split())

if cmdline.configuration:
    config_file= json.load( options.configuration )
    options.configuration.close()
else:
    config_file= {}

with open("defaults.json") as installation:
    defaults= json.load( installation )
# Might want to check ~/defaults.json and
/etc/thisapp/defaults.json, also.

from collections import ChainMap
options = ChainMap(vars(cmdline), config_file, os.environ,
defaults)
```

上面的代码向我们展示不同来源的配置，有如下几种。

● 命令行参数。我们看到了一个令牌参数——playerclass，但是通常还会有许多其他这样的参数。

● 其中一个参数——configuration，是带有一些额外参数的配置文件的文件名。这个参数应该用 JSON 表示并且会读取这个文件的内容。

● 此外，还有一个 defaults.json 文件以及另外一个可以寻找配置值的地方。

基于上面的代码，我们可以建立一个单一的 ChainMap 对象使用案例，在这个案例中，我们可以在指定的位置中查找参数。ChainMap 实例会按顺序在每一个映射中搜索指定值。这为我们提供了一种简洁、易于使用的处理运行时选项和参数的方法。

在第 13 章"配置文件和持久化"和第 16 章"使用命令行"中，我们会再次探讨这个主题。

## 6.3.4 OrderedDict 集合

OrderedCollection 集合很聪明地使用了两种存储结构。使用一个基本的 dict 对象类型用来匹配键和值。另外，使用存储了键的双向列表用来维护插入顺序。

OrderedDict 的一个常用场景是处理 HTML 或者 XML 文件，这些文件中对象的顺序必须保留，但是对象之间有可能通过 ID 或者 IDREF 属性互相引用。通过将 ID 用作字典的键，我们可以优化对象间的这种关系。我们可以使用 OrderedDict 结构保持源文档中对象的顺序。

这里不想将处理 XML 作为探讨的主题，这是第 9 章"序列化和保存——JSON、YAML、Pickle、CSV 和 XML"的主题。

考虑这个简短的示例 XML 文档，该文档索引之间包含非常复杂的引用。我们假设这是一个微型博客的源文件，它包含了具有 ID 属性的一系列有序的元素，同时也包含了使用 IDREF 属性引用原始元素的索引。

我们将这个 XML 分为两个部分。

```
<blog>
    <topics> … </topics> <indices> … </indices>
</blog>
```

topics 和 indices 会各有它们自己的内容，下面是这个博客中 topics 的部分。

```
    <topics>
        <entry ID="UUID98766"><title>first</title><body>more
          words</body></entry>
        <entry
    ID="UUID86543"><title>second</title><body>words</body></entry>
        <entry
ID="UUID64319"><title>third</title><body>text</body></entry>
    </topics>
```

每一个 topics 都包含一系列的 entry。每一个 entry 都有一个唯一的 ID。这里在暗示它们应该属于**通用唯一标识符（Universally Unique ID，UUID）**，但我们还没有给出实际的例子。

下面是博客中表示 indices 的 XML 代码。

```
<indices>
    <bytag>
        <tag text="#sometag">
            <entry IDREF="UUID98766"/>
            <entry IDREF="UUID86543"/>
        </tag>
        <tag text="#anothertag">
            <entry IDREF="UUID98766"/>
            <entry IDREF="UUID64319/>

        </tag>
    </bytag>
</indices>
```

indices 中的每个元素通过 tag 来表示。可以看到，每个 tag 中都包括了一个 entry 的列表。每一个 entry 都包含了一个指向原始博客对应元素的引用。

下面的代码会解析源文件并且生成一个 OrderedDict 集合。

```
from collections import OrderedDict
import xml.etree.ElementTree as etree

doc= etree.XML( source ) # Parse

topics= OrderedDict() # Gather
for topic in doc.findall( "topics/entry" ):
    topics[topic.attrib['ID']] = topic
```

```
for topic in topics: # Display
    print( topic, topics[topic].find("title").text )
```

第 1 部分，# Parse，会解析 XML 源文件，然后创建一个 ElementTree 对象。

第 2 部分，# Gather，会遍历 topics 中所有的 entry。topics 中的每一个元素都会根据 ID 存入 OrderedDict 集合中。元素间原本的顺序会被保留，这样就可以按正确的顺序呈现出来。

最后一部分，# Display，会以原始顺序显示 entry 和它们的 ID。

## 6.3.5 defaultdict 子类

当一个键不存在时，默认的 dict 类型会抛出一个异常。defaultdict 集合类型会执行一个给定的函数，并将执行结果作为这个不存在的键值存入字典中。

**注意不规则的拼写方式**

类名通常首字母大写。但是，defaultdict 类没有遵守这个规则。

defaultdict 类的一个常见应用是为对象创建索引。当有一些对象共同包含一个键时，我们可以创建一个对象列表共享这个键。

下面的代码向我们展示了如何将庄家的牌面值作为结果集的索引。

```
outcomes = defaultdict(list)
self.play_hand( table, hand )
outcome= self.get_payout()
outcomes[hand.dealer_card.rank].append(outcome)
```

outcomes[rank] 中的值是一个模拟的收益列表，我们可以求这些值的平均数或总数来统计收益情况。可以通过计算赢和输的次数或者进行其他的定量分析来制定能够让损失最小化收益最大化的策略。

一些情况下，我们可能会想用 defaultdict 集合提供一个常量。比起 container.get(key,"N/A")，更倾向于使用 container[key]。当 key 不存在时，总是返回一个字符串常量。实现这个行为的难点在于 defaultdict 类会使用一个无参的函数创建默认值，没有办法为其指定一个常量。

我们可以创建一个无参的 lambda 对象，这种方式非常符合我们的需求，下面是一个例子。

```
>>> from collections import defaultdict
>>> messages = defaultdict( lambda: "N/A" )
>>> messages['error1']= 'Full Error Text'
>>> messages['other']
'N/A'
```

当键不存在时，总是返回一个默认值，并且将键（本例中是'other'）添加到字典中。我们可以通过查找所有值是"N/A"的键来确定添加了多少新值。

```
>>> [k for k in messages if messages[k] == "N/A"]
['other']
```

正如你从上面的输出中看到的，我们找到了默认值"N/A"的键。

## 6.3.6　counter 集合

defaultdict 类的一个最常用场景是为事件计数，可使用下面这样的代码来完成。

```
frequency = defaultdict(int)
for k in some_iterator():
    frequency[k] += 1
```

以上代码计算了 k 在 some_iterator() 生成的序列中出现的次数。

由于这种需求很常见，因此有一个 defaultdict 的等价对象提供了和上面的代码一样的功能——它就是 Counter。但是，相对来说，Counter 集合比一个简单的 defaultdict 类更加复杂。它可用于确定最常用值的场景，也就是统计学家说的**众数**（**mode**）。

我们需要调整 defaultdict 对象中的值来找到众数。这并不难，但是由于这是一种样板代码，因此会让人感到厌烦，代码看起来像下面这样。

```
by_value = defaultdict(list)
for k in frequency:
    by_value[ frequency[k] ].append(k)
```

我们创建了另一个字典。这个 by_value 字典的键是上面 frequency 字典中的值。每一个键都与原本 some_iterator() 返回的值关联。

接着，我们可以用下面的代码定位并按出现频率排序并显示出的最常用值。
```
for freq in sorted(by_value, reverse=True):
    print( by_value[freq], freq )
```

这会创建一个频率分布图，它向我们展示了一个给定频率的所有值和所有共享这些键值的频率计数。

上面的所有属性都是 Counter 集合的一部分，下面是一个基于某些数据创建频率分布图的例子。

```
from collections import Counter
frequency = Counter(some_iterator())
for k,freq in frequency.most_common():
    print( k, freq )
```

这个例子告诉我们，通过向 Counter 提供可迭代的对象，我们就可以轻易地获得统计数据。它会收集可迭代对象中每个值的频率数据。本例中，我们提供了一个返回可迭代对象的函数 some_iterator()。我们也可以选择提供一个序列或者其他集合。

然后，我们可以降序地显示结果。但是，等等！这并不是 Counter 的全部。

Counter 集合并非仅仅是 defaultdict 集合的变种。这个类名有一些误导的成分。一个 Counter 对象实际是一个"多重集合"，有时候也被称为"包"。

它是一个类似 set 的集合，但是在包中是允许重复的。它不是一个用下标或者位置来标志元素的序列，顺序在包中并不重要。它也不是一个键值映射。它像是一个元素就代表它们本身并且顺序无关的集合（set）。但是，它又不是一个集合，因为，正如这个例子中所看到的，元素可以重复。

由于元素可以重复，Counter 对象用一个整数来统计多次出现的元素，因此它可以被用来创建频率表。但是，它的用处不止如此。由于包类似于一个集合，因此我们可以通过比较两个包中的元素来创建并集或者交集。

让我们创建两个包。

```
>>> bag1= Counter("aardwolves")
>>> bag2= Counter("zymologies")
>>> bag1
Counter({'a': 2, 'o': 1, 'l': 1, 'w': 1, 'v': 1, 'e': 1, 'd': 1,
's': 1, 'r': 1})
>>> bag2
Counter({'o': 2, 'm': 1, 'l': 1, 'z': 1, 'y': 1, 'g': 1, 'i': 1,
'e': 1, 's': 1})
```

我们通过扫描一个字母序列来创建包。对于每一个出现超过一次的字母，会有对应一个大于一的计数。

我们可以很容易地得到两个包的并集。

```
>>> bag1+bag2
Counter({'o': 3, 's': 2, 'l': 2, 'e': 2, 'a': 2, 'z': 1, 'y': 1,
'w': 1, 'v': 1, 'r': 1, 'm': 1, 'i': 1, 'g': 1, 'd': 1})
```

这个结果显示了两个字符串中所有的字符。有 3 个 o。毫不意外地，其他的字母不是很流行。

我们也能同样容易地得到两个包的不同元素。

```
>>> bag1-bag2
Counter({'a': 2, 'w': 1, 'v': 1, 'd': 1, 'r': 1})
>>> bag2-bag1
Counter({'o': 1, 'm': 1, 'z': 1, 'y': 1, 'g': 1, 'i': 1})
```

第 1 个表达式显示的是 bag1 中有而 bag2 中没有的元素。

第 2 个表达式显示的是 bag2 中有而 bag1 中没有的元素。注意，o 在 bag2 中出现了两次并且在 bag1 中也出现了一次。结果只是从 bag1 中移除了其中的一个 o。

# 6.4　创建新集合

现在来看看 Python 内置容器类型支持哪些扩展。当然，我们不会举例说明如何扩展每个容器。如果这么做，那么这本书的体积就会变得超出我们的控制了。

我们会以一个容器为例来看看扩展容器的过程是怎样的。

1.　定义需求。这可能包括研究维基百科（Wikipedia），通常从这里开始看：http://en.wikipedia.org/wiki/Data_structure。由于我们需要考虑到边界情况，因此数据结构的设计可能会非常复杂。

2.　如果需要，看一下必须实现 collections.abc 模块中的哪些方法才能新增我们需要的功能。

3. 创建一些测试用例。这也需要仔细研究算法，才能确定我们可以正确地处理边界情况。

4. 代码。

我们需要特别强调，在尝试发明新的数据结构前，认真研习基础知识是非常重要的。除了在网上寻找概述和总结，对于具体内容的学习也是非常必要的。可以阅读 Cormen、Leiserson、Rivest 和 Stein 所著的 *Introduction to Algorithms*，Aho、Ullman 和 Hopcroft 所著的 *Data Structures and Algorithms* 或者 Steven Skiena 所著的 *The Algorithm Design Manual*。

正如我们前面看到的，抽象基类定义了三大类集合：序列、映射和集合。有以下 3 种可自定义新集合的方法。

- **扩展**：操作现有的序列。
- **封装**：操作现有的序列。
- **新建**：创建一个新序列。

理论上，我们可以给出多达 9 个示例——用每种不同的方法分别自定义每个集合。之后会对这个主题进行介绍，并且会探究一下如何创建新的序列、如何扩展和封装现有的序列。

由于已经有很多扩展的映射（例如 ChainMap、OrderedDict、defaultdict 和 Counter），因此我们只会简单地介绍如何创建新映射。我们也会探究如何创建一个新的有序包（或者称为多重集合）。

# 6.5　定义一种新的序列

当我们进行统计分析时，常常会需要基于一些数据计算平均数、众数和标准差。我们的 21 点模拟器会产生一些结果，我们必须对这些结果进行统计分析才能知道我们是否真的创建了一种更好的策略。

当我们模拟一个打牌的策略时，我们应该以一些结果数据作为结束，这些数据是一系列的数字，它们向我们展示了用某种特定策略打牌的结果。对于一张拥挤的桌子和一张只有一个玩家的桌子，打牌的速率从每小时 50 手到 200 手不等。我们会假设玩 200 手的 21 点就需要休息。

可以用一个内置的 list 类累加结果。我们可以通过 $\dfrac{\sum x}{N}$ 来计算平均值，$N$ 是 $x$ 的总项数。

```
def mean( outcomes ):
    return sum(outcomes)/len(outcomes)
```

标准差可以通过 $\dfrac{\sqrt{N(\sum x^2)-(\sum x)^2}}{N}$ 计算：

```
def stdev( outcomes ):
    n= len(outcomes)
    return math.sqrt( n*sum(x**2 for x in outcomes)-sum(outcomes)**2 )/n
```

这些都是相对比较简单的计算函数。但是，随着问题变得更复杂，这种没有组织的函数就不是那么有用了。面向对象编程的一个优点就是可以将功能与数据整合在一起。

我们不会在第 1 个例子中重写任何 list 的特殊方法，只会继承 list，然后增加一些用于统计的方法。这是一种非常常见的扩展方式。

我们会在第 2 个例子中再改进这个类，这样我们就能修改和扩展特殊方法。这需要仔细研究抽象基类的特殊方法，这样才知道需要增加和修改哪些方法才能正确地继承内置 list 类的所有特性。

因为我们正在探讨序列，所以必须使用 Python 的 slice 记号。我们会看看 slice 是什么以及它是如何与 __getitem__、__setitem__ 和 __delitem__ 一起工作的。

第 2 个重要的设计原则是封装。我们会创建一个 list 的封装类，然后介绍如何将方法委托给这个类。当涉及对象持久化时，封装具有一定的优势，这是第 9 章"序列化和保存——JSON、YAML、Pickle、CSV 和 XML"的内容。

我们也会介绍自定义一种新的序列需要做什么。

## 6.5.1　一个用于统计的 list

将计算平均值和标准差的属性直接集成在 list 的子类中是一种非常明智的做法。我们可以这样扩展子类。

```
class Statslist(list):
    @property
    def mean(self):
        return sum(self)/len(self)
    @property
    def stdev(self):
        n= len(self)
        return math.sqrt( n*sum(x**2 for x in self)-sum(self)**2 )/n
```

利用这个对内置 list 类的简单扩展，我们可以更容易地收集数据和报表统计。

可以设想有一个全局可以使用的模拟脚本，如下所示。

```
for s in SomePlayStrategy, SomeOtherStrategy:
    sim = Simulator( s, SimpleBet() )
    data = sim.run( hands=200 )
    print( s.__class__.__name__, data.mean, data.stdev )
```

## 6.5.2　主动计算和延迟计算

注意，我们的计算都是延迟的。只有在被请求的时候，它们才会执行。这也意味着每次被请求时，它们都会执行。根据这些类的对象所处的不同上下文，这可能是一个相当大的开销。

实际上，将这些统计汇总的计算转换为主动计算是很明智的做法，正如我们所知道的，从 list 添加或者删除元素就是主动的。尽管创建这些函数的主动计算版本增加了一些编码量，但是当数据规模很大时，它能显著地提高性能。

主动计算的关键是防止用循环求和。如果我们主动地做求和操作，由于 list 已经创建了，因此我们就不用再循环遍历数据。

如果我们查看 Sequence 类的所有特殊方法，就可以看到已经包含了用于添加、删除和修改这个序列的方法。我们可以利用这些方法计算出我们需要的两种不同总和。我们从 Python 标准库文档中的 8.4.1 节——collections.abc 开始，这个部分的地址是 http://docs.python.org/3.4/library/collections.abc.html#collections-abstract-base-classes。

下面是实现 MutableSequence 类必须实现的方法：\_\_getitem\_\_、\_\_setitem\_\_、\_\_delitem\_\_、\_\_len\_\_、insert、append、reverse、extend、pop、remove 和\_\_iadd\_\_。文档中也描述了从 sequence 中继承而来的方法。但是，由于那些方法都是为不可变序列设计的，因此可以暂时忽略它们。

下面列出了每个方法中必须实现的逻辑。

- \_\_getitem\_\_：无，因为不涉及状态的改变。
- \_\_setitem\_\_：这个方法改变了一个元素的状态。我们需要从每个总和中减去原本元素的值，然后再将新元素的值累加进总和中。
- \_\_delitem\_\_：这个方法会删除一个元素。我们需要从总和中移除被删除元素的值。
- \_\_len\_\_：无，因为也不涉及状态的改变。
- insert：由于这个方法插入一个新元素，因此我们需要将这个元素累加进总和中。
- append：这个方法也会添加一个新元素，所以我们同样需要将这个元素累加进总和中。
- reverse：无，因为不会影响平均值和标准差的计算。
- extend：这个方法会添加许多元素，例如\_\_init\_\_，所以在扩展 list 之前，我们需要处理每个新加入的元素。
- pop：这个方法会删除一个元素。我们需要从总和中移除对应元素。
- remove：这个方法也会删除一个元素。我们同样需要从总和中移除对应元素。
- \_\_iadd\_\_：这个方法实现了+=增量赋值语句，它和 extend 关键字完全相同。

我们不会详细讲解每个方法，因为实际上只有以下两种情况。

- 添加一个新值。
- 删除一个旧值。

替换的情况只是综合使用了添加和删除操作。

下面是一个主动的 StatsList 类的例子。我们只会展示 insert 和 pop 方法。

```python
class StatsList2(list):
    """Eager Stats."""
    def __init__( self, *args, **kw ):
        self.sum0 = 0 # len(self)
        self.sum1 = 0 # sum(self)
        self.sum2 = 0 # sum(x**2 for x in self)
        super().__init__( *args, **kw )
        for x in self:
            self._new(x)
    def _new( self, value ):
```

```
        self.sum0 += 1
        self.sum1 += value
        self.sum2 += value*value
    def _rmv( self, value ):
        self.sum0 -= 1
        self.sum1 -= value
        self.sum2 -= value*value
    def insert( self, index, value ):
        super().insert( index, value )
        self._new(value)
    def pop( self, index=0 ):
        value= super().pop( index )
        self._rmv(value)
        return value
```

我们创建了 3 个内部变量，变量后的注释是这个类维护它们的方法。我们称这些变量为"和常量"（sum invariants），因为每个变量都包含了一种特定的和，并且这些和在类的状态被改变时仍然与类保持恒定的关系。这种主动计算的机制主要依赖于 rmv() 和 _new() 方法，当 list 被改变时，这两个方法会更新 3 个"和常量"，这样他们和类的关系仍然保持不变。

当我们用 pop() 操作成功删除一个元素后，必须更新这些"和常量"。当我们添加了一个元素（通过初始化或者用 insert() 方法），同样也必须更新我们的"和常量"。其他需要实现的方法会用上面这两个方法保证我们的 3 个"和常量"与类的关系保持恒定。我们保证 L.sum0 总是 $\sum_{x\in L} x^0 = \sum_{x\in L} l = \mathrm{len}(L)$，sum1 总是 $\sum_{x\in L} x$，sum2 总是 $\sum_{x\in L} x^2$。

其他的方法，例如 append()、extend() 和 remove()，和上面列举的方法很类似。我们没有在示例中实现它们是因为和上面的几个方法实现非常类似。

我们还有一个很重要的操作没有实现：通过 list[index]=value 替换特定元素。在后面的段落中，我们会深入讨论这个操作。

我们可以通过一些数据来看看现在这个 list 是如何工作的。

```
>>> sl2 = StatsList2( [2, 4, 3, 4, 5, 5, 7, 9, 10] )
>>> sl2.sum0, sl2.sum1, sl2.sum2
(9, 49, 325)
>>> sl2[2]= 4
>>> sl2.sum0, sl2.sum1, sl2.sum2
(9, 50, 332)
>>> del sl2[-1]
>>> sl2.sum0, sl2.sum1, sl2.sum2
(8, 40, 232)
>>> sl2.insert( 0, -1 )
>>> sl2.pop()
-1
>>> sl2.sum0, sl2.sum1, sl2.sum2
(8, 40, 232)
```

我们可以创建一个列表，初始化时会相应地计算 3 个"和常量"。后续的每次改变都会主动地更新对应的"和常量"。我们可以修改、删除、插入或者弹出一个元素,每次改变都会带来一组新的"和常量"。

剩下的就是将我们的计算平均数和标准差的逻辑加入代码中了,可以像下面这样。

```
@property
def mean(self):
    return self.sum1/self.sum0
@property
def stdev(self):
    return math.sqrt( self.sum0*self.sum2-self.sum1*self.sum1 )/self.sum0
```

这个函数重用了已经算好的"和常量"。不再需要额外的循环来计算这两个统计项目。

### 6.5.3 使用__getitem__()、__setitem__()、__delitem__()和 slice 操作

StatsList2 的例子中没有实现__setitem__()和__delitem__(),因为它们和 slice 操作有关。我们需要先了解 slice 操作的实现,然后才能正确地实现这两个方法。

序列包括了两种不同类型的索引。

- a[i]:这是一个简单的整数索引。
- a[i:j]或者 a[i:j:k]:这些使用了 start:stop:step 值的 slice 表达式。slice 表达式有 7 种不同的重载。

基本的语法主要基于 3 个上下文。

- 在一个表达式中,依赖于__getitem__()获取一个值。
- 作为赋值语句的左操作数时,依赖于__setitem__()设定一个值。
- 在 del 语句中时,依赖于__delitem__()删除一个值。

当我们做一些类似于 seq[:-1]的操作时,我们就是在写 slice 表达式。底层的__getitem__()方法会接受一个 slice 对象作为参数,而不是一个简单的整数。

参考手册告诉了我们一些关于 slice 的信息。一个 slice 对象包含 3 个属性:start、stop 和 step。同时,它也有一个叫作 indices()的函数,当上述任何属性缺失时,这个函数会正确地计算出缺失属性的值。

我们用一个扩展了 list 的简单类来探索 slice 对象。

```
class Explore(list):
    def __getitem__( self, index ):
        print( index, index.indices(len(self)) )
        return super().__getitem__( index )
```

这个类会打印 slice 对象和 indices()函数的返回值。然后,使用了基类中的实现,这样就可以让这个类的行为和普通的 list 一致。

有了这个类,我们可以尝试不同的 slice 表达式,看看会得到什么。

```
>>> x= Explore('abcdefg')
>>> x[:]
```

```
slice(None, None, None) (0, 7, 1)
['a', 'b', 'c', 'd', 'e', 'f', 'g']
>>> x[:-1]
slice(None, -1, None) (0, 6, 1)
['a', 'b', 'c', 'd', 'e', 'f']
>>> x[1:]
slice(1, None, None) (1, 7, 1)
['b', 'c', 'd', 'e', 'f', 'g']
>>> x[::2]
slice(None, None, 2) (0, 7, 2)
['a', 'c', 'e', 'g']
```

在上面的 slice 表达式中，我们可以看到一个 slice 对象有 3 个属性，并且这 3 个属性的值直接由 Python 语法提供。当我们为 indices() 函数提供了一个正确的长度值时，它就会返回一个带有 start、stop 和 step 值的元组。

## 6.5.4 实现__getitem__()、__setitem__()和__delitem__()

当我们实现__getitem__()、__setitem__() 和__delitem__()方法时，需要接受两种参数：int 和 slice。

当我们重载不同的序列方法时，必须正确地处理不同的 slice 情形。

下面是一个以 slice 为参数的__setitem__()方法的实现。

```
def __setitem__( self, index, value ):
    if isinstance(index, slice):
        start, stop, step = index.indices(len(self))
        olds = [ self[i] for i in range(start,stop,step) ]
        super().__setitem__( index, value )
        for x in olds:
            self._rmv(x)
        for x in value:
            self._new(x)
    else:
        old= self[index]
        super().__setitem__( index, value )
        self._rmv(old)
        self._new(value)
```

上面的方法有两个处理路径。

● 如果 index 是 slice 对象，我们会计算 start、stop 和 step 的值。然后，定位需要删除的旧值。接着，会调用基类中的操作并用新的值替代旧的值。

● 如果 index 是一个简单的 int 对象，那么旧的值和新的值都只是一个单一元素。

下面是一个以 slice 作为参数的__delitem__()方法的实现。

```
def __delitem__( self, index ):
    # Index may be a single integer, or a slice
```

```
if isinstance(index, slice):
    start, stop, step = index.indices(len(self))
    olds = [ self[i] for i in range(start,stop,step) ]
    super().__delitem__( index )
    for x in olds:
        self._rmv(x)
else:
    old= self[index]
    super().__delitem__( index )
    self._rmv(old)
```

同样地，上面的代码用 slice 来确定哪些值应该被删除。如果 index 是一个简单的整数，那么只有一个值会被删除。

当我们引入合理的 slice 操作到 StatsList2 类中时，就可以创建一个拥有所有 list 基类功能的列表，并且这个列表能够快速地返回当前列表中元素的平均数和标准差。

注意，这些方法函数会各自创建一个临时的 list 对象 olds，这会带来一些可以优化的开销。作为读者的一个练习，在这些方法中使用_rmv()函数有助于避免使用 olds 变量。

## 6.5.5 封装 list 和委托

我们会看看要如何封装 Python 的一个内置容器类。封装一个内置的类意味着必须将一些方法委托给底层的容器。

由于每个内置的集合都包含了大量的方法，封装一个集合有可能需要大量的代码。当需要创建持久化类时，封装比扩展更有优势。这是第 9 章 "序列化和保存——JSON、YAML、Pickle、CSV 和 XML" 的主题。在某些情况下，我们需要将内部的集合暴露给大量的序列方法使用，因为这些方法需要将实现委托给一个内部的列表。

前面的统计数据类的一个限制是，它们都要求 "只能插入"。接下来，我们会禁用一些方法。而封装正是为处理这种戏剧性的改变存在的。

例如，我们可以设计一个只支持 append 和__getitem__的类，它会封装一个 list 类。下面的代码可以用来累加模拟器中生成的数据。

```
class StatsList3:
    def __init__( self ):
        self._list= list()
        self.sum0 = 0 # len(self), sometimes called "N"
        self.sum1 = 0 # sum(self)
        self.sum2 = 0 # sum(x**2 for x in self)
    def append( self, value ):
        self._list.append(value)
        self.sum0 += 1
```

```
        self.sum1 += value
        self.sum2 += value*value
    def __getitem__( self, index ):
        return self._list.__getitem__( index )
    @property
    def mean(self):
        return self.sum1/self.sum0
    @property
    def stdev(self):
        return math.sqrt( self.sum0*self.sum2-self.sum1*self.sum1
          )/self.sum0
```

这个类中的_list 对象是 Python 内置的 list 类。这个列表总是初始化为空列表。由于 append()是唯一的更新列表的方式，我们可以很容易地维护不同种类的和。然而我们必须很小心地确保将相应的工作委托给基类完成，这样才能保证在我们的子类开始处理参数时当前列表中的值是最新的。

可以直接将__getitem__()委托给内部的_list 对象，而不用去关心参数和结果。

可以像下面这样使用这个类。

```
>>> sl3= StatsList3()
>>> for data in 2, 4, 4, 4, 5, 5, 7, 9:
...     sl3.append(data)
...
>>> sl3.mean
5.0
>>> sl3.stdev
2.0
```

我们创建了一个空列表，然后将元素添加到列表中。由于每次有元素添加到列表中时，都会更新“和常量”，因此可以快速地算出平均值和标准差。

我们并没有可以让类变成可迭代的，没有定义__iter__()。

由于__getitem__()的定义，现在有一些功能可以工作了。我们不止能够获取元素，同时也能看到有一个可以遍历所有值的默认实现。

这里是一个示例。

```
>>> sl3[0]
2
>>> for x in sl3:
...     print(x)
...
2
4
4
4
5
5
7
9
```

上面的结果向我们展示了即使是一个最小程序的封装的集合通常也足以满足许多需求。

注意，例如，我们并没有让这个列表可以计算自身的长度。我们试图获取列表的大小，它会像下面这样抛出一个异常。

```
>>> len(sl3)
Traceback (most recent call last):
  File "<stdin>", line 1, in <module>
TypeError: object of type 'StatsList3' has no len()
```

我们可能想添加一个__len__()方法并将它委托给内部的_list 对象。可能也会想将__hash__设为None，但是需要很小心，因为这是一个可变对象。

我们可能想定义__contains__()并且也将真正的工作委托给内部的_list 对象。这样一来，就可以创建一个极简单的容器，但是它仍然提供了一个容器所应具有的底层特性。

## 6.5.6 用__iter__()创建迭代器

当我们的设计涉及封装一个现有类时，需要确保类是可迭代的。当查看 collections.abc.Iterable 的文档后，就会知道我们只需要实现__iter__()就可以让一个对象可迭代。可以选择让__iter__()方法返回一个正确的 Iterator 对象，或者将它写成一个生成器函数。

尽管创建一个 Iterator 对象不是非常复杂，但是通常不需要这么做。创建生成器函数简单得多。对于一个封装的集合，应该总是简单地把__iter__()方法的行为委托给内部的集合。

对于 StatsList3 类，它看起来会像下面这样。

```
def __iter__(self):
    return iter(self._list)
```

这个方法函数会将迭代操作委托给内部的_list 对象的 Iterator。

## 6.6 创建一种新的映射

Python 中内置了 dict 映射，在库中也有许多映射类型。除了 collections 模块对 dict 的扩展（defaultdict、Counter 和 ChainMap）之外，库中还有一些模块包含了类似于映射的结构。

shelve 模块是其他映射的一个重要示例。我们会在第 10 章 "用 Shelve 保存和获取对象" 中介绍它。dbm 模块与 shelve 类似，也是将一个键映射到一个值上。

mailbox 和 email.message 模块中的类为邮箱提供了一个类似于 dict 的接口，这个接口被用于管理本地邮件。

随着我们介绍越来越多的设计原则，可以用扩展或者封装的方式向映射中添加更多功能。

可以升级 Counter 类，将平均数和标准差用作频率分布数据存储。实际上，也能从这个类中很容易地算出中位数和众数。

下面的 StatsCounter 是对 Counter 的一个扩展，它加入了一些用于统计的函数。

```
from collections import Counter
class StatsCounter(Counter):
    @property
    def mean( self ):
        sum0= sum( v for k,v in self.items() )
        sum1= sum( k*v for k,v in self.items() )
        return sum1/sum0
    @property
    def stdev( self ):
        sum0= sum( v for k,v in self.items() )
        sum1= sum( k*v for k,v in self.items() )
        sum2= sum( k*k*v for k,v in self.items() )
        return math.sqrt( sum0*sum2-sum1*sum1 )/sum0
```

我们向 Counter 类中添加了两个根据频率分布计算平均数和标准差的方法。这里的公式和前面基于 list 对象的主动计算中用的类似，尽管这里是基于 Counter 对象的延迟计算。

我们用 sum0= sum( v for k,v in self.items() ) 来计算值 v 的和，并忽略了键 k。我们可以用一个下划线（_）代替 k 来强调我们要忽略键。可以用 sum( v for v in self.values() ) 来强调我们不准备使用键。但是我们更倾向于对 sum0 和 sum1 使用平行的结构。

我们可以用这个类高效地对原始数据进行统计和定量分析，运行大量的模拟，然后用 Counter 对象收集结果。

这里是与列表中代表真实结果的样本数据的交互。

```
>>> sc = StatsCounter( [2, 4, 4, 4, 5, 5, 7, 9] )
>>> sc.mean
5.0
>>> sc.stdev
2.0
>>> sc.most_common(1)
[(4, 3)]
>>> list(sorted(sc.elements()))
[2, 4, 4, 4, 5, 5, 7, 9]
```

most_common() 的结果是一个包含两个元素的元组，其中一个是众数（4），另一个是这个值出现的次数（3）。我们可能想获取前 3 个众数，这样结果中就会包括另外两个出现频率没有这么高的元素。通过执行类似 sc.most_common(3)，就能获得出现频率最高的几个值。

elements() 方法按原始数据中所有元素的顺序重建列表。

从排好序的元素中，我们可以获得中位数，就是位于最中间的元素。

```
@property
def median( self ):
    all= list(sorted(sc.elements()))
    return all[len(all)//2]
```

这个方法不仅会是延迟执行，而且它会消耗很多内存；它仅仅为了找到中位数就用所有的值创建了一个完整的序列。

尽管它很简单，但是这是一种昂贵的使用 Python 的方式。

一种更明智的做法是用 sum(self.values())//2 计算有效长度和中点。一旦我们知道了这两个信息，就可以按顺序访问键，并计算出一个给定键位于哪个区域。最后，会在包括了中间点的区域中找到这个键。

代码类似于下面这样。

```
@property
def median( self ):
    mid = sum(self.values())//2
    low= 0
    for k,v in sorted(self.items()):
        if low <= mid < low+v: return k
        low += v
```

我们通过键和它们出现的次数定位最中间的键。注意，这里使用了内置的 sorted 函数，所以还需要加上它带来的开销。

通过 timeit，我们可以知道前面那个挥霍内存的版本需要 9.5 秒，这个更明智的版本只需要 5.2 秒。

# 6.7 创建一种新的集合

创建一个全新的集合需要一些准备工作。需要有新的算法或者新的内部数据结构，它们能够为内置的集合带来重大的改进。在设计新的集合之前，用 "Big-O" 计算复杂度是非常重要的。在实现了新的集合之后，用 timeit 确保新的集合确实改进了内置的集合也是非常重要的。

例如，我们或许想要创建一个二叉搜索树（binary search tree）结构用来让所有的元数据都按正确的顺序存储。由于我们希望这是一个可变的结构，因此在设计时必须做下面的几件事。

- 设计基本的二叉搜索树结构。
- 决定使用 MutableSequence、MutableMapping 还是 MutableSet 结构作为基类。
- 参考 Python 基本库文档的 8.4.1 节，了解 collection.abc 的集合中有哪些特殊方法。

一个二叉搜索树的节点有两个分支：一个是 "小于" 分支，用于存放所有小于当前节点的键；另一个是 "大于等于" 分支，用于存放所有大于或者等于当前节点的键。

我们需要仔细研究如何让我们的集合与 Python 的抽象基类合理地集成。

- 这不会是一个庞大的序列，因为在二叉搜索树中我们通常不使用索引。通常都是使用键来引用对应元素。但是，强制实现一个整数索引页不是难事。
- 它可以作为一个映射的键，可以让所有的键按顺序存储。这是二叉搜索树的一个常见用途。
- 它可以很好地代替 set 和 Counter 类，因为它能够接受多个不同类型的元素，这让我们可以很容易地将它实现成一种类似于包的结构。

我们会介绍如何实现一个有序的多重集合（或者叫包）。这个结构可以存储一个对象的多份备份。它只是依赖于对象间相对简单的比较测试。

这是一个比较复杂的设计，它包括了很多细节。为了能对二叉搜索树有一个基本了解，阅读类似于 http://en.wikipedia.org/wiki/Binary_search_tree 上面的文章是非常重要的。在前面的维基百科的末页有许多外部的链接，它们提供了关于二叉搜索树的更多信息。阅读一些书对学习基本的算法是非常重要的，例如 Cormen、Leiserson、Rivest 和 Stein 所著的 *Introduction to Algorithms*，Aho、Ullman 和 Hopcroft 所著的 *Data Structures and Algorithms*，或者 Steven Skiena 所著的 *The Algorithm Design Manual*。

## 6.7.1　一些设计原则

我们会将集合分成两个类：TreeNode 和 Tree。

TreeNode 类会包含所有的元素和 more、less 和 parent 引用。我们也会将一些其他功能放在这个类中。

例如，为了能够使用__contains__()或者 discard()搜索一个特定的元素会用一个简单的递归将这个搜索工作委托给节点自身来完成，算法的描述如下。

- 如果目前元素和当前元素相等，那么返回 self。
- 如果目标元素比 self.item 小，那么递归地使用 less.find(target item)继续搜索目标元素。
- 如果目标元素比 self.item 大，那么递归地使用 more.find(target.item)继续搜索目标元素。

我们用类似的方式将更多维护树结构的工作委托给 TreeNode 类完成。

第 2 个类会使用**外观模式**（**Facade**）定义 Tree。外观模式也被成为**包装模式**（**Wrapper**），主要目的是为一个特定的接口增加属性。我们会为 MutableSet 抽象基类提供必要的外部接口。

如果空的根节点在比较中总是小于所有其他的键，这个算法会变得更简单，但是在 Python 中这样做有一些困难。因为我们无法提前知道节点会是哪种数值类型，所以我们没有办法容易地为根节点定义一个最小值。相反，我们将使用特殊值 None 并且接受用 if 语句检测根节点所带来的开销。

## 6.7.2　定义 Tree 类

这是 MutableSet 类的一个扩展的主要代码，它提供了所必需的最小方法集。

```
class Tree(collections.abc.MutableSet):
    def __init__( self, iterable=None ):
        self.root= TreeNode(None)
        self.size= 0
        if iterable:
            for item in iterable:
                self.root.add( item )
    def add( self, item ):
        self.root.add( item )
        self.size += 1
```

```
    def discard( self, item ):
        try:
            self.root.more.remove( item )
            self.size -= 1
        except KeyError:
            pass
    def __contains__( self, item ):
        try:
            self.root.more.find( item )
            return True
        except KeyError:
            return False
    def __iter__( self ):
        for item in iter(self.root.more):
            yield item
    def __len__( self ):
        return self.size
```

初始化方法和 Counter 对象类似，这个类会接受一个可迭代对象作为参数，并加载对象中的所有元素。

add() 和 discard() 方法会持续更新节点总数。这样当我们需要知道当前节点总数时，就不用遍历整棵树。这些方法也将工作委托给了位于根部的 TreeNode 对象。

__contains__() 特殊方法会执行递归查找。当发生 KeyError 异常时，它会返回 False。

__iter__() 特殊方法是一个生成器函数。它也将实际的工作委托给了 TreeNode 类的递归迭代器。

我们定义了 discard()，当试图忽略不存在的键时，可变集合需要这个方法可以忽略异常。抽象基类中提供了一个 remove() 的默认实现，当一个键不存在时会抛出一个异常。两个方法函数都必须定义，我们基于 remove() 定义了 discard()，但是会忽略键不存在时 remove() 抛出的异常。在一些情况下，基于 discard() 定义 remove() 可能会更容易，如果发现问题就抛出一个异常。

## 6.7.3　定义 TreeNode 类

整个 Tree 类都是依赖于 TreeNode 类来处理添加、删除和迭代包中的不同元素。这个类比较大，所以我们会分 3 个部分展示它。

这里是第 1 部分，包括查找和迭代节点。

```
import weakref
class TreeNode:
    def __init__( self, item, less=None, more=None, parent=None ):
        self.item= item
        self.less= less
        self.more= more
        if parent != None:
            self.parent = parent
    @property
    def parent( self ):
```

```
            return self.parent_ref()
        @parent.setter
        def parent( self, value ):
            self.parent_ref= weakref.ref(value)
        def __repr__( self ):
            return( "TreeNode({item!r},{less!r},{more!r})".format(
              **self.__dict__ ) )
        def find( self, item ):
            if self.item is None: # Root
                if self.more: return self.more.find(item)
            elif self.item == item: return self
            elif self.item > item and self.less: return
                self.less.find(item)
            elif self.item < item and self.more: return
                self.more.find(item)
            raise KeyError
        def __iter__( self ):
            if self.less:
                for item in iter(self.less):
                    yield item
            yield self.item
            if self.more:
                for item in iter(self.more):
                    yield item
```

我们定义了初始化两种不同节点的基本方法。唯一必要的参数为元素本身；两个子树和父节点引用都作为可选参数。

这些属性用来确保 parent 属性以强引用的方式出现，虽然实际上它是 weakref 属性。关于更多弱引用的信息，请查看第 2 章 "与 Python 无缝集成——基本特殊方法"。在一个 TreeNode 父节点对象和它的孩子节点对象之间存在互相引用，这种循环引用让删除 TreeNode 对象变得很困难。可以用一个 weakref 打破这种循环引用。

接下来是 find() 方法，它会递归地在树中遍历子树，搜索目标元素。

__iter__() 方法会按顺序遍历当前节点和它的所有子树。和往常一样，这是一个生成器函数，它从每一个子树集合的迭代器中生成要返回的值。尽管可以创建一个基于 Tree 类的独立迭代器，但是这样做没有任何好处，因为生成器函数可以完成我们需要的所有功能。

下面是这个类的第 2 部分，实现了向树中添加新节点。

```
        def add( self, item ):
            if self.item is None: # Root Special Case
                if self.more:
                    self.more.add( item )
                else:
                    self.more= TreeNode( item, parent=self )
            elif self.item >= item:
                if self.less:
                    self.less.add( item )
```

```
        else:
            self.less= TreeNode( item, parent=self )
    elif self.item < item:
        if self.more:
            self.more.add( item )
        else:
            self.more= TreeNode( item, parent=self )
```

这个方法递归地搜索要插入节点的正确位置。这个方法的结构和 find() 方法类似。

最后，我们处理从树中删除节点（更复杂）。这里要特别注意将删除后丢失的节点与树重新链接起来。

```
def remove( self, item ):
    # Recursive search for node
    if self.item is None or item > self.item:
        if self.more:
            self.more.remove(item)
        else:
            raise KeyError
    elif item < self.item:
        if self.less:
            self.less.remove(item)
        else:
            raise KeyError
    else: # self.item == item
        if self.less and self.more: # Two children are present
            successor = self.more._least()
            self.item = successor.item
            successor.remove(successor.item)
        elif self.less: # One child on less
            self._replace(self.less)
        elif self.more: # On child on more
            self._replace(self.more)
        else: # Zero children
            self._replace(None)
def _least(self):
    if self.less is None: return self
    return self.less._least()
def _replace(self,new=None):
    if self.parent:
        if self == self.parent.less:
            self.parent.less = new
        else:
            self.parent.more = new
    if new is not None:
        new.parent = self.parent
```

remove() 方法有两个部分。第 1 部分是递归地查找目标节点。

一旦找到了这个节点，要考虑以下 3 种情况。

- 当删除一个没有孩子的节点时，我们可以简单地删除它然后将与父节点的引用改为 None。
- 当删除一个有一个孩子的节点时，我们可以用这个孩子代替当前节点在父节点中的引用。
- 当有两个孩子时，我们需要调整树的结构。我们首先找到后继节点（在 more 子树中的最小节点）。可以用这个后继节点的值替换准备删除的节点。然后，可以删除之前那个重复的后继节点。

我们依赖于两个私有方法。_least 方法会在一棵给定的树中查询出最小节点。_replace() 方法检查父节点，以确定是否需要更新 less 或者 more 属性。

## 6.7.4  演示二叉树集合

我们创建了一个全新的集合类型。抽象基类的定义中自带了许多方法。这些继承而来的方法可能不是特别高效，但是它们已经定义好了，可以正常工作，所以我们没有重新实现它们。

```
>>> s1 = Tree( ["Item 1", "Another", "Middle"] )
>>> list(s1)
['Another', 'Item 1', 'Middle']
>>> len(s1)
3
>>> s2 = Tree( ["Another", "More", "Yet More"] )
>>>
>>> union= s1|s2
>>> list(union)
['Another', 'Another', 'Item 1', 'Middle', 'More', 'Yet More']
>>> len(union)
6
>>> union.remove('Another')
>>> list(union)
['Another', 'Item 1', 'Middle', 'More', 'Yet More']
```

示例向我们展示了集合的 union 运算符可以正常工作，虽然并没有特意为它提供实现。由于这本质上是一个包，因此可以允许元素重复。

# 6.8  总结

在本章中，我们介绍了很多内置类。对于大多数设计来说，内置的集合类型是一个很好的开始。通常我们会以 tuple、list、dict 或者 set 开始。对于应用程序中的不可变对象，可以利用 namedtuple() 创建的对于 tuple 的扩展。

除了这些类之外，collections 模块中还有其他可供我们使用的标准库类型。

- deque。
- ChainMap。
- OrderedDict。
- Defaultdict。

● Counter。

同时，我们有 3 种标准的设计原则。可以封装任何现存的类型，或者可以选择扩展一个类。最后，我们也可以创造一种全新的集合。这需要定义许多方法名和特殊方法。

## 6.8.1 设计要素和折中方案

当使用容器和集合时，我们将以下步骤作为设计原则。

1. 考虑序列、映射和集合的内置版本。

2. 考虑 collections 模块中的库扩展和一些其他的集合类型，例如 heapq、bisect 和 array。

3. 考虑组合使用现有的类定义。在许多情况下，一个 tuple 对象的 list 或者是包含 list 的 dict 就已经提供了必需的功能。

4. 考虑扩展前面提到的某个类来提供额外的方法或者属性。

5. 考虑用封装一个现有结构的方式作为提供额外方法或者属性的另一个途径。

6. 最后，考虑实现一个新的数据结构。通常，有很多现成的资料可供我们参考。可以从维基百科的文章开始阅读，例如：http://en.wikipedia.org/wiki/List_of_data_structures。

一旦确定了设计方案，还剩两个部分需要评估。

● 接口要如何兼容我们的问题域，这相对来说是一个比较主观的决定。

● 用 timeit 评估数据结构是否运作良好，这是一个完全客观的结果。

避免优柔寡断是非常重要的。我们需要高效地找到合适的集合。

在大多数情况下，最好能分析一个现有的应用程序以发现哪些数据结构带来了性能瓶颈。在一些情况下，在开始实现之前，考虑一个数据结构的复杂性就能知道它是否适合某个特定问题。

或许最重要的考虑是这个："为了获得最佳性能，避免搜索"。

这是集合和映射需要可哈希对象的原因。定位集合或者映射中的可哈希对象几乎不用花任何时间。通过一个值（不是索引）在一个 list 查找一个元素会花费大量的时间。

下面比较用错误的类似于集合的方式使用 list 和用正确的方式使用 set。

```
>>> import timeit
>>> timeit.timeit( 'l.remove(10); l.append(10)', 'l =
list(range(20))' )
0.8182099789992208
>>> timeit.timeit( 'l.remove(10); l.add(10)', 'l = set(range(20))' )
0.30278149300283985
```

我们从 list 和 set 中删除、添加一个元素。

很明显，滥用 list，让它执行类似于 set 的操作导致运行时间增加了 2.7 倍。

在第 2 个例子中，演示了滥用 list，让它执行类映射的操作。这是基于一个真实的例子，原本的代码使用了两个平行的集合模拟映射中的键和值。

接下来比较正确地使用映射和用两个平行的 list 模拟映射，如下所示。

```
>>> timeit.timeit( 'i= k.index(10); v[i]= 0', 'k=list(range(20));
v=list(range(20))' )
0.6549435159977293
>>> timeit.timeit( 'm[10]= 0', 'm=dict(zip(list(range(20)),list(ran
ge(20))))' )
0.0764331009995658
```

在平行 list 中，我们用一个 list 查找一个值，然后再将值存储在第 2 个 list 中。另一个例子中，只是简单地更新一个映射。

很明显，在两个平行的 list 中执行查找和更新是一个可怕的错误。它比用 list.index() 定位一个元素多花了 8.6 倍的时间，因为后者通过映射和哈希码来定位一个元素。

## 6.8.2　展望

在下一章中，我们将仔细探讨内置的数值类型和如何创建新的数值类型。和容器一样，Python 提供了大量的内置数值类型。当创建一种新的数值类型时，我们必须定义大量的特殊方法。

在介绍完数值类型之后，我们会探讨一些更复杂的设计技巧。会介绍如何创建自定义的装饰器并用它们来简化类定义。我们也会介绍如何使用 mixin 类定义，这和抽象基类的定义类似。

# 第 7 章
# 创建数值类型

我们可以通过扩展 numbers 模块的基本抽象类来创建新的数值类型。对于一些应用场景来说，创建自定义数值类型比起使用内部类型可能更合适。

需要先看一下 numbers 模块中的抽象部分，因为它们是内部的抽象基类。在开始创建新的数值类型之前，了解已有的数值类型是基本的。

在这里作为一个题外话，先来介绍一下 Python 中从运算符到方法的映射算法。思路是这样的，二进制运算符包含了两种操作，任何一种操作都可以定义实现运算符的类。在 Python 中，要决定实现哪些特殊方法之前，先要确定对相关类的定位规则。

基本的算数运算符例如+、−、*、/、//、%和**构成了主要的数值操作。还有一些其他的运算符，包括^、|和&。它们用于对整数进行位运算，也会用于运算集合。还有一些其他的运算符，比如<<、>>。比较运算符在第 2 章 "与 Python 无缝集成——基本特殊方法" 中已经介绍过了，它们包括<、>、<=、>=、==和!=。本章会进一步学习它们。

numbers 中还有一些其他特殊方法，包括与其他类型的转换。Python 也定义了一些原地运算符，包括+=、−=、*=、/=、//=、%=、**=、&=、|=、^=、>>=和<<=。比起 numbers，它们更适用于不可变对象。最后，会总结一些在进行 numbers 的自定义和扩展时需要考虑的细节。

## 7.1 numbers 的抽象基类

numbers 包提供了大量的数值类型，它们都实现了 numbers.Number。另外，fractions 和 decimal 模块提供了可扩展的数值类型：fractions.Fraction 和 decimal.Decimal。

这些类定义基本和数学中数的分类是一致的。如果要了解数论中不同数的基本概念。可以参见这篇文章 http://en.wikipedia.org/wiki/Number_theory。

重点是计算机把数学中的抽象实现到了什么程度。更确切地说，我们希望在数学领域任何可以计算的事物都可通过使用一台计算机来完成。所谓的 "完整的图灵" 编程语言是说，它可以计算由抽象图灵机完成的任何任务，可参见这篇文章 http://en.wikipedia.org/wiki/ Computability_theory。

Python 定义了以下的抽象类以及它们相关的实现。这些抽象类的关系是基于继承的层次结构。可以先看看这些类的功能。因为包含的类很少，因此它们的关系像是塔而不是树。

● complex 实现了 numbers.Complex 。

● float 实现了 numbers.Real。

● fractions.Fraction 实现了 numbers.Rational 。

● int 实现了 numbers.Integral。

此外，还有 decimal.Decimal，虽看起来像 float，但它不是 numbers.Real 的子类。

 float 的值仅仅是一个近似值，而非精确值。虽然这很显然，但仍需再次强调一下。

不要对此感到吃惊。以下是应用式子 $\left(\dfrac{A}{B}\right) \times B \neq A$ 求近似值的例子。

```
>>> (3*5*7*11)/(11*13*17*23*29)

0.0007123135264946712

>>> _*13*17*23*29

105.00000000000001
```

从原则上来说，在数塔中，越接近塔底部的数，无穷大阶数越小。这可能会带来一些疑惑。不同的数字都定义了各自的无穷大阶数，可以证明，各自的无穷大阶数大小是不同的。可以得出结论，原则上，浮点数的表示比整数表示包含了更多的数字。实际上，一个 64 位的浮点数和 64 位的整数包含了相同数量的不同的数字。

在数值类型的定义中，包含了一系列不同类型之间的转换。实现所有类型间的互转是不可能的，因此需要有明确的定义，哪些类型之间可以转换，哪些类型之间不能转换，如下是一个总结。

● complex：它无法转换到任何其他类型。一个 complex 值可被分解为 real 和 imag 部分，它们都是 float。

● float：它可以被显式转换到任何类型，包括 decimal.Decimal。算术运算符无法隐式地将 float 值转换为 Decimal。

● Fractions.Fraction：它可以被转换到除了 decimal.Decimal 之外的其他任何类型。转为 decimal 包括了两部分操作：（1）转为 float；（2）转为 decimal.Decimal。所求得的是近似值。

● int：可以被转换为其他任何类型。

● Decimal：可被转换为其他任何类型，但算术运算符不会隐式完成转换过程。

以上的转换正是之前所提到的数塔中每种数字抽象类的转换。

## 7.1.1 决定使用哪种类型

由于数字处理的过程中存在转换，因此在实际中主要会遇到如下 4 类问题。

- **复杂类型**：一旦涉及复杂的数学操作，将会使用 complex、float 和 cmath 模块。可能根本不会使用 Fraction 或者 Decimal。可是，没有任何理由要给数值类型强加限制，大多数数字都可被转换为复杂类型。
- **货币类型**：对于有关货币的操作，必须使用 Decimal。一般地，进行货币计算时，进行十进制和非十进制的混合计算是不明智的。有些场景会用到 int 类型，可是也不建议与 float 或 complex 以及 Decimal 混合计算。应当记得，浮点数只是近似值，用来进行货币计算是不妥的。
- **位运算**：当涉及位和字节的计算，总会使用 int 类型。
- **常规情况**：除上述之外的其他情况。对于大多数常规的数学运算来说，int、float 和 Fraction 都是可以互转的。是的，对于一个完美的函数来说，总是可以很好地支持多态，它将很好地支持任何数值类型。Python 中的类型，尤其是 float 和 int，将经常涉及隐式转换。从这点来看，为这类问题选择一个特殊的数值类型是没有意义的。

一般一个问题包含了几个方面。通常情况下，要把一些涉及科学或工程计算以及复杂数字的应用，和一些包含了金融、货币以及小数计算的应用区分开来并不算难。在应用程序中大可放宽对数值类型的使用限制，对数值类型使用 isinstance()进行检测并加以类型限制是浪费时间的做法。

## 7.1.2 方法解析和运算符映射

算术运算符（+、−、*、/、//、%和**等）都会映射为方法。例如，当进行 355+133 这样的运算时，+运算符会被映射为一个数字类中的 __add__()方法。以上的计算可以写作 355.__add__(133)。其中有一个简单的规则，那就是最左边的运算符决定了要使用哪个类。

不仅如此。当表达式包含了复杂类型，Python 会分别调用两个操作数类中各自特殊方法的实现。考虑 7-0.14 这样的表达式。左边操作数为 int 类型，表达式被相应转换为 7.__sub__(0.14)。这带来了一点复杂性，因为 int 运算符的参数为 0.14，是 float 类型，而从 float 转 int 会损失精度。因为从高精度往低精度转总会损失精度。

对于 float 的转换情景，表达式可以为：0.14.__rsub__(7)。这样的话，float 运算符的参数是一个 int 类型，值为 7；从 int 往 float 类型转并不会（通常）损失精度。（对于超大 int 类型的值来说会损失精度；然而，超大 int 只是针对特殊情况在技术上的一种实现，一般情况下不会用到。）

__rsub__()操作是反向减法。例如，X.__sub__(Y)对应的操作就是 X-Y,而 A.__rsub__(B)对应的操作就是 B-A,方法的实现来自右边的操作数类。可以看到以下两点规则。

- 先尝试调用左边操作数类中的运算符特殊方法，如果返回值为 NotImplemented 则执行下面这条规则。

- 尝试调用右边操作数中的运算符特殊方法。如果返回值为 `NotImplemented`，则抛出异常。

当两个操作数构成继承关系时，这种情况需要注意。以下规则会作为特殊情况被优先执行。

- 如果右边操作数是左边操作数的子类并且子类中定义了运算符特殊方法的实现，那么该方法会被调用。子类中重写的运算符特殊方法并会被调用，尽管它处于运算符的右边。
- 否则，执行之前提到的规则，从左边操作数开始判断。

假设实现了 `float` 的子类 `MyFloat`。对于这样的表达式 `2.0 - MyFloat(1)`，右边的操作数是左边操作数的子类。由于它们构成了继承关系，Python 会先尝试调用 `MyFloat(1).__rsub__(2.0)`。这条规则的关键点是，子类的优先级高。

这意味着，如果一个类需要转换就必须实现之前所提到的，包括反向操作符。当实现或扩展一个数值类型，也必须相应提供从该类型到其他可转换类型的行为。

## 7.2    算术运算符的特殊方法

一共有 13 个二进制运算符以及相关的特殊方法。先关注一些常用的算术运算符。如下面表格所示，每个特殊方法名对应一个各自的运算符（函数）。

| 方法 | 运算符 |
| --- | --- |
| `object.__add__(self, other)` | + |
| `object.__sub__(self, other)` | - |
| `object.__mul__(self, other)` | * |
| `object.__truediv__(self, other)` | / |
| `object.__floordiv__(self, other)` | // |
| `object.__mod__(self, other)` | % |
| `object.__divmod__(self, other)` | `divmod()`函数 |
| `object.__pow__(self, other[, modulo])` | `pow()`函数和 ** |

以上运算符中包含了两个函数。还有很多特殊方法，也对应了一元运算符和函数，如下表所示。

| 方法 | 运算符 |
| --- | --- |
| `object.__neg__(self)` | - |
| `object.__pos__(self)` | + |
| `object.__abs__(self)` | `abs()`函数 |
| `object.__complex__(self)` | `complex()`函数 |
| `object.__int__(self)` | `int()`函数 |

续表

| 方法 | 运算符 |
|------|--------|
| object.__float__(self) | float()函数 |
| object.__round__(self[, n]) | round()函数 |
| object.__trunc__(self[, n]) | math.trunc()函数 |
| object.__ceil__(self[, n]) | math.ceil()函数 |
| object.__floor__(self[, n]) | math.floor()函数 |

以上列表包含了很多函数。可以使用 Python 的内部追踪，看看内部的具体细节。以下定义了一个简单的追踪函数，来看一下其中的部分细节。

```
def trace( frame, event, arg ):
    if frame.f_code.co_name.startswith("__"):
        print( frame.f_code.co_name, frame.f_code.co_filename, event )
```

这个函数会打印出名称以"__"为起始的特殊方法名称，可以使用如下代码把这个追踪函数安装到 Python 中。

```
import sys
sys.settrace(trace)
```

一旦完成安装，系统中任何执行代码都会经过 trace()函数。我们会过滤出所有特殊方法名的事件。接下来会定义一个内部类的子类，以探究方法的解析规则。

```
class noisyfloat( float ):
    def __add__( self, other ):
        print( self, "+", other )
        return super().__add__( other )
    def __radd__( self, other ):
        print( self, "r+", other )
        return super().__radd__( other )
```

这个类只重载了运算符中的两个特殊方法。当执行 noisyfloat 值的加法时，会看到打印出的运算符相关的统计信息。而且，追踪信息会告诉我们发生了什么。如下代码演示了 Python 为一个给定运算符选择类的过程。

```
>>> x = noisyfloat(2)
>>> x+3
__add__ <stdin> call
2.0 + 3
5.0
>>> 2+x
__radd__ <stdin> call
2.0 r+ 2
4.0
```

```
>>> x+2.3
__add__ <stdin> call
2.0 + 2.3
4.3
>>> 2.3+x
__radd__ <stdin> call
2.0 r+ 2.3
4.3
```

从 x+3 开始，可以看到 noisyfloat+int 是如何将 int 对象值 3 提供给 __add__() 方法的。这个值传入了基类 float 中，将 3 转换为 float 类型并做加法。而 2+x 则演示了 noisyfloat 类的运算符右边的加法函数是如何被调用的。int 再次被传入基类中进而被转换为 float。对于表达式 x+2.3，我们得知 noisyfloat+float 使用了运算符左边的子类中的加法函数。相应地，对于表达式 2.3+x 而言，float+noisyfloat 则使用了运算符右边的子类中的反向加法函数 __radd__()。

# 7.3　创建一个数字类

接下来会定义新的数值类型。由于 Python 已经提供了不定精度的整数类型、实分数、标准浮点数以及货币计算用到的小数，因而简化了这项任务。我们将定义一个"带比例"的数字类。这个类包含了一个整数和一个比例因数，可用于货币计算。对于世界上的许多货币来说，可以进行 100 以内的货币计算。

使用比例计算的好处是可以通过使用底层的硬件指令来简化实现。为了利用硬件完成计算，可将这个模块用 C 语言完成。而创建一种新的比例计算又显得有些多余，因为在 decimal 的包中已经对小数计算提供了很不错的支持。

我们会命名它为 FixedPoint 类，因为小数的小数点位数是固定的。而比例因数定义为一个整数，通常为 10 的 $N$ 次幂。原则上，使用 2 的 $N$ 次幂作为比例因数会更快，但并不适合货币计算。

使用 2 的 $N$ 次幂作为比例因数会快的原因是可以将 value * (2**scale) 替换为 value << scale，将 value/(2 ** scale) 替换为 value >> scale。而左右位运算通常由硬件指令完成，因此相比乘除运算会更快。

理想情况下，比例因数为 10 的 $N$ 次幂，但不会强制要求这一点。为了同时追踪次方数和比例因数，这里可作为一个扩展点。可将 2 存为次方数，而 $10^2$ - 100 则为因数。我们简化了类的实现，只追踪因数。

## 7.3.1　FixedPoint 的初始化

我们将从初始化部分开始，包含了从不同类型到 FixedPoint 值的转换操作，如下所示。

```
import numbers
import math

class FixedPoint( numbers.Rational ):
    __slots__ = ( "value", "scale", "default_format" )
```

```python
    def __new__( cls, value, scale=100 ):
        self = super().__new__(cls)
        if isinstance(value,FixedPoint):
            self.value= value.value
            self.scale= value.scale
        elif isinstance(value,int):
            self.value= value
            self.scale= scale
        elif isinstance(value,float):
            self.value= int(scale*value+.5) # Round half up
            self.scale= scale
        else:
            raise TypeError
        digits= int( math.log10( scale ) )
        self.default_format= "{{0:.{digits}f}}".format(digits=digits)
        return self
    def __str__( self ):
        return self.__format__( self.default_format )
    def __repr__( self ):
        return "{__class__.__name__:s}({value:d},scale={scale:d})".
format( __class__=self.__class__, value=self.value, scale=self.scale )
    def __format__( self, specification ):
        if specification == "": specification= self.default_format
        return specification.format( self.value/self.scale ) # no
rounding
    def numerator( self ):
        return self.value
    def denominator( self ):
        return self.scale
```

FixedPoint 类继承自 numbers.Rational。接下来会包含两个整数值 scale 和 value，以及分数的一般定义。这将需要定义大量的特殊方法，因为初始化是针对不可变对象的，因此会重写__new__()方法而非__init__()方法。为了阻止添加属性，限制了 slots 的数量。初始化包括了如下的几种转换。

- 如果赋值的对象类型为 FixedPoint，将复制内部属性并创建新的 FixedPoint 对象，就是对原对象进行克隆。尽管它将有唯一的 ID，但它将有相同的哈希值用来比较对象是否相等，使得克隆对象和原对象基本没有区别。
- 如果赋值的对象类型为整数或有理数（int 或 float），它们用于为 value 和 scale 属性赋值。
- 可以加入对 decimal.Decimal 和 fractions.Fraction 的处理逻辑以及字符串解析。

我们定义了 3 种特殊方法来返回字符串：__ser__()、__repr__()和__format__()。对于格式化的操作，会重用格式规范语言中已有的浮点数功能。既然是有理数操作，因此还需提供分子和分母的相应操作方法。

我们仍可以从封装已有的 fractions.Fraction 类为开始。而且，会看几种不同的四舍五入规则。在使用这个类解决具体问题之前，应对此进行合理谨慎的定义。

## 7.3.2 定义固定小数点位数的二进制算术运算符

创建一个新的数字类的唯一原因就是要重载算术运算符。每个 FixedPoint 对象包含了两部分：value 和 scale，可以看作是这种形式的：$A = \dfrac{A_v}{A_s}$。

在如下的例子中，使用了一种正确但并不高效的浮点数表达式来完成代数运算。接下来会讨论一种相对高效的实现方式，纯整数操作。

加法（和减法）的一般形式是这样的：$A+B = \dfrac{A_v}{A_s} + \dfrac{B_v}{B_s} \cdot \dfrac{A_v B_s + B_v A_s}{A_s B_s}$。可是它产生了多位无效的精度。

比如使用 9.95 加上 12.95，我们会得到（原则上）229000/10000。可被约分化简为 2290/100，进一步化简为 229/10，而它已经不再是美分了。在实际场景中，对于分数不会追求约分到最简形式，以确保它们仍能表达美分或米尔。

对于 $A+B = \dfrac{A_v}{A_s} + \dfrac{B_v}{B_s}$，可以想到两个例子。

● 比例因数匹配：这种情况下，所求的和为 $A+B = \dfrac{A_v}{A_s} + \dfrac{B_v}{B_s} = \dfrac{A_v + B_v}{A_s}$。当进行 FixedPoint 或整数类型加法运算时，同样会有效。因为可以让整数在计算时也使用比例因数。

● 比例因数不匹配：正确的做法是先进行通分，即 $R_s = \max(A_s, B_s)$。从这点来看，可以计算 $\dfrac{R_s}{A_s}$ 和 $\dfrac{R_s}{B_s}$。这些比例因数中的一个值将为 1，另一个会小于 1。先进行通分，得到代数式：

$$\frac{A_v \dfrac{R_s}{A_s}}{A_s \dfrac{R_s}{A_s}} + \frac{B_v \dfrac{R_s}{B_s}}{B_s \dfrac{R_s}{B_s}} = \frac{A_v \dfrac{R_s}{A_s} + B_v \dfrac{R_s}{B_s}}{R_s}$$。这个等式在两种情况下可化简，一种是因数为 1，另一种则为 10 的指数的情况。

无法对乘法做真正意义上的优化。对于基本的式子 $A \times B = \dfrac{A_v}{A_s} \times \dfrac{B_v}{B_s} = \dfrac{A_v B_v}{A_s B_s}$。当对 FixedPoint 的值做乘法运算时，精度会提高。

除是乘法的逆运算，$A \div B = \dfrac{A_v}{A_s} \times \dfrac{B_s}{B_v} = \dfrac{A_v B_s}{A_s B_v}$。如果 A 和 B 的比例相同，那么就可以再稍微优化一下，把这些值进行约分。然而，这会导致误差范围从美分变到全部，这种做法不是很妥当。下例是一些前置运算符的模板定义。

```python
def __add__( self, other ):
    if not isinstance(other,FixedPoint):
        new_scale= self.scale
```

```
                new_value= self.value + other*self.scale
            else:
                new_scale= max(self.scale, other.scale)
                new_value= (self.value*(new_scale//self.scale)
                + other.value*(new_scale//other.scale))
            return FixedPoint( int(new_value), scale=new_scale )
    def __sub__( self, other ):
        if not isinstance(other,FixedPoint):
            new_scale= self.scale
            new_value= self.value - other*self.scale
        else:
            new_scale= max(self.scale, other.scale)
            new_value= (self.value*(new_scale//self.scale)
            - other.value*(new_scale//other.scale))
        return FixedPoint( int(new_value), scale=new_scale )
    def __mul__( self, other ):
        if not isinstance(other,FixedPoint):
            new_scale= self.scale
            new_value= self.value * other
        else:
            new_scale= self.scale * other.scale
            new_value= self.value * other.value
        return FixedPoint( int(new_value), scale=new_scale )
    def __truediv__( self, other ):
        if not isinstance(other,FixedPoint):
            new_value= int(self.value / other)
        else:
            new_value= int(self.value / (other.value/other.scale))
        return FixedPoint( new_value, scale=self.scale )
    def __floordiv__( self, other ):
        if not isinstance(other,FixedPoint):
            new_value= int(self.value // other)
        else:
            new_value= int(self.value // (other.value/other.scale))
        return FixedPoint( new_value, scale=self.scale )
    def __mod__( self, other ):
        if not isinstance(other,FixedPoint):
            new_value= (self.value/self.scale) % other
        else:
            new_value= self.value % (other.value/other.scale)
        return FixedPoint( new_value, scale=self.scale )
    def __pow__( self, other ):
        if not isinstance(other,FixedPoint):
            new_value= (self.value/self.scale) ** other
        else:
            new_value= (self.value/self.scale) ** (other.value/other.
scale)
        return FixedPoint( int(new_value)*self.scale, scale=self.scale
)
```

对于简单的加减和乘法运算，为了消除一些相对缓慢的浮点产生的中间结果，我们可以使用被进一步优化的版本。

对于这两种除法__mod__()和__pow__()方法，并没有针对浮点数除法进行优化。相反，我们提供了一种 Python 中的实现方式以及单元测试，它们将作为优化和重构的出发点。

除法操作可以适当地减小比例因子，这点是重要的。然而，有时也是不值得的。对于并发场景，也许会使用非并发的值（小时）除以汇率（美元）来得到像每小时的美元这样的结果。适当的结果会是整数，比例为 1，不过或许也希望结果会以分为单位，比例为 100。这种实现可确保运算符左边操作数所需的精度。

## 7.3.3　定义 FixedPoint 一元算术运算符

如下是一元运算符函数的定义。

```python
def __abs__( self ):
    return FixedPoint( abs(self.value), self.scale )
def __float__( self ):
    return self.value/self.scale
def __int__( self ):
    return int(self.value/self.scale)
def __trunc__( self ):
    return FixedPoint( math.trunc(self.value/self.scale), self.scale )
def __ceil__( self ):
    return FixedPoint( math.ceil(self.value/self.scale), self.scale )
def __floor__( self ):
    return FixedPoint( math.floor(self.value/self.scale), self.scale )
def __round__( self, ndigits ):
    return FixedPoint( round(self.value/self.scale, ndigits=0), self.scale )
def __neg__( self ):
    return FixedPoint( -self.value, self.scale )
def __pos__( self ):
    return self
```

对于__round__()、__trunc__()、__ceil__()和__floor__()运算符来说，可通过 Python 类库中的函数来实现。可以对它们进一步优化，但我们这里只取浮点数的近似值，并使用它来构造最终结果。这些方法确保了 FixedPoint 对象可以与很多算术运算函数进行有效的交互。在 Python 中有很多运算符，这还不是全部，这里还没有包含比较运算符和位运算符。

## 7.3.4　实现 FixedPoint 反向运算符

反向运算符会在如下两种场景中用到。

● 右操作数类是左操作数类的子类。这种情况下，反向运算符会优先选择子类中的实现。

● 左操作数的类没有实现所需的特殊方法。这种情况下，将使用右操作数的反向特殊方法。

下表列出了反向特殊方法与运算符之间的映射关系。

| 方法 | 运算符 |
| --- | --- |
| object.__radd__(self, other) | + |
| object.__rsub__(self, other) | − |
| object.__rmul__(self, other) | * |
| object.__rtruediv__(self, other) | / |
| object.__rfloordiv__(self, other) | // |
| object.__rmod__(self, other) | % |
| object.__rdivmod__(self, other) | divmod() |
| object.__rpow__(self, other[, modulo]) | Pow()，或** |

这些反向运算符特殊方法也可使用公共的模板来创建。由于它们是反向的，进行减、除、取模以及乘方运算时，顺序是很重要的。对于可交换的运算，例如加和乘运算，顺序就不是很重要。如下是一些反向运算符的定义。

```
def __radd__( self, other ):
    if not isinstance(other,FixedPoint):
        new_scale= self.scale
        new_value= other*self.scale + self.value
    else:
        new_scale= max(self.scale, other.scale)
        new_value= (other.value*(new_scale//other.scale)
        + self.value*(new_scale//self.scale))
    return FixedPoint( int(new_value), scale=new_scale )
def __rsub__( self, other ):
    if not isinstance(other,FixedPoint):
        new_scale= self.scale
        new_value= other*self.scale - self.value
    else:
        new_scale= max(self.scale, other.scale)
        new_value= (other.value*(new_scale//other.scale)
        - self.value*(new_scale//self.scale))
    return FixedPoint( int(new_value), scale=new_scale )
def __rmul__( self, other ):
    if not isinstance(other,FixedPoint):
        new_scale= self.scale
        new_value= other*self.value
    else:
        new_scale= self.scale*other.scale
        new_value= other.value*self.value
    return FixedPoint( int(new_value), scale=new_scale )
def __rtruediv__( self, other ):
```

```
            if not isinstance(other,FixedPoint):
                new_value= self.scale*int(other / (self.value/self.scale))
            else:
                new_value= int((other.value/other.scale) / self.value)
            return FixedPoint( new_value, scale=self.scale )
    def __rfloordiv__( self, other ):
            if not isinstance(other,FixedPoint):
                new_value= self.scale*int(other // (self.value/self.
scale))
            else:
                new_value= int((other.value/other.scale) // self.value)
            return FixedPoint( new_value, scale=self.scale )
    def __rmod__( self, other ):
            if not isinstance(other,FixedPoint):
                new_value= other % (self.value/self.scale)
            else:
                new_value= (other.value/other.scale) % (self.value/self.
scale)
            return FixedPoint( new_value, scale=self.scale )
    def __rpow__( self, other ):
            if not isinstance(other,FixedPoint):
                new_value= other ** (self.value/self.scale)
            else:
                new_value= (other.value/other.scale) ** self.value/self.
scale
            return FixedPoint( int(new_value)*self.scale, scale=self.scale
)
```

我们已经对每种运算符对应的数学运算进行了尝试。思路就是以简单的方式交换每种操作数。这是最常见的场景。匹配的正向和反向的方法可以简化代码审查的工作。

使用正向运算符，并不会对除法、取模和乘方运算符进行优化。当 FixedPoint 转为浮点数，再转换回来时会导致数值不精确。

## 7.3.5　实现 FixedPoint 比较运算符

以下是 6 组比较运算符以及它们对应的特殊方法。

| 方法 | 运算符 |
| --- | --- |
| object.__lt__(self, other) | < |
| object.__le__(self, other) | <= |
| object.__eq__(self, other) | == |
| object.__ne__(self, other) | != |
| object.__gt__(self, other) | > |
| object.__ge__(self, other) | >= |

is 运算符会比较对象的 ID。想不到合适的目的来重写此行为，因为相对于其他的特殊类而言，它是独立的。in 比较运算符由 object.\_\_contains\_\_( self, value ) 实现。这对于数值来说是没有意义的。

可以注意到关于比较的测试是一项特别的工作。由于浮点数是近似值，在进行浮点数的比较测试时就要非常小心。我们需要了解它们的值是否在一个足够小的范围内，即最小误差值，而不应写为 a == b。一般要比较浮点数的近似值的表达式为 abs(a - b) <= eps。更确切一些，可以写作 abs(a - b)/a <= eps。

在 FixedPoint 类中，使用比例来定义两个浮点数值可被视为相等的程度。对于比例 100 来说，最小误差值为 0.01。可实际上我们会更保守一些，当比例为 100 时，会使用 0.005 作为最小误差值。

进一步说，需要判断 FixedPoint(123, 100) 与 FixedPoint(1230,1000) 是否相等。尽管在数学上是等同的，可一个单位是美分，一个是米尔，这也算是两个数精度不同的一种原因。使用额外的有效位可来标识在比较时不视作相等，如果这样做，也当确保哈希值是不同的。

辨别不同的比值对于应用程序来说是不合适的。因为我们期望 FixedPoint(123, 100) 与 FixedPoint(1230, 1000) 两数是相等的。这同样也是\_\_hash\_\_() 函数实现的背后所假设的。以下是 FixedPoint 类中比较操作的实现。

```
        def __eq__( self, other ):
            if isinstance(other, FixedPoint):
                if self.scale == other.scale:
                    return self.value == other.value
                else:
                    return self.value*other.scale//self.scale == other.
value
            else:
                return abs(self.value/self.scale - float(other)) < .5/
self.scale
        def __ne__( self, other ):
            return not (self == other)
        def __le__( self, other ):
            return self.value/self.scale <= float(other)
        def __lt__( self, other ):
            return self.value/self.scale < float(other)
        def __ge__( self, other ):
            return self.value/self.scale >= float(other)
        def __gt__( self, other ):
            return self.value/self.scale > float(other)
```

每个比较函数需要接收一个非 FixedPoint 类型的值。唯一的要求是另一个值必须包含浮点数的表示方式。而我们已经为 FixedPoint 对象定义了一个\_\_float\_\_() 方法，在比较两个 FixedPoint 值时，比较运算符就会完好地工作。

不必为所有的 6 种比较操作提供实现。@fuctools.total_ordering 装饰器可以从两个 FixedPoint 值中生成缺失的方法。我们会在第 8 章 "装饰器和 mixin——横切方面" 中再次回顾这部分内容。

# 7.4 计算一个数字的哈希值

我们需要恰当地定义 \_\_hash\_\_() 方法。关于数值类型哈希值计算，也可参见 Python 标准库（Python Standard Library）中的 4.4.4 节部分。那部分定义了一个 hash_fraction() 函数，是我们所推荐的一种做法。下面是我们的一种做法。

```
def __hash__( self ):
    P = sys.hash_info.modulus
    m, n = self.value, self.scale
    # Remove common factors of P. (Unnecessary if m and n already
coprime.)
    while m % P == n % P == 0:
        m, n = m // P, n // P
    if n % P == 0:
        hash_ = sys.hash_info.inf
    else:
        # Fermat's Little Theorem: pow(n, P-1, P) is 1, so
        # pow(n, P-2, P) gives the inverse of n modulo P.
        hash_ = (abs(m) % P) * pow(n, P - 2, P) % P
    if m < 0:
        hash_ = -hash_
    if hash_ == -1:
        hash_ = -2
    return hash_
```

它将有理分式的两部分化简为一部分，就是标准的哈希值。与参考文档的实现相比，这段代码做了一些修改。要强调的是计算过程的核心部分，分子乘以分母的倒数。实际上，也就是分子除以分母，即 mod P。我们可以针对具体问题对此进行优化。

首先，我们可以（而且应该）修改\_\_new\_\_()方法来确保比值为非 0，消除对 sys.has_info.inf 的依赖。其次，应显式限制比例因数的取值范围要比 sys.hash_info.modulus（对于 64 位的计算机来说，此值为 $2^{61}-1$）小。可以消除对需要删除的常用因数 P 的依赖。这样一来，散列表达式将为 hash_ = (abs(m) % P) * pow(n , P - 2, P) % P，信号处理和特殊情况中的-1 被映射为了-2。

最终，或许希望对计算出的哈希值提供记忆化功能。这需要一个额外的地方，用来存放仅当第 1 次哈希值被访问时所求得的计算结果。pow(n , P - 2, P) 表达式在使用时显得不够轻量，因此对于不必要的场景通常不用。

## 设计更有用的四舍五入方法

在显示四舍五入的值时，通常会做截断。我们定义了所需的 round() 和 trunc() 函数，不需要更多的解释说明。这些定义对于抽象基类来说是必需的。然而，这些定义并不足以满足我们的需求。

在货币的计算过程中，我们通常会编写如下代码。

```
>>> price= FixedPoint( 1299, 100 )
>>> tax_rate= FixedPoint( 725, 1000 )
>>> price * tax_rate
FixedPoint(941775,scale=100000)
```

然后，我们会以精确到百分位为基准做四舍五入，得到 942 这个值。将一个数值基于一个新的范围进行四舍五入（和截断）的操作，需要一些方法来做这件事。如下是一个用来完成对特定的范围做四舍五入的方法。

```
def round_to( self, new_scale ):
    f = new_scale/self.scale
    return FixedPoint( int(self.value*f+.5), scale=new_scale )
```

如下代码可用来重设四舍五入范围。

```
>>> price= FixedPoint( 1299, 100 )
>>> tax_rate= FixedPoint( 725, 1000 )
>>> tax= price * tax_rate
>>> tax.round_to(100)
FixedPoint(942,scale=100)
```

以上演示了计算货币所必需的函数的定义。

# 7.5　实现其他的特殊方法

有关重要的算术和比较运算符，还包括一组加法运算符，只有 `numbers.Integral` 类型的值会用到。由于我们不会去定义整数，因此可以暂时跳过这些特殊方法。

| 方法 | 运算符 |
| --- | --- |
| object.__lshift__(self, other) | << |
| object.__rshift__(self, other) | >> |
| object.__and__(self, other) | & |
| object.__xor__(self, other) | ^ |
| object.__or__(self, other) | \| |

当然也包括与这些运算符相关的反向版本。

| 方法 | 运算符 |
| --- | --- |
| object.__rlshift__(self, other) | << |
| object.__rrshift__(self, other) | >> |
| object.__rand__(self, other) | & |

续表

| 方法 | 运算符 |
| --- | --- |
| object.__rxor__(self, other) | ^ |
| object.__ror__(self, other) | \| |

补充一点，还有一个有关位运算值的取反操作。

| 方法 | 运算符 |
| --- | --- |
| object.__invert__(self) | << |

有趣的是，这些运算符中的一些被用在了集合和整数中，并没有在有理数中使用它们。定义这些运算符的原则与其他算术运算符是一样的。

## 7.6　原地运算符的优化

一般地，数值是不可变的。然而，数值运算符也被用于可变对象。例如 list 和 set，对于一些扩展的赋值运算符来说，同样是支持的。作为一种优化方式，一个类中可包含一个运算符的原地运算版本，这些方法都为可变对象的赋值运算做了扩展。注意，这些方法最终都会以 return self 作为返回值，使得赋值运算更流畅。

| 方法 | 运算符 |
| --- | --- |
| object.__iadd__(self, other) | += |
| object.__isub__(self, other) | -= |
| object.__imul__(self, other) | *= |
| object.__itruediv__(self, other) | /= |
| object.__ifloordiv__(self, other) | //= |
| object.__imod__(self, other) | %= |
| object.__ipow__(self, other[, modulo]) | **= |
| object.__ilshift__(self, other) | <<= |
| object.__irshift__(self, other) | >>= |
| object.__iand__(self, other) | &= |
| object.__ixor__(self, other) | ^= |
| object.__ior__(self, other) | \|= |

由于 FixedPoint 对象是不可变的，因此我们不应对它们进行修改。除了这个例子以外，将看

到有关原地运算符的一个更典型的应用。我们可以简单地为 21 点游戏中的 Hand 对象定义一些原地运算符。比如将如下定义加入 Hand 类中。

```
def __iadd__( self, aCard ):
    self._cards.append( aCard )
    return self
```

这样一来，就可以使用如下代码来完成发牌。

```
player_hand += deck.pop()
```

以上代码优雅地实现了手中牌的更新操作。

# 7.7 总结

我们已经介绍了内置的数值类型，也看了很多在创建新数值类型时所需的特殊方法。特殊的数值类型可以与 Python 其余部分无缝集成，是这个语言的一大特色。除非使用得当，否则并不意味着工作的简化。

## 7.7.1 设计要素和折中方案

当使用数值时，设计分为以下几步。

1. 考虑使用内部版本的 complex、float 和 int 类型。

2. 考虑类库的扩展部分，例如 decimal 和 fractions。对于金融领域的计算，一定要使用 decimal，它是唯一的选择。

3. 考虑使用方法或属性扩展以上所述的几种类型。

4. 最终，考虑创建新的数值类型。这是非常有挑战的，而 Python 中可用的数值类型已经很丰富了。

设计新的数值类型需要考虑如下几点。

● **完整性与一致性**：一个新的数值类型必须包含了完整的操作集合并且在所有的表达式中它们的行为是一致的。对于有计算能力的新数值类型，重点在于需要为正式的数学定义提供相应的实现。

● **适用于问题的领域**：这个数值合适吗？它是否为一个明确的解决方案？

● **性能**：正如所有设计所遇到的问题，我们需要确保其足够高效。比如本章的例子中，使用了一些并不高效的浮点数操作，它们可以通过一些数学技巧和少量代码进行优化。

## 7.7.2 展望

在下一章中，会使用装饰器和 mixin 来对类的设计进行简化和标准化。我们可以使用装饰器来定义一些功能，它们可以被用在很多类中，但这些类的关系并非只是简单继承。类似地，可以使用 mixin 的类定义从组建类的定义中创建一个完整的应用程序类。装饰器的好处之一就是定义比较运算符，即 @functools.total_ordering 装饰器。

# 第 8 章
# 装饰器和 mixin——横切方面

一个软件的设计通常会包括一些跨越了不同的类、函数和方法的方面。有关技术方面的例子，包括日志、设计和安全，这些方面必须有一致地实现。在面向对象编程中，重用功能的通用方法是继承一个类。但是，继承并不总是最合适的方案。在软件设计中，有一些方面和类层次结构是正交的。这些通常被称为"横切关注点"（cross-cutting concerns）。它们会跨越多个类，让设计变得更加复杂。

装饰器提供了一种不用和继承结构绑定的定义功能的方法。我们可以用装饰器设计应用程序中的某个方面，然后将装饰器应用于类、方法或者函数。

另外，我们可以谨慎地使用多重继承创建横切方面（Cross-outting Aspects）。会考虑用一个基类加上 mixin 类的方式来引入新功能。通常，我们会使用 mixin 类创建横切方面。

值得注意的是，横切关注点很少限定于当前的应用程序，它们通常是通用的设计。常见的日志、审计和安全的例子可以被认为是项目基础架构的一部分，与应用程序的细节是独立的。

Python 内置了许多装饰器，我们可以扩展这些标准的装饰器。在一些不同的应用场景中，我们会介绍简单的函数装饰器、带参数的函数装饰器、类装饰器和方法装饰器。

## 8.1 类和描述

对象的一个基本特性就是它们可以被分类。每一个对象都属于一个类。这是对象和类之间的一种简单关系，它只需要一个简单的、单继承的设计。

如果考虑多重继承，分类的问题就变得复杂了。当我们审视真实世界中的物体时，例如咖啡杯，我们可以很容易地将它们归类为容器。毕竟，那是咖啡杯的主要用途。它们解决的问题就是装咖啡。但是，在另外一种环境中，我们可能会对其他的用途感兴趣。对于一个装饰性的陶瓷杯，相比于一个杯子在装咖啡方面的能力，我们可能对尺寸、形状和釉彩更感兴趣。

大多数对象与类之间都是简单的 is-a 关系。在我们装咖啡问题中，桌上的杯子是咖啡杯的同时也是一个容器。对象与其他一些类之间或许也能有 acts-as 的关系。如果我们把一个杯子当成陶瓷艺术品，就会考虑它的尺寸、形状和釉彩。如果把一个杯子当成纸镇，就会考虑它的重量和摩擦力。通常，这些额外的属性可以被看成是 mixin 类，它们定义了一个对象的附加接口或者行为。

进行面向对象设计时，通常都会先确定 is-a 的类和这个类的一些基本定义。其他的类型可以混合在对象所附加的接口或者行为中。我们会介绍如何创建和装饰类。会从定义函数和装饰开始，因为这比创建一个类要简单一些。

## 8.1.1　创建函数

创建一个函数分两步。第 1 步是带有原始定义声明的 def 语句。

 理论上，是可以用 lambda 表达式和赋值语句创建一个函数的，但是我们会避免这样做。

一个 def 语句提供了一个名称、变量、默认值、一个 docstring、一个代码块和一些其他的细节。一个函数是 11 个属性的集合，这是标准的类层次结构，定义在 Python 语言参考（Python Language Reference）的 3.2 节中。可以参考 http://docs.python.org/3.3/reference/datamodel.html#the-standardtype-hierarchy。

第 2 步是将一个装饰器应用在原始定义上。当我们将装饰器（@d）应用到一个函数（F）上时，结果就好像是创建了一个新的函数，F'=@d(F)。函数名相同，但是依据增加、删除或者修改的属性不同，功能会有所不同。然后，我们会有下面这样的代码。

```
@decorate
def function():
    pass
```

装饰器直接写在函数定义之前。内部发生的过程是：

```
def function():
    pass
function= decorate( function )
```

装饰器修改函数定义，然后创建了一个新的函数。下面是函数的属性列表。

| 属性 | 说明 |
| --- | --- |
| __doc__ | docstring 或者 None |
| __name__ | 函数的初始名称 |
| __module__ | 函数所属的模块名称，或者 None |
| __qualname__ | 函数的全名：__module__.__name__ |
| __defaults__ | 默认的参数值，如果没有默认参数就是 None |
| __kwdefaults__ | 只有关键字（keyword-only）的参数的默认值 |
| __code__ | 这个对象代表编译后的函数体 |
| __dict__ | 函数属性的命名空间 |

续表

| 属性 | 说明 |
| --- | --- |
| __annotations__ | 参数的注释，包括 "return" 为返回值的注释 |
| __globals__ | 函数所属模块的全局命名空间；这个属性用于解析只读的全局变量 |
| __closure__ | 与函数中的自由变量（free variables）的绑定或者为 None。它是只读的 |

装饰器可以改变除 __globals__ 和 __closure__ 之外的其他所有属性。但是，我们稍后会看到，这些摆弄得太深不是非常实际。

在实践中，装饰通常包括定义一个封装了现有函数的新函数。可能需要复制或者修改前面的一些属性。在实践中，这就限制了一个装饰器能做什么和应该做什么。

## 8.1.2  创建类

创建类是一组嵌套的两级过程。外部对类方法的引用让类的创建变得更加复杂，因为这涉及多步查找。对象的类中会定义**方法解析顺序**（**Method Resolution Order，MRO**）。这定义了一个基类如何定义一个属性或者方法。MRO 会顺着继承层次向上查找；这意味子类中的名称会覆盖基类中的名称。用这种方式实现的搜索符合对继承的预期。

类创建的第 1 阶段是带有原始定义的 class 语句。这个阶段会首先执行元类型，然后执行赋值语句和类中的 def 语句。正如之前说的，类中的每一个 def 语句都会被翻译成一个嵌套的两级函数创建。装饰器可以作为创建类过程的一部分，应用于每个函数方法。

类创建的第 2 阶段是将一个全局的类装饰器应用于类定义。通常，一个 decorator 函数可以增加功能，较为常见的是添加属性而不是添加方法。但是，我们也会看到有一些添加方法和函数的装饰器。

很明显，不可以通过装饰器修改从基类继承的功能，因为它们在方法解析查找的过程中是延迟解析的。这带来了一些重要的设计要素。通常，我们用类或者 mixin 类引入方法。但是，我们只用装饰器或者 mixin 类定义引入属性。下面是类中内置的一些属性，其他的许多属性是元类型的一部分，如下表所示。

| 属性 | 说明 |
| --- | --- |
| __doc__ | 类的文档字符串（documentation string），如果没有定义就是 None |
| __name__ | 类名 |
| __module__ | 类所属的模块名 |
| __dict__ | 包含类命名空间的字典 |
| __bases__ | 包含了基类的元组（有可能为空或者是一个单例），基类以基类列表中的顺序存储；它用来处理方法的解析顺序 |
| __class__ | 当前类的基类，通常是 type 类型 |

类中另外的一些方法函数包括 __subclasshook__、__reduce__ 和 __reduce_ex__，都属于

pickle 接口。

## 8.1.3 一些类设计原则

当定义类时，我们的属性和方法有下面 3 种来源。

● class 语句。

● 类级的装饰器。

● mixin 类和最后一个基类。

我们需要定义每种来源的可见级别。class 语句是属性和方法的最明显来源。mixin 和基类相比于类主体而言，显得不够明确。基类名称可以阐明它的基本用途这一点是很有帮助的。我们会尽量用现实世界中的对象来命名基类。

mixin 类通常会定义类中额外的接口或者行为。了解如何使用 mixin 类对于创建最终的类很重要。docstring 类是其中一个重要的部分，同时，docstring 模块对于展示如何将多个不同部分组成一个正确的类也是非常重要的。

当使用 class 语句时，类自身的基类放在最后，mixin 类在基类之前。这不仅仅是习惯而已。放在最后的类是 is-a 类。装饰器的应用将带来一些比较模糊的行为。通常，装饰器提供的行为相对少一些。关注其中的一个或者几个行为可以帮助我们弄清装饰器的作用。

## 8.1.4 面向方面编程

**面向方面编程**（**Aspect-oriented programming**）的某些部分与装饰器相关。我们的目的是利用一些面向方面编程的概念来讲解 Python 中的装饰器和 mixin 类。**横切关注点**是 AOP 的核心。这里有横切关注点的背景知识：http://en.wikipedia.org/wiki/Cross-cutting_concern。下面是一些关于横切关注点的常见示例。

● **日志**（**Logging**）：我们常常需要为不同的类实现统一的日志记录功能。需要确保日志的命名统一，并且日志事件也与类结构一致。

● **审计**（**Auditability**）：另外一种记录日志的方式是提供一种审计机制，用于追踪可变对象的每次转换。在许多商业应用程序中，交易是一种商业记录，它代表账单或者付款信息。处理一条商业记录的每个步骤都应该是可审核的，以确保在处理过程中没有任何错误。

● **安全**（**Security**）：我们的应用程序会经常有安全方面的需求，涵盖了每一个 HTTP 请求和网站下载的所有内容。这样做的目的是为了确保每个请求都是由有权利发起请求的认证用户发起的。我们必须始终使用 Cookies、安全套接字（secure sockets）和其他的加密技术来确保整个 Web 应用程序的安全性。

一些语言和工具对 AOP 提供了强大的支持。Python 借用了其中的一些概念。Python 风格的 AOP 包括下面的语言特性。

● **装饰器**：利用装饰器，我们可以通过函数的两个简单连接点之一来创建统一的横切方面实现。我们可以在现有函数执行之前或者之后执行横切方面的逻辑。在函数的代码中，我们很难找到连接点。对于装饰器来说，封装函数或者方法并提供额外的功能是修改一个函数或者方法的最简单方式。

- **mixin**：利用 mixin 能够做到在一个单独的类层次结构之外定义另一个类。将 mixin 类与其他类一起使用可以为横切方面提供一致的实现。为此，被扩展的类必须使用 mixin 的 API。通常，我们将 mixin 类当作抽象类，因为我们无法用一种有意义的方式来初始化它们。

# 8.2　使用内置的装饰器

Python 语言内置了一些装饰器。@property、@classmethod 和@staticmethod 装饰器用于标注类的方法。@property 装饰器将一个方法函数转换成描述器。我们用这种简单属性语法来定义方法函数。当将@property 装饰器用于方法上时，也会额外创建一对属性，它们可以用于创建 setter 和 deleter 属性。我们在第 3 章 "属性访问、特性和修饰符" 中讲解过这个部分。

@classmethod 和@staticmethod 装饰器将一个方法函数转换成一个类级函数。被装饰的方法现在可以用类调用，而不是对象。对于静态方法，没有显式的类引用。另一方面，对于类方法，类是该方法的第 1 个参数。下面是一个包含了@staticmethod 和一些@property 的类的例子。

```
class Angle( float ):
    __slots__ = ( "_degrees", )
    @staticmethod
    def from_radians( value ):
        return Angle(180*value/math.pi)
    def __new__( cls, value ):
        self = super().__new__(cls)
        self._degrees= value
        return self
    @property
    def radians( self ):
        return math.pi*self._degrees/180
    @property
    def degrees( self ):
        return self._degrees
```

这个类定义了一个可以用度或者弧度表示的 Angle 类。构造器以度为参数。但是，我们也定义了 from_radians()方法函数，它会返回一个本类的实例。这个函数不能通过实例调用，它属于类本身并返回一个当前类的实例。__new__()方法是一个隐式的类方法，装饰器对它没有用。

另外，我们提供了 degrees()和 radians()方法函数，它们都被@propery 所装饰，所以它们都是属性。其实，这些装饰器会创建一个描述器，这样当访问属性名 degrees 或者 radians 时，同名的方法函数会被调用。我们可以用 static 方法创建一个实例，然后通过 property 访问一个方法函数。

```
>>> b=Angle.from_radians(.227)
>>> b.degrees
13.006141949469686
```

静态方法实际上是一个函数，因为它与 self 实例变量无关。它的优点是它的语法直接与类绑定，用 Angle.from_radians 比调用一个名为 angle_from_radians 的函数更为直观。使用这些装饰器可以确保实现的正确性和一致性。

## 使用标准库中的装饰器

标准库中有许多装饰器。例如 contextlib、functools、unittest、atexit、importlib 和 reprlib 模块都包含了可以作为软件设计中横切方面的经典范例的装饰器。例如，functools 库提供了 total_ordering 装饰器，它定义了一系列比较运算符。它用__eq__()和__lt__()、__le__()、__gt__()或者__ge__()中的一个创建一套完整的比较运算。下面是一个只定义了两种比较运算的 Card 类。

```
import functools
@functools.total_ordering
class Card:
    __slots__ = ( "rank", "suit" )
    def __new__( cls, rank, suit ):
        self = super().__new__(cls)
        self.rank= rank
        self.suit= suit
        return self
    def __eq__( self, other ):
        return self.rank == other.rank
    def __lt__( self, other ):
        return self.rank < other.rank
```

我们的类被一个类级的装饰器所包装起来，@functools.total_ordering。这个装饰器会为我们创建未定义的方法函数。可以用这个类创建支持所有比较运算符的对象，虽然在类中只定义了两个。下面是使用我们定义的和未定义的比较运算符的例子。

```
>>> c1= Card( 3, '♠' )
>>> c2= Card( 3, '♥' )
>>> c1 == c2
True
>>> c1 < c2
False
>>> c1 <= c2
True
>>> c1 >= c2
True
```

上面的代码展示了我们可以进行类中未定义的比较运算。装饰器将缺少的方法函数添加到原始类定义中。

## 8.3 使用标准库中的 mixin 类

标准库使用了 mixin 类定义。有许多模块中都有这种例子，包括 io、socketserver、urllib.request、contextlib 和 collections.abc。

当我们基于 collections.abc 抽象基类自定义集合时，我们会使用 mixin 类确保容器的横切方面都以一致的方式定义。最上层的集合（Set、Sequence 和 Mapping）都是基于多个 mixin 类创建的。仔细读一读 Python 标准库的 8.4 节是非常重要的，它介绍了 mixin 是如何为类提供功能的，因为总体的类结构是由许多不同部分组成的。

只看其中一行，Sequence 的总结，我们可以看到它继承自 Sized、Iterable 和 Container。这些 mixin 类提供了 __contains__()、__iter__()、__reversed__()、__index__() 和 count() 方法。

## 8.3.1  使用上下文管理器的 mixin 类

在第 5 章 "可调用对象和上下文的使用" 中讲解上下文管理器时，我们忽略了 ContextDecorator 这个 mixin 类，而是主要关注上下文管理器中的特殊方法。使用这个 mixin 可以让定义更加清晰。

在前面的例子中，我们创建了一个修改全局状态的上下文管理器，它会重置随机数种子。我们会修改这个设计，让 Deck 类可以作为自己的上下文管理器。当作为上下文管理器使用时，它可以生成一定数量的 Card。这并不是为一副牌做单元测试的最好方法。但是，这是一种使用上下文管理器的简单方式。

将上下文管理定义为程序中的 mixin 类时需要注意，我们可能必须重新设计初始化方法，需要抛开一些前提。可能会以下面两种不同的方式来使用程序中的类。

● 当用在 with 语句之外时，__enter__() 和 __exit__() 方法不会被执行。

● 当用在 with 语句中时，__enter__() 和 __exit__() 方法会被执行。

在我们的例子中，我们不能假设在 __init__() 中执行 shuffle() 方法是正确的，因为不知道是否会使用上下文管理器方法。我们也不能将 shuffle() 延迟到 __enter__() 方法中执行，因为这个方法有可能不会被调用。这种复杂性或许在暗示我们提供了过多的灵活性。我们可以延迟执行 shuffle() 直到第 1 次调用 pop() 之前，或者提供一个子类可以禁用的方法函数。下面是一个扩展了 list 的简单 Deck 定义。

```
class Deck( list ):
    def __init__( self, size=1 ):
        super().__init__()
        self.rng= random.Random()
        for d in range(size):
            cards = [ card(r,s) for r in range(13) for s in Suits ]
            super().extend( cards )
        self._init_shuffle()
    def _init_shuffle( self ):
        self.rng.shuffle( self )
```

我们在 Deck 中定义了一个可删除的_init_shuffle()方法。当洗牌完成后，子类可以重载这个方法，修改它的逻辑。Deck 的子类可以在开始洗牌之前决定随机数生成器的种子，当前版本的类可以禁止在创建过程中洗牌。下面是一个 Deck 的子类，它包含了 mixin——contextlib.ContextDecorator。

```
class TestDeck( ContextDecorator, Deck ):
    def __init__( self, size= 1, seed= 0 ):
        super().__init__( size=size )
        self.seed= seed
    def _init_shuffle( self ):
        """Don't shuffle during __init__."""
        pass
    def __enter__( self ):
        self.rng.seed( self.seed, version=1 )
        self.rng.shuffle( self )
        return self
    def __exit__( self, exc_type, exc_value, traceback ):
        pass
```

子类通过重载_init_shuffle()方法，禁止在初始化过程中洗牌。因为这个类混入了 ContextDecorator，它也必须定义__enter__()和__exit__()。这个 Deck 的子类可以在 with 上下文中使用。当使用 with 语句时，会设定随机数种子，并且会按一个已知的顺序洗牌。如果在 with 之外使用这个类，就会使用当前的随机数设置洗牌，并且不会执行__enter__()。

这种编程风格的目的是将一个类所具有的基本功能与 Deck 实现的其他方面分离。我们已经将一些随机种子的处理从 Deck 的其他方面中分离出来了。很明显，如果我们坚持必须使用上下文管理器，就可以大幅度简化设计。这不是 open()函数传统的使用方式。但是，这种简化是非常有益的。我们可以用下面的例子看看会带来哪些不同的行为。

```
for i in range(3):
    d1= Deck(5)
    print( d1.pop(), d1.pop(), d1.pop() )
```

这个例子展示了 Deck 如何自己生成随机的洗牌顺序。这是用 Deck 洗牌的简单方法。下一个例子展示了使用一个给定随机数种子的 TestDeck。

```
for i in range(3):
    with TestDeck(5, seed=0) as d2:
        print( d2.pop(), d2.pop(), d2.pop() )
```

这段代码展示了如何将 Deck 的一个子类——TestDeck 用作上下文管理器，并生成一系列已知顺序的牌。每次我们调用它，都会得到相同顺序的牌。

## 8.3.2 禁用类的一个功能

通过重新定义一个方法为只包含 pass 的方法，我们关闭了初始化时的洗牌功能。对于从一个子类中删除一个功能来说，这个过程显得有些冗长。还有一个方法可以从子类中删除功能：将方法名设置为 None。我们可以在 TestDeck 用这种方式删除初始化时的洗牌操作。

```
_init_shuffle= None
```

上面的代码需要在基类中增加一些代码用于兼容方法缺失的情形，如下所示。

```
try:
    self._init_shuffle()
except AttributeError, TypeError:
    pass
```

这是从子类中删除一个功能的方法中比较显式的方式。这段代码说明了方法可能不存在或者是被有意地设为了 None。然而另一种设计是将对_init_shuffle()的调用从__init__()中移动到__enter__()方法中。这种方法需要使用上下文管理器，它会让对象按我们预期的行为工作。如果在文档中有清楚地记录，这种方法也不会带来困惑。

## 8.4   写一个简单的函数装饰器

一个 decorator 函数是一种用于返回新函数的函数（或者可调用对象）。最简单的只需要一个参数：将被装饰的函数。装饰器的返回值是一个被包装的函数。基本上，额外的功能会加到原始功能之前或者之后，这是函数中两个现成的连接点。

当定义一个装饰器时，我们会想确保装饰过的函数有原始函数的函数名和 docstring。这些将被用于写装饰函数的属性应该由装饰器来设定。用 functools.wraps 来写装饰器简化了所需要做的工作，因为它已经为我们处理这些事情。

为了展示两个可以插入新功能的地方，可以创建一个调试跟踪装饰器，它会将一个函数的参数和返回值写入日志。这个装饰器会在调用函数前和调用函数后分别插入新的功能。下面是我们想要封装的函数——some_function。

```
logging.debug( "function(", args, kw, ")" )
result= some_function( *args, **kw )
logging.debug( "result = ", result )
return result
```

这段代码展示了如何用新的处理逻辑封装原来的函数。

通过修改基础的__code__对象向一个定义好的函数中插入新功能是很困难的。只有极少数的情况下，似乎真的有必要向函数体中插入新功能，但是，通过将功能分别写到多个方法函数中将函数写成一个可调用对象会容易很多。然后，就可以利用 mixin 和子类而不用非常复杂的代码进行重写来完成我们的需求。下面是一个会在函数开始执行之前和执行之后插入日志的调试装饰器。

```
def debug( function ):
    @functools.wraps( function )
    def logged_function( *args, **kw ):
        logging.debug( "%s( %r, %r )", function.__name__, args, kw, )
        result= function( *args, **kw )
        logging.debug( "%s = %r", function.__name__, result )
```

```
        return result
    return logged_function
```

我们用了 `functools.wraps` 装饰器确保原始函数的函数名和 `docstring` 在新生成的函数中都会被保留。现在，我们可以用装饰器来生成丰富、详尽的调试信息了。例如，我们将这个装饰器应用于一些函数上，如 `ackermann()`，如下所示。

```
@debug
def ackermann( m, n ):
    if m == 0: return n+1
    elif m > 0 and n == 0: return ackermann( m-1, 1 )
    elif m > 0 and n > 0: return ackermann( m-1, ackermann( m, n-1 ) )
```

这段代码包装了 `ackermann()` 函数，它用 logging 模块将调试信息写入到根记录器中。会用下面的方式配置日志记录器。

```
logging.basicConfig(stream=sys.stderr, level=logging.DEBUG)
```

我们会在第 14 章 "Logging 和 Warning 模块" 中再回来讲解日志的具体内容。当执行 `ackermann(2,4)` 时，会看到下面这种结果。

```
DEBUG:root:ackermann( (2, 4), {} )
DEBUG:root:ackermann( (2, 3), {} )
DEBUG:root:ackermann( (2, 2), {} )
  .
  .
  .
DEBUG:root:ackermann( (0, 10), {} )
DEBUG:root:ackermann = 11
DEBUG:root:ackermann = 11
DEBUG:root:ackermann = 11
```

## 创建独立的日志记录器

作为对日志的优化，我们可能希望对每一个封装的函数都使用一个特定的日志记录器，而不是过分使用根记录器来记录这种调试信息。我们会在第 14 章 "Logging 和 Warning 模块" 中再讲解日志记录器。下面是装饰器为每个函数创建一个独立的日志记录器的代码。

```
def debug2( function ):
    @functools.wraps( function )
    def logged_function( *args, **kw ):
        log= logging.getLogger( function.__name__ )
        log.debug( "call( %r, %r )", args, kw, )
        result= function( *args, **kw )
        log.debug( "result %r", result )
        return result
    return logged_function
```

这个版本的输出类似下面这样。

```
DEBUG:ackermann:call( (2, 4), {} )
DEBUG:ackermann:call( (2, 3), {} )
DEBUG:ackermann:call( (2, 2), {} )
      .
      .
      .
DEBUG:ackermann:call( (0, 10), {} )
DEBUG:ackermann:result 11
DEBUG:ackermann:result 11
DEBUG:ackermann:result 11
```

函数名现在是日志记录器的名字。这个可以用来优化调试信息。现在可以启用针对每个函数的日志记录。我们无法仅仅通过简单地修改装饰器并期望被装饰的函数也对应地更改。

我们需要将修改后的装饰器应用于函数上。这意味着调试和测试装饰器不能简单地通过 >>> 命令行来完成。在修改了装饰器后，必须重新加载函数。这可能包括一系列的复制粘贴，或者可能包括重新运行定义了装饰器的脚本、函数，然后运行测试或者演示脚本以确定一切都正常工作。

# 8.5   带参数的装饰器

有时会希望传递更复杂的参数给装饰器。做法就是修改封装的函数。当我们采用这种方法时，装饰变成了一个两步的参数。

下面的代码中，我们为一个函数提供了一个带参的装饰器。

```
@decorator(arg)
def func( ):
    pass
```

上面装饰器的用法是下面代码的一种简化版本。

```
def func( ):
    pass
func= decorator(arg)(func)
```

两个例子都做了下面 3 件事。

●   定义了一个函数，func。

●   将抽象的装饰器应用于它的参数上，创建了一个具体的装饰器，decorator(arg)。

●   将具体的装饰器应用于函数上，创建了被装饰版本的函数，decorator(arg)(func)。

这意味着带参的装饰器需要间接地创建最后的函数。再修改调试装饰器为下面这样。

```
@debug("log_name")
def some_function( args ):
    pass
```

这段代码让我们可以指定调试日志所使用的名称。我们不使用根日志记录器，而是默认为每个函数提供一个独立的记录器。带参装饰器的大概结构如下。

```
def decorator(config):
    def concrete_decorator(function):
        @functools.wraps( function )
        def wrapped( *args, **kw ):
            return function( *args, ** kw )
        return wrapped
    return concrete_decorator
```

在开始介绍实例之前，先看看带参装饰器的内部细节。装饰器的定义（`def decorator (config)`）规定了使用它时需要提供的参数。主体部分是具体的装饰器，它会作为整个装饰器的返回值。将被应用于函数上的是具体的装饰器（`def concrete_ decorator(function)`）。然后，和之前看到的简单装饰器类似。它创建并返回了一个封装好的函数（`def wrapped (*args, **kw)`）。下面是带有记录器名称的调试装饰器。

```
def debug_named(log_name):
    def concrete_decorator(function):
        @functools.wraps( function )
        def wrapped( *args, **kw ):
            log= logging.getLogger( log_name )
            log.debug( "%s( %r, %r )", function.__name__, args, kw, )
            result= function( *args, **kw )
            log.debug( "%s = %r", function.__name__, result )
            return result
        return wrapped
    return concrete_decorator
```

`decorator` 函数接受一个参数，即要使用的日志名称。它创建并返回了一个具体的装饰器函数。当它被应用于函数上时，具体的装饰器会返回一个封装好的函数。当函数以下面的方式使用时，装饰器会添加许多调试信息。它们直接输出到名为 `recursion` 的日志中，如下所示。

```
@debug_named("recursion")
def ackermann( m, n ):
    if m == 0: return n+1
    elif m > 0 and n == 0: return ackermann( m-1, 1 )
    elif m > 0 and n > 0: return ackermann( m-1, ackermann( m, n-1 ) )
```

# 8.6　创建方法函数装饰器

一个类中方法函数的装饰器和一个单独的函数的装饰器是一样的，只是在不同的上下文中使用。这种上下文所带来的一个轻微的后果是必须经常显式地声明 `self` 变量。

方法函数装饰器的一个应用是追踪对象状态的改变。商业应用程序经常会创建有状态的记录；通常，这些记录会作为关系型数据库中的行。我们会在第 9 章"序列化和保存——JSON、YAML、Pickle、CSV 和 XML"、第 10 章"用 Shelve 保存和获取对象"和第 11 章"用 SQLite 保存和获取对象"中详细讲解对象的表示。

> 当我们有一些有状态的记录时，状态的改变应该是可以被追踪的。通过追踪可以确认改变已经被保存到记录中。为了能够追踪这些记录，必须可以用某种方式来获得每条记录在改变之前和改变之后的版本。状态数据库记录是一种长期使用的传统方法，但是不是任何情况下都必需的。不可变的数据库记录是另外一种可选择的设计。

当设计一个有状态的类时，任何 setter 方法都会带来状态的改变。这些 setter 方法通常会用 @property 装饰器，这样它们就可以被当作简单的属性来使用。如果我们这么做，我们可以添加一个 @audit 装饰器，这样就能合理地追踪所有的改变。我们会通过 logging 模块创建追踪日志。我们会用 __repr__() 方法函数生成一个可以用来浏览所有修改的完整文本，下面是一个追踪装饰器。

```
def audit( method ):
    @functools.wraps(method)
    def wrapper( self, *args, **kw ):
        audit_log= logging.getLogger( 'audit' )
        before= repr(self)
        try:
            result= method( self, *args, **kw )
            after= repr(self)
        except Exception as e:
            audit_log.exception(
                '%s before %s\n after %s', method.__qualname__, before, after )
            raise
        audit_log.info(
                '%s before %s\n after %s', method.__qualname__, before, after )
        return result
    return wrapper
```

我们创建了一个对象被修改前的文本表示。然后，调用原始的方法函数。如果有异常，会生成一个包含异常信息的追踪日志。否则，会在日志中生成一个 INFO 条目，它包含方法的全名、修改前的文本表示和修改后的文本表示。下面是一个修改过的 Hand 类，它会向我们展示要如何使用这个装饰器。

```
class Hand:
    def __init__( self, *cards ):
        self._cards = list(cards)
    @audit
    def __iadd__( self, card ):
        self._cards.append( card )
        return self
    def __repr__( self ):
        cards= ", ".join( map(str,self._cards) )
        return "{__class__.__name__}({cards})".format(__
class__=self.__class__, cards=cards)
```

这个定义修改了\_\_iadd\_\_()方法函数，这样添加一张牌就成为一个可追踪的事件。这个装饰器会执行追踪操作，在进行操作前和完成操作后会保存 Hand 的文本表示。

方法装饰器的这种使用方式相当于对某个方法函数进行正式声明，这样会大量地修改状态。我们可以直接使用代码审查，确保所有符合要求的方法函数都像这个一样，被标记为是可追踪的。有一个没有解决的问题是追踪对象的创建过程。目前尚不清楚是否需要追踪对象的创建过程。有一些人会说对象的创建并不是一种状态改变。

在我们想要追踪对象创建的情境中，我们不可以在\_\_init\_\_()方法函数中使用这个 audit 装饰器。因为在执行\_\_init\_\_()之前什么都没有。我们可以通过以下两种方式补救这个问题。

- 可以添加一个\_\_new\_\_()方法用于确保一个空的\_cards 属性会以空集合的方法存在于类中。
- 可以修改 audit()装饰器，当\_\_init\_\_()被执行时，接受程序抛出的 AttributeError 异常。

第 2 种方式相对来说更加灵活一些，我们可以像下面这样做。

```
try:
    before= repr(self)
except AttributeError as e:
    before= repr(e)
```

这段代码会记录类似 AttributeError: 'Hand' object has no attribute '_cards' 这样的信息作为初始化前的状态。

## 8.7 创建类装饰器

和装饰一个函数类似，也可以写一个类装饰器，用来向类中添加功能。基本的原则都是一致的。装饰器是一个函数（或者一个可调用对象）。它接受一个类作为参数，返回一个类作为返回值。

在类定义中，我们的切入点很有限。大多数情况下，类装饰器会将额外的功能包裹进类中。从技术上来说，创建一个封装了原始类的类是可以的。但这种做法有一定的难度，因为包装类本身必须是非常通用的。也可以创建一个被装饰类的子类。但是这样的做法可能会导致装饰器的使用者非常困惑。另外一种最糟糕的做法就是从类中删除一些功能。

前面展示了一个很复杂的类装饰器。Functools.Total\_Ordering 装饰器向类中注入一系列新的方法函数。这种实现方法用的技术是创建 lambda 对象并且将它们赋值给类的属性。

接下来，我们会介绍一些相对简单的装饰器。在调试和记录日志时，创建针对类的日志记录器可能会有一个小问题。通常，我们希望每个类都有自己的日志记录器。我们经常被强制要求像下面这样做。

```
class UglyClass1:
    def __init__( self ):
        self.logger= logging.getLogger(self.__class__.__qualname__)
        self.logger.info( "New thing" )
    def method( self, *args ):
        self.logger.info( "method %r", args )
```

这个类的缺点是它创建了一个对象,它不属于类操作的一部分却是类的一个独立方面的 `logger` 实例。我们不希望用这种额外的方面污染我们的类。但是这并不是问题的全部。虽然 `logging.getLogger()` 非常高效,但是并非完全没有代价。我们希望每次创建 `UglyClass1` 实例时,可以避免这种额外的消耗。

下面是一个稍微好一些的版本。我们将 `logger` 从类中每个独立的对象中分离出来,把它变成了一个类级的实例变量。

```
class UglyClass2:
    logger= logging.getLogger("UglyClass2")
    def __init__( self ):
        self.logger.info( "New thing" )
    def method( self, *args ):
        self.logger.info( "method %r", args )
```

这个类的优点是它只调用了 `logging.getLogger()` 一次。但是,它有严重的 **DRY** 问题。在定义中,没有办法自动设置类名。由于类还没有被创建,因此必须重复类名。可以用下面的这个小装饰器来解决 **DRY** 问题。

```
def logged( class_ ):
    class_.logger= logging.getLogger( class_.__qualname__ )
    return class_
```

这个装饰器修改了类的定义,它添加了 `logger` 引用作为类级属性。现在,每个方法都能用 `self.logger` 来生成追踪或者调试信息。当我们想要使用这个功能时,可以在类上应用 `@logged` 装饰器。下面的 `SomeClass` 是一个使用了 `@logged` 装饰器的例子。

```
@logged
class SomeClass:
    def __init__( self ):
        self.logger.info( "New thing" )
    def method( self, *args ):
        self.logger.info( "method %r", args )
```

现在,我们类中包含了一个每个方法都可以使用的 `logger` 属性。`logger` 的值不是对象的一个功能,这样就保证了这个方面和类的其他方面是分离的。这个属性还有一个额外的好处就是,它在导入模块时创建了 `logger` 实例,减少了一些日志记录的开销。可以将这个类与 `UglyClass1` 进行比较,后者在每次创建实例时都会调用 `logging.getLogger()`。

## 8.8　向类中添加方法函数

类装饰器通过两个步骤来创建新方法函数:先创建方法函数,然后将它插入到类中。通常用 mixin 类比用装饰器更好。一个 mixin 类的正确用途是用于插入方法。插入方法的另外一种方式更不易于理解,甚至可能会让人觉得惊讶。

在 Total_Ordering 装饰器的例子中，具体插入什么方法是非常灵活的，它基于类中已经提供了什么。这是典型用法中的一种特殊情况，但是非常明智。

我们可能想要定义一个标准的 memento() 方法。我们希望把这个标准的方法包含在多个不同的类中。我们会对比这个设计的装饰和 mixin 类的版本。下面是用添加一个标准方法的装饰器实现版本。

```
def memento( class_ ):
    def memento( self ):
        return "{0.__class__.__qualname__}({0!r})".format(self)
    class_.memento= memento
    return class_
```

这个装饰器包含了一个即将被插入到类中的方法函数。下面演示了如何使用这个 @memento 装饰器向类中添加方法函数。

```
@memento
class SomeClass:
    def __init__( self, value ):
        self.value= value
    def __repr__( self ):
        return "{0.value}".format(self)
```

装饰器向类中插入了一个新方法——memento()。但是，这种做法有一些缺点。

● 我们不能通过重载 memento()方法函数的实现来处理特殊情况，它是在定义之后内嵌到类中的。

● 我们很难扩展装饰器函数。如果我们想要扩展功能或者处理特殊情况，我们必须将它升级为可调用对象。我们准备升级到一个可调用对象，那么我们应该完全放弃这种方法，转而使用一个 mixin 类添加方法。

下面是添加一个标准方法的 mixin 类。

```
class Memento:
    def memento( self ):
        return "{0.__class__.__qualname__}({0!r})".format(self)
```

下面演示了如何使用这个 Memento 类定义一个类。

```
class SomeClass2( Memento ):
    def __init__( self, value ):
        self.value= value
    def __repr__( self ):
        return "{0.value}".format(self)
```

这个 mixin 提供了一个新方法——memento()，这是一个 mixin 类的经典用法。通过扩展 Memento mixin 类添加功能更容易。另外，我们可以重载 memento()方法函数，用于处理特殊情况。

# 8.9 将装饰器用于安全性

软件中总是充满了需要提供一致实现的横切关注点和方面，即使它们属于不同的类层次结构。试图将类层次结构强加于一个横切关注点是一种常见错误。我们已经看了一些这样的例子，例如日志和审计。

强制每个需要写日志的类都从一些 loggable 的基类继承是不合理的。我们可以设计一个 loggable 的 mixin 或者一个 loggable 的装饰器。这并不会影响我们需要设计出一种能够让多态正常工作的正确的继承结构。

有一些和安全性相关的横切关注点。在一个 Web 应用程序中，有两个方面的安全问题需要考虑。

● **验证**：我们知道是谁发起的请求吗？

● **授权**：通过验证的用户是否有权限发起请求？

一些 Web 框架允许我们根据对于安全性的需求装饰我们的请求处理器。例如，Django 框架包含了许多装饰器，它们允许我们为一个视图函数或者一个视图类指定安全要求。下面是其中的一些装饰器。

● user_passes_test：这是一个底层的通用装饰器，并且被用于创建另外两个装饰器。它需要一个测试函数，请求关联的已登录的 User 对象必须通过这个给定函数来进行测试。如果 User 实例无法通过这个测试，它们会被重定向到一个登录页面，这样用户就可以提供能够发起请求的凭据。

● login_required：这个装饰器基于 user_passses_test。它用于确保已登录的用户是通过验证的。这种类型的装饰器会应用在所有访问者的请求上。例如，像更改密码或者登出这种请求，就不应该需要任何特殊的许可。

● permission_required：这个装饰器与 Django 内置的数据库权限系统配合使用。它用来确认已登录的用户（或者用户组）拥有某种特定的许可。这种类型的装饰器用于处理需要特定管理权限的请求。

其他的包和框架中也有表达这种 Web 应用程序中横切方面的方法。在许多情况下，Web 应用程序甚至有更严格的安全性要求。我们可以考虑设计一个能够根据合约条例有选择性地完成解锁功能的 Web 应用程序，但必须设计一个下面这样的测试。

```
def user_has_feature( feature_name ):
    def has_feature( user ):
        return feature_name in (f.name for f in user.feature_set())
    return user_passes_test( has_feature )
```

我们定义了一个函数，用于检测登录用户的 feature_set 集合确定某个功能是否和当前的用户相关。我们在 has_feature() 函数中用 Django 的 uesr_passes_test 装饰器创建了一个可以被应用于相关的 view 函数的新装饰器。然后，我们可以像下面这样创建一个 view 函数。

```
@user_has_feature( 'special_bonus' )
def bonus_view( request ):
    pass
```

这确保了安全性关注点会一致地应用于多个不同的 view 函数。

# 8.10 总结

我们介绍了如何使用装饰器修改函数和类的定义。也介绍了如何将一个庞大的类分解成互相关联的模块的 mixin。

这所有的技术都是为了分离业务相关的功能和通用的功能，例如安全、审计或者日志。我们会区分继承自类的功能和不属于继承的额外关注点的方面。继承的功能是显式设计的一部分。它们是继承结构中的一部分，它们定义了一个对象是什么。其他的方面可以是 mixin 或者装饰，它们定义了一个对象是如何工作的。

## 8.10.1 设计要素和折中方案

在大多数情况下，is-a 和 acts-as 的区别很清楚。继承的功能是全局问题域的一部分。当讨论模拟 21 点时，例如牌、手、下注、加牌和叫停很明显是问题域的一部分。类似地，数据的收集和对结果的统计分析是解决方案的一部分。其他的东西，例如日志、调试和审计并不是问题域的一部分，而是和解决方案所用的技术有关。

尽管大多数情况这些东西非常清晰，但是继承和装饰方面之间的分别有可能不是很清楚。在一些情况下，它可能会由一种审美判断决定。通常，当创建与特定问题无关的框架和基础架构类时，做这种决定会变得很难，通用的策略如下。

● 首先，问题的核心方面会需要类的定义。许多类都是继承自特定的问题，然后组成可以让多态按我们预期的方式进行工作的类结构。

● 其次，一些方面会需要定义 mixin 类。当有一些多维的方面时，这件事常会发生。对于一种设计，可能有独立的坐标或者维度。每个维度都是多态的一种选择。当介绍 21 点时，有两种策略：打牌策略和下注策略。这两个策略是独立的，或许也可以看作是一种全局玩家设计的 mixin 元素。

当定义独立的 mixin 时，可以有独立的继承结构。对于 21 点的策略，可以定义一个和打牌策略无关的多态结构。然后，我们可以定义同时拥有两种结构中 mixin 元素的玩家。

方法通常从类定义中创建。它们是主类或者 mixin 类的一部分。正如之前所介绍的，我们有 3 种设计策略：封装、扩展和创造。我们可以通过用一个类"封装"另一个类引入新的功能。在一些情况下，我们会发现我们被强制要求暴露一些只是简单地委托给底层类的方法。当我们使用了太多的委托之后，边界就会变得模糊；一个装饰器或者 mixin 可能是更好的选择。在一些其他的情况下，封装一个类可能比引入一个 mixin 类更加清楚。

与问题正交的方面经常可以用装饰器解决。装饰器可以被用于引入不属于 is-a 关系的功能。

## 8.10.2　展望

下面的章节会关注一些不同的内容。我们已经介绍了几乎所有 Python 内置的特殊方法。下面的 5 章内容会专注于对象的持久化和序列化。我们会以不同的外部标记法为开始介绍对象的序列化和保存，包括 JSON、YAML、Pickle、CSV 和 XML。

序列化和持久化会带来更面向对象的类设计方法。我们会介绍对象关系以及它们是如何表示的。我们也会介绍序列化和反序列化对象带来的开销以及不被信任的源反序列化对象带来的安全问题。

# 第 2 部分

## 持久化和序列化

持久化和序列化所谓对象持久化的过程，就是把对象写入某个存储机制。对象可以从存储机制中取出并在 Python 应用中使用。对象可以使用 JSON 形式来表示并写入文件系统中，或者是被对象关系映射（Object Relational Mapping，ORM）层用于表达 SQL 数据表中的行，将对象存入数据库。

对象序列化有两个目的。序列化是为了能够将对象存入本地文件系统。另外，有时在进行进程或应用通信时，也需要将对象进行序列化。然而所关注的点是不同的，一般持久化包含了序列化。因此，一种优秀的持久化技术也会支持数据交换的场景。我们会介绍几种 Python 用来序列化和持久化的方式，主要涉及以下各章。

- 第 9 章"序列化和保存——JSON、YAML、Pickle、CSV 和 XML"介绍了如何使用类库进行简单的持久化操作，包括这些数据格式：JSON、YAML、Pickle、XML 和 CSV。它们都是 Python 中比较普遍使用的格式，也比较适合用于数据交换，主要应用于单一对象而非多个对象的场景。

- 第 10 章"用 Shelve 保存和获取对象"介绍了如何使用 Python 中的 Shelve 模块来进行基本的数据库操作，可用于完成 Python 对象的存储并支持多个对象的持久化。

- 第 11 章"用 SQLite 保存和获取对象"中介绍了如何使用 SQL 来进行有关关系数据库更复杂的操作。由于 SQL 与面向对象不能直接匹配，于是就产生了阻抗不匹配问题。常见的解决方案是使用对象关系映射来完成对象的存储。

- 对于网站应用，通常会使用表征性状态传输（Representation State Transfer，REST）。在第 12 章"传输和共享对象"中将介绍如何使用 HTTP 协议和 JSON、YAML 以及 XML 格式来传输对象。

- 最后，在第 13 章"配置文件和持久化"中会介绍几种 Python 应用操作配置文件的方式。可以使用不同的数据格式，但各有优缺点。配置文件其实就是一个可被直接编辑的、持久化对象的集合。

这部分的重点是在更高层面实现抽象的设计模式，我们称之为架构模式。因为它们用于表达应用的整体结构，将系统分为了不同的层。我们的关注点是将系统划分为不同的部分，这个原则称为"关注点分离"。例如，我们需要把持久化、核心逻辑以及数据表示层分离。熟练掌握面向对象设计意味着需要站在更高的层面针对系统架构进行思考。

# 第 9 章
# 序列化和保存——JSON、YAML、Pickle、CSV 和 XML

　　为了存储 Python 中的对象，必须先将其转换为字节，然后再将字节写入文件。这个过程称为序列化，又叫作数据转换（marshaling）、压缩（deflating）或编码（encoding）。接下来我们会介绍几种将一个 Python 对象转换为字符串或字节流的方式。

　　每种序列化方式又称为物理数据格式，每种格式各有优缺点。对于呈现对象的方式而言，没有所谓最好的格式。我们需要和逻辑数据格式区分开，它只是简单地将字节流重新排列或改变空格的使用方式，而并未改变对象的值，只是对字节流的操作。

　　比较重要的一点是（尤其是 CSV 格式），这些表达方式只是在表达一个单一的 Python 对象。然而这个单一的对象可以是一组对象的集合，范围是固定的。为了处理这些对象中的一个，必须对整个集合进行反序列化，完成增量序列化需要额外的工作量。不必下太多工夫在如何使用不同格式处理多个对象的序列化，第 10 章 "用 Shelve 保存和获取对象"、第 11 章 "用 SQLite 保存和获取对象"和第 12 章 "传输和共享对象"会介绍更好的方式来处理多个不同的对象。

　　正因为这些方式中的每一个都是针对单一的对象，所以我们无法在对象集合的内存使用方面做太多的控制。当需要处理大量不同的项时，并不能一次性把它们加载到内存，我们无法直接使用这些技术。这时，就需要移至更大的数据库、服务器或消息队列中。现在我们来了解如下几种序列化的表示方式。

- **JavaScript Object Notation（JSON）**：这是一种被广泛使用的表示方式。更多信息可以参见：http://www.json.org。json 模块提供了用于加载和转储数据所需的类与函数，都是关于 json 格式操作。在 Python 标准库中，可以看一下第 19 节 "网络数据处理"，而不是第 12 节 "存储"。与一般的 Python 对象的存储问题相比，json 模块更侧重于 JSON 的表达方式。

- **YAML 不是标记语言（YAML）**：它是 JSON 的一种扩展，而且可以简化序列化结果。更多信息可参见：http://yaml.org。它并非 Python 库的一部分；必须引用外部的模块。在 PyYaml 包中，提供了很多 Python 的存储功能。

- **pickle**：pickle 模块内置有 Python 特殊的数据表示方式。由于它是 Python 库中很重要的一部分，因此我们会详细地介绍如何使用这种方式来序列化对象。而当与非 Python 程序交互数据时，这并非一个恰当的做法。在第 10 章"用 Shelve 保存和获取对象"中，它是 `shelve` 模块的基础；同样地，在第 12 章"传输和共享对象"中，对象的共享和转换中的消息对象也是基于它实现的。

● **Comma-Separated Values（CSV）模块**：在表达复杂的 Python 对象时，这种格式显得不够方便。由于它的使用很普遍，因此需要找到将 Python 对象序列化为 CSV 的方案。可以参考 Python 标准库中的第 14 节"文件格式"，而非第 12 节"存储"。因为它是一种简单的文件格式，或者稍微复杂一些。使用 CSV 格式，可以在不必一次性加载到内存的前提下进行 Python 对象集合的增量表示。

● **XML**：虽然有一些缺陷，但它很常用，因此将对象转换为 XML 格式，以及从 XML 文件中反序列化至对象是很重要的操作。而 XML 解析这个主题太大，可参见 Python 标准库中的第 20 节"结构化标记处理工具"。有很多模块可用来解析 XML，但每种各有优缺点，我们会重点关注 `ElementTree`。

除了以上几种简单的分类，还会遇到混合使用的情形。一个例子是以 XML 格式编码的电子数据表。这意味着存在两个子问题，一个是行列数据的表示，另一个是 XML 解析的问题。这导致了需要使用更复杂的软件来将不同数据格式转换为类似 CSV 的行，用于完成 Python 对象的转换。在第 12 章"传输和共享对象"和第 13 章"配置文件和持久化"中会再次对这类主题进行回顾，如何使用 RESTful 的 Web 服务和序列化对象，以及配置文件和可编辑的序列化对象。

# 9.1 持久化、类、状态以及数据表示

Python 对象主要保存在计算机内存中，它们的生命周期就是 Python 进程。它们的生命周期甚至没有那么长，也许只是与它们在命名空间中的引用长短一致。如果希望一个对象的生命周期超过 Python 进程或命名空间，我们需要将它持久化。

大部分操作系统以文件系统的方式来提供持久化存储服务。这通常包括磁盘驱动器、闪存或其他稳定的存储形式。这只是将字节从内存中取出并存入磁盘文件的方式。

当内存中的 Python 对象引用了其他对象时，复杂度就增加了。一个对象引用了它自身的类，这个类引用了它的元类和其他基本类。这个对象可以是一个容器并且引用了其他对象。这个对象在内存中的版本就是包含一系列引用的关系网络。因为内存寻址是不固定的，如果没有将地址重写为独立于寻址方式的键值就试图从内存取出字节，这将破坏所保存的引用关系。所保存的引用关系大部分是静态的——例如类定义，相比于变量来说，变化非常少。理想情况下，一个类定义是不会改变的。然而，可能会出现类级别的实例变量。更重要的是，它改变了对象的功能。这个问题称为模型迁移问题，用于管理数据模型（或类）的变化。

一个对象的实例变量和类的属性在 Python 中有很正式的差别。我们的设计需要考虑到这些区别。当需要展示对象的动态状态时，需要定义一个对象的实例变量。而类中对象需要共享的信息会有选择地定义类级别的属性。如果我们可以只保存对象的动态状态——与类和类定义所包含的引用关系区分开——这就需要序列化和持久化的方案。

当保存类定义时，不必什么都做。我们已经将定义与其他部分完全分离了，并且所用的方法很简单。类定义主要以源代码形式存在。类定义在每次需要的时候被重新从源代码（或字节码）中取出，创建在内存中。如果需要交换类定义，也要交换 Python 的模块或包。

## Python 常用的术语

Python 的常用术语主要是与 dump 和 load 有关的。在所定义的大多数类中会包含如下几种方法。

- dump(object , file)：用于将对象转储到一个指定文件中。
- dump(object)：返回一个对象的字符串表示。
- load(file)：从指定文件中加载一个对象，返回新构造的对象。
- loads(string)：从一个字符串加载一个对象，返回构造的对象。

这里并没有固定的规则，在任何正式的 ABC 继承或是 mixin 类定义中都并没有限制方法名称的使用。然而，它们仍然被广泛使用。通常情况下，用于转储或加载的文件可以是任何类似于文件的对象。可以使用 read() 和 readline() 这样的一些方法来实现加载，但我们需要的比这些还要多。因此，可使用 io.StringIO 对象和 urllib.request 对象作为加载的数据源。类似地，转储方面也对数据源有一定要求，接下来会对这些文件对象进行讨论。

# 9.2　文件系统和网络的考虑

因为 OS 文件系统（和网络）是以字节的形式工作的，所以需要将一个对象实例变量的值表达为一个序列化的字节流。经常会使用两个步骤来将对象转换为字节，先将一个对象的状态以字符串的形式表示，然后使用 Python 字符串中的标准编码来进行字节转换。使用 Python 中内置的字符串编码功能处理这种问题很简便。

当把视线移至 OS 文件系统上时，可以看到设备分为两大类：块设备与字符设备。块设备也可称为可查找设备，因为 OS 支持在一个指定文件中对任意字节进行查找操作，它们是随机排列的。字符设备是不可查找的，它们是字节连续传输的接口。查找操作将会变得迟缓。

字符与块的区别会影响我们选择以什么方式来表达一个复杂对象或对象集合。本章所包括的序列化操作将专注于几种简单的功能：一个排序的字节流没有利用可查找设备的格式，它们将节省从字节到字符模式或块模式的流传输。

然而，在第 10 章"用 Shelve 保存和获取对象"和第 11 章"用 SQLite 保存和获取对象"中，为了对超出内存大小的对象进行编码，需要使用块模式存储。shelve 模块和 SQLite 数据库对可查找文件的使用方式进行了扩展。

在 OS 中，将块模式与字符模式设备统一称为文件系统。在 Python 标准库中，实现了块与字符设备之间常用的底层功能集合。当使用 Python 的 urllib.request 时，可以访问网络资源以及数据的本地文件。当打开一个本地文件时，这个模块必须对可查找的文件使用字符模式的接口。

# 9.3 定义用于持久化的类

在开始进行持久化之前，需要先获得要保存的对象。关于持久化的设计有几个要点需要考虑，将以一个简单的类定义为起始。我们将看一个简单的博客和上面所发布的文章，以下是一个 Post 类的定义。

```
import datetime
class Post:
    def __init__( self, date, title, rst_text, tags ):
        self.date= date
        self.title= title
        self.rst_text= rst_text
        self.tags= tags
    def as_dict( self ):
        return dict(
            date= str(self.date),
            title= self.title,
            underline= "-"*len(self.title),
            rst_text= self.rst_text,
            tag_text= " ".join(self.tags),
        )
```

每篇博客的文章属性中包含了这些实例变量：日期、标题、一些文字和一些标签。属性名称中已经暗示了文字需要使用 RST 标记，尽管这在很大程度上与其他的数据模型无关。

为了对简单的模板替换进行支持，as_dict() 方法会返回一个字典，其中的每个值都被转换为字符串格式。接下来会介绍如何使用 string.Template 进行模板处理。

补充一点说明，我们已经加入了一些值用来辅助创建 RST 的输出结果。tag_text 属性是一个使用纯文本进行标记的元组值。underline 属性生成了一个以下划线为起始的字符串，它的长度与标题字符串是相匹配的，这使得 RST 格式化的操作很方便。我们也会创建一篇包含了多篇文章的博文。通过在标题上附加属性来实现一个集合，而不是简单地使用一个列表。在进行集合设计时有 3 种选择：封装、扩展或新建。可以结合这一点来进行设计，为了减少一些困惑：如果打算持久化就不要扩展 list。

**扩展一个可迭代的对象可能会造成困惑**

当扩展一个序列时，我们可能影响了其内置的序列化算法。当通过在子类加入功能来扩展一个序列时，其内置的算法可能并不会调用我们的实现。比起扩展一个序列，封装通常更妥当。

这强制我们必须使用封装或新建的方式。如果只需要一个简单的序列，为什么要新建呢？封装才是我们所推荐的设计策略。这里是一个微博文章的集合，封装了一个集合，因为对集合扩展的方式有些不够稳定。

```
from collections import defaultdict
class Blog:
```

```
def __init__( self, title, posts=None ):
    self.title= title
    self.entries= posts if posts is not None else []
def append( self, post ):
    self.entries.append(post)
def by_tag(self):
    tag_index= defaultdict(list)
    for post in self.entries:
        for tag in post.tags:
            tag_index[tag].append( post.as_dict() )
    return tag_index
def as_dict( self ):
    return dict(
        title= self.title,
        underline= "="*len(self.title),
        entries= [p.as_dict() for p in self.entries],
    )
```

为了更完整地完成集合的封装，也使用了一个属性作为微博的标题。初始化过程使用了常用的技术来将默认值创建为不可变对象。posts 的默认值为 None，如果 posts 是 None，实际是一个新建的空集合 []。否则，使用传入的值为文章赋值。

另外，还定义了一个方法，基于标签为博文创建索引。在返回的 defaultdict 结果中，每个键实际就是标签的文本，每个值是每个标签所对应的文章列表。

为了简化 string.Template 的使用，我们添加了另一个 as_dict 方法，用于将博客转换为一个简单的由字符串所组成的字典或字典的集合。这个思路就是基于内置类型来生成字符串的表达形式。接下来将介绍模板的处理过程，以下是一些示例数据。

```
travel = Blog( "Travel" )
travel.append(
    Post( date=datetime.datetime(2013,11,14,17,25),
        title="Hard Aground",
        rst_text="""Some embarrassing revelation.
            Including ☺ and ↓ """,
        tags=("#RedRanger", "#Whitby42", "#ICW"),
        )
)
travel.append(
    Post( date=datetime.datetime(2013,11,18,15,30),
        title="Anchor Follies",
        rst_text="""Some witty epigram. Including < & >
characters.""",,
        tags=("#RedRanger", "#Whitby42", "#Mistakes"),
        )
)
```

我们已经将 Blog 和 post 序列化成了 Python 代码。这种表示博客的方式并不是没有优势。对于一些使用场景，Python 代码恰恰是表达对象的最佳方式。在第 13 章"配置文件和持久化"中，我们将更深入地介绍如何使用 Python 对数据进行编码。

## 渲染博客与文章列表

在实现的过程中，这里采用了将博客渲染为 RST 的方式。从输出文件来看，`docutils` 中的 `rst2html.py` 工具可用于将 RST 结果转换为最终的 HTML 文件。这避免了我们做一些额外的有关 HTML 和 CSS 的工作。而且，在第 18 章 "质量和文档" 中，我们将使用 RST 来编写文档。有关 `docutils` 的更多内容，可查看前言部分的一些内容。

可以使用 `string.Template` 类来完成这项工作。然而，它显得不够轻巧而且很复杂。有很多插件模板工具可以实现更复杂的处理过程，包括模板中的循环和条件语句处理。这里是一个列表：https://wiki.python.org/moin/Templating。我们将介绍一个使用 Jinja2 模板工具的示例，详细介绍参见 https://pypi.python.org/pypi/Jinja2。以下是一个基于模板使用脚本来实现 RST 数据的渲染过程。

```
from jinja2 import Template
blog_template= Template( """
{{title}}
{{underline}}

{% for e in entries %}
{{e.title}}
{{e.underline}}

{{e.rst_text}}

:date: {{e.date}}

:tags: {{e.tag_text}}
{% endfor %}
Tag Index
=========
{% for t in tags %}

*    {{t}}
     {% for post in tags[t] %}

     - '{{post.title}}'_
     {% endfor %}
{% endfor %}
""")
print( blog_template.render( tags=travel.by_tag(), **travel.as_dict()
) )
```

`{{title}}` 和 `{{underline}}` 元素（和所有类似的元素），演示了它们的值是如何被替换为模板中的文字的。`render()` 方法被 `**travel.as_dict()` 调用，来确保类似 `title` 和 `underline` 这样的属性可作为关键字参数。

`{%for%}` 和 `{%endfor%}` 结构演示了 Jinja 如何对 Blog 中的所有 Post 集合进行迭代。在循

环体中，变量 `e` 是基于每个 `Post` 所创建的字典。我们为每篇文章从字典中选择了不同的键：`{{e.title}}`，`{{e.rst_text}}`，等等。

我们也为 `Blog` 做了 `tags` 集合的迭代操作。它是一个字典，键为标签，值为标签对应的文章列表。循环将访问每个键，然后赋值给 `t`。在循环体中会迭代字典中所存放的每一篇文章，即 `tags[t]`。

`'{{post.title}}'_`结构是一个 RST 标记，用于生成指向文档中每个标题所对应的节。这类简单的标记是 RST 的优势之一。在索引范围内，我们将博客标题作为节和链接。这意味着标题必须是唯一的，否则将得到 RST 渲染错误。

由于这个模板会对指定博客进行迭代，因此它将一次性渲染所有的文章。而 Python 中内置的 `string.Templete` 不可以迭代，这使得渲染博客中所有文章的这项任务变得有一些复杂。

# 9.4 使用 JSON 进行转储和加载

JSON 是什么？摘自 www.json.org 网页中的一段描述：

JSON（JavaScript Object Notation）是一种轻量级的数据交换格式，易于人阅读和编写。同时也易于机器解析和生成。它基于 JavaScript Programming Language,Standard ECMA-262 3rd Edition-December 1999 的一个子集。JSON 采用完全独立于语言的文本格式，但是也使用了类似于 C 语言家族的习惯（包括 C、C++、C#、Java、JavaScript、Perl 和 Python 等）。这些属性使 JSON 成为理想的数据交换语言。

这种格式被广泛地用于各种语言和框架，而且像 CouchDB 这样的数据库会直接保存 JSON 对象，简化了应用程序间数据的转化。JSON 文档具有模糊查找的优势，在这点上，和 Python 中的 `list` 和 `dict` 是相似的。它们都具有很强的可读性，并且修改起来很容易。

`json` 模块可以与 Python 中内置的类型有效地工作。可它不能与自定义的类一起工作，除非做一些额外的工作。接下来会介绍有关这些扩展的技巧，对于如下几种 Python 类型，都对应了 JSON 中所使用的 `javascript` 类型。

| Python 类型 | JSON |
|---|---|
| dict | object |
| list, tuple | array |
| str | string |
| int, float | number |
| True | true |
| False | false |
| None | null |

除了以上定义的几种类型，其他类型都不支持，并且必须使用扩展函数将其转换为以上的一种类型，这些函数可以使用插件式设计来实现转储和加载功能。我们可以通过将微博对象转换为

Python 中的 lists 和 dicts 类型来探究这些内置类型。当把视线转移到 Post 和 Blog 的类定义时，会发现已经定义了 as_dict() 方法，用于将自定义的对象转化为 Python 中内置的对象。以下代码基于博客数据生成 JSON 串。

```
import json
print( json.dumps(travel.as_dict(), indent=4) )
```

以下是输出：

```
{
    "entries": [
        {
            "title": "Hard Aground",
            "underline": "------------",
            "tag_text": "#RedRanger #Whitby42 #ICW",
            "rst_text": "Some embarrassing revelation. Including \
u2639 and \u2693",
            "date": "2013-11-14 17:25:00"
        },
        {
            "title": "Anchor Follies",
            "underline": "--------------",
            "tag_text": "#RedRanger #Whitby42 #Mistakes",
            "rst_text": "Some witty epigram. Including < & >
characters.",
            "date": "2013-11-18 15:30:00"
        }
    ],
    "title": "Travel"
}
```

以上输出演示了不同的对象是如何从 Python 对象转化为 JSON 格式的。以上代码优雅的部分是，Python 对象被写成了标准化的格式，可以与其他应用共享，也可以将它们写入磁盘文件并保存。此外，JSON 这种数据表现形式也有几点不方便的地方。

● 如果必须将 Python 对象重写为字典，应该提供一种更好的转换方式，不必额外地创建字典对象。

● 当我们加载这个 JSON 数据时，并不能够轻易地恢复之前的 Blog 和 Post 对象。当我们使用 json.load() 时，并不会得到 Blog 或 Post 对象，仅仅能够得到 dict 和集合对象。在创建 Blog 和 Post 对象时，我们需要额外的信息。

● 对于对象内 __dict__ 中的一些值我们并不希望保存，例如 Post 中下划线的文字。

除了内置的 JSON 编码外，还需要做些更复杂的工作。

## 9.4.1 在类中支持 JSON

为了正确地支持 JSON，在使用类之前，需要先考虑编码与解码。为了将对象编码为 JSON，需要提供一个函数，将对象转换为 Python 中的基本类型。这个函数被称为 default 函数，为已知类的对象提供了默认的编码方式。

为了将对象从 JSON 中解码，需要提供一个函数，用于将由 Python 基本类型组成的字典转换为一个对象。这个函数被称为 object hook 函数，用于将 dict 转换为一个自定义对象。

json 模块文档中包含了如何使用类的提示。Python 文档包含了一个对 JSON-RPC 第 1 版本的参考引用。可以参见 http://json-rpc.org/wiki/specification。这个建议是将自定义类的对象编码为字典形式，如下所示。

```
{"__jsonclass__": ["class name", [param1,...]] }
```

与"__jsonclass__"值相关的值包含了两项：类名称和所需的参数列表，它们用于创建类的实例。还可以包含更多的功能，但都与 Python 无关。

为了将一个对象从 JSON 字典中解码，作为一种提示，我们可以查找"__jsonclass__"键，用于创建自定义类中的其中一个，不是 Python 内置的对象。类名可被映射为类对象，而参数序列可用于创建实例。

当讨论更复杂的 JSON 编码器（例如其中一个内置于 Django Web 框架）时，可以看到它们为自定义类提供了一些更复杂的编码。它们包括了类、数据库的主键以及属性值。这些规则将表现为一些简单的函数，并以插件的形式加入 JSON 的编码与解码的函数中。

## 9.4.2 自定义 JSON 编码

类的提示可以提供 3 部分信息：一个__class__键，作为目标类的命名；__args__键，将提供一个位置参数值的序列；一个__kw__值，将提供一个关键字参数值的字典，包含了__init__()的所有选项。以下是这种设计的编码器的一个实现示例。

```python
def blog_encode( object ):
    if isinstance(object, datetime.datetime):
        return dict(
            __class__= "datetime.datetime",
            __args__= [],
            __kw__= dict(
                year= object.year,
                month= object.month,
                day= object.day,
                hour= object.hour,
                minute= object.minute,
                second= object.second,
            )
        )
    elif isinstance(object, Post):
        return dict(
            __class__= "Post",
            __args__= [],
            __kw__= dict(
                date= object.date,
```

```
                title= object.title,
                rst_text= object.rst_text,
                tags= object.tags,
            )
        )
    elif isinstance(object, Blog):
        return dict(
            __class__= "Blog",
            __args__= [
                object.title,
                object.entries,
            ],
            __kw__= {}
        )
    else:
        return json.JSONEncoder.default(o)
```

这个函数演示了对 3 个类对象编码操作的两种不同风格。

● 将 datetime.datetime 对象编码为一个字典，其中包含了独立的字段值。

● 将 Post 对象编码为一个字典，也包含了独立的字段值。

● 将 Blog 实例编码为由标题和文章组成的一个序列。

如果不能处理这个类，将使用默认的编码器进行编码。这将能够有效地处理内置的类。可以使用这个函数来像如下这样来编码。

```
text= json.dumps(travel, indent=4, default=blog_encode)
```

为了调用 json.dumps() 函数，提供了我们的函数，blog_encode() 作为 default=关键字的参数。这个函数由 JSON 编码器用来决定对象的编码方式。这个编码器的使用导致 JSON 对象的结构将如下代码所示。

```
{
    "__args__": [
        "Travel",
        [
            {
                "__args__": [],
                "__kw__": {
                    "tags": [
                        "#RedRanger",
                        "#Whitby42",
                        "#ICW"
                    ],
                    "rst_text": "Some embarrassing revelation.
Including \u2639 and \u2693",
                    "date": {
                        "__args__": [],
                        "__kw__": {
```

```
                                        "minute": 25,
                                        "hour": 17,
                                        "day": 14,
                                        "month": 11,
                                        "year": 2013,
                                        "second": 0
                                    },
                                    "__class__": "datetime.datetime"
                                },
                                "title": "Hard Aground"
                            },
                            "__class__": "Post"
                        },
        .
        .
        .

        "__kw__": {},
        "__class__": "Blog"
}
```

我们拿掉了第 2 条博客记录，因为输出结果太长了。一个 Blog 对象由 dict 完成封装，它提供了类和两个位置参数值。相似地，Post 和 datetime 对象的类名和关键字参数值也被封装了起来。

### 9.4.3　自定义 JSON 解码

为了对一个 JSON 对象进行解码，我们需要在 JSON 结构的解析上下工夫。自定义类的对象被编码为简单的 dicts。这意味着每个由 JSON 解码器解码的 dict 都可能是自定义类中的一个，或者它只是一个 dict。

JSON 解码器中“对象钩子”是一个被 dict 调用的函数，用于检验是否被正确地表达成了自定义对象。如果 dict 没有被 hook 函数识别，那么它仅是一个字典并且应当被直接返回。以下是一个对象钩子函数。

```
def blog_decode( some_dict ):
    if set(some_dict.keys()) == set( ["__class__", "__args__", "__kw__"] ):
        class_= eval(some_dict['__class__'])
        return class_( *some_dict['__args__'], **some_dict['__kw__'] )
    else:
        return some_dict
```

每当这个函数被调用时，它检查所有用于编码的键。如果有 3 个键存在，则调用这个函数，并传入它的参数和关键字。可使用对象钩子完成 JSON 对象的解析，如下代码所示。

```
blog_data= json.loads(text, object_hook= blog_decode)
```

这将完成 JSON 格式文本块的解码，使用了 blog_decode() 函数来将 dict 转换为适当的 Blog 和 Post 对象。

## 9.4.4 安全性和 eval()

一些程序员会反对在 `blog_decode()` 函数中使用 `eval()` 函数，声称这是一个普遍的安全问题。认为 `eval()` 是一个普遍问题的说法是愚蠢的。如果有恶意的天才程序员（Evil Genius Programmer，EGP）将恶意代码写入对象的 JSON 表达式中，这的确是一个潜在的安全问题。一个 EGP 是可以获取 Python 源代码的，但为什么仅仅是折腾 JSON 文件，而不去直接编辑 Python 源代码？

实际上，我们需要关注 JSON 文件在网络上的传输过程；这是一个实际的安全性问题。然而，这个过程一般不会注意到 `eval()`。

有时，一个文件在网络传输过程中可能被中间人篡改成为不可靠的文件，对于这样的场景需要制定一些规则。这样的话，每当一个 JSON 文件在通过一个 Web 接口时就需要被验证，它有可能是一个不可靠的服务器代理。SSL 通常是解决这类问题的首选方案。

如果有必要，可以将 `eval()` 替换为一个字典，完成从名字到类的映射。我们可以将 `eval(some_dict['__class__'])` 改 为 `{"Post":Post, "Blog":Blog, "datetime.datetime":datetime.datetime:`

```
}[some_dict['__class__']]
```

这样就可以避免当 JSON 文件传输时使用的是非 SSL 加密的连接。这个做法也需要增加相应的维护成本，当应用的设计改变时，这里的映射也要改变。

## 9.4.5 重构编码函数

理想情况下，我们会希望重构编码函数，为了提高对每个定义的类进行编码的职责的内聚性。我们当然不希望将大量的编码规则分布在不同的函数中。

如果要修改类库中类的编码行为，例如 `datetime`，就需要在应用程序中对 `datetime.datetime` 进行扩展。这样一来，就需要确定在我们的应用中使用了扩展版本而不是类库版本，而完全避免使用内置的 `datetime` 类并不是非常容易。通常情况下，需要在自定义与类库之间找到一个平衡点。以下是两个类的扩展，用于创建带有 JSON 编码能力的类。可以为 `Blog` 添加一个特性。

```
@property
def _json( self ):
    return dict( __class__= self.__class__.__name__,
        __kw__= {},
        __args__= [ self.title, self.entries ]
    )
```

这个特性被用来提供解码函数所使用的初始化参数。可以向 `Post` 添加这两个特性。

```
@property
def _json( self ):
    return dict(
        __class__= self.__class__.__name__,
```

```
            __kw__= dict(
                date= self.date,
                title= self.title,
                rst_text= self.rst_text,
                tags= self.tags,
            ),
            __args__= []
        )
```

对于 Blog，这个特性将用来提供初始化参数。它们会被解码函数使用，可以修改编码器，使它更简洁一些，以下是修改后的版本。

```
def blog_encode_2( object ):
    if isinstance(object, datetime.datetime):
        return dict(
            __class__= "datetime.datetime",
            __args__= [],
            __kw__= dict(
                year= object.year,
                month= object.month,
                day= object.day,
                hour= object.hour,
                minute= object.minute,
                second= object.second,
            )
        )
    else:
        try:
            encoding= object._json()
        except AttributeError:
            encoding= json.JSONEncoder.default(o)
        return encoding
```

你或许纠结于是否要使用类库中的 datetime 模块。在本例中，选择不引入子类，而是将编码作为一个特例。

## 9.4.6   日期字符串的标准化

日期格式化并没有使用被广泛使用的 ISO 标准文本格式的日期。为了更好地与其他语言兼容，应当用标准字符串对 datetime 对象进行适当的编码，并能够解析一个标准字符串。

因为把日期当作了特例，从扩展性上来说，这样做是明智的。无需对编码和解码进行太多的改动就能够完成。如下是对编码改动后的一种实现：

```
if isinstance(object, datetime.datetime):
    fmt= "%Y-%m-%dT%H:%M:%S"
    return dict(
        __class__= "datetime.datetime.strptime",
        __args__= [ object.strftime(fmt), fmt ],
```

```
        __kw__= {}
    )
```

经过编码的输出中包含了静态方法 `datetime.datetime.strptime()` 并提供了与 datetime 编码的参数，以及用于解码的格式。一篇文章的输出可能如下代码段所示。

```
{
    "__args__": [],
    "__class__": "Post_J",
    "__kw__": {
        "title": "Anchor Follies",
        "tags": [
            "#RedRanger",
            "#Whitby42",
            "#Mistakes"
        ],
        "rst_text": "Some witty epigram.",
        "date": {
            "__args__": [
                "2013-11-18T15:30:00",
                "%Y-%m-%dT%H:%M:%S"
            ],
            "__class__": "datetime.datetime.strptime",
            "__kw__": {}
        }
    }
}
```

这意味着我们现在使用的是 ISO 格式的日期，而不是独立的字段，并且不再使用类名来创建对象。`__class__` 的值被扩展成为了一个类名或静态方法名。

## 9.4.7 将 JSON 写入文件

当我们写 JSON 文件时，通常会像如下代码这样实现。

```
with open("temp.json", "w", encoding="UTF-8") as target:
    json.dump( travel3, target, separators=(',', ':'), default=blog_
j2_encode )
```

以所需的编码格式打开文件，给 `json.dump()` 方法传入文件对象。当读 JSON 文件时，可以使用一个类似以下这样的技巧。

```
with open("some_source.json", "r", encoding="UTF-8") as source:
    objects= json.load( source, object_hook= blog_decode)
```

思路是，将 JSON 作为文本的表示方式与字节转换的过程进行分离。在 JSON 中有一些格式化的方式可以选择。在之前的例子中缩进了 4 个空格是为了生成更美观的 JSON 输出。还有一种选择，可使得输出更紧凑而不使用缩进。可以使分隔符更简洁，从而对其进一步压缩。如下是 `temp.json` 生成的输出。

```
{"__class__":"Blog_J","__args__":["Travel",[{"__class__":"Post_J","__
args__":[],"__kw__":{"rst_text":"Some embarrassing revelati
on.","tags":["#RedRanger","#Whitby42","#ICW"],"title":"Hard
Aground","date":{"__class__":"datetime.datetime.strptime","__
args__":["2013-11-14T17:25:00","%Y-%m-%dT%H:%M:%S"],"__
kw__":{}}}},{"__class__":"Post_J","__args__":[],"__kw__":{"rst_
text":"Some witty epigram.","tags":["#RedRanger","#Whitby42","#Mistak
es"],"title":"Anchor Follies","date":{"__class__":"datetime.datetime.
strptime","__args__":["2013-11-18T15:30:00","%Y-%m-%dT%H:%M:%S"],"__
kw__":{}}}}]],"__kw__":{}}
```

## 9.5 使用 YAML 进行转储和加载

关于 YAML，yaml.org 网页中是这样描述的：

YAML™（与"camel"押韵）是一种人性化的，跨语言的，基于 Unicode 编码进行数据序列化，围绕敏捷编程语言中数值类型而设计的语言。

在 Python 标准库文档中关于 json 模块的部分是这样描述的：

JSON 是 YAML1.2 的一个子集。基于这个模块的默认设置（尤其是默认的分隔符），将生成 JSON，也同样是 YAML1.0 和 1.1 的子集。这个模块也可用于 YAML 的序列化器。

从技术的角度上来看，可使用 json 模块来生成 YAML 数据。然而 json 模块不能被用来完成很复杂的 YAML 数据的反序列操作。使用 YAML 有两点优势：首先，它的格式本身很复杂，我们可以为对象的附加信息进行编码；其次，pyYAML 的实现在底层很好地集成了 Python，可以很简单地为 Python 对象进行 YAML 编码。YAML 的缺点是它的使用范围不像 JSON 这样广泛。我们需要下载安装一个 YAML 模块。可以通过这里进行下载：http://pyyaml.org/wiki/PyYAML。一旦完成安装，就可以使用 YAML 格式为对象执行转储操作。

```
import yaml
text= yaml.dump(travel2)
print( text )
```

以下是使用 YAML 编码后的博客。

```
!!python/object:__main__.Blog
entries:
- !!python/object:__main__.Post
  date: 2013-11-14 17:25:00
  rst_text: Some embarrassing revelation. Including ☺ and ☀
  tags: !!python/tuple ['#RedRanger', '#Whitby42', '#ICW']
  title: Hard Aground
- !!python/object:__main__.Post
  date: 2013-11-18 15:30:00
  rst_text: Some witty epigram. Including < & > characters.
  tags: !!python/tuple ['#RedRanger', '#Whitby42', '#Mistakes']
  title: Anchor Follies
```

此时的输出相对简洁但很完整。而且，可以直接通过编辑 YAML 文件进行更新。类名使用了 YAML 中!!标签进行编码。YAML 中包含了 11 个标准的标签。yaml 模块包含了很多为 Python 定制的标签以及 5 个 complex Python 标签。

在 Python 类名中包含所定义的模块是有意义的。对于我们的例子来说，模块是一个精简的脚本，因此类名为__main__.Blog 和__main__.Post。当在另一个模块中导入它们时，从类名就可以看出哪个模块定义了这些类。

一个列表中的项将以一个块序列的形式呈现。每个项以一个-序列为起始，其余部分以两个空格缩进。当集合或元组足够小，可缩进为一行。当长度增加时，就显示为多行。为了完成从一个 YAML 文档中加载 Python 对象的过程，可使用如下代码。

```
copy= yaml.load(text)
```

使用标签提供的信息来完成对类定义的查找定位，并将 YAML 文档中拿到的值传给类的构造函数，进而完成微博对象的构造。

## 9.5.1 YAML 文件的格式化

当写 YAML 文件时，通常会像如下代码这样做。

```
with open("some_destination.yaml", "w", encoding="UTF-8") as target:
    yaml.dump( some_collection, target )
```

使用所需的编码打开文件。将文件对象传给 yaml.dump()方法；进而完成输出。当读取 YAML 文件时，会使用类似的技巧。

```
with open("some_source.yaml", "r", encoding="UTF-8") as source:
    objects= yaml.load( source )
```

思路是将 YAML 作为文本的表示与字节转换的过程分开。有一些格式化的方式，可用来为我们的数据创建更好的 YAML 的表示。下表列出了其中的一些。

| | |
|---|---|
| explicit_start | 如果是 true，则在每个对象前写一个---标记 |
| explicit_end | 如果为 true，则在每个对象前写一个...标记。当我们将一个 YAML 文档的序列转储到一个文件中并且操作是串行的时候，可以使用它或者 explicit_start |
| version | 指定一个整数对(x,y)，在文件头输出%YAML x.y，这应该是版本=（1,2） |
| tags | 指定一种映射，在文件头使用不同的标签缩写输出一个 YAML %TAG |
| canonical | 如果为 true，则每块数据都包含一个标签，如果为 false，则认为包含了很多标签 |
| indent | 如果设定一个数字，就会改变块之间的缩进 |
| width | 如果设定一个数字，当项太长以至于显示为多行，缩进行时，这个设置会改变行宽度 |
| allow_unicode | 如果设为 true，将支持完整的、没有包含转义符的 Unicode 编码。否则，在 ASCII 自己外部的字符就会包含使用了转义符的字符 |
| line_break | 使用一种不同的行结束符，默认是换行符 |

以上这些选项中，explicit_end 和 allow_unicode 可能是最常用的。

## 9.5.2 扩展 YAML 的表示

有时，YAML 默认的对属性值的转储行为，某些类有更简洁的表达方式。例如，对于 21 点中的 Card 类定义来说，默认的 YAML 会包括一些衍生的值，而它们并不需要被使用或保存。

有关为类定义添加描述器和构造器这点，yaml 模块中包括了一个条款。描述器被用于创建一种 YAML 的表示方式，包括一个标签和值。构造器用于基于给定的值创建一个 Python 对象，这里是 Card 类层次结构的另一种定义。

```
class Card:
    def __init__( self, rank, suit, hard=None, soft=None ):
        self.rank= rank
        self.suit= suit
        self.hard= hard or int(rank)
        self.soft= soft or int(rank)
    def __str__( self ):
        return "{0.rank!s}{0.suit!s}".format(self)
class AceCard( Card ):
    def __init__( self, rank, suit ):
        super().__init__( rank, suit, 1, 11 )

class FaceCard( Card ):
    def __init__( self, rank, suit ):
        super().__init__( rank, suit, 10, 10 )
```

我们为纸牌定义了基类并为扑克牌和人头牌（扑克中的 J、Q、K）定义了子类。在之前的例子中，使用了可扩展的工厂函数来简化构造函数的逻辑。工厂完成了从牌面值为 1 到 AceCard 类和牌面值为 11、12 以及 13 到 FaceCard 类的映射。这样做是必需的，因为只有这样我们才能够确保可以使用 range(1,14) 这样一个简单的语句来完成纸牌的初始化，进而创建一个 deck 对象。

当加载一个 YAML 文件时，类必须以 YAML 的!!标签来阐明。唯一缺失的信息就是与纸牌子类中的软点数和硬点数。对于软点数和硬点数来说，有 3 种简单的情况可以通过可选的初始化参数来解决。当使用默认的序列化行为转储这些对象到 YAML 格式时，可能会表示如下。

```
- !!python/object:__main__.AceCard {hard: 1, rank: A, soft: 11, suit:
♣}
- !!python/object:__main__.Card {hard: 2, rank: '2', soft: 2, suit: ♥}
- !!python/object:__main__.FaceCard {hard: 10, rank: K, soft: 10,
suit: ◆}
```

它们是正确的，但对于打牌这样的简单场景又显得有些多余。可通过扩展 yaml 模块来生成更简洁的输出，并且它们将主要用于简单对象的表示。接下来要做的是为 Card 子类定义描述器和构造器。以下代码包含了 3 个函数的定义以及如何将它们注册到 yaml 模块：

```
def card_representer(dumper, card):
    return dumper.represent_scalar('!Card',
```

```
        "{0.rank!s}{0.suit!s}".format(card) )
def acecard_representer(dumper, card):
    return dumper.represent_scalar('!AceCard',
        "{0.rank!s}{0.suit!s}".format(card) )
def facecard_representer(dumper, card):
    return dumper.represent_scalar('!FaceCard',
        "{0.rank!s}{0.suit!s}".format(card) )

yaml.add_representer(Card, card_representer)
yaml.add_representer(AceCard, acecard_representer)
yaml.add_representer(FaceCard, facecard_representer)
```

我们将每个 Card 实例表示为一个精简的字符串。YAML 中包含了一个标签用来指定这个字符串被用来创建哪个类。这 3 个类使用了相同的格式化字符串，正好与 \_\_str\_\_() 方法匹配，因而可以进一步被优化。

另一个需要解决的问题是从解析后的 YAML 文档来创建 Card 实例。对这点来说，我们需要构造器，以下定义了 3 个构造器以及它们的注册过程。

```
def card_constructor(loader, node):
    value = loader.construct_scalar(node)
    rank, suit= value[:-1], value[-1]
    return Card( rank, suit )

def acecard_constructor(loader, node):
    value = loader.construct_scalar(node)
    rank, suit= value[:-1], value[-1]
    return AceCard( rank, suit )

def facecard_constructor(loader, node):
    value = loader.construct_scalar(node)
    rank, suit= value[:-1], value[-1]
    return FaceCard( rank, suit )

yaml.add_constructor('!Card', card_constructor)
yaml.add_constructor('!AceCard', acecard_constructor)
yaml.add_constructor('!FaceCard', facecard_constructor)
```

当一个标准值被解析时，就会使用标签来对特定的构造器进行查找定位。构造器然后会对字符串进行分解并创建 Card 子类的实例。如下是一个实例，从每个类中转储一张纸牌。

```
deck = [ AceCard('A','♣',1,11), Card('2','♥',2,2),
FaceCard('K','♦',10,10) ]
text= yaml.dump( deck, allow_unicode=True )
```

以下是输出结果。

```
[!AceCard 'A♣', !Card '2♥', !FaceCard 'K♦']
```

这里给出了一种简洁、优雅的使用 YAML 来表示纸牌的方式，可用于创建 Python 对象。

我们可以使用如下的简单语句来重新创建 3 张牌：

```
cards= yaml.load( text )
```

这将使用构造器函数来解析表达式，然后创建所期望的对象。因为构造器函数会确保初始化过程可被正常完成，以及软硬点数属性也会被正确地创建。

### 9.5.3　安全性与安全加载

从原则上来说，YAML 可以创建任何类型的对象。在网络上传输 YAML 文件的过程中，如果没有使用 SSL 进行控制，应用程序就有可能遭到攻击。

YAML 模块提供了 `safe_load()` 方法，在创建对象的过程中会拒绝 Python 代码的执行。这样就在加载上进行了限制。比如数据交换，我们使用 `yaml.safe_load()` 来创建 Python 的 dict 和 list 对象，它们只包含内置类型。然后可以基于 dict 和 list 实例来创建应用程序中的类。这点与使用 JSON 或 CSV 来进行 dict 数据交换的方式是类似的，其中 dict 用于创建适当的对象。

一个更好的方式是使用 yaml.YAMLObject mixin 类来创建对象。我们使用它来设置类级别的属性，这些属性为 yaml 提供一些提示并确保对象构造过程的安全性。以下是为安全传输而定义的一个基类。

```
class Card2( yaml.YAMLObject ):
    yaml_tag = '!Card2'
    yaml_loader= yaml.SafeLoader
```

这两个特性会提示 yaml，这些对象可被安全加载，没有包含任意可执行的、不可预料的 Python 代码。Card2 的每个子类只需设置 YAML 标签，它们也是唯一会被用到的。

```
class AceCard2( Card2 ):
    yaml_tag = '!AceCard2'
```

我们加入了一个特性，用于提示 yaml 这些对象只在这个类定义中使用。这些对象可被安全加载，它们不会执行任何可疑的代码。

类定义经过这些修改后，现在就可以在 YAML 流使用 `yaml.safe_load()` 方法了，而无需担心在不安全的网络链接中文档被注入了不安全代码。为类对象显式地使用 yaml.YAMLObject mixin 类，并设置 yaml_tag 属性会有一些优势。它使得文件被进一步压缩得更紧凑了，也生成了更美观的 YAML 文件——看起来长一些并且通用的 `!!python/object:__main__`。AceCard 标签被替换成了短一些的 `!AceCard2` 标签。

## 9.6　使用 `pickle` 进行转储和加载

pickle 模块是 Python 内部的一种格式，用来完成对象的持久化。

Python 标准库中是这样描述 pickle 的：

pickle 模块可以将一个复杂的对象转换为一个字节数组并且使用相同的内部结构将字节流转换

为一个对象。将这些字节流写入文件或许是最常见的场景，但也可能输出到网络进行传输或是数据库。

pickle 所关注的只有 Python。它并不是一种用于数据转换的格式，比如 JSON、YAML、CSV 或者是 XML，都可用于其他语言所编写的应用。

pickle 模块用很多方式完成了与 Python 的轻量集成。例如，一个类的 \_\_reduce\_\_() 和 \_\_reduce\_ex\_\_() 方法用于提供对 pickle 处理过程的支持。

我们可以使用以下的方式对博客执行 pickle 处理。

```
import pickle
with open("travel_blog.p","wb") as target:
    pickle.dump( travel, target )
```

以上代码完成了整个 travel 对象到指定文件的导出。文件的写入使用了纯字节，因此 open() 函数使用了"wb"模式。

我们可以使用如下方式将字节反序列化为对象。

```
with open("travel_blog.p","rb") as source:
    copy= pickle.load( source )
```

由于 pickle 数据是使用字节写入的，文件必须以"rb"模式打开。pickle 对象将被正确地绑定于适当的类定义。底层的字节流不是用来直接读的。必须经过适当调整才具备可读性，但设计它的初衷不是为了像 YAML 一样可读。

## 9.6.1 针对可靠的 pickle 处理进行类设计

实际上，一个类的 \_\_init\_\_() 方法并不是用来 unpickle 一个对象的。\_\_init\_\_() 方法可通过使用 \_\_new\_\_() 来绕过执行并直接将 Pickle 的值写入对象的 \_\_dict\_\_ 中。当类定义的 \_\_init\_\_() 中包含了一些处理逻辑时，这一点就很重要。比如，当 \_\_init\_\_() 打开了外部文件，创建了一个 GUI 接口中的几个部分，或对数据库执行了一些修改，那么在 unpickling 期间这些操作就不会被执行。

当在 \_\_init\_\_() 处理过程中执行了一个新实例变量的计算逻辑时，不会有真正的问题。例如，在 21 点中，当 Hand 被创建时，Hand 对象会计算 Card 实例的总数。传统的 pickle 处理过程会保存这个经过计算产生的实例变量。在对象被 unpickle 之前，它不会被重新计算，只是将之前计算的值 unpickle。

如果一个类依赖于 \_\_init\_\_() 的处理逻辑，为了确保初始化逻辑被正确执行，它必须使用特定的顺序来执行，需要做以下两件事。

● 避免在 \_\_init\_\_() 中提前完成初始化。相反，使用一次性初始化过程。例如，如果需要操作多个文件，当被需要时才执行。

● 定义 \_\_getstate\_\_() 和 \_\_setstate\_\_() 方法，它们可被 pickle 用于保存和还原状态。在传统的 Python 代码中，接下来会使用 \_\_setstate\_\_() 方法调用 \_\_init\_\_() 所调用的相同方法来执行一次性的初始化。

在以下例子中，初始化的 Card 实例被 Hand 对象所加载，随后在 \_\_init\_\_() 方法中被写入日志文件用于审计。这里是一个 Hand 的实现版本，在执行 unpickling 时，它未能正常地工作。

```
class Hand_x:
    def __init__( self, dealer_card, *cards ):
        self.dealer_card= dealer_card
        self.cards= list(cards)
        for c in self.cards:
            audit_log.info( "Initial %s", c )
    def append( self, card ):
        self.cards.append( card )
        audit_log.info( "Hit %s", card )
    def __str__( self ):
        cards= ", ".join( map(str,self.cards) )
        return "{self.dealer_card} | {cards}".format( self=self,
cards=cards )
```

有两个记录日志的地方：__init__() 和 append()。在对象的初始化和使用 unpickling 来重建构建对象的两个过程中，__init__() 的行为是不一致的。如下的日志可以说明这一点。

```
import logging,sys
audit_log= logging.getLogger( "audit" )
logging.basicConfig(stream=sys.stderr, level=logging.INFO)
```

以上实现创建了日志并确保审计信息的日志级别是恰当的。以下脚本简单地实现了 Hand 对象的创建，pickle 和 unpickle。

```
h = Hand_x( FaceCard('K','♦'), AceCard('A','♣'), Card('9','♥') )
data = pickle.dumps( h )
h2 = pickle.loads( data )
```

当执行这段代码时，可以看到在 unpickling Hand 对象时，在 __init__() 的处理过程中，日志记录并没有被写入。为了适当地通过记录日志达到审计目的并用于 unpickling，可以放一些类级别的日志。例如，可以通过扩展 __getattribute__()，当类中的任何特性被访问时记录一条初始化日志。这会导致有状态的日志并且当一个 hand 对象每次被操作都会执行一次 if 语句。一种更好的方案是，对状态的保存进行追踪并使用 pickle 来完成状态的恢复。

```
class Hand2:
    def __init__( self, dealer_card, *cards ):
        self.dealer_card= dealer_card
        self.cards= list(cards)
        for c in self.cards:
            audit_log.info( "Initial %s", c )
    def append( self, card ):
        self.cards.append( card )
        audit_log.info( "Hit %s", card )
    def __str__( self ):
        cards= ", ".join( map(str,self.cards) )
        return "{self.dealer_card} | {cards}".format( self=self,
```

```
cards=cards )
    def __getstate__( self ):
        return self.__dict__
    def __setstate__( self, state ):
        self.__dict__.update(state)
        for c in self.cards:
            audit_log.info( "Initial (unpickle) %s", c )
```

在 picking 时，会调用 __getstate__()方法来获得对象的当前状态。这个方法可以返回任何信息。在对象包含内部缓存的情况下，例如，为了节省时间和空间，缓存可能没有被 pickle。这种实现直接重用了内部__dict__的实现。

当 unpickling 时，__setstate__()方法用于重置对象值。它会将状态合并保存到内部的__dict__中并适当地记录一些日志。

## 9.6.2 安全性和全局性问题

在 unpickling 的过程中，在 pickle 流中的一个全局名称可能会导致一段自由代码的执行。大致上，全局名称是类名或函数名。然而，也可能在一个模块的函数中包含一个全局名称，例如 os 或者是 subprocess。对于没有严格的 SSL 控制的网络环境，当传输 pickled 对象时，应用程序可能会遭到攻击，本地文件完全不用担心。

为了阻止自由代码的执行，必须对 pickle.Unpickler 类进行扩展。我们会使用更安全的方式来重写 find_class()方法。必须考虑到以下几点 unpickling 的问题。

● 必须阻止内置的 exec()和 eval()函数的使用。

● 必须阻止可能会导致不安全的模块和包的使用。例如，sys 和 os 应当被禁用。

● 允许应用程序模块的使用。

以下是加入一些限制的一个示例。

```
import builtins
class RestrictedUnpickler(pickle.Unpickler):
    def find_class(self, module, name):
        if module == "builtins":
            if name not in ("exec", "eval"):
                return getattr(builtins, name)
        elif module == "__main__":
            return globals()[name]
        # elif module in any of our application modules...
        raise pickle.UnpicklingError(
        "global '{module}.{name}' is forbidden".format(module=module,
name=name))
```

这个版本的 Unpickler 类可以帮助我们避免大量潜在的问题，都是由于 pickle 流被篡改所导致的，它允许使用除 exec()和 eval()外的任何内置函数。对于自定义类，只允许在__main__中使用。其他使用情况则会抛出异常。

## 9.7　转储和加载 CSV

csv 模块将简单的 list 和 dict 实例进行编码和解码，存入 CSV 格式。可对于之前讨论的 json 模块，这并不是一个完整的持久化方案。然而，由于大量使用了 CSV 文件，意味经常需要在 Python 对象和 CSV 文件中的每条记录间进行转换。

在与 CSV 文件交互的过程中会需要在对象与 CSV 结构之间完成一些映射。需要对映射过程仔细地设计，要考虑到 CSV 格式的限制。由于具有高度表达力的对象与表格格式的 CSV 文件记录之间是有很大区别的，使得映射工作更有难度。

一个 CSV 文件中每列的内容只是纯文本。当从一个 CSV 文件中加载数据时，需要在应用程序中将这些值转换为具体的类型。对电子表格做类型转换的过程可能会很复杂，因为要考虑到异常的类型。例如，在一个电子表格中，US ZIP 代码被改为了浮点数。当将这个电子表格保存为 CSV 时，ZIP 代码就可能显示为看起来奇怪的值。

因此，可能需要使用一种转换，例如使用('00000'+row['zip']) [-5:]来还原前面的 0。另一个场景是使用"{:05.0f}".format(float(row['zip']))来还原前面的 0。另外，不要忘了有时文件可能同时包含了 ZIP 和 ZIP+4 的邮编格式，进一步增加了工作的挑战性。

在更复杂的与 CSV 文件的交互场景中，必须考虑到它们有时由于被人为的改动导致不再兼容。为了应对非法操作，灵活性对于一个软件是很重要的。

当有了相对简单的类定义，可以经常将类实例转换为简单的数据行。在一个 CSV 源文件和 Python 对象之间，namedtuple 是一个很好的选择。如果应用程序需要以 CSV 格式保存数据，另一种途径，就需要基于 namedtuple 设计自己的 Python 类。

如果有一些类，它们本身是容器。通常，将结构化的容器表示为 CSV 中的行是很困难的。这是一个阻抗失谐问题，主要发生在数据模型与 CSV 文件或关系数据库中的数据表之间。对于阻抗失谐问题，目前没有一个很好的方案，它需要在设计上进行仔细的考虑。我们将以简单的对象为开始，演示一些 CSV 的映射方式。

### 9.7.1　将简单的序列转储为 CSV

在 namedtuple 实例和 CSV 文件的行记录之间的映射是不难的，每行表示了一个不同的 namedtuple，参见如下的 Python 类。

```
from collections import namedtuple
GameStat = namedtuple( "GameStat", "player,bet,rounds,final" )
```

以上定义了一些对象，它们是简单的属性序列。数据库架构师称为第一范式。没有重复的记录并且每条记录都是原子数据，可使用如下代码从一个模拟器中创建这些对象。

```
def gamestat_iter( player, betting, limit=100 ):
    for sample in range(30):
```

```
            b = Blackjack( player(), betting() )
            b.until_broke_or_rounds(limit)
            yield GameStat( player.__name__, betting.__name__, b.rounds,
        b.betting.stake )
```

这个迭代器将创建 21 点模拟器，包括了一个玩家和下注策略。它将持续运行，直到玩家破产或玩了 100 个回合。每个回合结束，将返回一个 GameStat 对象，其中包含了玩家策略、下注策略、回合数以及最后的底金。可以使用这个对象来对每次游戏、下注策略或组合的情况进行统计计算。以下是将统计结果写入文件的代码实现，之后可用于分析。

```
import csv
with open("blackjack.stats","w",newline="") as target:
    writer= csv.DictWriter( target, GameStat._fields )
    writer.writeheader()
    for gamestat in gamestat_iter( Player_Strategy_1, Martingale_Bet
):
        writer.writerow( gamestat._asdict() )
```

创建一个 CSV writer 需要以下 3 个步骤。

1. 以 newline 选项（赋值为""）打开一个文件。这是为了支持（可能）CSV 文件中非标准的行。

2. 创建一个 CSV writer 对象。在这个例子中，我们创建了 DictWriter 实例，可以用来从字典对象中简单地创建行。

3. 在文件的第 1 行设置标题。这样可以通过为 CSV 文件中的记录提供一些提示来简化数据交换的操作。

一旦创建好了 writer 对象，就可以使用 writer 中的 writerow() 方法将字典写入 CSV 文件中。出于扩展的目的，可使用 writerows() 方法来简化实现。这个方法将接收一个迭代器而不是独立的行，以下是如何使用迭代器调用 writerows() 方法的示例。

```
data = gamestat_iter( Player_Strategy_1, Martingale_Bet )
with open("blackjack.stats","w",newline="") as target:
    writer= csv.DictWriter( target, GameStat._fields )
    writer.writeheader()
    writer.writerows( g._asdict() for g in data )
```

将迭代器赋值给了一个 data 变量。为 writerows() 方法提供一个字典，它的每行记录都来自于迭代器。

## 9.7.2 从 CSV 文件中加载简单的序列

可以从一个 CSV 文件加载简单的序列对象，如下面代码所示，使用一个循环来完成加载过程。

```
with open("blackjack.stats","r",newline="") as source:
    reader= csv.DictReader( source )
    for gs in ( GameStat(**r) for r in reader ):
        print( gs )
```

我们为文件定义了一个 reader 对象。如我们所看到的，文件中包含了标题，可以使用
DictReader。这样就会使用第 1 行来定义属性名称。现在可以使用 CSV 文件中的行来构造 GameStat
对象。我们使用了一个生成器表达式来创建行。

在这种情况下，我们假设列名与 GameStat 类中定义的属性名是匹配的。如果必要，可以通
过对比 reader.fieldnames 和 GameStat.fields 来确定文件格式是所期望的。由于顺序不必
一致，因此可以将每个成员名称列表转换为一个集合。以下是我们检查列名的操作。

```
assert set(reader.fieldnames) == set(GameStat._fields)
```

我们忽略了从文件中所读取记录的类型。当读取 CSV 文件时，两个数字列的值最终将被当作
字符串来对待。为了创建正确的数据，就需要引入更复杂的行到行的转换机制。以下是一个典型的
工厂函数，用于完成数据转换。

```
def gamestat_iter(iterator):
    for row in iterator:
        yield GameStat( row['player'], row['bet'], int(row['rounds']),
int(row['final']) )
```

我们将 int 函数应用于了一些数字列。一个文件中不该有正确的标题却对应了错误的数据，
我们将从一个失败的 int() 函数中得到一个普通的 ValueError 错误对象。可以像下面这样使用
这个生成器函数。

```
with open("blackjack.stats","r",newline="") as source:
    reader= csv.DictReader( source )
    assert set(reader.fieldnames) == set(GameStat._fields)
    for gs in gamestat_iter(reader):
        print( gs )
```

在这个版本的 reader 中，由于执行了适当的数值类型的转换，从而正确地创建了 GameStat 对象。

## 9.7.3   处理集合与复杂的类

回顾一下博客的例子，我们有一个 Blog 对象，包含了许多 Post 实例。在示例中，Blog 为
list 的封装，因此 Blog 将包含一个集合。当与 CSV 记录交互时，就必须设计从复杂结构到表格
格式的映射。我们有 3 种常见的方案。

● 我们可以创建两个文件：博客和文章。博客文件中只有 Blog 实例。在我们的例子中，每
个 Blog 有一个标题。每个 Post 的行包含了一个对 Blog 行的引用，用于表示这一行属
于哪篇文章。我们需要为每个 Blog 都添加一个键。每个 Post 就可以包含一个外键，作
为对 Blog 键的引用。

● 我们可以在一个文件中创建两种行，包括 Blog 行和 Post 行。writer 负责将不同
数值类型混合在一起写入文件；reader 在读取时将不同数据的类型分开。

● 我们可以通过使用关系数据库中的连接在不同类型的行数据之间建立关系，在每个 Post
的子记录中重复 Blog 的父记录。

在以上方案中，不存在最优方案。必须设计一种方案能够解决在 CSV 文件中的行与结构化的 Python 对象之间的阻抗不匹配问题，这些数据的用例将产生一些优点和缺点。

创建两个文件的同时为每个 Blog 创建唯一标识，这样就使得一个 Post 可以正确地引用 Blog。不能使用 Python 内部的 ID，因为在每次 Python 运行后它们并不能保证一致性。

一个常见的做法是使用 Blog 标题作为唯一的键值，因为它是 Blog 的一个属性，可看作是天然的主键。这种方案也不是有效的，我们无法在不更新所有引用自 Blog 的 Posts 的同时，对一个 Blog 的标题进行更新。一种更好的做法是创建唯一标识并在类定义中包含它，这称为代理主键。可使用 Python 中的 uuid 模块来提供唯一标识。

使用多个文件的代码实现与之前的例子几乎是相同的。唯一区别就是在 Blog 类中添加了一个适当的主键。一旦定义了键值，就可以使用之前看到的 writer 和 reader 来处理与不同文件交互的 Blog 和 Post 实例。

## 9.7.4 在一个 CSV 文件中转储并从多类型的行中加载数据

在一个文件中创建多种类型的行使得格式更复杂了。需要将所有可用列的标题合成为一个整体。由于在不同行类型之间存在命名冲突，对行进行访问时，要么通过位置——会阻止我们直接调用 csv.DictReader 的方式；或者创建复杂的标题，将类与属性名结合。

如果每行使用另外一列存放类修饰符的话，操作起来就会容易些。这个附加列会告诉我们这行对象对应哪种类型。这列存放对象的类名就可以了。以下代码演示了如何将 CSV 文件中两种不同行格式的记录写入博客和文章。

```
with open("blog.csv","w",newline="") as target:
    wtr.writerow(['__class__','title','date','title','rst_
text','tags'])
    wtr= csv.writer( target )
    for b in blogs:
        wtr.writerow(['Blog',b.title,None,None,None,None])
        for p in b.entries:
            wtr.writerow(['Post',None,p.date,p.title,p.rst_text,p.
tags])
```

我们基于文件中的行创建了两个变量。一些行的第 1 列包含了'Blog'，并只包含有 Blog 对象的属性。另一些行的第 1 列含有'Post'并仅包含 Post 对象的属性。

我们并没有将标题设为是唯一的，因此不能使用 dictionary reader。当像这样来分配列的位置时，由于其他类型行的存在，每行有一些列是没有被用到的。这些列将被填充为 None。随着越来越多不同行类型的引入，管理不同位置列的分配是一项很有挑战的工作。

另外，个别的数值类型转换显得有些奇怪。特别是，我们忽略了 timestamp 和 tags 类型。我们可以通过验证每行的修饰符来重新整合 Blogs 和 Posts。

```
with open("blog.csv","r",newline="") as source:
    rdr= csv.reader( source )
```

```
        header= next(rdr)
        assert header == ['__class__','title','date','title','rst_
text','tags']
        blogs = []
        for r in rdr:
            if r[0] == 'Blog':
                blog= Blog( *r[1:2] )
                blogs.append( blog )
            if r[0] == 'Post':
                post= post_builder( r )
                blogs[-1].append( post )
```

这段代码将创建一个 Blog 对象的列表。每个'Blog'的行使用了 splice(1,2)中的列来定义 Blog 对象。每个'Post'行使用了 splice(2,6)中的列来定义一个 Post 对象。这需要每个 Blog 正确地对应了相关的 Post 实例，仅仅使用一个外键并不能将两个对象关联在一起。

我们假设在 CSV 文件中的列和类构造器参数的类型具有相同顺序。对于 Blog 对象，我们使用了 blog=Blog( *r[1:2] )，因为 one-and-only 列是文本，与类构造器是匹配的。当与外部提供的数据一起工作时，这个假设可能就不成立了。

为了创建 Post 实例，我们使用了一个单独的函数来完成从列到类构造器的映射。这里是映射函数。

```
import ast
def builder( row ):
    return Post(
        date=datetime.datetime.strptime(row[2], "%Y-%m-%d %H:%M:%S"),
        title=row[3],
        rst_text=row[4],
        tags=ast.literal_eval(row[5]) )
```

以上代码会基于文本行正确地创建一个 Post 实例。它将 datetime 文本和标签的文本转换为了相应的 Python 类型，它的优势是显式地完成映射。

在这个例子中，我们使用 ast.literal_eval()来对 Python 中更复杂的文本值进行解码。允许 CSV 数据中包含一组字符串值组成的元组:"('#RedRanger','#Whitby42','#ICW')"。

## 9.7.5　使用迭代器筛选 CSV 中的行

可以对之前的加载示例代码进行重构，对 Blog 对象进行迭代而不是返回 Blog 对象组成的列表。这样一来，当浏览一个很大的 CSV 文件时，只需查找相关的 Blog 和 Post 的行记录就可以了。这个函数是一个生成器，会分别返回每个 Blog 实例。

```
def blog_iter(source):
    rdr= csv.reader( source )
    header= next(rdr)
    assert header == ['__class__','title','date','title','rst_
text','tags']
    blog= None
    for r in rdr:
```

```
        if r[0] == 'Blog':
            if blog:
                yield blog
            blog= Blog( *r[1:2] )
        if r[0] == 'Post':
            post= post_builder( r )
            blog.append( post )
    if blog:
        yield blog
```

这个 blog_iter() 函数创建了 Blog 对象并附加了 Post 对象。每当下一个 Blog 表头出现时，之前的 Blog 就算完成了并且返回。最终，Blog 对象也需要被返回。如果我们需要那个很大的 Blog 实例列表，可以使用如下这段代码。

```
with open("blog.csv","r",newline="") as source:
    blogs= list( blog_iter(source) )
```

以上代码会使用迭代器来创建一个 Blogs 列表，在很少情况下我们会需要用到内存中整个序列。可使用如下代码来分别对每个 Blog 进行处理并创建 RST 文件。

```
with open("blog.csv","r",newline="") as source:
    for b in blog_iter(source):
        with open(blog.title+'.rst','w') as rst_file:
            render( blog, rst_file )
```

我们使用了 blog_iter() 函数来读取每篇博客。每次读完，都可以使用 RST 格式的文件来表示。可使用另一个进程通过运行 rst2html.py 来将每篇博客转换为 HTML 格式。

我们可以简单地通过添加一个过滤器来做到只处理选中的 Blog 实例。可以添加一个 if 语句来决定哪些 Blogs 需要渲染，而不是渲染全部。

## 9.7.6 从 CSV 文件中转储和加载连接的行

将所有对象连接起来意味着每行是一个与所有父对象连接的子对象，这样会导致父对象的属性在每个子对象是重复的。如果有多个级别的容器，会导致大量的重复数据。

重复带来的优势是每行是独立的，并且不依赖于上下文，这个上下文是基于在它上面的行来定义的。并不需要使用一个类修饰符来存放父对象的值，这些值在每个子对象中都存在。

这种方式对于简单层次结构的数据是可行的，每个子对象中添加了一些父对象的属性。当数据涉及更复杂的关系时，简单的父子结构就不适用了。在这些例子中，我们使用文本中单独的一列来集中放置 Post 标签。如果希望将标签分散到不同的列中，它们将成为每个 Post 的子对象，意味着 Post 文本会在每个 tag 中重复。显然，这种方式更好一些。

列标题必须将所有可用的列标题进行合成。由于在不同行之间的命名冲突是有可能存在的，我们会使用类名来作为列名。列标题可能会是'Blog.Title'和'Post.title'，这样就避免了命名冲突。这种机制也允许使用 DictReader 和 DictWriter，而不是根据位置分配列名。然而，这些列名并不会进一步完成类定义中属性名称的匹配，这导致了解析标题的过程需要更多的文本处理来完成。以下代码演示了如何将已经连接了父对象和子对象及其属性的行写入文件。

```
with open("blog.csv","w",newline="") as target:
    wtr= csv.writer( target )
    wtr.writerow(['Blog.title','Post.date','Post.title', 'Post.
tags','Post.rst_text'])
        for b in blogs:
            for p in b.entries:
                wtr.writerow([b.title,p.date,p.title,p.tags,p.rst_text])
```

以上实现包含适当的列标题。在这种格式中，每行包含了 Blog 属性与 Post 属性合成后的结果。这种结构更容易构造，因为不需要将不需要的列填充为 None。由于每列的名称是唯一的，因此可以很方便地使用 DictWriter。以下这种方式基于 CSV 行的输入对原容器进行了重新构造。

```
def blog_iter2( source ):
    rdr= csv.DictReader( source )
    assert set(rdr.fieldnames) == set(['Blog.title','Post.date','Post.
title', 'Post.tags','Post.rst_text'])
    row= next(rdr)
    blog= Blog(row['Blog.title'])
    post= post_builder5( row )
    blog.append( post )
    for row in rdr:
        if row['Blog.title'] != blog.title:
            yield blog
            blog= Blog( row['Blog.title'] )
        post= post_builder5( row )
        blog.append( post )
    yield blog
```

数据的第 1 行用于创建一个 Blog 实例以及 Blog 中的第 1 个 Post 对象。在循环中，不可变条件会假设存在一个适当的 Blog 对象。一个有效的 Blog 实例使得逻辑更简化了。Post 的实例是使用以下这个函数创建的。

```
import ast
def post_builder5( row ):
    return Post(
        date=datetime.datetime.strptime(
            row['Post.date'], "%Y-%m-%d %H:%M:%S"),
        title=row['Post.title'],
        rst_text=row['Post.rst_text'],
        tags=ast.literal_eval(row['Post.tags']) )
```

我们对每行中的每列都进行映射，这个映射将每一列转换为类构造器的参数。这使得所有的转换都是显式进行的。它很好地完成了从 CSV 文本到 Python 对象的类型转换。

我们可能希望将 Blog 生成器重构为一个单独的函数。然而，这并没有完全遵从 DRY 原则，可对于这么小的功能来说似乎过于挑剔了。因为列标题匹配了参数名，所以可以使用如下代码来生成对象。

```
def make_obj( row, class_=Post, prefix="Post" ):
    column_split = ( (k,)+tuple(k.split('.')) for k in row )
    kw_args = dict( (attr,row[key])
        for key,classname,attr in column_split if
classname==prefix )
    return class( **kw_args )
```

这里使用了两个表达式生成器。第 1 个表达式生成器将列名解析为类和属性，并创建了三元组，包括全键、类名和属性名。第 2 个表达式生成器对目标类进行了筛选，它使用属性和键值对创建了一个二元组的序列，可用于创建字典。

这并没有解决 Posts 的数据转换问题。每个列的映射操作还没有统一。当将其与 post_builder5() 函数对比时，添加更多处理逻辑并不会有太大作用。

空文件的情况并不是很常见——具有一个标题行但是包含 0 条 Blog 记录——初始化表达式 row=next(rdr) 将导致一个 StopIteration 异常。由于这个异常并没有在生成器函数中被处理，它将冒泡进入 blog_iter2() 的循环中，这个循环最后将终止执行。

# 9.8 使用 XML 转储和加载

Python 中的 xml 包中包含了很多用于解析 XML 文件的模块，也包括一个文件对象模型（Document Object Model，DOM）的实现，可用于生成 XML 文档。和之前的 json 模块一样，这并不是一个完整的对 Python 对象持久化的方案。然而，由于 XML 文件格式的普遍使用，Python 对象与 XML 文档之间的转换经常会发生。

XML 文件的处理涉及对象与 XML 结构之间的映射处理。在设计映射的时候需要很谨慎，需要考虑到 XML 格式存在的一些约束。由于在表达力强的对象与 XML 文档严格的层次性结构之间有很大区别，导致了映射复杂度的增加。

一个 XML 属性或标签的内容是纯文本。当加载一个 XML 文档时，我们需要将这些值转换为应用中更有用的类型。在一些情况下，XML 文档中可能会包括一些属性或标签，声明所期望的类型。

如果要将这些限制都考虑进来，可以使用 plistlib 模块将一些 Python 中内置的结构转换为 XML 文档。我们会在第 13 章 "配置文件和持久化" 中对这个模块进行探究，可用它来加载配置文件。

 为了支持自定义类，json 模块中提供了一些对 JSON 编码进行扩展的方法，plistlib 模块并没有提供这个功能。

当考虑将一个 Python 对象转储为 XML 文档时，以下有 3 种常用的方式可用来创建文本。

● 在类设计中包括 XML 输出方法。通过使用这种方法，我们的类生成的字符串就直接进入了 XML 文档中。

● 使用 xml.etree.ElementTree 创建 ElementTree 节点并且返回这个结构。这可被表示为文本。

● 使用一个外部的模板并将属性写入模板中。除非我们已经有了一个很复杂的模板工具，否则这种方法并不是很推荐。`string.Template` 类在标准库中只适用于非常简单的对象。

有时会需要在 Python 中创建通用的 XML 序列化器。创建一个通用的序列化器的问题在于，XML 结构非常灵活。每个应用的 XML 都需要有唯一的 **XML 模式定义（XML Schema Defination，XSD）** 或**文档类型定义（Document Type Defination，DTD）**。

一个普遍的设计问题是如何对一个原子值进行编码。可以使用很多种方式达到目的。可以在标签的属性上使用一个可以标识类型的标签。另一个方式是将类型放在 type 标签里：`<the_answer type="int">42</the_answer>`。我们也可以使用嵌套的标签：`<the_answer><int>42 </int></the_answer>`。或者，可以依赖于模式定义中的描述，建议 the_answer 应该为一个整数并且尽量不要编码为文本：`<the_answer>42</the_answer>`。也可以使用邻接的标签：`<key>the_ answer</key><int>42</int>`。以上并不是所有的方案，XML 还提供了很多其他的方式。

当从 XML 文档中读取记录并创建 Python 对象时，我们被 API 的解析器限制了。一般地，我们需要对文档进行解析，然后检查 XML 标签的结构，最后使用有效数据创建 Python 对象。

有一些 Web 框架，例如 Django，包括了 Django 中定义的类的序列化操作。它与一般的 Python 对象的序列化是有区别的。序列化的定义由 Django 中的数据模型组件完成。另外，还定义了 dexml、lxml 和 pyxser 这些用于 Python 对象和 XML 之间绑定的包。可参见 http://pythonhosted.org/ dexml/api/dexml.html、http://lxml.de 和 http://coder.cl/products/pyxser/。这里还有一个更详细的列表：https://wiki.python.org/moin/PythonXml。

## 9.8.1 使用字符串模板转储对象

将 Python 对象序列化为 XML 的一种方式是创建 XML 文本。这也是手动映射的一种，通常由一个映射函数来完成，它会生成 Python 对象所对应的 XML。如果有一个复杂的对象，容器必须遍历其中的每一项。以下是对我们微博类结构的两种简单的扩展方式，添加了将 XML 输出为文本的功能。

```
class Blog_X( Blog ):
    def xml( self ):
        children= "\n".join( c.xml() for c in self.entries )
        return """\
<blog><title>{0.title}</title>
<entries>
{1}
<entries></blog>""".format(self,children)
class Post_X( Post ):
    def xml( self ):
        tags= "".join( "<tag>{0}</tag>".format(t) for t in self.tags )
        return """\
<entry>
    <title>{0.title}</title>
    <date>{0.date}</date>
    <tags>{1}</tags>
```

```
    <text>{0.rst_text}</text>
</entry>""".format(self,tags)
```

以上 XML 输出方法的实现具有非常高的类的特殊性，它会输出 XML 中包含的相关属性。这种方式还不够一般化，`Blog_X.xml()`方法生成了一个`<blog>`标签，包含了一个标题和一些记录。`Post_X.xml()`方法输出了一个`<post>`标签，其中包含了一些属性。在这两种方法中，使用了`"".join()`或`"\n".join()`来创建附属对象，后者基于短字符串元素创建一个长字符串。将一个 `Blog` 对象转换为 XML 可能如下所示。

```
<blog><title>Travel</title>
<entries>
<entry>
    <title>Hard Aground</title>
    <date>2013-11-14 17:25:00</date>
    <tags><tag>#RedRanger</tag><tag>#Whitby42</tag><tag>#ICW</tag></
tags>
    <text>Some embarrassing revelation. Including ⊗ and ⚓ </text>
</entry>
<entry>
    <title>Anchor Follies</title>
    <date>2013-11-18 15:30:00</date>
    <tags><tag>#RedRanger</tag><tag>#Whitby42</tag><tag>#Mistakes</
tag></tags>
    <text>Some witty epigram.</text>
</entry>
<entries></blog>
```

这种方式有两个缺陷。

● 忽略了 XML 命名空间，还需稍微对文本进行改动来生成相应的标签。

● 每个类中还需要适当地将`<`、`&`、`>`和`'`字符相应地转义为 XML 中的`&lt;`、`&gt;`、`&amp;`和`&quot;`。html 模块中的`html.escape()`函数可以完成这类转换。

这种方式可以生成 XML，它虽能够有效执行但并不是很优雅而且不够通用。

## 9.8.2　使用 xml.etree.ElementTree 转储对象

我们可以使用 `xml.etree.ElementTree` 模块来创建 Element 结构，它用于生成 XML。对它使用 `xml.dom` 和 `xml.minidom` 并不是很容易。**DOM API** 需要拿到最上层的文档，然后创建每个元素。当对一个包含了一些属性的类进行序列化时，上下文对象的出现就显得有些复杂。我们需要先创建文档然后对文档中的所有元素序列化，将文档上下文作为一个参数传入。

大体上来说，希望在设计的每个类中创建一个最上层元素并返回。最上层元素将包含一个子元素的序列，可以将文本和属性赋值给需要创建的每个元素，也可以将一个以结束标签为结尾的外部文本赋值为 `tail`。对于内容模板而言，这只是空格。对于长的名称来说，以如下方式来导入 `ElementTree` 可能会方便些。

```
import xml.etree.ElementTree as XML
```

这里是两种对微博类结构的扩展实现，都是将 XML 输出的功能加入 Element 实例中，在 Blog 类中添加了如下方法。

```
def xml( self ):
    blog= XML.Element( "blog" )
    title= XML.SubElement( blog, "title" )
    title.text= self.title
    title.tail= "\n"
    entities= XML.SubElement( blog, "entities" )
    entities.extend( c.xml() for c in self.entries )
    blog.tail= "\n"
    return blog
```

在 Post 类中添加了如下方法。

```
def xml( self ):
    post= XML.Element( "entry" )
    title= XML.SubElement( post, "title" )
    title.text= self.title
    date= XML.SubElement( post, "date" )
    date.text= str(self.date)
    tags= XML.SubElement( post, "tags" )
    for t in self.tags:
        tag= XML.SubElement( tags, "tag" )
        tag.text= t
    text= XML.SubElement( post, "rst_text" )
    text.text= self.rst_text
    post.tail= "\n"
    return post
```

以上 XML 输出的实现在类级别具有高度的抽象。它们将创建包含适当文本值的 Element 对象。

 在创建子元素的工作中，没有方便快速的方式。我们必须分别插入每一项对应的文本。

在 blog 方法中，可以使用 Element.extend() 来将每个文章记录放进<entry>元素中。这使得创建 XML 结构的工作灵活而简便。这一切都需要归功于 XML 命名空间。我们可以使用 QName 类来为 XML 命名空间定义适当的名称。ElementTree 模块正确地对 XML 标签应用了命名空间筛选器。这种方式也正确地将<、&、>和"字符转换为 XML 中的&lt;、&gt;、&amp;和&quot;。这些方法中大部分输出的 XML 都会匹配上一节的内容，而空格会不同。

### 9.8.3　加载 XML 文档

从一个 XML 文档中加载 Python 对象分为两步。首先，我们需要对 XML 文本解析，用于创建文档对象。然后，需要对用于生成 Python 对象的文档对象进行检查。正如前面所介绍的，XML 格式具有极大的灵活性，从 XML 到 Python 的序列化方法并不是唯一的。

一种方式是遍历整个 XML 文档，使用类似 XPath 查询来对解析的元素进行定位。以下是一个遍历 XML 文档的函数，从 XML 中读取并生成 Blog 和 Post 对象。

```
import ast
doc= XML.parse( io.StringIO(text.decode('utf-8')) )
xml_blog= doc.getroot()
blog= Blog( xml_blog.findtext('title') )
for xml_post in xml_blog.findall('entries/entry'):
    tags= [t.text for t in xml_post.findall( 'tags/tag' )]
    post= Post(
        date= datetime.datetime.strptime(
            xml_post.findtext('date'), "%Y-%m-%d %H:%M:%S"),
        title=xml_post.findtext('title'),
        tags=tags,
        rst_text= xml_post.findtext('rst_text')
    )
    blog.append( post )
render( blog )
```

以上代码完成了对一个<blog>标签的遍历操作。它查找了<title>标签并获取了元素中的文本，用于创建最上层的 Blog 实例。然后它会查找<entries>元素内的<entry>子元素。这个过程将用于创建每个 Post 对象。Post 对象中不同的属性会被分别转换。在<tags>元素中的每个<tag>元素的文本都会被转换为一个文本值列表。日期会从它的文本表示中解析出来。每个 Post 对象都会附加在全局的 Blog 对象上。这种从 XML 文本到 Python 对象的手动映射，在 XML 文档的整个解析过程中是常见的。

## 9.9 总结

已经介绍了几种用于序列化 Python 对象的方式。我们可以将类定义编码为多种格式，包括 JSON、YAML、Pickle、XML 和 CSV，每种格式都各有优缺点。

它们对应的类库模块大体上会用于从一个外部文件中加载对象或将对象转储到一个文件中，这些模块的行为并不是完全一致的，但它们是类似的，因此可以使用一些通用的设计模式。

使用 CSV 和 XML 格式往往会暴露出比较复杂的设计问题。在 Python 中的类定义可能会包含对象的引用，而它在 CSV 或 XML 格式中并没有一种很好的表达方式。

### 9.9.1 设计要素和折中方案

Python 对象的序列化和持久化的方式有很多。之前介绍的并不是全部。本节中介绍的格式侧重于两个基本的用例。

● **与其他应用进行数据交换**：我们需要为其他应用提供或接收数据。对于这类场景，会受限制于其他应用的接口。在应用和框架中，JSON 和 XML 通常是用来进行数据交换的首选格式。在一些情况下，也会考虑使用 CSV 来交换数据。

● **应用中数据的持久化**：对于这类场景，通常使用 pickle，因为它已经非常成熟并且是 Python 标准库中的一部分。然而，YAML 格式的可读性是它最主要的一个优势，我们可以查看、编辑并修改。

当使用这些格式时，在设计上需要考虑很多方面。首先，这些格式更倾向于序列化单独的 Python 对象。它里面可能包含了一个对象的集合，但它仍是一个单独的对象。例如在使用 JSON 和 XML 时，在对象序列化之后会附加一个结束分隔符。如果要对一个很大的领域中的每个对象做持久化，可以使用 shelve 和 sqlite3。详细内容可参考第 10 章 "用 Shelve 保存和获取对象" 和第 11 章 "用 SQLite 保存和获取对象"。

JSON 是一种被广泛使用的标准格式。在表示复杂的 Python 类时，它显得不够方便。当使用 JSON 时，我们需要考虑到如何使对象与 JSON 格式兼容。JSON 文档的可读性很强，JSON 自身的限制使得它在互联网传输的过程中是安全的。

YAML 并不像 JSON 这样常用，但是它为序列化与持久化的过程提供了很多方便。YAML 文档可读性很强，对于可编辑的配置文件来说，YAML 是理想的。我们可使用安全加载选项来确保 YAML 使用过程中的安全性。

Pickle 对于简单、轻量级对象的持久化是理想选择。在从 Python 到 Python 的传输中，它算是一种比较紧凑的格式。CSV 是一种被广泛使用的标准。而使用 CSV 格式来表达 Python 对象并不是一件容易的事情。当在 CSV 格式中共享数据时，通常在应用程序中以 namedtuples 为结尾，并且必须提供在 Python 与 CSV 之间映射的实现。

XML 是另一种在序列化中被广泛使用的格式。XML 非常灵活，因此有很多方式可以将 Python 对象转换为 XML。对于 XML 用例，通常使用 XSD 或 DTD 来对外部规格进行说明。解析 XML 并创建 Python 对象的处理过程通常很复杂。

由于每个 CSV 的行在很大程度上是相互独立的，因此我们可以对 CSV 中的很多对象构成的集合批量地进行编码和解码。从这点来看，对于无法一次性加载入内存的大集合来说，使用 CSV 进行编码和解码是很方便的。

有些情况下，我们会遇到混合设计的问题。当从格式比较新的电子表格中读取数据时，会遇到嵌套在 XML 格式中的 CSV 的行和列的解析问题。例如，OpenOffice.rog.ODS 文件压缩的档案。归档中的一个文件是 content.xml 文件。对 body/spreadsheet/table 元素使用 XPath 搜索将会分别根据表格文件中的每个标签进行查找。在每个表中，会发现 table-row 元素（通常）与 Python 对象之间是对应的。在每行中，可以看到 table-cell 元素中包含了用于创建对象属性的值。

## 9.9.2　模式演化

在对象持久化的过程中，必须先解决模式演化的问题。对象中包含了动态的状态和静态的类定义，可以容易地对动态的状态进行持久化，而类定义则为持久化数据的模型。然而，类并不是完全静态的。需要有一种规定，用于定义当类发生变化时，如何加载上一版本所保存的数据。

在对主次版本号进行区分时，最好考虑到与外部文件的兼容性。主版本意味着文件不再兼容，必须进行转换。次版本意味着文件格式是兼容的并且在升级过程并不涉及任何数据转换。

一种常见的做法是，将主版本号包含在文件扩展名中。我们可能会有文件名以 .json2 或 .json3 为结尾用于标识所使用的数据格式。要同时支持持久化文件的多个版本是很困难的。为了版本升级的过程更流畅，应用应该能够对之前的文件格式进行解码。通常情况下，最好使用最新的、数字最大的文件格式来做持久化，尽管其他格式也是可以使用的。

在接下来的几章中，会研究多对象的序列化过程。在 shelve 和 sqlite3 模块中，提供了多种方式同时序列化大批不同的对象。之后，会使用这些技术以及表述性状态传递（REST）来完成进程间对象的传输。而且，还会继续使用这些技术处理配置文件。

### 9.9.3 展望

在第 10 章"用 Shelve 保存和获取对象"和第 11 章"用 SQLite 保存和获取对象"中，将会介绍两种常用的方式，用于包含很多对象的大集合对象的持久化。在这两章中，分别介绍了不同的用来创建 Python 对象的数据库的方式。

在第 12 章"传输和共享对象"中，将使用这些序列化技术使得对象可以在另一个进程中可用。并将主要使用 RESTful 的 Web 服务完成对象在进程间的传输，因为它简单而且普遍。

在第 13 章"配置文件和持久化"中，我们会再次使用这些序列化技术。在这种情形下，会使用 JSON 或 YAML 格式来对应用中的配置文件进行编码。

# 第 10 章
# 用 Shelve 保存和获取对象

在许多应用中，我们需要独立地持久化多个对象。第 9 章"序列化和保存——JSON、YAML、Pickle、CSV 和 XML"中使用的技术更偏向于处理单一的对象。有时候，我们需要持久化更大的域中的独立对象。

应用程序中通常在 4 种情况下会持久化对象，它们统称为 **CRUD 操作**：创建（Create）、获取（Retrieve）、更新（Update）和删除（Delete）。通常，它们中的任意一个操作都有可能应用于域中的任意对象，这就需要一个更复杂的持久化机制，而不是使用单一的负载机制或者全部保存到一个文件中。除了浪费内存之外，单一的负载和全部保存到文件的效率通常低于更细粒度的基于对象的存储机制。

使用更复杂的存储机制要求我们必须更仔细地思考职责分配。不同的关注点为我们的应用程序架构提供了全局的设计模式。这些高层设计模式的一个例子是**三层架构（Three-Tier Architecture）**。

- **表示层（Presentation tier）**：这可能是一个 Web 浏览器或者一个移动应用，有时候同时包括这两个。

- **应用层（Application tier）**：这层通常部署在应用程序服务器上。应用层应该被细分为应用程序层（appllication layer）和数据模型层（data model layer）。应用程序层的类包含了应用的行为。数据模型层定义了问题域的对象模型。

- **数据层（Data tier）**：这层包括一个访问层（access layer）和一个持久化层（persistence layer）。访问层为持久化对象提供了一致的访问方式。持久化层会将对象序列化并将它们保存。

这个模型可以应用于一个独立的 GUI 应用程序。表示层是 GUI；应用层是处理业务逻辑的部分和数据模型；访问层是持久化模块。它甚至可以应用于命令行应用程序，这时候表示层就只是选项解析器和 print() 函数。

shelve 模块定义了一个类似于映射的容器，我们可以用它存储对象。每个被存储的对象都会被序列化并且被写进一个文件中。我们也可以反序列化然后从文件获取任意对象。shelve 模块会基于 dbm 模块保存和获取对象。

这个部分主要关注应用层中的数据模型和数据层中的访问和持久化。这些层之间的接口可以是某个应用程序中的一个类，或者是一个更复杂的网络接口。在本章中，我们只关注简单的类和类之间的接口。我们会在第 12 章"传输和共享对象"中介绍基于网络的接口。

# 10.1　分析持久化对象用例

第 9 章"序列化和保存——JSON、YAML、Pickle、CSV 和 XML"中介绍的持久化机制主要针对基于压缩文件读写一个已序列化的对象。如果想要更新文件的任何一个部分，必须替换整个文件。这是使用数据的简洁表示法的结果，即很难在文件中定位一个对象，同时如果对象的大小改变了，替换对象也很困难。比起用更聪明、更复杂的算法来解决这些难点，我们希望可以简单地序列化和存储对象。当我们的域中包含大量的持久化操作和可变对象时，会对使用带来一些额外的难点。下面是一些需要额外考虑的部分。

- 不希望一次把所有的对象都加载到内存中。对于许多大数据应用，一次把所有的对象都加载到内存中可能根本做不到。

- 只想更新我们域中对象的一个小子集或者单独实例。为了更新一个对象而加载并且更新所有的对象是一个相对低效的处理方法。

- 不会一次更新所有的对象，可能会逐渐累加对象。有些格式，例如 YAML 和 CSV，它们允许我们简单地将它们追加到一个文件中。而一些其他有终止符的格式，例如 JSON 和 XML，却让我们很难把它们追加到文件中。

还有一些我们可能也想要的功能。将序列化、持久化、并行更新和写入操作整合成单一的数据库概念是很常见的做法。shelve 模块自身不是一个完整的数据库解决方案。shelve 内部使用的 dbm 模块没有直接处理并行写操作，也没有处理多操作事务。可以利用操作系统底层的文件锁完成更新操作，但是这种方法太过于依赖操作系统。对于并行写操作，最好能使用一个适当的数据库或者一个 RESTful 的数据服务器。可以参考第 11 章"用 SQLite 保存和获取对象"和第 12 章"传输和共享对象"。

## ACID 属性

我们的设计必须考虑到 **ACID 属性**（**ACID properties**）是如何应用于 shelve 数据库的。应用程序往往会用一系列相关的操作改变状态，这些操作会将数据库从一个常态转变为下一个常态。改变数据库状态的操作集合可以被称为事务（transaction）。

多操作事务的一个例子是更新两个对象从而让总和保持不变。比如，从一个账户中取钱，然后存入另外一个账户。全局的余额必须保持不变，这样数据库才会处于一个一致并且正确的状态。ACID 属性描述了我们期望的数据库事务的行为。我们用 4 个规则定义我们的预期。

- **原子性**（**Atomicity**）：事务必须是原子的。如果事务中包括多个操作，那么所有的操作都必须全部完成或者全部取消。永远都不应该存在部分完成的事务。

- **一致性**（**Consistency**）：事务必须保证一致。它会将数据库从某个状态改变为另外一个状态。事务不应该破坏数据库或者导致同时在线的不同用户看到不一致的视图。对于已完成的事务，所有的用户都应该看到相同的结果。

- **隔离性**（**Isolation**）：每个事务都应该正常运行，就好像他们是完全隔离的。不存在两个用户可以互相干扰对方更新的并发用户。我们必须能够将并发的访问转变为顺序访问（有可能更慢），这样对数据库的更新就可以得到一致的结果。

● **持久性**（**Durability**）：对数据库的改变必须是**持久的**，他们应该被正确地存储在文件系统中。

当操作内存中的 Python 对象时，很明显，我们只有 **ACI** 而没有 D。根据定义，内存中的对象不是持久的。如果试图从多个并发的进程中使用 shelve 模块，但是没有使用锁（locking）和版本化（versioning）的话，就可能只获得 D 却丢了 ACI 属性。

shelve 模块没有直接支持原子性，它没有提供处理包含多个操作的事务的方法。如果有包含多个操作的事务并且需要原子性，那么必须保证它们这些操作全部正常工作或者全部失败，这可能会用到更复杂的 try: 语句。当操作失败时，我们必须恢复数据库的前一个状态。

shelve 模块不保证所有类型的改变都可以持久化。如果将一个可更改对象存在 shelf 上，然后在内存中改变了对象的状态，持久化在 shelf 上的版本不会自动改变。如果希望改变已经存在 shelf 上的对象，应用程序必须显式地更新 shelf。我们可以通过使用回写模式（writeback mode）让 shelf 对象追踪所有的变更，但是使用这个功能会影响性能。

## 10.2　创建 shelf

创建 shelf 的第 1 个部分用模块级别的函数——shelve.open() 来完成，这个函数用于创建一个持久化的 shelf 结构。第 2 个部分是正确地关闭文件，这样所有的改变才能被正确地保存到文件系统中。之后我们会用一个更完整的例子来展示这种方法。

实际上，shelve 模块用了 dbm 模块完成打开文件和映射键值的工作。dbm 模块自身封装了底层与 DBM 兼容的库。因此，实现 shelve 的功能有一些不同方法可以选择，对于不同的 dbm 实现时的不同点无关紧要。

shelve.open() 函数需要两个参数：文件名和文件访问模式。通常，我们用默认的 'c' 模式打开一个已经存在的 shelf，或者当找不到指定的 shelf 时就创建一个新的。其他的模式主要用于一些特定的情况。

● 'r' 是以只读方式打开 shelf。

● 'w' 必须指定一个已经存在的可读写 shelf，否则程序会抛出异常。

● 'n' 创建一个新的空 shelf；任何之前的版本都会被覆盖。

关闭 shelf 是非常必要的，因为这样才能确保它被正确地写入到磁盘中。shelf 本身不是上下文管理器，但是我们可以用 contextlib.closing() 函数确保 shelf 被关闭。关于上下文管理器的更多内容，参见第 5 章"可调用对象和上下文的使用"。

在一些情况下，我们可能也想显式地将 shelf 同步到磁盘，但是不关闭文件。shelve.sync() 方法会在关闭之前保存改变。理想的生命周期会类似下面的代码这样。

```
import shelve
from contextlib import closing
with closing( shelve.open('some_file') ) as shelf:
    process( shelf )
```

打开一个 shelf，然后将它提供给应用程序中那些真正完成需求的函数使用。当这个过程完成后，这个上下文可以确保 shelf 被关闭。如果 process() 函数抛出一个异常，shelf 仍然会被正确地关闭。

# 10.3　设计适于存储的对象

如果对象很简单，那么把它们存入 shelf 很简单。对于不是复杂的容器或者集合类型的对象，我们只需要创建一个键值对映射就可以。对于更复杂的对象，通常是指包含了其他对象的对象，关于对象的访问粒度和对象间引用，我们必须做一些额外的设计。

我们会先看看简单的情况，这种情况下，需要做的只是设计一个可以用来访问对象的键。然后，会介绍一些更复杂的情况，在这些情况下，必须要考虑到对象的访问粒度和对象间的引用。

## 10.3.1　为我们的对象设计键

shelve（和 dbm）的一个重要功能是可以即时访问大量对象中的任意一个。shelve 使用了一个类似于字典的映射。shelf 的映射保存在持久化存储中，这样一来，我们放在 shelf 中的任意对象都会被序列化并保存。序列化的部分是用 pickle 模块完成的。

我们必须用某种键来标识已经存储在 shelf 中的对象，这种键会映射到对应的对象。和字典一样，会对键做快速的哈希处理。这里的哈希计算之所以快是因为键只能是一个字节串，哈希值是对这些字节的总和取模。由于 Python 的字符串简单地被编码为字节，因此这就意味着用字符串作为键是一种常用的方式。这和内置的 dict 不同，任何可变对象都可以作为键。

由于键用于定位值，因此键必须是唯一的。这就为设计类带来了一些需要考虑的因素，因为必须提供合适且唯一的键。一些情况下，问题域中会包含一个属性，这个属性就是明显的唯一的键。在那种情况下，可以简单地用这个属性创建键：shelf[object.key_ attribute]= object。这是最简单的情况，但是并不通用。

在其他情况下，应用程序问题域不会为我们提供一个合适的唯一键。当对象的所有属性都是有可能变化的或者有可能不唯一时，这个问题会经常出现。例如，以美国公民为例，因为社会安全号并不是唯一的，社会安全局可以重复利用这些号码。另外，一个人可能会误报了 SSN，这样应用程序就必须修改它。由于它可以被更改，因此这是它不能作为主键的第 2 个原因。

程序中可能会有一些非字符串类型的值可以作为主键的备选。例如，我们可能会有一个 datetime 对象、一个数字或者甚至将元组作为唯一标识符。在所有这些情况中，可能希望将这些值都编码为字节或者字符串。

对于没有明显主键的情形，我们可以尝试用一些值的组合创建唯一的**组合键**（**composite key**）。这并不总是一个非常好的主意，因为现在键不是原子的，对于键中任何一个部分的改变都会带来数据更新的问题。

最简单的方法通常是使用**代理键**（**surrogate key**）设计模式。这个键不依赖于对象中的数据，它是对象的一个替代品。这意味着对象的任何属性都可以被改变，并且不会带来什么副作用或者限制。Python

内部的对象 ID 是代理键的一种示例。一个 shelf 键的字符串表示可以遵循这种模式：class:oid。

字符串键包含了对象所属的类和当前类示例的唯一标识符。我们可以用这种形式的键简单地将不同的类的对象保存在一个单一的 shelf 上。即使只准备在 shelf 上保存一种类型的对象，这种格式对于保存索引的命名空间、用于管理的元数据和以后的扩展都是非常有帮助的。

当我们有了一个适合的业务主键后，我们可能想做一些后面这样的事情持久化 shelf 上的对象：self[object.__class__.__name__+":"+object.key_attribute]= object。

这为我们提供了一个独特的类名和唯一的键作为每个对象的简单标识符。对于代理键，需要定义为某种键的生成器。

## 10.3.2　为对象生成代理键

我们会用一个整数计数器生成唯一的代理键。为了保证能够正确地更新这个计数器，我们会将它和我们的其他数据都保存在 shelf 上。尽管 Python 有一个内置的对象 ID，但是不应该使用 Python 内置的标识符作为代理键。Python 内置的 ID 号码没有任何类型的保证。

由于我们将要在 shelf 上添加一些用于管理的对象，因此必须给这些对象带有特殊前缀的唯一键。我们会考虑使用_DB，这会作为一个仿制类保存在我们的 shelf 上。设计这些用于管理的对象时需要考虑的和设计应用程序对象类似。我们需要选择存储的粒度，有以下两种选择。

- **粗粒度（Coarse-Grained）**：可以创建一个单一的 dict 对象负责生成所有的代理键。一个类似于_DB:max 这样的键就可以用于标识这个对象。在 dict 内部，可以将类名映射到当前使用的最大标识符值。每次创建一个新对象，我们都会从这个映射中取出一个 ID 赋值给该对象，然后也会替换 shelf 中的映射。我们会在下一节中展示粗粒度的解决方案。
- **细粒度（Fine-Grained）**：我们可以向数据库中添加许多项目，每个项目都包括了不同类对象的最大键值。每个这种额外的键项目都遵循_DB:max:class 的格式。每个键的值都是一个整数，代表了当前已经赋值给类的最大序列标识符。

这里重要的一点是，我们分离了键的设计和应用程序中类的设计。我们可以（并且应该）让应用程序类的设计尽量简单。为了让 shelve 正常工作，一些必要的开销是允许的。

## 10.3.3　设计一个带有简单键的类

将 shelve 的键保存为已经在 shelf 上的对象的一个属性是很有帮助的。把键保存在对象中让删除或者替换对象更加容易。显然，当创建一个对象时，我们会从创建一个没有键的版本开始，直到将它保存到 shelf 上。一旦对象被保存在 shelf 上，就需要为对应的 Python 对象设置一个键属性，这样每个在内存中的对象都会包含一个正确的键。

获取对象时，有两种情况。我们可能想要获取一个键已知的特定对象，在这种情况下，shelf 会将键映射到对应的对象。我们可能也想获取一个相关对象的集合，这些对象的键我们可能不知道，但是其他的一些属性值是已知的。这种情况下，我们会用某种搜索或者查询找出对象的键。下个小节会介绍搜索算法。

为了能够在对象中保存 shelf 的键，我们会为每个对象添加一个_id 属性。它会维护每个保存到 shelf 上或者从 shelf 中获取的对象的键。这样的设计简化了从 shelf 上替换或者删除对象这样的维护操作。我们有下面几种方式可以把这个属性添加到类中。

- **No**：这不是类中必需的属性，这只是为了持久化产生的一个额外开销。
- **Yes**：这是很重要的数据，我们应该在__init__()中正确地初始化它。

建议不要在__init__()方法中定义组合键，它们不是类的基本组成部分，而只是持久化实现的一部分。一个组合键不会包含任何方法函数，例如，它永远不会作为应用程序层中业务逻辑层或者表示层的一部分。下面是 Blog 的高层定义。

```
class Blog:
    def __init__( self, title, *posts ):
        self.title= title
    def as_dict( self ):
        return dict(
            title= self.title,
            underline= "="*len(self.title),
        )
```

我们只是提供了一个 title 属性和一点其他逻辑，可以将 Blog.as_dict()方法与模板一起使用为 RST 标记提供字符串值。有关博客中帖子的部分会留到下一章节中介绍。

可以用下面的方法创建一个 Blog 对象。

```
>>> b1= Blog( title="Travel Blog" )
```

可以用下面的方式将这个简单的对象保存在 shelf 上。

```
>>> import shelve
>>> shelf= shelve.open("blog")
>>> b1._id= 'Blog:1'
>>> shelf[b1._id]= b1
```

我们以创建一个新的 shelf 开始，文件名是"blog"。我们往 Blog 的实例 b1 中插入了键 'Blog:1'，然后用赋给_id 属性的键将 Blog 对象保存到 shelf 上。

可以用下面的方式将对象取回。

```
>>> shelf['Blog:1']
<__main__.Blog object at 0x1007bccd0>
>>> shelf['Blog:1'].title
'Travel Blog'
>>> shelf['Blog:1']._id
'Blog:1'
>>> list(shelf.keys())
['Blog:1']
>>> shelf.close()
```

当调用 shelf['Blog:1']时，它会从 shelf 上取回原始的 Blog 实例。正如我们从键列表中看到的，只是在 shelf 上保存了一个对象。由于最后关闭了 shelf，因此对象会被持久化到文件系统中。我们可以退出 Python 命令行，然后重新启动，打开这个 shelf，用定义的键获取对象，会看到对象仍然保存在 shelf 上。前面提到了查询的第 2 个用处：在不知道键的情况下定位一个元素。下面是根据一个给定标题搜索所有相关的博客的例子。

```
>>> shelf= shelve.open('blog')
>>> results = ( shelf[k] for k in shelf.keys() if
k.startswith('Blog:') and shelf[k].title == 'Travel Blog' )
>>> list(results)
[<__main__.Blog object at 0x1007bcc50>]
>>> r0= _[0]
>>> r0.title
'Travel Blog'
>>> r0._id
'Blog:1'
```

打开 shelf 访问对象，用 results 生成器表达式遍历 shelf 上的每个元素，查询出所有以 'Blog:' 为键的开始并且对象的 title 属性是 'Travel Blog' 的元素。

这里很重要的一点是键 'Blog:1' 是保存在对象本身中的。_id 属性确保程序中的任何对象都有一个正确的键。现在可以修改对象，然后用原始的键来替换存在 shelf 上的对象。

## 10.3.4　为容器和集合设计类

当处理更复杂的容器或者集合时，类的设计会变得更复杂。第 1 个问题是容器的范围，我们必须确定 shelf 上对象的**粒度**。

当使用容器时，我们可以将整个容器作为一个单一的复杂对象保存到 shelf 上。在某种程度上，这种做法可能违背了在 shelf 上保存多个对象的初衷。保存一个巨大的容器为我们带来了粗粒度的存储结构。如果改变容器中的一个对象，那么整个容器都必须重新序列化并保存。如果可以高效地将全部对象都保存在一个单一容器中，那么为什么还要使用 shelve？因此，我们必须找到一个符合程序需求的平衡点。

另外一个选择是将集合分解为独立的元素。用这种方法的话，最高层的 Blog 对象不再是一个合适的 Python 容器。父类可能会通过键的集合来获取每个子类，每个子对象可以用键获取父对象，这种键的使用方法在面向对象设计中并不常用。通常，对象只是简单地包含了指向其他对象的引用。当使用 shelve（或者其他数据库）时，我们必须通过键使用间接引用。

现在每个子类都有两个键：它自己的主键和一个指向父对象主键的**外键**。这就带来了第 2 个问题，如何用字符串表示父类和它们的子类的键？

## 10.3.5　用外键引用对象

我们用来唯一标识一个对象的键是**主键**。当子对象引用父对象时，需要添加一些额外的设计。要如何格式化子对象的主键？有两种常用的设计子类主键的方法,这两种方法都基于类的对象间是何种依赖关系。

● "Child:cid"：当子类可以独立于父类存在时，会考虑使用这种格式。例如，发票中的一个条目代表一个产品，即使没有这个代表产品的发票条目，这个产品依然可以存在。

● "Parent:pid:Child:cid"：当子类不能脱离父类而独立存在时，我们会考虑使用这种格式。一个用户地址不能离开用户而单独存在。当子类完全依赖于父类时，子类的键可以包含父类的键来反映这种依赖关系。

与父类的设计一样，如果将主键和所有与子类有关的外键都保存起来是最简单的方法。建议不要在__init__()方法中初始化它们，因为它们只是持久化的一个部分。下面是 Blog 中的 Post 的通用定义。

```
import datetime
class Post:
    def __init__( self, date, title, rst_text, tags ):
        self.date= date
        self.title= title
        self.rst_text= rst_text
        self.tags= tags
    def as_dict( self ):
        return dict(
            date= str(self.date),
            title= self.title,
            underline= "-"*len(self.title),
            rst_text= self.rst_text,
            tag_text= " ".join(self.tags),
        )
```

我们为每个 Post 都提供了一些属性。Post.as_dict()方法可以与模板一起为 RST 标记提供字符串值，我们避免了在 Post 中定义主键和任何外键。下面是两个 Post 实例的例子。

```
p2= Post( date=datetime.datetime(2013,11,14,17,25),
        title="Hard Aground",
        rst_text="""Some embarrassing revelation.
          Including ☺ and ⚓""",
        tags=("#RedRanger", "#Whitby42", "#ICW"),
        )
p3= Post( date=datetime.datetime(2013,11,18,15,30),
        title="Anchor Follies",
        rst_text="""Some witty epigram. Including < & > characters.""",
        tags=("#RedRanger", "#Whitby42", "#Mistakes"),
        )
```

现在我们可以通过设置属性和分配定义关系的键来将这些 Post 和它们所属的 Blog 联系起来。我们会用几个步骤来完成。

1.  打开 shelf 获取一个父类的 Blog 对象，我们称它为 owner。

```
>>> import shelve
>>> shelf= shelve.open("blog")
>>> owner= shelf['Blog:1']
```

我们用了主键来定位 owner 对象。一个真实的应用程序可能会根据标题来搜索这个对象，可能也会创建索引来优化搜索的过程。我们会在下面介绍索引和搜索。

2.　现在，我们可以将 owner 的键分配给每个 Post 对象，然后保存这些对象。

```
>>> p2._parent= owner._id
>>> p2._id= p2._parent + ':Post:2'
>>> shelf[p2._id]= p2

>>> p3._parent= owner._id
>>> p3._id= p3._parent + ':Post:3'
>>> shelf[p3._id]= p3
```

我们把父对象的信息保存在每个 Post 中。我们用父对象的信息创建主键。对于这种依赖关系的键，_parent 属性的值是多余的，我们可以把它从键中删除。但是，如果我们为 Posts 设计了独立的键，_parent 在键中就不是多余的。当我们查看这些键时，我们可以看到 Blog 和所有的 Post 实例。

```
>>> list(shelf.keys())
['Blog:1:Post:3', 'Blog:1', 'Blog:1:Post:2']
```

当我们从子对象中获取任何的 Post 对象时，会知道它对应的父 Blog 对象。

```
>>> p2._parent
'Blog:1'
>>> p2._id
'Blog:1:Post:2'
```

用另外一种方法获取这些键——从父对象 Blog 开始到子对象 Post，这样的做法更复杂一些。我们会单独讲解这种方法，因为通常会希望用索引来优化从父对象到子对象的路径。

## 10.3.6　为复杂对象设计 CRUD 操作

当我们将一个大集合分解为许多独立的细粒度对象时，shelf 上会有许多不同类型的对象。因为它们是互相独立的对象，所以每个类都需要一系列单独的 CRUD 操作。在一些情况下，对象是完全独立的，一个作用于某个类的对象的操作不会影响这个对象以外的其他对象。

但是，在我们的例子中，Blog 和 Post 对象之间有依赖关系。Post 对象是某个 Blog 对象的子对象，并且这些子对象不能独立存在。当存在这种依赖关系时，就会有关系更复杂的操作需要设计。下面是设计时的一些考量。

● 基于独立（或者父）对象的 CRUD 操作。

　◆　我们可以创建一个全新的空父对象，并且分配一个新的主键给它。我们可以稍后再将子对象分配给这个父对象。类似于 shelf['parent:'+object._id]= object 这样的代码会创建父对象。

　◆　我们可以在不影响子对象的前提下修改或者获取父对象，在赋值语句的右边使用 shelf['parent:'+some_id] 获取父对象。一旦我们得到了父对象，我们可以用

shelf['parent:'+object._id]= object 保存修改。

◆ 删除一个父对象有两种方式。一种方式是级联删除所有和当前父对象相关的子对象。另一种选择是可以通过写代码来禁止删除那些仍然包含子对象的父对象。这两种方式都是合理的，我们可以根据问题域的需求做出正确的选择。

● 基于依赖（或者孩子）对象的 CRUD 操作。

◆ 我们可以创建一个引用了已经存在的父对象的子对象。我们必须处理设计键的问题，决定我们想为这些子对象使用哪种键。

◆ 我们可以在父对象之外更新、获取或者删除子对象。这个过程也包括将子对象分配给另外一个父对象。

由于替换对象和更新对象的代码是相同的，CRUD 操作一般都可以通过简单的赋值语句来处理。删除通过 del 语句完成，删除与某个父对象相关的子对象可能需要一个查询操作获取这些子对象。然后，剩下的就是复杂一些的查询操作。

# 10.4　搜索、扫描和查询

别怕，这些只是同义词。我们会交换地使用这些词。

对于数据库搜索的设计，我们有两种选择。我们可以返回一系列的键或者是一系列的对象。由于我们的设计强调要将键保存在每个对象中，从数据库获取一系列的对象能够满足我们的需求，所以我们会主要关注这种设计。

搜索天生就是低效的操作，我们会倾向于将更多的注意力放在索引上。在后面的章节中，我们会介绍如何创建更有用的索引。但是，暴力扫描总是有效的备用方案。

当一个子类包含一个独立的键时，我们可以基于键创建一个简单的迭代器，这样就能很容易地扫描 shelf 上某些 Child 类的所有实例。下面是一个搜索所有元素的生成器表达式的例子。

```
children = ( shelf[k] for k in shelf.keys() if key.
startswith("Child:") )
```

这段代码会扫描 shelf 上的所有键，然后选择所有以"Child:"作为键的开头的对象。我们可以基于这个表达式来创建一个包含更多条件的更复杂的生成器表达式。

```
children_by_title = ( c for c in children if c.title == "some title")
```

我们用了一个内嵌的生成器表达式向一开始的 children 查询中添加了条件，像这样的生成器表达式在 Python 中非常高效。这个表达式不会扫描数据库两次，它只会用两个条件扫描一次数据库。内层生成器的查询结果会作为外层生成器的查询条件的一部分，从而创建最终的结果。

当子类中使用的是依赖式的键时，可以基于更复杂的匹配条件创建一个迭代器，用于搜索 shelf 上某个特定父对象的子对象。下面是搜索一个给定父对象的所有子对象生成器的一个表达式。

```
children_of = ( shelf[k] for k in shelf.keys() if key.
startswith(parent+":Child:") )
```

这种依赖式的键结构使得用一个简单循环就能够轻松地删除父对象和它的所有子对象。

```
for obj in (shelf[k] for k in shelf.keys() if key.startswith(parent)):
    del obj
```

当使用"Parent:pid:Child:cid"这种分层的键时，在需要区分父对象和它们的子对象时必须非常小心。由于存在这种多部分组成的键，因此我们会有许多对象的键都以"Parent:pid"为开始。这些键中的其中一个指向的是正确的父对象，就是只包含"Parent:pid"的键。其他的键指向的是以"Parent:pid:Child:cid"为键结构的子对象。在这些强力搜索过程中，有 3 种条件我们会经常用到。

- key.startswith("Parent:pid")：查询父对象和所有的子对象，不过不是一个常见的需求。
- key.startswith("Parent:pid:Child:")：只查询给定父对象的子对象。我们可以用一个正则表达式来匹配键，例如 r"^(Parent:\d+):(Child:\d+)$"。
- key.startswith("Parent:pid") 和":Child:"：只查询父对象，不返回任何子对象。我们可以用一个正则表达式来匹配键，例如 r"^Parent:\d+$"。

所有的这些查询都可以通过创建索引来优化。

## 10.5  为 shelve 设计数据访问层

下面讲解应用程序中可能的 shelve 用法，会介绍应用程序中修改和保存博客文章的部分。我们将这个应用分成两层：应用层和数据层。其中，又将应用层分成了两层。

- **应用处理**（**Application processing**）：这些对象不是持久的。这些类会包括程序中所有的行为。这些类会响应用户选择的命令、菜单项、按钮和其他处理元素。
- **问题域数据模型**（**Problem domain data model**）：这些对象会被保存到 shelf 上，这些对象包含了程序的所有状态。

前面介绍的博客和文章的例子中，博客和它的文章集合没有显式的联系。它们是互相独立的，所以我们可以在 shelf 上分别处理它们。我们不想通过把 Blog 变成一个集合类型来创建一个独立的巨大集合对象。

在数据层中，依据数据存储的复杂度，可能会有若干特性。我们只关注其中的两个。

- **访问**（**Access**）：这些组件为问题域中的对象提供了统一的访问方法。我们会定义一个提供了访问 Blog 和 Post 实例的方法的 Access 类，它也会管理用于定位 shelf 上的 Blog 和 Post 对象的键。
- **持久化**（**Persistence**）：这些组件将问题域对象序列化之后保存到持久化存储模块中。这是 shelve 模块。

我们会将 Access 类分成 3 个部分，下面是处理打开和关闭文件的第 1 个部分。

```
import shelve
class Access:
```

```
def new( self, filename ):
    self.database= shelve.open(filename,'n')
    self.max= { 'Post': 0, 'Blog': 0 }
    self.sync()
def open( self, filename ):
    self.database= shelve.open(filename,'w')
    self.max= self.database['_DB:max']
def close( self ):
    if self.database:
        self.database['_DB:max']= self.max
        self.database.close()
    self.database= None
def sync( self ):
    self.database['_DB:max']= self.max
    self.database.sync()
def quit( self ):
    self.close()
```

我们用 Access.new() 创建一个新的空 shelf。用 Access.open() 打开一个已经存在的 shelf。用 Access.close() 和 Access.sync() 将当前最大的键保存在 shelf 上的一个小字典中。

我们还有一些没有实现的功能，例如，实现用于复制文件的 Save As...方法。我们也还没有实现能够恢复到前一个版本的数据库文件的不保存关闭（quit-without-saving）选项。这些额外的功能会使用 os 模块管理文件。我们已经提供了 close() 和 quit() 方法。这让设计一个 GUI 应用程序简单了一些。下面是用来更新 shelf 上的 Blog 和 Post 对象的一些不同方法。

```
def add_blog( self, blog ):
    self.max['Blog'] += 1
    key= "Blog:{id}".format(id=self.max['Blog'])
    blog._id= key
    self.database[blog._id]= blog
    return blog
def get_blog( self, id ):
    return self.database[id]
def add_post( self, blog, post ):
    self.max['Post'] += 1
    try:
        key= "{blog}:Post:{id}".format(blog=blog._id,id=self.max['Post'])
    except AttributeError:
        raise OperationError( "Blog not added" )
    post._id= key
    post._blog= blog._id
    self.database[post._id]= post
    return post
def get_post( self, id ):
    return self.database[id]
def replace_post( self, post ):
    self.database[post._id]= post
```

```
        return post
    def delete_post( self, post ):
        del self.database[post._id]
```

我们提供了将 Blog 和与它相关的 Post 实例保存到 shelf 上所需的最基本的方法。当我们添加 Blog 时，add_blog() 方法首先算出一个新的键，然后用这个键更新 Blog 对象，最后，它将 Blog 对象保存到 shelf 上。我们突出显示了用于修改 shelf 的代码。简单地在 shelf 上设置一个元素和在字典中设置一个元素的操作类似，这个操作会把对象保存起来。

当添加一个 Post 时，必须提供父对象 Blog，这样 shelf 上的这两个对象才能正确地关联起来。在这种情况下，我们首先获取 Blog 的键，然后为 Post 创建一个新键，最后用这个新键更新 Post 对象。更新后的 Post 对象可以被保存到 shelf 上，add_post() 中突出显示的行是用于将对象保存到 shelf 上的。

试图添加一个没有父对象 Blog 的 Post 的情形属于异常，在这种情况下，我们会得到属性错误，因为 Blog._id 属性不存在。

我们提供了典型的替换 Post 和删除 Post 的方法。还有一些可能需要的操作，比如，我们还没有定义替换 Blog 和删除 Blog 的方法。当我们实现删除 Blog 的方法时，必须要决定当还有 Posts 存在时，选择禁止删除 Blog 还是级联删除所有相关的 Posts。最后，还有一些作为迭代器使用的搜索方法，它们可以用来查询 Blog 和 Post 实例。

```
    def __iter__( self ):
        for k in self.database:
            if k[0] == "_": continue
            yield self.database[k]
    def blog_iter( self ):
        for k in self.database:
            if not k.startswith("Blog:"): continue
            if ":Post:" in k: continue # Skip children
            yield self.database[k]
    def post_iter( self, blog ):
        key= "{blog}:Post:".format(blog=blog._id)
        for k in self.database:
            if not k.startswith(key): continue
            yield self.database[k]
    def title_iter( self, blog, title ):
        return ( p for p in self.post_iter(blog) if p.title == title )
```

我们定义了默认的迭代器——__iter__()，它会返回所有以 "_" 作为键的开头的内部对象。目前，我们只定义了一个这样的键——_DB:max，但是这样的设计为我们创建其他的键预留了空间。

blog_iter() 方法会遍历所有 Blog 对象。由于 Blog 和 Post 对象都是以 "Blog:" 作为键的开头，因此我们必须显式地丢弃 Blog 的所有子 Post 对象。一个更好的方法通常是创建一个定制的索引对象，我们会在下面的章节中介绍和索引有关的主题。

post_iter() 方法遍历某个 Blog 的所有 Post 对象。title_iter() 方法扫描所有的 Post 对象并返回所有与给定标题匹配的 Post 对象，这个操作会扫描 shelf 上的所有键，所以它有潜在的性能问题。

我们也必须定义一个用于在某个给定 Blog 中查找包含特定标题的 Post 对象的迭代器。这是一个简单的生成器函数，它会重用 post_iter() 方法并且只返回标题匹配的 Post 对象。

## 编写演示脚本

我们会用演示脚本技术展示一个应用程序会如何使用这个 Access 类来处理博客中的对象。演示脚本会保存一些 Blog 和 Post 对象到数据库中，然后会基于这些数据展示一系列应用程序中可能用到的操作。这些演示脚本可以被扩展为单元测试用例，更完整的单元测试会确保所有的功能都存在并且正常工作。以下演示脚本向我们展示 Access 是如何工作的。

```
from contextlib import closing
with closing( Access() ) as access:
    access.new( 'blog' )
    access.add_blog( b1 )
    # b1._id is set.
    for post in p2, p3:
        access.add_post( b1, post )
        # post._id is set
    b = access.get_blog( b1._id )
    print( b._id, b )
    for p in access.post_iter( b ):
        print( p._id, p )
    access.quit()
```

我们在访问层上创建了 Access 类，这样它就可以被包含在一个上下文管理器中。这样做的目的是为了确保不管有没有异常发生，都会正确地关闭访问层。

我们用 Access.new() 创建了一个新的名为'blog'的 shelf。在 GUI 程序中，这个操作可通过单击 **File | New** 完成。然后我们添加了一个新的博客 b1 到 shelf 上。Access. add_blog() 方法会用它的 shelf 键来更新 Blog 对象。在 GUI 程序中，这个操作有可能是某些人在页面上写了一些内容然后单击了 **New Blog**。

一旦我们添加了 Blog，我们就可以添加两个属于这个 Blog 的 Post。父 Blog 对象中的键会被用为它的每个孩子 Post 对象创建键。同样地，在 GUI 程序中，这个情况下是一个用户在页面填了一些内容，然后单击了 **New Post**。

最后，还有一些查询会使用 shelf 上的键和对象。这些查询会向我们展示这个脚本的最终运行结果。我们可以运行 Access.get_blog() 获取某个已经创建的 Blog 对象，用 Access.post_iter() 遍历某个 Blog 对象的所有子 Post 对象。最后的 Access.quit() 确保会保存用来生成唯一键的最大值并且正确地关闭 shelf。

# 10.6 用索引提高性能

高效的规则之一是避免搜索。我们前面展示的一个遍历 shelf 上所有键的例子是非常低效的。更具强调性的说法是，搜索意味着低效。我们会在这个部分中着重探讨这点。

穷举搜索可能是处理时最糟糕的方法,我们必须总是基于数据的
子集或者映射创建索引以提高性能。

为了避免搜索,我们需要基于被搜索的元素创建索引。有了这些索引之后查询某个元素或者某些元素时就不用遍历整个 shelf。shelf 的索引不能引用 Python 对象,因为这会改变对象存储的粒度。shelf 索引只能基于键。这使得不同对象间的跳转变得不直接,但是仍然比遍历 shelf 上所有元素的穷举搜索要快很多。

索引的一个例子是可以用一个列表保存与 shelf 上的 Blog 相关的所有 Post 的键,也可以很轻易地通过修改 add_blog()、add_post()和 delete_post()方法来更新相关的 Blog 对象。下面这些代码是博客更新方法的修订版本。

```
class Access2( Access ):
    def add_blog( self, blog ):
        self.max['Blog'] += 1
        key= "Blog:{id}".format(id=self.max['Blog'])
        blog._id= key
        blog._post_list= []
        self.database[blog._id]= blog
        return blog

    def add_post( self, blog, post ):
        self.max['Post'] += 1
        try:
            key= "{blog}:Post:{id}".format(blog=blog._id,id=self.max['Post'])
        except AttributeError:
            raise OperationError( "Blog not added" )
        post._id= key
        post._blog= blog._id
        self.database[post._id]= post
        blog._post_list.append( post._id )
        self.database[blog._id]= blog
        return post
    def delete_post( self, post ):
        del self.database[post._id]
        blog= self.database[blog._id]
        blog._post_list.remove( post._id )
        self.database[blog._id]= blog
```

add_blog()方法确保每个 Blog 都有一个额外的_post_list 属性。其他的方法会用这个属性维护一个属于当前 Blog 的所有 Post 的键的列表。注意我们不是将 Posts 本身添加到列表中,如果添加了 Posts 本身,那么就是将整个 Blog 保存在 shelf 上的单一对象中。通过只添加键,让 Blog 和 Post 对象保持独立。

add_post()方法将 Post 添加到 shelf 上。它也会将 Post._id 添加到 Blog 中维护的键列

表中。这意味着任何 Blog 对象都会有一个用于提供所有子 Post 对象键的 _post_list 属性。

这个方法更新了 shelf 两次。第 1 次只是简单地保存了 Post 对象。第 2 次的更新至关重要，我们没有尝试简单地修改 shelf 上的 Blog 对象，更倾向于确保保存到 shelf 上的对象都是最新的。

类似地，delete_post() 方法通过将不再使用的 Post 索引从所属 Blog 对象的 _post_list 中移除来保证索引是最新的。和 add_post() 类似，这个方法也更新了 shelf 两次：del 语句删除 Post，然后更新 Blog 对象以反映索引的改变。

这些修改彻底改变了查询 Post 对象的方式，下面是搜索方法的修订版本。

```
def __iter__( self ):
    for k in self.database:
        if k[0] == "_": continue
        yield self.database[k]
def blog_iter( self ):
    for k in self.database:
        if not k.startswith("Blog:"): continue
        if ":Post:" in k: continue # Skip children
        yield self.database[k]
def post_iter( self, blog ):
    for k in blog._post_list:
        yield self.database[k]
def title_iter( self, blog, title ):
    return ( p for p in self.post_iter(blog) if p.title == title )
```

我们将 post_iter() 中的扫描替换成了一个高效得多的操作，这个循环会基于 Blog 的 _post_list 属性中存储的键快速地返回 Post 对象，我们可以考虑将 for 语句替换为一个生成器表达式。

```
return (self.database[k] for k in blog._post_list)
```

post_iter() 方法的这个优化方式的目的是避免搜索所有的键。我们将搜索所有的键替换成了简单适当地迭代一些相关的键。下面是一个简单的性能测试的结果，我们交替地更新 Blog 和 Post 并且将 Blog 转换为 RST 标记。

```
Access2: 14.9
Access: 19.3
```

和预期的一样，避免搜索从而减少了处理 Blog 和每个 Posts 所需要的时间。这个改变是非常重要的，处理时间中几乎有 25% 的时间都浪费在搜索上。

## 创建顶层索引

我们在每个 Blog 中增加了一个用于定位所有相关 Posts 的索引。我们也可以在 shelf 上添加一个用于定位所有 Blog 实例的顶层索引。基本的设计方法和前面看到的大体一致。对每一个被添加或者删除的 Blog，我们必须要更新索引的结构。为了能够正确地迭代，还必须修改迭代器。下面是间接访问对象的另一种设计。

```
class Access3( Access2 ):
    def new( self, *args, **kw ):
        super().new( *args, **kw )
        self.database['_DB:Blog']= list()

    def add_blog( self, blog ):
        self.max['Blog'] += 1
        key= "Blog:{id}".format(id=self.max['Blog'])
        blog._id= key
        blog._post_list= []
        self.database[blog._id]= blog
        self.database['_DB:Blog'].append( blog._id )
        return blog

    def blog_iter( self ):
        return ( self.database[k] for k in self.database['_DB:Blog'] )
```

在创建数据库时，添加了一个管理对象以及值为"_DB:Blog"的索引。这个索引列表将用来存储每个 Blog 对象的键值。当添加一个新的 Blog 对象时，也会使用修改的键值列表来相应地更新"_DB:Blog"对象的值。此处没有演示删除的实现，因为这部分逻辑很直接。

当对 Blog 对象中的文章进行迭代时，使用了索引列表来替代直接在数据库中使用关键字进行搜索。以下是一些性能测试的数据：

```
Access3: 4.0
Access2: 15.1
Access: 19.4
```

从以上结果中可以得出绪论，大部分时间浪费在了使用关键字直接对数据库进行搜索的过程中。在程序的性能优化过程中，首先应该要考虑到的就是尽量避免使用关键字对数据库进行直接搜索。

## 10.7　有关更多的索引维护工作

很明显，在 shelf 索引维护方面可能会需要做更多的工作。当使用简单的数据模型时，可以简单的为一篇文章的标签，日期和标题添加索引。这里为博客的另外一个访问层定义了两个索引。其中一个索引简单的列出了博客记录的所有键值。另外一个索引则基于博客标题提供相应键值。这里假设标题不是唯一的。我们会从 3 个方面来演示这个访问层的操作。以下是 CRUD 处理过程中的 Create 部分。

```
class Access4( Access2 ):
    def new( self, *args, **kw ):
        super().new( *args, **kw )
        self.database['_DB:Blog']= list()
        self.database['_DB:Blog_Title']= defaultdict(list)

    def add_blog( self, blog ):
        self.max['Blog'] += 1
        key= "Blog:(id)".format(id=self.max['Blog'])
```

```
blog._id= key
blog._post_list= []
self.database[bloq._id]= blog
self.darabase['_DB:Blog'].append( blog._id )
blog_title= self.database['_DB:Blog_Title']
blog_title[blog.title].append( blog._id )
self.database['_DB:Blog_Title']= blog_title
return blog
```

我们添加了两个索引：一个简单的 Blog 键列表和另一个保存了与某个给定标题相关的键的 defaultdict。如果每个标题都是唯一的，那么所有的列表都是单例的。如果标题不唯一，那么每个标题都会有一个 Blog 键的列表。

当添加 Blog 实例时，也需要更新这两个索引。Blog 键的简单列表通过追加一个新键然后保存到 shelf 上的方式更新。标题索引需要从 shelf 上获取现存的 defaultdict，然后将与 Blog 标题匹配的键列表追加到它的尾部，最后将 defaultdict 保存在 shelf 上。下面的代码展示了 CRUD 中 U（更新）的部分。

```
def update_blog( self, blog ):
    """Replace this Blog; update index."""
    self.database[blog._id]= blog
    blog_title= self.database['_DB:Blog_Title']
    # Remove key from index in old spot.
    empties= []
    for k in blog_title:
        if blog._id in blog_title[k]:
            blog_title[k].remove( blog._id )
            if len(blog_title[k]) == 0: empties.append( k )
    # Cleanup zero-length lists from defaultdict.
    for k in empties:
        del blog_title[k]
    # Put key into index in new spot.
    blog_title[blog.title].append( blog._id )
    self.database['_DB:Blog_Title']= blog_title
```

当我们更新 Blog 对象时，我们可能会更改 Blog 属性的标题。如果实体中包含越来越多的属性和索引，我们可能希望可以比较修改后的值和 shelf 上的值，这样就能知道哪些属性被更改了。对于这个只有一个属性的简单实体，不需要任何比较就可以知道哪个属性被更改了。

这个操作的第 1 个部分是将 Blog 的键从索引中移除。由于还没有得到 Blog.title 属性之前的值，因此我们不能简单地基于旧的值移除键。取而代之的是，我们必须搜索所有 Blog 键的索引，并且将与标题相关的键删除。

 标题唯一的 Blog 会让标题的键列表为空。我们也应该清理无用的标题。

一旦将与旧标题相关的键从索引中移除，就可以用新标题把键添加到索引中。最后的两行代码和一开始创建 Blog 时所用的相同。下面是一些查询处理的例子。

```
def blog_iter( self ):
    return ( self.database[k] for k in self.database['_DB:Blog'] )

def blog_title_iter( self, title ):
    blog_title= self.database['_DB:Blog_Title']
    return ( self.database[k] for k in blog_title[title] )
```

blog_iter() 方法函数通过从 shelf 上获取索引对象来遍历所有的 Blog 对象。blog_title_iter() 方法函数用索引获取某个给定标题相关的 Blog 对象。当有许多标题不同的 Blog 对象时，这个方法可以快速地根据标题定位到一个 Blog 对象。

# 10.8  用 writeback 代替更新索引

我们可以用 writeback=True 模式打开 shelf，这种模式通过保存每个对象的缓存版本追踪所有可变对象的更改。相比于跟踪所有访问过的对象来检测和保存更改这种会给 shelve 模块带来沉重负担的方法，这里展示的方式会更新一个可变对象然后强制 shelf 更新这个特定对象的持久化版本。

这对运行时性能只有轻微的影响。例如，add_post() 操作会稍微变慢一些，因为它也需要更新 Blog 对象。如果要添加多个 Posts，这些额外的对 Blog 的更新就会变成一笔不小的开销。但是，通过避免用冗长的搜索在 shelf 的所有键中查询某个给定 Blog 的 Post 对象，我们可以提高生成 Blog 的性能，这样一来也能平衡 writeback 所带来的开销。这里展示的设计会避免创建 writeback 缓存，因为这种缓存在运行时有可能无限制增长。

## 模式演变

当使用 shelve 时，我们必须重视模式演变的问题。对象包含动态的状态和静态的类定义，可以很容易地持久化动态的状态。类定义是持久化数据的模式。但是，类并不是完全静态的。如果修改了类定义，我们如何从 shelf 上获取对象呢？对于这个问题，一个好的设计通常会包含以下几项技术。

改变方法函数和特性不会改变已经保存的对象状态。我们可以将这些改变归类为次要改变，因为已经保存到 shelf 上的数据与修改后的类定义仍然是兼容的。一个新的软件版本可以包含一个新的次要版本号，用户对这种版本应该有足够的信心，相信它是可以正常工作的。

改变属性会改变已经保存的对象状态，我们可以称这些为主要改变，因为已经保存到 shelf 上的数据与新的类定义不兼容。这种类型的改变不应该通过修改类定义来完成。这种类型的改变应该通过定义一个新的子类并且提供一个更新过的工厂函数来创建这个类不同版本的实例。

我们可以灵活地支持多个版本，或者可以用一次性转换。为灵活性考虑，必须基于工厂函数创建对象的实例。一个灵活的应用程序会避免直接创建对象。通过使用工厂函数，我们可以保证应用程序的所有部分都可以一致地协作。我们可能会用下面这样的方式支持灵活的模式改变。

```
def make_blog( *args, **kw ):
    version= kw.pop('_version',1)
    if version == 1: return Blog( *args, **kw )
    elif version == 2: return Blog2( *args, **kw )
    else: raise Exception( "Unknown Version {0}".format(version) )
```

这种工厂函数需要一个_version 关键字参数来明确指定要使用哪个 Blog 类的定义，这让我们可以在不破坏现有程序的前提下，重用一个模式在不同的类上。访问层可以基于这种函数实例化正确版本的对象。我们也可以提供一个下面这样的流畅接口。

```
class Blog:
    @staticmethod
    def version( self, version ):
        self.version= version
    @staticmethod
    def blog( self, *args, **kw ):
        if self.version == 1: return Blog1( *args, **kw )
        elif self.version == 2: return Blog2( *args, **kw )
        else: raise Exception( "Unknown Version {0}".format(self.version) )
```

我们可以像下面这样使用这个工厂。

```
blog= Blog.version(2).blog( title=this, other_attribute=that )
```

shelf 应该包含模式版本的信息，可能是保存为一个特殊的__version__键。这为访问层决定应该使用哪一个版本的类提供了信息。应用程序在打开 shelf 之后应该首先获取这个对象，当模式版本错误时应该立刻终止程序。

这种级别灵活性的另外一种实现方式是一次新转换，应用程序的这个功能会用原始的类定义获取 shelf 上的所有对象，转换成新的类，然后用新的格式将它们保存回 shelf 上。对 GUI 应用程序而言，这可能是一个打开的文件或者保存的文件的一部分。对于网络服务器而言，这可能是管理员在发布应用程序时需要运行的一个脚本。

# 10.9  总结

我们介绍了 shelve 模块的基本用法，包括创建 shelf 并用存放在 shelf 上的对象设计键。我们也介绍了访问层需要在 shelf 上执行低层的 CRUD 操作。这样做的主要目的是我们需要分离为我们的应用程序本身服务的类和其他用于持久化的类。

## 10.9.1  设计要素和折中方案

shelve 模块的优势之一是允许我们保存不同的元素。这为确定合适的元素粒度的设计增加了负担。过于细的粒度会浪费时间将它们从碎片组装起来。过于粗的粒度会浪费我们的时间去获取和保存不相关的元素。

由于 shelf 需要键，因此必须为对象设计合适的键，也必须管理不同对象的键。这意味着使用额外的属性保存键以及可能需要为 shelf 上的元素创建额外的键集合作为索引。

用来访问 shelve 数据库上元素的键就像 weakref，它是一个间接引用。这意味着需要额外处理基于引用追踪和访问元素。关于 weakref 的更多信息，参见第 2 章 "与 Python 无缝集成——基本特殊方法"。

设计键的一种方式是选择不会被改变并且适合作为主键的一个属性或者一些属性的组合。另外一种方式是生成不可以改变的代理键，这种方式让其他所有属性仍然可以被改变。由于 shelve 依赖于 pickle 表示 shelf 上的元素，所以我们有一种高性能的方式表示 Python 对象。这降低了保存在 shelf 上的类设计的复杂度。任何 Python 对象都可以被保存在 shelf 上。

## 10.9.2　应用软件层

由于使用 shelve 时程序会变得相对复杂，因此我们的软件必须更合理地分层。通常，我们将软件架构分为下面几个层次。

- **表示层**（**Presentation layer**）：顶层用户界面，可能是一个 Web 引用或者是一个桌面 GUI 程序。
- **应用层**（**Application layer**）：让应用程序得以正常工作的内部服务或者控制器。这层也可以被称为处理模型，与逻辑数据模型不同。
- **业务逻辑层或者问题域模型层**（**Business layer or problem domain model layer**）：定义了业务领域或者问题域的对象，这层有时候被称为逻辑数据模型。我们通过 Blog 和 Post 的博客例子介绍了应该如何定义这些对象。
- **基础架构**（**Infrastructure**）：它通常还包括一些其他层和一些其他的横切关注点（crosscutting concerns），例如日志、安装和网络访问。
- **数据访问层**（**Data access layer**）：这层包含了用来访问数据对象的协议或者方法。我们介绍了如何设计用于访问 shelve 数据库的对象。
- **持久化层**（**Persistence layer**）：这是文件存储系统中的物理数据模型。shelve 模块实现了持久化。

当我们进入第 11 章 "用 SQLite 保存和获取对象" 时，会更清楚如果想要掌握面向对象编程则必须掌握一些设计模式。我们不能简单地设计独立的类，相反地，我们需要关注类是如何被组织为更大的结构的。最后，也是最重要的，穷举搜索是一个可怕的东西，我们必须避免使用它。

## 10.9.3　展望

下一章和本章类似，我们会介绍如何用 SQLite 而不是 shelve 来持久化我们的对象。复杂的地方是 SQL 数据库没有直接支持保存复杂 Python 对象，这就带来了阻抗失配问题（impedance mismatch problem）。我们会介绍两种用诸如 SQLite 的关系型数据库解决这个问题的方法。

第 12 章 "传输和共享对象" 会将注意力从简单的持久化转到传输和共享对象上。这会基于我们在本章所介绍的持久化技术，同时会加入网络协议。

# 第 11 章
# 用 SQLite 保存和获取对象

在许多应用中，需要完成对象的存储。在第 9 章 "序列化和保存——JSON、YAML、Pickle、CSV 和 XML" 中所介绍的技术主要是针对单一的对象。有时，我们需要从一个大的领域中分离出独立的对象来做持久化。比如将博客记录、博文、作者以及广告保存在一个单一的文件结构中。

在第 10 章 "用 Shelve 保存和获取对象" 中，介绍了将不同的 Python 对象使用一个 shelve 数据存储来保存。这使得我们可以为一个大的领域中的对象应用 CRUD 操作。任何单独的对象可以被创建、获取、修改或删除，而无需加载并转储整个文件。

在本章中，我们会介绍从 Python 对象到关系数据库的映射，尤其是 Python 中集成的 sqlite3 数据库，这将是三层架构设计中的另一个例子。

在这个设计中，SQLite 数据层是一个比 Shelve 更复杂的数据库。在 SQLite 中可以使用锁来保证并发的更新操作。SQLite 提供了一个基于 SQL 语言的访问层，可以通过将 SQL 表存储到文件系统中来完成持久化。使用数据库而非一个简单的文件来处理对单一数据池的并发更新，Web 应用是其中的一个例子。还有 RESTful 的数据服务器，使用数据库来提供对持久化对象的访问。

从可扩展性来看，可以使用独立的数据库服务进程来隔离所有的数据库事物。这意味着它们可以位于相对安全的主机环境中，与 Web 应用的服务器分开，在防火墙的后面。例如 MySQL，可以作为独立的服务进程。SQLite 不是独立的数据库服务，它必须作为宿主应用的一部分，而对于我们来说，Python 就是宿主。

## 11.1　SQL 数据库、持久化和对象

当使用 SQLite 时，会使用一个关系数据库和基于 SQL 语言的数据访问层。SQL 语言是面向对象编程火热时期所遗留的一种语言。SQL 语言侧重于面向过程编程，也是阻抗不匹配问题的来源，即关系数据模型与对象数据模型之间的不匹配。在 SQL 数据库中，我们主要侧重于数据模型的 3 个层面，如下所示。

- **概念模型**：这些实体关系是基于 SQL 模型创建的。在大多数情况下，它们可以映射为 Python 对象并且与应用中的数据层相对应。这里是使用**对象关系映射**的地方。
- **逻辑模型**：它们就是 SQL 数据库中的表、行、列。我们会在 SQL 数据操作语句中来处理这些实体。这个模型之所以会存在，是因为它表达了一种物理模型，它与数据库中的表、

行和列有时是不同的。例如，在一个 SQL 查询所返回的结果中，看起来像是一个表，但可能并没有涉及数据库中平行定义的一些表。

● **物理模型**：这些包括文件、块、页、比特和用于物理存储的字节。这些实体由管理级别的 SQL 语句进行定义。在一些复杂的数据库中，我们可以尝试对数据的物理模型进行操作从而优化性能。然而在 SQLite 中，几乎不可能完成。

在使用 SQL 数据库时，在设计时需要做一些抉择。其中最重要的决定也许是如何最大化地解决阻抗不匹配问题，也就是如何解决从旧的 SQL 数据映射为 Python 对象模型，有 3 种常见的策略。

● **完全不考虑 Python 的映射**：这意味着我们不对数据库进行复杂的 Python 对象的查询，工作范围在一个完全独立的 SQL 框架中进行，这个框架包括了原子数据元素和函数处理。使用这种方式就不必非常执着于为数据库对象持久化使用面向对象编程进行设计。这样一来，我们只能使用 4 种基本的 SQLite 类型：NULL、INTEGER、REAL 和 TEXT，还有 Python 中的 datetime.date 和 datetime.datetime。

● **手动映射**：在类与 SQL 逻辑模型的表、列、行和键之间添加一个数据访问层。

● **ORM 层**：下载安装一个 ORM 层，用于完成在类与 SQL 逻辑模型的映射。

在接下来的例子中，会对这 3 种方式逐一进行介绍。在了解从 SQL 到对象的映射前，我们先看一下 SQL 逻辑模型的一些细节，在此过程中会使用不映射的方式来完成。

## 11.1.1　SQL 数据模型——行和表

SQL 数据模型包括了表的命名和表中列的命名。表包含了多行数据，每个数据行像是一个不可变的 namedtuple。大致上来看，表更像是 list。

当定义一个 SQL 数据库时，会定义一些表以及其中的列。当使用一个 SQL 数据库时，我们会对表中数据行进行操作。对于 SQLite 来说，SQL 只支持少数几种数值类型。SQLite 支持 NULL、INTEGER、REAL、TEXT 和 BLOB 数据。对应的 Python 中类型为 None、int、float、str 和 bytes。类似地，当从 SQLite 数据库取这些类型的数据时，它们会被转化为 Python 对象。

可以通过为 SQLite 添加转换函数来对转换过程进行改善。在 sqlite3 模块中加入了 datetime.date 和 datetime.datetime，因此需要对这种方式的实现进行扩展。我们将在下一节中使用手动映射的方式解决此问题。

SQL 语句可以被分为 3 类：**数据定义语言**（**data definition language，DDL**）、**数据操纵语言**（**data manipulation language，DML**）和**数据控制语言**（**data control language，DCL**）。DDL 运用于对数据表、其中的列以及索引进行定义。以下语句定义了一些表，是 DDL 的一个例子。

```
CREATE TABLE BLOG(
    ID INTEGER PRIMARY KEY AUTOINCREMENT,
    TITLE TEXT );
CREATE TABLE POST(
    ID INTEGER PRIMARY KEY AUTOINCREMENT,
    DATE TIMESTAMP,
```

```
    TITLE TEXT,
    RST_TEXT TEXT,
    BLOG_ID INTEGER REFERENCES BLOG(ID) );
CREATE TABLE TAG(
    ID INTEGER PRIMARY KEY AUTOINCREMENT,
    PHRASE TEXT UNIQUE ON CONFLICT FAIL );
CREATE TABLE ASSOC_POST_TAG(
    POST_ID INTEGER REFERENCES POST(ID),
    TAG_ID INTEGER REFERENCES TAG(ID) );
```

我们创建了 4 张表来表示博客应用中的 Blog 和 Post 对象。有关在 SQLite 中使用 SQL 语句的更多信息，可以参见 http://www.sqlite.org/lang.html。若要了解更多有关 SQL 的背景，可以阅读一些书籍，比如 *Creating your MySQL Database: Practical Design Tips and Techniques*，它会基于 MySQL 数据库对 SQL 语言进行介绍。SQL 语言是区分大小写的，而我们比较倾向于将 SQL 全部大写，以对 Python 代码进行区分。

BLOG 表中定义了一个 AUTOINCREMENT 的主键，SQLite 将完成对主键的赋值，这样在代码中就无需再生成键值了。TITLE 列表示一个博客的标题，我们定义为 TEXT 类型。在一些数据库中，必须提供最大长度，而在 SQLite 中不需要，避免了长度不一的存储记录造成的混乱。

在 POST 表中定义了一个主键和日期，标题还有表示文章内容的 RST 文本。可以注意到，在表定义中我们并没有引用标签，需要回到有关以下 SQL 数据表的设计模式中。在 POST 表中包含了一个单独的 REFERENCES 语句用来表示这是一个引用到自己 BLOG 的外键。TAG 表中，只定义了每个标签文本。

最后，我们为 POST 和 TAG 创建了关联表。这个表只有两个外键，它关联了标签和文章，允许一篇文章包含无限数量的标签，以及无限数量的文章可以共享一个标签。这个关联表在 SQL 设计模式中是很常见的，用于为这类表关系建立联系。在接下来的几节中，我们会看一些其他的 SQL 设计模式，可以通过执行之前的定义来创建数据库。

```
import sqlite3
database = sqlite3.connect('p2_c11_blog.db')
database.executescript( sql_ddl )
```

所有的数据库访问需要一个连接，使用模块中的函数 sqlite3.connect()进行创建，将文件名传入数据库连接中。我们将对这个函数的其他参数在接下来的节中进行介绍。

DB-API 会假设应用程序进程会连接一个独立的数据库服务进程。而对于 SQLite 来说，并没有一个独立的进程。然而，为了符合标准，使用了 connect()函数。

sql_ddl 变量只是一个长的字符串变量，其中包含了 4 个 CREATE TABLE 语句。如果没有错误信息，意味着表结构被正确定义了。

Connection.executescript()方法在 **Python** 标准库中被描述为 nonstandard shortcut。从技术上来看，数据库操作包含了 cursor。如下是一个使用的示例。

```
crsr = database.cursor()
for stmt in sql_ddl.split(";"):
    crsr.execute(stmt)
```

　　因为我们主要使用 SQLite，所以会大量使用 `nonstandard shortcuts`。若要顺利移植到其他数据库，就需要严格地符合 DB-API。我们会在接下来几节的查询中重新介绍游标对象。

## 11.1.2　使用 SQL 的 DML 语句完成 CRUD

以下 4 种典型的 CRUD 操作直接对应了相应的 SQL 语句。

- 创建操作通过 `INSERT` 语句完成。
- 查询操作通过 `SELECT` 语句完成。
- 更新操作通过 `UPDATE` 语句来完成，如果数据库支持，还可以使用 `REPLACE` 语句来完成。
- 删除操作通过 `DELETE` 语句完成。

　　已经注意到了，有一种文本形式的 SQL 语法，绑定了变量占位符而非文本值。对于脚本来说，文字形式的 SQL 语法是可以接受的。然而，由于值总是文本，对于应用编程来说是非常糟糕的。在一个应用中创建文本的 SQL 语句涉及大量的字符串操作和明显的安全问题。这里就有一个拼凑 SQL 文本带来的安全问题：http://xkcd.com/327/，我们会重点介绍一些 SQL 中的变量绑定。

　　SQL 文本的广泛使用是错误的做法。

 应该避免通过字符串操作创建 SQL 的 DML 语句。

　　Python 的 DB-API 接口，在 Python 增强建议书（**Python Enhancement Proposal，PEP**）249 条，http://www.python.org/dev/peps/pep-0249/，定义了几种方式来将应用变量绑定到 SQL 语句中。SQLite 中可以使用?完成位置绑定或使用:`name` 完成命名绑定。接下来会对这两种绑定进行一一介绍。

　　如以下代码段所示，我们使用一个 **INSTERT** 语句新建了一个 BLOG 行。

```
create_blog= """
INSERT INTO BLOG(TITLE) VALUES(?)
"""
database.execute(create_blog, ("Travel Blog",))
```

　　我们创建了一个 SQL 语句，为 BLOG 表中的 `TITLE` 列使用了一个位置绑定变量?。在将一组值绑定到变量上之后，执行了这条语句。只绑定了一个变量，因此在元组中只有一个值。这条语句一旦执行，在数据库中将插入一行记录。

　　可以看到，在 3 个引号内的 SQL 语句与 Python 代码很明显地区分开了。在一些应用中，会将 SQL 保存为一个独立的配置项。从语句名到 SQL 文本的映射，将 SQL 分离是最好的选择。例如，可以将 SQL 存在一个 JSON 文件中。这意味着可以使用 `SQL=json.load ("sql_config.json")` 来获取所有的 SQL 语句。然后可以使用 `SQL["some statement name"]` 来引用一个特定的 SQL 语句，可以将 SQL 控制在 Python 代码的外部来简化维护成本。

　　使用 `DELETE` 与 `UPDATE` 语句时需要指定一个 `WHERE` 语句来标识哪一行需要修改或删除。可以使用如下代码来修改一个 blog 标题。

```
update_blog="""
UPDATE BLOG SET TITLE=:new_title WHERE TITLE=:old_title
"""
database.execute( "BEGIN" )
database.execute( update_blog,
    dict(new_title="2013-2014 Travel", old_title="Travel Blog") )
database.commit()
```

在 UPDATE 语句中有两个命名的绑定变量:new_title 和:old_title。这个事务会将 BLOG 表中所有包含了旧标题的行更新为新标题。理想情况下,标题是唯一的,而且只有一行被修改。SQL 语句的操作对象是行的集合。数据库设计中很重要的一点是要确保行的内容是由集合构成的,建议为每个表创建一个主键。

当执行一个删除操作时,会有两种选择。要么当子记录仍存在时阻止对父记录的删除,要么在删除父记录的同时删除相应的子记录。接下来的例子中会介绍有关对 Blog、Post 和标签的级联删除。以下是一些 DELETE 语句。

```
delete_post_tag_by_blog_title= """
DELETE FROM ASSOC_POST_TAG
WHERE POST_ID IN (
    SELECT DISTINCT POST_ID
    FROM BLOG JOIN POST ON BLOG.ID = POST.BLOG_ID
    WHERE BLOG.TITLE=:old_title)
"""
delete_post_by_blog_title= """
DELETE FROM POST WHERE BLOG_ID IN (
    SELECT ID FROM BLOG WHERE TITLE=:old_title)
"""
delete_blog_by_title="""
DELETE FROM BLOG WHERE TITLE=:old_title
"""
try:
    with database:
        title= dict(old_title="2013-2014 Travel")
        database.execute( delete_post_tag_by_blog_title, title )
        database.execute( delete_post_by_blog_title, title )
        database.execute( delete_blog_by_title, title )
    print( "Delete finished normally." )
except Exception as e:
    print( "Rolled Back due to {0}".format(e) )
```

我们使用了 3 步来完成删除操作。首先,根据指定的 Blog 标题从 ASSOC_POST_TAG 中删除所有的行。注意它是一个嵌套查询,我们会在下一节中介绍查询。在 SQL 结构中执行表之间的跳转是一个常见的问题。因此,必须从 BLOG-POST 关系中先查询 POST 的 ID 来得到要删除的行,然后就可以找出与需要删除博客的相关文章了,再根据这些文章的记录从 ASSOC_POST_TAG 中找出并移除相关的记录。下一步,删除所有与指定博客相关的文章记录。这也涉及一个嵌套查询,用于完成根据标题查询出所有相关博客的 ID。最后,删除博客记录。

这是一个显式执行级联删除的例子,操作需要从 BLOG 表级联操作两个其他的表。将所有的删除放进一个 with 上下文中，这样它就会当作同一个事务来执行。如果执行失败，它将会回滚已经执行的修改，将数据库恢复为执行之前的状态。

## 11.1.3 使用 SQL 中 SELECT 语句执行查询

有关 SELECT 语句的内容，可以单独写一本书来介绍。这里我们只关注 SELECT 语句中最基本的部分。我们的目的是掌握一些基本的 SQL 语句，能够完成对数据库的查询和存储即可。

在前面的内容里我们提到，从技术上来说，建议在执行 SQL 语句时使用一个游标。对于 DDL 和其他 DML 语句，是否使用游标并不是很重要。我们将显式地创建游标，因为它会大幅度简化 SQL 编程。

然而，对于查询来说，游标主要用于从数据库中获取数据。根据标题对一个博客进行定位，可以使用如下这样简单的查询语句。

```
"SELECT * FROM BLOG WHERE TITLE=?"
```

我们需要获取对象的行结果集。尽管有时只需要返回一行数据，但对 SQL 而言，一切都是一个集合。大致上来说，每个结果集是由 SELECT 查询获取的集合，通常是一个包含了行和列的表。它的定义由 SELECT 语句完成而非任何 CREATE TABLE DDL 语句。

这样一来，使用 SELECT * 意味着有效地避免了对期望的结果列进行枚举。这或许会导致返回结果中包含大量的列，以下是对于使用 SQLite 常见的优化方案。

```
query_blog_by_title= """
SELECT * FROM BLOG WHERE TITLE=?
"""
for blog in database.execute( query_blog_by_title, ("2013-2014
Travel",) ):
    print( blog[0], blog[1] )
```

在 SELECT 语句中，*代表了所有的有效列的集合。这种方式对于简单的表来说是非常有用的。

在 SELECT 语句中，将请求的博客标题绑定在了"?"参数上。execute()函数的执行结果是一个游标对象。游标是可迭代的，它将迭代返回所有的行结果集，这些结果集包含了所有匹配 WHERE 语句中查询关键字的行。

为了完全遵守 Python 中 DB-API 的标准，可以分解为如下几步。

```
crsr= database.cursor()
crsr.execute( query_blog_by_title, ("2013-2014 Travel",) )
for blog in crsr.fetchall():
    print( blog[0], blog[1] )
```

以上演示了如何使用连接创建一个游标对象。然后就可以使用游标对象来执行一个查询语句。一旦完成了查询的执行，就可以获取行结果集。每行表示 SELECT 语句所返回的其中一个元组值。这样一来，因为 SELECT 语句为*，这意味着从原来的 CREATE TABLE 语句返回的列将被使用。

## 11.1.4 SQL 事务和 ACID 属性

正如我们所看到的，SQL 中 DML 语句对应了 CRUD 操作。当讨论 SQL 中事务时，需要介绍

INSERT、SELECT、UPDATE 和 DELETE 语句。

SQL 的 DML 语句都工作在一个 SQL 事务的上下文中。在一个事务中执行的 SQL 语句是一个工作的逻辑单元，整个事务可以被提交或回滚，整个过程为原子操作。

SQL 中的 DDL 语句（例如，CREATE、DROP）不会在事务中工作。它们会隐式地结束任何之前正在进行中的事务，因为它们改变了数据库的结构。它们是另一类语句，故而不存在事务的概念。

ACID 是指原子性（Atomic）、一致性（Consistent）、隔离性（Isolated）和持久性（Durable）。它们是事务的基本属性，其中每个事务中包括了多个数据库操作。更多信息可以阅读第 10 章"用 Shelve 保存和获取对象"。

只有在读未提交（read uncommitted）模式下，每个数据库链接所看到的数据版本是一致的，它们只包含已经提交了的事务执行后的结果。未提交的事务对于其他数据库客户端进程来说通常是隐藏的，具有一致性的特性。

一个 SQL 事务也具有隔离性的特性。SQLite 中支持不同的隔离级别，在隔离级别中定义了 SQL 的 DML 语句是如何在多个并发的进程中交互的。这点是基于锁的使用以及一个 SQL 请求的进程是如何基于锁的定义进行延迟的。在 Python 中，隔离级别是在数据库连接建立时发生的。

每个 SQL 数据库都有各自对隔离级别和锁的处理方式，没有统一的模型。

对于 SQLite 来说，有 4 种隔离级别用于定义锁以及事务的本质。更多信息可参见 http://www.sqlite.org/isolation.html。以下是几种隔离级别。

- isolation_level=None：这是默认的设置，也被称为自动提交（autocommit）模式。在这种模式下，每个 SQL 语句都会在执行后直接提交到数据库。它破坏了原子性，而有些奇怪的观点则认为，所有的事务都应当只包含一个 SQL 语句。

- isolation_level='DEFERRED'：在这种模式中，事务中锁的添加越晚越好。例如 BEGIN 语句，并没有立即获得任何锁。对于其他的读操作（即 SELECT 语句）可以获得共享锁，写操作将获得保留的锁。然而这样可以最大化并发，但在多个进程中也会产生死锁。

- isolation_level='EXCLUSIVE'：在这种模式中，事务的 BEGIN 语句会获得一个锁，阻止其他操作的访问。对于一些链接，在一种特殊的读未提交模式中，忽略锁会导致异常。

持久性对于所有已提交的事务都是可以保证的。数据已经写入了数据库文件中。

在 SQL 中，需要使用 BEGIN TRANSACTION 和 COMMIT TRANSACTION 来将括号内的步骤包括在事务中。出现错误时，需要使用 ROLLBACK TRANSACTION 语句来进行回滚。在 Python 中的接口简化了这一点。我们可以执行一个 BEGIN 语句。其他语句由 sqlite3.Connection 对象中的函数来提供，不需要执行 SQL 语句来终止一个事务，如以下代码所示。

```
database = sqlite3.connect('p2_c11_blog.db', isolation_
level='DEFERRED')
try:
    database.execute( 'BEGIN' )
```

```
        database.execute( "some statement" )
        database.execute( "another statement" )
        database.commit()
    except Exception as e:
        database.rollback()
        raise e
```

当建立数据库连接时我们将隔离级别设置为 DEFERRED。这意味着我们需要显式地开始和结束每个事务。一个典型的场景是，将相关的 DML 封装在一个 try 语句块中，然后在没有错误的情况下提交事务，如果发生错误则回滚事务，可以使用 sqlite3.Connection 对象作为一个上下文管理器来简化这个过程。

```
database = sqlite3.connect('p2_c11_blog.db', isolation_
level='DEFERRED')
with database:
    database.execute( "some statement" )
    database.execute( "another statement" )
```

以上代码与之前的例子是类似的。我们使用了相同的方式打开数据库，然后进入了一个上下文而并没有显式地执行 BEGIN 语句，上下文对象会替我们完成这件事情。

在 with 上下文的最后，database.commit() 语句会自动提交。当发生异常时，database.rollback() 会被执行，然后异常会从 with 语句中抛出。

## 11.1.5   设计数据库中的主键和外键

SQL 表中并不一定要定义一个主键。然而，表中没有包含主键的设计是非常糟糕的。正如在第 10 章 "用 Shelve 保存和获取对象" 中所看到的，可能会有一个属性（或一些属性的组合）用于定义一个联合主键，也有可能没有任何属性适合定义为主键，那么就必须定义代理主键。

在之前的例子中就使用了代理主键。这可能是最简单的设计方式，因为它对数据的约束是最少的。其中一个约束是主键不能被修改，这是在编程中必须遵守的规则。可在一些情况下——例如，当需要纠正主键值的错误时——就无论如何都要修改主键了。其中一种做法是删除约束后再新建。另一种做法是删除那条错误记录然后再使用正确的键值重新插入。如果存在级联删除，需要在事务中纠正主键的值，这种情况很复杂。使用代理主键可以避免此类问题。

表之间的所有关系都是由主键和外键的引用完成的。对于表关系的设计，有两种非常常用的设计方式。在之前的表设计中已经介绍了。在设计表关系时，有 3 种设计方法，如下面列表所示。

- **1 对多**：这种关系体现在一个博客对应了多篇文章。REFERENCES 语句演示了在 POST 表中的很多行将会引用 BLOG 表中的一行。如果从子对父的引用方向来看，这种关系可以称为**多对 1**。
- **多对多**：这种关系体现在多篇文章与多个标签的对应关系上。这将需要一个介于 POST 和 TAG 的中间表；中间表有两个（或多个）外键。多对多的中间表也可以包含自己的属性。
- **1 对 1**：这种关系是相对少见的。从技术上来看，它与一对多的关系没有区别；0 行或者一行的基数是一种在应用程序中必须进行管理的约束。

在一个数据库设计中，在关系上可能会有这几种约束；关系被描述为可选或必选，在关系上可能会有基数限制。有时，这些可选或者基数限制被概括地描述为"0:m"，意味着"0 对多"或"可选的 1 对多"。可选性和基数约束是应用编程逻辑中的一部分，在 SQLite 数据库中并没有正式的说法来对其进行陈述。在数据库中，基本表关系可以通过以下一种或两种方式来实现。

- **显式**：可以称之为已定义的，因为它们是数据库中 DDL 定义的一个部分。理想情况下，它们是被数据库服务器强制的，而对关系约束的检测失败可能会导致某种错误。

- **隐式**：这些关系只在查询中体现，它们不是 DDL 中正式的部分。

可以注意到，在表定义中实现了 1 对多的关系，建立在博客与博客中的多条记录之间。在之前写的多个查询中我们用到了这些关系。

# 11.2　使用 SQL 处理程序中的数据

在前面几节介绍的例子中，演示了 SQL 的处理过程。我们没有在问题领域中使用任何面向对象设计。我们使用了 **SQLite** 中可以处理的数据元素：字符串、日期、浮点数和整型数值，而并没有使用 Blog 和 Post 对象。我们基本在使用过程式的编程风格进行设计。

可以看到，可以使用一些查询来完成一篇博客和该博客中的所有文章的查找，以及与这些文章相关的所有标签。这个过程可能会像如下代码这样。

```
query_blog_by_title= """
SELECT * FROM BLOG WHERE TITLE=?
"""
query_post_by_blog_id= """
SELECT * FROM POST WHERE BLOG_ID=?
"""
query_tag_by_post_id= """
SELECT TAG.*
FROM TAG JOIN ASSOC_POST_TAG ON TAG.ID = ASSOC_POST_TAG.TAG_ID
WHERE ASSOC_POST_TAG.POST_ID=?
"""
for blog in database.execute( query_blog_by_title, ("2013-2014
Travel",) ):
    print( "Blog", blog )
    for post in database.execute( query_post_by_blog_id, (blog[0],) ):
        print( "Post", post )
        for tag in database.execute( query_tag_by_post_id, (post[0],)
):
            print( "Tag", tag )
```

我们定义了 3 个 SQL 查询语句，第 1 个会根据标题查询博客。对于每个博客我们都获取所有属于这个博客的文章。最终，获取与给定文章相关的所有标签。

第 2 个查询隐式地重复了 REFERENCES 的定义，它建立在 POST 表和 BLOG 表之间的引用。由于要查询一个指定博客父对象的所有子文章，因此需要在查询中重复一些表的定义。

第 3 个查询中包含了一种关系的连接，在 ASSOC_POST_TAG 表和 TAG 表之间。JOIN 语句再次定义了表之间的外键引用，WHERE 语句也会在表定义中重复地定义一个 REFERENCES 语句。

由于多张表的关系是在第 3 个查询中连接起来的，因此使用 SELECT ＊ 将会查询这些表的全部列。由于我们只关心 TAG 表中的属性，因此只要使用 SELECT TAG.＊ 来对所需要的列进行查询就可以了。

这些查询会返回所有的比特和数据块，然而这些查询并不会重新创建 Python 对象。如果有更复杂的类定义，我们必须基于所返回的数据块来创建对象。特别是当 Python 类定义中有很重要的方法时，为了使用更完整的 Python 类定义，我们需要一种更好的从 SQL 到 Python 的映射。

## 在纯 SQL 中实现类似于类的处理方式

现在看一个更复杂的 Blog 类的定义，这个定义在第 9 章"序列化和保存——JSON、YAML、Pickle、CSV 和 XML"中介绍过。这里只关心一个方法，在以下代码中已经高亮出来了。

```python
from collections import defaultdict
class Blog:
    def __init__( self, title, *posts ):
        self.title= title
        self.entries= list(posts)
    def append( self, post ):
        self.entries.append(post)
    def by_tag(self):
        tag_index= defaultdict(list)
        for post in self.entries:
            for tag in post.tags:
                tag_index[tag].append( post )
        return tag_index
    def as_dict( self ):
        return dict(
            title= self.title,
            underline= "="*len(self.title),
            entries= [p.as_dict() for p in self.entries],
        )
```

一个博客的 blog.by_tag() 功能在 SQL 查询中会变得相当复杂。因为使用的是面向对象编程，它简化了这个过程：在一个 Post 实例中迭代，创建 defaultdict，在它里面完成了从每个标签到一个 Posts 序列的映射，这些文章会共享这个标签。以下代码使用 SQL 查询做了同样的事情。

```sql
query_by_tag="""
SELECT TAG.PHRASE, POST.TITLE, POST.ID
FROM TAG JOIN ASSOC_POST_TAG ON TAG.ID = ASSOC_POST_TAG.TAG_ID
JOIN POST ON POST.ID = ASSOC_POST_TAG.POST_ID
JOIN BLOG ON POST.BLOG_ID = BLOG.ID
WHERE BLOG.TITLE=?
"""
```

在这个查询结果集中包含了一个由行的序列所组成的表，包括了 3 个属性：TAG.PHRASE、POST.TITLE 和 POST.ID。每个 POST 标题和 POST ID 将会和所有相关的 TAG 重复出现。为了使用更简单且对于 HTML 友好的方式来表示，我们需要将包含了相同 TAG.PHRASE 的行分组为同一个附属列表，如以下代码所示。

```
tag_index= defaultdict(list)
for tag, post_title, post_id in database.execute( query_by_tag,
("2013-2014 Travel",) ):
    tag_index[tag].append( (post_title, post_id) )
print( tag_index )
```

这个额外的过程会将 POST 标题和 POST ID 的两个元组放入一个结构中，它可以被有效地用于生成 RST 和 HTML 的输出结果。SQL 查询加上 Python 的处理过程显得非常繁琐——比内部面向对象的 Python 还要繁琐。

更重要的是，SQL 查询与表定义无关。SQL 不是一种面向对象编程语言，并没有一个将数据和处理过程融合在一起的类。使用像 SQL 这样的过程式编程语言时，将完全无法使用面向对象编程。从一种严格的面向对象编程的视角来看，我们会标记为"重大失败"。

有很多观点建议，在处理特定的问题时，使用这种大量使用 SQL 而且没有任何对象的编程方式比使用 Python 更合适。通常，这种问题包含了 SQL 的 GROUP BY 语句。然而在 SQL 中很方便，在 Python 中，通过 defaultdict 和 Counter 提供的实现也同样非常高效。对于在一个小程序中查询大量行的场景，使用 Python 的 defaultdict 的实现方式会比在数据库中使用 SQL 的 GROUP BY 语句的实现方式更高效。当有不确定的情况时，最好测试一下。当数据库管理员说到使用 SQL 非常快时，需要测试一下才能确定。

## 11.3  从 Python 对象到 SQLite BLOB 列的映射

我们可以将 SQL 列映射为类的定义，这样一来就能够基于数据库中的数据来构造适当的 Python 对象。SQLite 中包含了一个**二进制大对象（Binary Large Object，BLOB）**数值类型。我们可以使用 pickle 来处理 Python 对象，然后将它们存入 BLOB 列中。可以使用字符串来表示 Python 对象（例如，使用 JSON 或 YAML 格式），也可以使用 SQLite 中的文本列。

在使用这种技术时应当谨慎，因为它很容易会妨碍 SQL 的处理过程。一个 BLOB 列无法用于 SQL 中 DML 的处理。我们无法为它建立索引或用在 DML 语句中的查找关键字中。

当不需要考虑 SQL 处理过程的透明度时，SQLite 的 BLOB 映射过程应在对象中完成。最常见的例子是媒体对象，例如视频和图片或语音片段。SQL 偏向于文本和数字字段。它通常不会处理更复杂的对象。

当需要处理金融数据时，在应用程序中需要使用 decimal.Decimal 数值。可能会希望在 SQL 中查询或计算这类数据。由于 decimal.Decimal 并没有被 SQLite 直接支持，需要对 SQLite 进行扩展来处理这种类型的数据。

存在这样两种方式：转换和适配。我们需要对 Python 的数据进行适配，存入 SQLite 需要将 SQLite 中的数据转换到 Python 中。以下为这两种函数以及用于完成注册的代码。

```
import decimal

def adapt_currency(value):
    return str(value)
```

```
sqlite3.register_adapter(decimal.Decimal, adapt_currency)

def convert_currency(bytes):
    return decimal.Decimal(bytes.decode())
sqlite3.register_converter("DECIMAL", convert_currency)
```

我们写了一个 adapt_currency() 函数，用于完成将 decimal.Decimal 对象适配为数据库中适当的形式。在以上例子中，我们只是做了一个到字符串的转换。由于已经注册了适配函数，因此 SQLite 接口就能够使用所注册的适配函数来完成 decimal.Decimal 类对象的转换逻辑了。

我们也写了一个 convert_currency() 函数，用于从 SQLite 字节对象转换为 Python 中的 decimal.Decimal 对象。由于注册了转换函数，因此 DECIMAL 类型的列就能被适当地转换为 Python 中的对象。

一旦定义了适配器和转化器，我们就能将 DECIMAL 看作一种被完全支持的列类型。除此之外，还要在建立数据库连接时通过设置 detect_types=sqlite3. PARSE_ DECLTYPES 来通知 SQLite。如下是一个表定义的例子，其中包含了使用新数值类型的列。

```
CREATE TABLE BUDGET(
    year INTEGER,
    month INTEGER,
    category TEXT,
    amount DECIMAL
)
```

我们可以像这样来使用新列。

```
database= sqlite3.connect( 'p2_c11_blog.db', detect_types=sqlite3.
PARSE_DECLTYPES )
database.execute( decimal_ddl )

insert_budget= """
INSERT INTO BUDGET(year, month, category, amount) VALUES(:year,
:month, :category, :amount)
"""
database.execute( insert_budget,
    dict(year=2013, month=1, category="fuel", amount=decimal.
Decimal('256.78')) )
database.execute( insert_budget,
    dict(year=2013, month=2, category="fuel", amount=decimal.
Decimal('287.65')) )

query_budget= """
SELECT * FROM BUDGET
"""
for row in database.execute( query_budget ):
    print( row )
```

我们创建了一个数据库连接，需要定义的类型通过转换函数来完成映射。一旦创建了连接，就能在创建表时使用一个 DECIMAL 类型的列。

当向表中插入行时，我们使用了 decimal.Decimal 对象。当从表中获取行时，可以看到我们从数据库中拿到了 `decimal.Decimal` 对象。如下是输出结果。

```
(2013, 1, 'fuel', Decimal('256.78'))
(2013, 2, 'fuel', Decimal('287.65'))
```

以上代码表明 `decimal.Decimal` 对象被正确地从数据库中储存并获取。我们可以为任何 Python 类编写适配器和转化器，可能也需要创建一种二进制的表示。由于从字符串转换到二进制很容易，因此直接使用字符串通常是最简单的方式。

# 11.4 手动完成从 Python 对象到数据库中行的映射

我们可以将 SQL 的行映射为类定义，这样就可以基于数据库的数据创建适当的 Python 对象实例。如果谨慎处理数据库和类定义，该过程不会非常复杂。然而，如果不够谨慎，可能构造出的 Python 对象的 SQL 表示逻辑就会非常复杂。复杂度的其中一个因素是在对象和数据库行之间的映射包含了大量的查询。在面向对象涉及与 SQL 数据库中所规定的约束之间找到平衡。

我们需要修改类定义来更好地与 SQL 实现相结合。在第 10 章"用 Shelve 保存和获取对象"中还会对 `Blog` 和 `Post` 类定义做一些修改。

以下是一个 `Blog` 类的定义。

```
from collections import defaultdict
class Blog:
    def __init__( self, **kw ):
        """Requires title"""
        self.id= kw.pop('id', None)
        self.title= kw.pop('title', None)
        if kw: raise TooManyValues( kw )
        self.entries= list() # ???
    def append( self, post ):
        self.entries.append(post)
    def by_tag(self):
        tag_index= defaultdict(list)
        for post in self.entries: # ???
            for tag in post.tags:
                tag_index[tag].append( post )
        return tag_index
    def as_dict( self ):
        return dict(
            title= self.title,
            underline= "="*len(self.title),
            entries= [p.as_dict() for p in self.entries],
        )
```

将一个数据库 ID 作为对象的第 1 级是允许的。进一步说，我们修改了初始化过程，完全基于关键字。每个关键字的值来自 `kw` 参数。再有额外的值则会触发 `TooManyValues` 异常。

还有两个问题的答案仍没有得到，如何处理一个博客所对应的文章列表？我们会修改如下的类来添加这个功能，以下是一个 Post 类的定义。

```
import datetime
class Post:
    def __init__( self, **kw ):
        """Requires date, title, rst_text."""
        self.id= kw.pop('id', None)
        self.date= kw.pop('date', None)
        self.title= kw.pop('title', None)
        self.rst_text= kw.pop('rst_text', None)
        self.tags= list()
        if kw: raise TooManyValues( kw )
    def append( self, tag ):
        self.tags.append( tag )
    def as_dict( self ):
        return dict(
            date= str(self.date),
            title= self.title,
            underline= "-"*len(self.title),
            rst_text= self.rst_text,
            tag_text= " ".join(self.tags),
        )
```

因为对于 Blog 而言，我们会将数据库 ID 作为对象第 1 级的一部分。进而，我们修改了初始化过程，完全基于关键字。如下是异常类的定义。

```
class TooManyValues( Exception ):
    pass
```

一旦完成了类定义，需要写一个访问层用于完成在数据库与类对象之间的数据转换。这个访问层将提供一个更复杂的实现版本，用于完成 Python 类到数据表中行的转换和适配。

## 11.4.1　为 SQLite 设计一个访问层

由于本例的对象模型很小，因此可以在一个简单的类中完成整个访问层的实现。这个类中将包含一些方法，用于每个持久化类的 CRUD 操作。在更大的应用中，我们需要对访问层进行解耦，并针对每个持久化类将它分为各自的策略类。然后会统一放在一个访问层中，这一层可以是外观模式或是封装。

以下例子并不会包括访问层中所有方法完整的实现，只会介绍一些重要的信息。我们会将其分为几个不同的节来介绍 Blogs、Posts 和迭代器，以下是访问层的第 1 部分。

```
class Access:
    get_last_id= """
    SELECT last_insert_rowid()
    """
    def open( self, filename ):
        self.database= sqlite3.connect( filename )
        self.database.row_factory = sqlite3.Row
    def get_blog( self, id ):
        query_blog= """
```

```
SELECT * FROM BLOG WHERE ID=?
"""
row= self.database.execute( query_blog, (id,) ).fetchone()
blog= Blog( id= row['ID'], title= row['TITLE'] )
return blog
def add_blog( self, blog ):
    insert_blog= """
    INSERT INTO BLOG(TITLE) VALUES(:title)
    """
    self.database.execute( insert_blog, dict(title=blog.title) )
    row = self.database.execute( get_last_id ).fetchone()
    blog.id= row[0]
    return blog
```

在这个类中，设置了 Connection.row_factory 为 sqlite3.Row 类，而不是一个简单的元组，Row 类允许通过数字索引和列名来访问。

get_blog() 方法从所获取的数据库行中构造了一个 Blog 对象。因为我们使用的是 sqlite3.Row 对象，因此可以通过名字来引用列。这次可以看出 SQL 和 Python 类之间的映射关系。

add_blog() 方法基于 blog 对象，向 BLOG 表中插入了一行记录。这个操作分为两步：首先，创建新行；然后执行一个 SQL 查询来获取新行的 ID。

注意，表定义中使用了 INTEGER PRIMARY KEY AUTOINCREMENT。因此，表的主键会和新行的 ID 相匹配并且新行的 ID 可以通过 last_insert_rowid() 函数来获取。这样我们就能拿到所分配的新行 ID，进而可以存在 Python 对象中并为之后的使用作准备。以下代码中演示了我们如何从数据库中获取一个单独的 Post 对象。

```
def get_post( self, id ):
    query_post= """
    SELECT * FROM POST WHERE ID=?
    """
    row= self.database.execute( query_post, (id,) ).fetchone()
    post= Post( id= row['ID'], title= row['TITLE'],
        date= row['DATE'], rst_text= row['RST_TEXT'] )

    query_tags= """
    SELECT TAG.*
    FROM TAG JOIN ASSOC_POST_TAG ON TAG.ID = ASSOC_POST_TAG.TAG_ID
    WHERE ASSOC_POST_TAG.POST_ID=?
    """
    results= self.database.execute( query_tags, (id,) )
    for id, tag in results:
        post.append( tag )
    return post
```

为了创建 Post，需要做两个查询。首先，从 POST 表中获取一行记录来创建 Post 对象的一部分。然后，从 TAG 表中查询所引用的记录。这一步用于创建与 Post 对象相关的标签列表。

当保存一个 Post 对象时，通常包括几个部分。先要向 POST 表中添加一条记录。并且，需要向 ASSOC_POST_TAG 表中添加所连接的行。如果一个标签是新的，那么就需要向 TAG 表中添加一行。如果标签已经存在，那么只需更新文章所引用的标签 ID。以下是 add_post() 方法的实现。

```python
def add_post( self, blog, post ):
    insert_post="""
    INSERT INTO POST(TITLE, DATE, RST_TEXT, BLOG_ID)
        VALUES(:title, :date, :rst_text, :blog_id)
    """
    query_tag="""
    SELECT * FROM TAG WHERE PHRASE=?
    """
    insert_tag= """
    INSERT INTO TAG(PHRASE) VALUES(?)
    """
    insert_association= """
    INSERT INTO ASSOC_POST_TAG(POST_ID, TAG_ID) VALUES(:post_id,:tag_id)
    """
    with self.database:
        self.database.execute( insert_post,
            dict(title=post.title, date=post.date,
                rst_text=post.rst_text, blog_id=blog.id) )
        row = self.database.execute( get_last_id).fetchone()
        post.id= row[0]
        for tag in post.tags:
            tag_row= self.database.execute( query_tag, (tag,)
).fetchone()
            if tag_row is not None:
                tag_id= tag_row['ID']
            else:
                self.database.execute(insert_tag, (tag,))
                row = self.database.execute( get_last_id
).fetchone()
                tag_id= row[0]
            self.database.execute(insert_association,
                dict(tag_id=tag_id,post_id=post.id))
    return post
```

对于发布一篇文章的操作，数据库中分为这么几个 SQL 步骤。可以使用 insert_post 语句在 POST 表中创建新行，也可以使用通用的 get_last_id 查询来返回新插入的 POST 行所对应的主键。

query_tag 语句用于查询标签在数据库中是否已存在。如果查询结果不为 None，说明找到了一个 TAG 行，并且这行的 ID 也是存在的。否则，必须先使用 insert_tag 语句创建新行，然后使用 get_last_id 查询来获取所分配的 ID。

在 ASSOC_POST_TAG 表中的记录关联了 POST 和相关的标签。insert_association 语句创建了所需的行。以下是两种不同风格的查询，用于查找 blogs 和 posts。

```python
def blog_iter( self ):
    query= """
    SELECT * FROM BLOG
    """
```

```
            results= self.database.execute( query )
            for row in results:
                blog= Blog( id= row['ID'], title= row['TITLE'] )
                yield blog
    def post_iter( self, blog ):
        query= """
        SELECT ID FROM POST WHERE BLOG_ID=?
        """
        results= self.database.execute( query, (blog.id,) )
        for row in results:
            yield self.get_post( row['ID'] )
```

blog_iter()方法查找了所有的 BLOG 行并且基于这些行创建 blog 实例。

post_iter()用于查找出与一个 BLOG ID 相关的所有 POST ID。POST ID 将被 get_post()方法用于创建 Post 实例。由于 get_post()对 POST 表执行另外一个查询，因此这两个方法还是可以被进一步优化的。

## 11.4.2　实现容器的关系

我们所定义的 blog 类包含了两个功能，它们需要获取博客内的所有文章。Blog.entries 属性和 Blog.by_tag()方法中都做了假设：在一个博客中包含了完整的文章实例的集合。

为了实现这个功能，Blog 类必须考虑到 Access 对象，这样它就可以使用 Access.post_iter()方法来实现 Blog.entries，对此我们有两种设计方式。

- 使用一个全局的 Access 对象可以简单有效地工作。我们必须要确保全局的数据库连接被正确地打开了，而有时使用全局的 Access 对象也会带来一些挑战。
- 将 Access 对象注入需要保存的 Blog 对象中。这种方式会麻烦些，因为需要对每一个数据库中相关联的对象进行操作。

因为每个数据库相关的对象都由 Access 类来创建，Access 类的设计需要使用工厂模式，对于这个工厂可以考虑 3 点需要改动的地方。以下几点可以确保一个博客或文章是由激活的 Access 对象创建的。

- 每个 return blog 语句需要扩展为 blog._access = self; return blog，需要在 get_blog()、add_blog()和 blog_iter()中做这个改动。
- 每个 return post 语句需要扩展为 post._access = self; return post，需要在 get_post()、add_post()和 post_iter()中做这个改动。
- 修改 add_blog()方法，可以接收参数来创建 Blog 对象，而不是直接接收一个在 Access 工厂外部创建好的 Blog 或 Post 对象。定义可能会是 def add_blog(self, title):。
- 修改 add_post()方法，接收一个博客对象和一些参数来创建一个 Post 对象。定义可能看起来是 def add_post(self, blog, title, date, rst_text, tags):。

一旦将_access 属性注入到每个 Blog 实例中，代码如下所示。

```
@property
def entries( self ):
  return self._access.post_iter( self )
```

这将返回一个博客所对应的文章列表。这样就可以在类定义中创建一些方法，用于处理父子关系的对象，就好像它们包含在对象的内部一样。

## 11.5 使用索引提高性能

要优化一种关系数据库，比如优化 SQLite 性能的方法之一是提高连接操作的速度。最好的做法是包含足够多的索引信息，这样对于慢的搜索操作在查找匹配的行时就不会完成。没有索引的话，在行查找时整表都必须被读完。而创建了索引，只有相关的行才会被读取。

当我们在查询中定义一个需要用到的列时，就可以考虑为这个列创建一个索引。这意味着向表定义中添加更多的 SQL DDL 语句。

索引存储在一个单独的地方，但是它与指定表和列是绑定的，SQL 代码如下所示。

```
CREATE INDEX IX_BLOG_TITLE ON BLOG( TITLE );
```

这会在 blog 表的 title 列上创建一个索引，此外不会做任何其他事情。在针对所创建索引的列执行查询时，SQL 数据库会使用索引。当数据被创建、修改或删除时，索引会自动做相应调整。

索引会带来额外的存储和计算的开销。如果一个索引很少用到，那么创建和维护它就显得非常昂贵，它就会成为性能上的阻力而非动力。另一方面，有些索引非常重要，它们会带来显著的性能提升。在所有索引中，我们无法改变数据库中创建索引所使用的算法，我们所能做的就是创建索引然后来权衡它可能产生的影响。

对于有些情况，将一个列定义为键可能会导致索引被自动创建。在数据库的 DDL 部分对这类规则会有清晰的描述。对于 SQLite 来说，描述如下。

大多数情况下，通过在数据库中创建一个 unique 索引来实现 UNIQUE 和 PRIMARY KEY 的约束。

有两种异常。其中之一就是，整数的主键异常，发生在我们所介绍的一种设计中，强制在数据库中创建代理键。因此，数字主键就不会创建任何索引。

## 11.6 添加 ORM 层

有许多有关 Python 的 ORM 项目，从 https://wiki.python.org/moin/HigherLevelDatabase Programming 可以找到一个列表。

我们会选择其中的一个作为例子，这时我们选择 SQLAlchemy，因为它提供给我们许多功能而且它的使用相对广泛。正如其他事物一样，没有最好的选择，毕竟其他的 ORM 也都有各自的优缺点。

由于在 Web 开发中关系数据库使用的广泛性，Web 框架通常会自带 ORM 层。Django 有它自己的 ORM 层，web.py 也是如此。在一些情况下，可以将 ORM 移到框架的外面，使用一个独立的 ORM 会更简便一些。

有关 SQLAlchemy 的文档、安装说明和代码可以在这里找到：http://www.sqlalchemy.org。在安装时，如果对很高的性能没有特殊要求，可使用 `--without-cextensions` 来简化安装过程。

SQLAlchemy 可以完全将应用中的 SQL 语句替换为 Python 中的第 1 级构造函数，这会带来显著的优势。我们可以只使用一种语言即 Python 来编写应用程序，尽管第 2 种语言（SQL）被使用了，毕竟它也只是数据访问层的一部分。如此一来，还会大幅度降低开发和调试的复杂度。

然而，它并不意味着可以不必理解 SQL 数据库中的约束，在设计时依然需要考虑到这些约束。ORM 层并不意味着设计上什么都不用考虑，它只是将 SQL 中的实现移到了 Python 中。

## 11.6.1 设计 ORM 友好的类

当使用 ORM 时，需要在根本上改变设计的方法并且实现持久化类。类定义将会包括 3 种不同层次的含义。

- 类可以是一个 Python 类，用于创建 Python 对象。方法函数由这些对象来使用。
- 类也可以用于描述 SQL 表，可被 ORM 用于创建 SQL DDL 语句，完成数据库结构的新建和维护。
- 类也定义了 SQL 表和 Python 类之间的映射。它将完成将 Python 操作转换为 SQL DML 并基于 SQL 查询创建 Python 对象。

大多数 ORM 的设计使得我们需要使用修饰符来正式地定义类中的属性。我们不会简单地将属性的定义放在 `__init__()` 方法中。有关修饰符的更多信息，可以看第 3 章 "属性访问、特性和修饰符"。

SQLAlchemy 需要创建一个**定义性的基类（declarative base class）**。这个基类为应用的类定义提供了元类。对于元数据而言它是我们为数据库所定义的库。默认地，很容易将这个类称为 `Base`。

以下是一个可能有用的导入列表。

```
from sqlalchemy.ext.declarative import declarative_base
from sqlalchemy import Column, Table
from sqlalchemy import BigInteger, Boolean, Date, DateTime, Enum, \
    Float, Integer, Interval, LargeBinary, Numeric, PickleType, \
    SmallInteger, String, Text, Time, Unicode, UnicodeText ForeignKey
from sqlalchemy.orm import relationship, backref
```

我们导入了一些基本的定义，用于创建表中的列以及创建一些表，它们并没有指定用于完成 Python 类和表之间的映射。我们导入了所有通用的列类型的定义，实际只会用到其中的一些。SQLAlchemy 不但定义了这些泛型，它还定义了 SQL 标准类型，而且还为不同类型的 SQL 供应商定义了一些特殊类型。坚持使用泛型并在 SQLAlchemy 中完成泛型、标准和供应商类型的转换不算很复杂。

我们还导入了两个 helper 来定义表之间的关系：`relationship` 和 `backref`。SQLAlchemy 的元类由 `declarative_base()` 函数来创建。

```
Base = declarative_base()
```

所创建的 `Base` 对象必须是将要定义的持久化类的元类。我们会定义 3 个表，它们会映射为 Python 类。我们也会定义第 4 张表，被 SQL 用来实现多对多的关系。

以下是 Blog 类。

```
class Blog(Base):
    __tablename__ = "BLOG"
    id = Column(Integer, primary_key=True)
    title = Column(String)
    def as_dict( self ):
        return dict(
            title= self.title,
            underline= '='*len(self.title),
            entries= [ e.as_dict() for e in self.entries ]
        )
```

Blog 类被映射为了一张名称为 "BLOG" 的表。在这张表中，为两个列加了修饰符。id 列被定义为一个 Integer 主键。它是自增的，因此代理主键就会自动生成。

标题列被定义为一个泛型字符串，有关这种类型，我们用过 Text、Unicode，甚至 UnicodeText。对于不同的类型，底层引擎可能提供了不同的实现。对 SQLite 而言，这些几乎是相同的。并且可以注意到，SQLite 不需要对一个列加最大长度限制，其他数据库引擎可能会需要为 String 的长度提供上限。

as_dict() 引用了一个 entries 集合，它并没有在类中定义。观察一下 Post 类的定义，可以看到 entries 属性是如何创建的，以下是 Post 类的定义。

```
class Post(Base):
    __tablename__ = "POST"
    id = Column(Integer, primary_key=True)
    title = Column(String)
    date = Column(DateTime)
    rst_text = Column(UnicodeText)
    blog_id = Column(Integer, ForeignKey('BLOG.id'))
    blog = relationship( 'Blog', backref='entries' )
    tags = relationship('Tag', secondary=assoc_post_tag,
backref='posts')
    def as_dict( self ):
        return dict(
            title= self.title,
            underline= '-'*len(self.title),
            date= self.date,
            rst_text= self.rst_text,
            tags= [ t.phrase for t in self.tags],
        )
```

这个类有 5 个属性、两个关系和一个方法函数。id 属性是一个整型的主键，默认情况下，它将是一个自增的值。title 属性是一个简单的字符串。date 属性是一个 DateTime 列。rst_text 被定义为 UnicodeText，用于强调我们期望这个字段中的任何字符都是 Unicode 的。

blog_id 是一个外键，引用包含了这篇文章的父 blog。而且，对于外键列的定义，在文章和父博客之间也定义了一个显式 relationship。这个 relationship 的定义将作为一个属性，用于完成从文章到父博客的导航。

在 `backref` 选项中包含了向后引用,将被加入 `Blog` 类中。这个引用在 `Blog` 类中将作为文章集合,包含在 `Blog` 中。`backref` 选项命名了 `Blog` 类中的新属性,用来引用子 `Post`。

`tag` 属性使用了一个 `relationship` 的定义,这个属性将通过一个关联的表来完成此操作:查找和文章相关的所有 `Tag` 实例。我们会看一下其他相关的表,在这里也使用了 `backref` 来将一个属性包含在 `Tag` 类中,它将引用相关 `Post` 实例的集合。

`as_dict()` 方法使用了 `tags` 属性来查找与指定 `Post` 有关的所有 `Tag`。以下是 `Tag` 类的定义。

```
class Tag(Base):
    __tablename__ = "TAG"
    id = Column(Integer, primary_key=True)
    phrase = Column(String, unique=True)
```

我们定义了一个主键和一个 `String` 属性。我们使用了一种约束来确保每个标签是显式唯一的,如果试图向数据库中插入重复记录则会引发异常。在 `Post` 类定义中的关系,表明在这个类中会有额外的属性被创建。

为了 SQL 中的实现需要,需要定义一个关联表来解决标签和文章之间的多对多关系。这个表只是在 SQL 中技术上的需要,因此不必添加 Python 类的映射。

```
assoc_post_tag = Table('ASSOC_POST_TAG', Base.metadata,
    Column('POST_ID', Integer, ForeignKey('POST.id') ),
    Column('TAG_ID', Integer, ForeignKey('TAG.id') )
)
```

我们必须显式地将它绑定在 `Base.metadata` 集合上。使用了 `Base` 作为元类的类,将自动包含这个绑定。我们定义了一个表,包含两个 `Column` 实例。每一列都是一个连接到其他表的外键。

## 11.6.2 使用 ORM 层创建模型

为了连接到数据库,需要创建一个引擎。引擎的一种使用方式是创建数据库实例,其中包含了表的定义。另一种使用场景是管理会话中的数据,接下来我们会介绍。以下是一个用于创建数据库的脚本。

```
from sqlalchemy import create_engine
engine = create_engine('sqlite:///./p2_c11_blog2.db', echo=True)
Base.metadata.create_all(engine)
```

当创建一个 `Engine` 实例时,我们使用了一种类似 URL 的字符串,其中定义了供应商产品并提供所有需要的额外参数来创建数据库连接。对 SQLite 而言,连接是一个文件名。对于其他数据库产品而言,可能还会包含主机名和认证信息。

一旦有了引擎,就完成了一些基本的元数据操作。我们实现了 `create_all()`,其中包括了所有表的创建。可能还会执行一个 `drop_all()`,用于删除所有的表,会移除所有数据。当然,也可以选择创建或移除整个数据库模型。

如果在软件开发期间修改了表定义,在 SQL 中表的修改并不会自动完成。我们需要显式地移除并重新创建那张表。对于一些情形,我们希望保存一些初始化数据,将旧表数据向新表中添加时会更复杂一些。

echo=True 选项意味着，生成的 SQL 语句会写入日志记录。当为了确认定义是否已完成，是否创建了正确的数据库模型，这个是有用的。以下是生成的一段输出结果。

```
CREATE TABLE "BLOG" (
  id INTEGER NOT NULL,
  title VARCHAR,
  PRIMARY KEY (id)
)

CREATE TABLE "TAG" (
  id INTEGER NOT NULL,
  phrase VARCHAR,
  PRIMARY KEY (id),
  UNIQUE (phrase)
)

CREATE TABLE "POST" (
  id INTEGER NOT NULL,
  title VARCHAR,
  date DATETIME,
  rst_text TEXT,
  blog_id INTEGER,
  PRIMARY KEY (id),
  FOREIGN KEY(blog_id) REFERENCES "BLOG" (id)
)

CREATE TABLE "ASSOC_POST_TAG" (
  "POST_ID" INTEGER,
  "TAG_ID" INTEGER,
  FOREIGN KEY("POST_ID") REFERENCES "POST" (id),
  FOREIGN KEY("TAG_ID") REFERENCES "TAG" (id)
)
```

以上输出表明，数据库基于类而定义，使用 CREATE TABLE 语句创建了相关的表。

一旦完成了数据库的创建，我们就可以对对象进行创建、获取、修改和删除操作。为了与数据库对象一起工作，需要创建一个会话，作为 ORM 托管对象的缓存。

## 11.6.3 使用 ORM 层操作对象

为了与对象协同工作，需要一个会话缓存，这是绑定在引擎上的。我们有时会向会话缓存中添加新对象，有时也会使用会话缓存查询数据库中的对象。这可以确保所有需要持久化的对象都已经放入了缓存。如下代码演示了创建会话的一种方式。

```
from sqlalchemy.orm import sessionmaker
Session= sessionmaker(bind=engine)
session= Session()
```

我们需要 SQLAlchemy 中的 sessionmaker() 函数来创建一个 Session 类。它是绑定在之前所创建的数据库引擎中的。然后使用了 Session 类来创建 session 对象，我们使用它来执行数据操作。一般情况下，会话是必需的。

通常，创建 sessionmaker 类时，其中会包含引擎。然后就可以使用 sessionmaker 类来为应用创建多个会话。

对于简单对象来说，会使用如下代码来创建并将它加载到会话中。

```
blog= Blog( title="Travel 2013" )
session.add( blog )
```

以上代码将一个新的 Blog 对象添加到名为 session 的会话中。Blog 对象不必写入数据库。我们需要在数据库写操作执行前提交会话。为了确保操作的原子性，会在完成创建一篇文章的创建后才提交会话。

首先，会查找数据库中的 Tag 实例。如果它们不存在则新建。如果它们存在，将直接使用。

```
tags = [ ]
for phrase in "#RedRanger", "#Whitby42", "#ICW":
    try:
        tag= session.query(Tag).filter(Tag.phrase == phrase).one()
    except sqlalchemy.orm.exc.NoResultFound:
        tag= Tag(phrase=phrase)
        session.add(tag)
    tags.append(tag)
```

我们使用 session.query() 函数来检查指定类中的实例。每个 filter() 函数会添加一个关键字到查询中。one() 函数用来确保已经找到了一行记录。如果有异常抛出，那么则意味着 Tag 不存在，需要创建新的 Tag 然后添加到会话中。

一旦找到或创建了 Tag 实例，就可以将它添加到名为 tags 的列表中，并将用这个 Tag 实例的列表来创建 Post 对象。以下代码演示了如何创建一个 Post。

```
p2= Post( date=datetime.datetime(2013,11,14,17,25),
    title="Hard Aground",
    rst_text="""Some embarrassing revelation. Including ☺ and ↓ """,
    blog=blog,
    tags=tags
    )
session.add(p2)
blog.posts= [ p2 ]
```

它包含了一个到父博客的引用，同时也包括了新建（或找到的）的 Tag 实例的列表。

在类定义中，Post.blog 属性被定义为一个关系。当为一个对象赋值时，SQLAlchemy 会使用正确的 ID 值来创建外键的引用，SQL 数据库用来完成关系的连接。

Post.tags 属性也被定义为关系。Tag 由相关表被引用。SQLAlchemy 会追踪 ID 值的变化，然后在 SQL 关系表中为我们创建必要的行。

为了将 Post 与 Blog 关联起来，将使用 Blog.posts 属性。同样地，在这里也被定义成了关系。

当将 Post 对象列表赋值在这个关系属性上时，ORM 会为每个 Post 对象创建正确的外键引用。这样做是有效的，因为在定义关系时，提供了 backref 属性。最后，通过如下代码提交这个会话。

```
session.commit()
```

数据库的插入操作都由自动生成的 SQL 来完成。对象保留在会话缓存中。如果应用继续使用这个会话的实例，这个对象池仍是可用的，而不必对数据库做任何实际的查询。

另外，如果要完全确保在要提交的查询语句中包含了所有的并发更新的写操作，可以为那个查询创建一个新的空会话。当丢弃一个会话并使用空会话时，必须从数据库中重新取出对象来刷新会话。

可以写一个简单的查询来检查并打印出所有的 Blog 对象。

```
session= Session()
for blog in session.query(Blog):
    print( "{title}\n{underline}\n".format(**blog.as_dict()) )
    for p in blog.entries:
        print( p.as_dict() )
```

以上代码将获取所有的 Blog 实例。Blog.as_dict() 方法将获取一个博客内的所有文章。Post.as_dict() 将获取所有的标签。SQLAlchemy 会自动生成 SQL 查询并执行。

我们并没有包含其他格式，它们基于在第 9 章 "序列化和保存——JSON、YAML、Pickle、CSV 和 XML" 中的模板，这点并没有变化。我们可以从 Blog 对象通过 entries 列表导航到 Post 对象，而无需编写相关的 SQL 查询。将导航转换为查询时 SQLAlchemy 的职责。对于如何通过生成查询来刷新缓存并返回所期望的对象，使用一个 Python 迭代器就足够了。

如果在 Engine 实例中有定义 echo=True，那么我们就可以看到一组 SQL 查询的执行，它们会获取 BlogPost 和 Tag 实例。这些信息可以让我们了解应用对数据库服务器造成的工作负载。

## 11.7 通过指定标签字符串查询文章对象

在关系数据库中有一个很重要的优势是可以得到对象之间的关系。使用 SQLAlchemy 的查询能力，可以得到 Tag 与 Post 之间的关系，并查询出所有使用同样 Tag 字符串的 Post。

查询是会话的一个功能。这意味着已经在会话中的对象不需要从数据库中再次取出，从而节约了时间。没有包含在会话中的对象会被缓存在会话中，这样一来，在提交时所有的修改或删除操作才触发。

为了得到所有包含了指定标签的文章，我们需要使用关联表和 Post 还有 Tag 表。我们需要使用会话中的查询方法来指定期望得到哪种类型的对象。我们将使用流畅接口来关联不同的关联表以及最终的表，其中包含了查询的列名，代码如下所示。

```
for post in session.query(Post).join(assoc_post_tag).join(Tag).filter(
    Tag.phrase == "#Whitby42" ):
    print( post.blog.title, post.date, post.title, [t.phrase for t in
post.tags] )
```

session.query() 方法指定我们想要的表。如果像如上代码那样来使用，我们将得到每一行记录。join()方法标识了更多需要匹配的表。由于在类定义中提供了关系信息，因此SQLAlchemy能够通过使用主键和外键完成行的匹配进而创建出详细的SQL。最终的filter()方法为要得到的行的子集提供了列名。如下是生成的SQL代码。

```
SELECT "POST".id AS "POST_id", "POST".title AS "POST_title", "POST".
date AS "POST_date", "POST".rst_text AS "POST_rst_text", "POST".blog_
id AS "POST_blog_id"
FROM "POST" JOIN "ASSOC_POST_TAG" ON "POST".id = "ASSOC_POST_
TAG"."POST_ID"
JOIN "TAG" ON "TAG".id = "ASSOC_POST_TAG"."TAG_ID"
WHERE "TAG".phrase = ?
```

Python版本比较容易理解，因为忽略了键匹配的部分。print()函数使用post.blog.title来完成从Post实例到相关博客的导航并显示title属性。如果博客在会话缓存中，那么导航的执行会非常快。如果博客没有在会话缓存中，就将从数据库中获取。

相同的行为也会应用在[t.phrase for t in post.tags]上。如果对象在会话缓存中则会取出直接用。在这种情况下，与一篇文章相关的Tag集合的SQL查询可能会如下所示。

```
SELECT "TAG".id AS "TAG_id", "TAG".phrase AS "TAG_phrase"
FROM "TAG", "ASSOC_POST_TAG"
WHERE ? = "ASSOC_POST_TAG"."POST_ID"
AND "TAG".id = "ASSOC_POST_TAG"."TAG_ID"
```

在Python中，只需使用post.tags来进行导航。SQLAlchemy会为我们生成SQL并执行。

## 11.8 通过创建索引提高性能

提高一个关系数据库（例如SQLite）的途径之一是加快连接操作的执行。我们不希望SQLite对整表进行读取来查询匹配的行。通过在一个指定的列上创建索引，SQLite会对索引进行检测并只会从表中读取相关的行。

当我们定义了一个在查询中会使用的列时，就应该考虑为这个列创建索引。这也是在SQLAlchemy中的一种简单的处理方式，我们只需在类的属性中添加注释index=True。

我们可以对Post表做小幅度的改动，例如，可以使用如下代码来添加索引。

```
class Post(Base):
    __tablename__ = "POST"
    id = Column(Integer, primary_key=True)
    title = Column(String, index=True)
    date = Column(DateTime, index=True)
    blog_id = Column(Integer, ForeignKey('BLOG.id'), index=True)
```

我们为标题和日期添加了索引，当查询匹配项是标题或日期时，这个对文章的查询就会加速执行。然而并不能一定保证在性能上会得到一定提升。关系数据库包含了一系列因素。在实际场景中，对是否有索引的两种情况下分别做测试是重要的。

同样的，为 `blog_id` 添加索引，可能会加速 `Blog` 和 `Post` 表中行的连接操作。而在数据库引擎中使用了某种特殊算法，导致创建的索引并没有起到效果也是有可能的。

索引会带来存储和计算的负载。如果一个索引很少使用，那么创建和维护的代价就会成为一个问题，而非一种解决方案。另外，一些特殊的索引可以对性能带来显著的提高。在任何情况下，我们并没有机会来直接操作数据库所使用的算法，我们所能做的就是创建索引然后评估它对性能带来的影响。

# 模型演化

当使用一种数据库时，必须解决模型演化的问题。对象中包括动态的状态和静态的类定义，存储动态的状态很方便。类定义是持久化数据模式的一部分，我们也具备了 SQL 模型的映射，类和 SQL 模型都是绝对静态的。

如果改变一个类定义，那么如何从数据库中取出对象？如果必须改变数据库，如何对 Python 映射的实现进行改进使之可以仍然有效？一个良好的设计通常包括几种技术的结合。

对方法函数和 Python 类中特性的改变并不会影响到 SQL 行的映射，可能只会带来很小的改动，因为数据库中的表与改动后的类定义仍是兼容的。一个新的软件发布会有一个新的次版本号。

改变 Python 类中的特性的同时并不必要改动持久化的对象状态。在将数据库中的数值类型转换到 Python 对象的过程中，SQL 是很灵活的。一个 ORM 层可以带来灵活性。在一些情况下，可以对一些类或数据库做一些改变，这个过程只是对次版本的升级，因为已有的 SQL 模型仍然会与新的类定义兼容。例如，可以将 SQL 表中的整型改为字符串，由于 SQL 和 ORM 之间的转换，这个操作不会带来任何中断。

对 SQL 表定义的改变显然会改变持久化对象。当数据库中已有的行与新的类定义不再兼容时，意味着这是一个很大的改动，这种改动不该通过修改 Python 类定义来完成。这种改动应该通过定义一个新的子类，然后提供一个新的工厂函数，用于完成创建新类或旧类的实例。

当对 SQL 数据进行持久化时，模型的改变可以通过以下两种方式中的任何一种来实现。

- 对已有的模型使用 SQL 中的 ALTER 语句。对一个 SQL 模型的一些改变可以是持续性的。至于哪些改变是允许的，关于这点有很多约束和限制。并不是针对所有情况都如此，对于一些小的改动而言，应该视为异常情况。

- 创建新表，删除旧表。一般地，在 SQL 中对模型的改动已经很大了，需要基于旧表来创建新表，这样会对数据库结构进行大的改动。

SQL 数据库模型的改动通常需要执行一个转换脚本，这个脚本会使用旧模型对已有数据进行查询，将它转换为新数据，并使用新模型来将新数据插入到数据库中。当然，要在应用到用户正在使用的、在线的、可操作的数据库之前，一定先对备份数据库进行测试。数据库模型的改变一旦完成，旧的模型就可以删除以节省存储空间。

这种类型的转换可以在同一个数据库中完成，使用不同的表名或不同的模型名称（对于支持命名模型的数据库而言）。如果同时保留旧数据和新数据，这样在做软件升级时就会灵活一些。对于希望提供 24 小时×7 天服务的网站来说，这点显得尤其重要。

在一些情况下，向数据库中添加一些只包含了一些审计信息的表是必要的，例如模型的版本标识。应用可以在创建数据库连接后，先对这个表进行查询，当检测到模型版本错误时就直接返回。

# 11.9 总结

我们从 3 个方面来了解 SQLite 的基本使用：直接访问、通过一个访问层和通过 SQLAlchemy 这个 ORM。我们必须创建 SQL DDL 语句，可以在应用中直接执行，或将其放在一个访问层中，也可以使用由 SQLAlchemy 类定义所创建的 DDL。至于操作数据，将使用 SQL DML 语句，可以直接在过程式设计中完成，或者使用自己的访问层，或使用 SQLAlchemy 来创建 SQL。

## 11.9.1 设计要素和折中方案

sqlite3 模块的优势之一是允许我们存储不同的项。由于使用了一个支持并发写操作的数据库，因此可以支持多个进程同时修改数据，需要依靠 SQLite 中内部的锁机制来完成并发的处理。

使用一个关系数据库会强加很多限制。我们需要考虑如何将对象映射到数据库表中的行。

- 可以直接使用 SQL，只使用 SQL 中所支持的列类型，并最大限度地不使用面向对象的类。
- 可以对 SQLite 进行扩展，手动进行映射，将对象作为 SQLite 的 BLOB 列处理。
- 可以写自己的访问层，用来完成对象和 SQL 中行的适配和转换。
- 可使用一个 ORM 层来完成行与对象之间的映射。

## 11.9.2 映射的方法

混合使用 Python 和 SQL 的问题在于，总会想要使用一种"全部唱歌、全部跳舞、全部 SQL"的方案。关系数据库是一个很好的平台，Python 引入了不必要的面向对象功能会对它造成阻碍。

全部是 SQL，没有对象的设计方法有时对于特定的问题是合理的。尤其是，支持这个观点的人认为使用 SQL 中 GROUP BY 语句来将数据集合成在一起是 SQL 中一种理想的使用。

关于这一点，Python 中的 defaultdict 和 Counter 提供了很高效的实现。Python 的实现版本非常高效，只是使用 defaultdict 对大量的行进行查询以及计算结果的归并，可能比在数据库中使用 GROUP BY 要快得多。

如果有疑问，就测试一下。SQL 数据库的支持者通常会给出无关紧要的观点。当被告知 SQL 应该会比 Python 快很多倍时，要得到证据。数据收集并不局限于使用一次性初始化的方式，即便对于很快可以完成的任务。随着空间使用的增加和变化，SQL 数据库和 Python 的对比结果也会改变。

自己编写的访问层通常对于问题领域而言有着很强的特殊性。在性能上可能会有优势，并且在行和对象之间的映射也相对透明。不过每次类的改变或者数据库方面的改动会造成一些麻烦，这是一个缺陷。

一个完善的 ORM 可能需要花一些时间来学习其中的功能，而它所带来最大的好处是，长期的简化。学习 ORM 的功能会涉及最初的工作以及返工的教训。在设计上的初次尝试会带来原来在 SQL 框架中有效的功能需要被重做，这需要在实际中进行权衡和考虑。

### 11.9.3　键和键的设计

因为 SQL 依赖于键，必须在设计上考虑并为不同的对象进行键的管理。需要设计从对象到键的映射，用于标识对象。一种选择是查找一个属性（或属性的结合），它已经是主键并不能被改变。另一种方式是生成不能被改变的代理主键，而其他属性可以被改变。

大部分关系数据库可以为我们生成代理主键，通常这是最好的做法。对于其他唯一属性或候选键属性，可以通过定义 SQL 索引来提高性能。

必须考虑到对象间外键的关系。有常见的几种设计方式：1 对多、多对 1、多对多和可选的 1 对 1。我们需要清晰地知道 SQL 是如何使用键来表示对象关系的，以及 SQL 查询是如何构建 Python 集合的。

### 11.9.4　应用软件层

在使用 sqlite3 时，为了相对成熟的可用性，应用必须进行合理的分层。通常，可以看到分层的软件架构分为如下几个部分。

- 表现层：这是最上层的用户界面，通常为网站或桌面 GUI 程序。
- 应用层：这是内部服务或应用中的控制器。这部分可称为处理模型，与逻辑数据模型是不同的。
- 业务逻辑层或问题领域模型层：这里是定义业务逻辑或问题模型的地方。这有时被称为逻辑数据模型。我们已经看了一个例子，如何使用一个微博和文章来构建模型。
- 基础架构：这部分通常包括一些层和其他横切方面，例如日志、安全性和网络访问。
    - ◆ 数据访问层：它们是访问数据对象的协议或方法。通常是一个 ORM 层。我们已经介绍了 SQLAlchemy，还有更多其他的选择。
    - ◆ 持久化层：这里是文件存储时所使用的物理数据模型。sqlite3 模块实现了持久化。当使用类似 SQLAlchemy 的 ORM 时，只需要在创建引擎时对 SQLite 引用就可以了。

在介绍本章的 sqlite3 和第 10 章"用 Shelve 保存和获取对象"时，可以看到熟练掌握面向对象编程会涉及一些更高层面上的设计模式。我们不能简单地将类设计为相互隔离的，但是需要在更高的层面了解类之间是如何组织的。

### 11.9.5　展望

在下一章中，我们会介绍如何使用 REST 来完成对象的传输和共享。这个设计模式会演示，如何管理状态的表示方式以及如何在进程间传输对象状态。我们将使用一些持久化模型来表示正在传输对象的状态。

在第 13 章"配置文件和持久化"中，将介绍配置文件，也会介绍几种用于将控制应用程序的表示层数据表示进行持久化的方式。

# 第 12 章
# 传输和共享对象

我们在第 9 章"序列化和保存——JSON、YAML、Pickle、CSV 和 XML"的基础上再介绍一些序列化方法。当我们需要传输一个对象时，通常会做某种**表述性状态传输**（**Representational State Transfer，REST**）。当我们序列化对象时，实际上是在创建对象状态的表示，这种表示可以被传输到另外一个进程中（通常在另外一个主机上），另外一个进程可以根据这个状态的表示和一个本地定义的类来创建原始对象的对应版本。

有很多种方式执行 REST 操作。其中一个方面是可以使用的状态表示；另外一个方面是控制传输过程的协议。我们不会介绍这些方面中所有可能的组合，相反地，我们只关注其中两种组合。

对于互联网的传输，我们会用 HTTP 协议实现 **CRUD** 操作，这通常被称为 REST 服务器。我们也会介绍如何实现 RESTful 服务。它会基于 Python 的 **Web 服务网关接口**（**Web Service Gateway Interface，WSGI**）的实现——wsgiref 包。

对于本地进程间的通信，我们会介绍 multiprocessing 模块提供的本地消息队列。这里有许多不错的队列管理产品，但是，本章我们只关注标准库中提供的实现。

这种处理过程是基于使用 JSON 或者 XML 表示对象。对 WSGI 而言，为了定义 Web 服务器的事务，我们会添加 HTTP 协议和一组设计模式。对于 multiprocessing，我们会添加一个处理池（processing pool）。

当使用 REST 传输时还有一点需要考虑：数据源可能是不可信的。我们必须实现一些安全机制。当数据以常见的方式表达时，例如 JSON 和 XML，有一些安全问题需要考虑。YAML 引进了一种安全机制并且支持安全负荷运行，具体请参见第 9 章"序列化和保存——JSON、YAML、Pickle、CSV 和 XML"。由于这些安全问题的存在，pickle 模块也提供了一个带有限制的序列化工具，我们可以用它来阻止导入可疑模块和执行恶意代码。

## 12.1　类、状态和表示

在一些情况下，我们需要创建为远程客户端提供数据的服务器。在一些其他情况下，我们可能希望使用来自远程计算的数据，也可能会遇到一种混合的情况，就是我们的应用程序是远程计算机的一个用户，也是移动应用程序的服务器。有许多的情况我们的应用程序会使用保存的远程计算机的对象。

我们需要一个能将对象在不同进程间传输的方法，可以将一个大问题分解为两个更小的问题。不同的网络协议可以帮我们将字节流从一个主机上的某个进程传输到另一台主机的某个进程中。序列化可以将对象转换为字节流。

与对象状态不同，我们用一种完全独立并且简单的方法传输类定义，直接用源代码来交换类定义。如果我们需要为远程主机提供某个类的定义，那么我们将 Python 源码发给该主机。为了让代码可以正常工作，必须正确地进行安装，这通常由管理员手动完成。

网络用于传输字节流。因此，我们必须用字节流表示一个对象实例中变量的值。通常用两个步骤将对象转换为字节流，首先用字符串表示一个对象的状态，然后基于这个字符串以某种标准的编码方式提供字节表示。

## 12.2 用 HTTP 和 REST 传输对象

**超文本传输协议**（**Hypertext Transfer Protocol，HTTP**）是由一系列的 **RFC**（**Request for Comments**）文档定义的。我们不会介绍所有的细节，但是会触及其中 3 个高层的部分。

HTTP 协议包括请求和响应。一个请求包括一个方法、一个**统一资源标识符**（**Uniform Resource Identifier，URI**）、一些报头和可选的附件。标准中定义了许多可用方法。大多数浏览器主要使用 GET 和 POST 请求。标准的浏览器包括 GET、POST、PUT 和 DELETE 请求，我们会使用这 4 种请求，因为它们对应着 CRUD 操作。我们会忽略大部分的报头而是只关注 URI 的路径部分。

一个响应包含一个状态码、原因、一些报头和一些数据。有许多可能返回的状态码，但是我们只对它们其中的几个感兴趣。200 通常是来自服务器的 OK 响应。201 代表 Created 响应，它可能适合用来向我们展示 POST 请求成功并且数据已经被发布。204 代表 No Content 响应，它可能适合被用在 DELETE 中。400 代表 Bad Request，401 代表 Unauthorized，404 代表 Not Found。这些状态码广泛地被用来反映某些操作无法执行或者出现错误。

大多数 2xx 成功响应会包含一个（或者一些）编码过的对象，4xx 错误响应可能会包含更详细的错误信息。

HTTP 是无状态协议。服务器不会保留任何之前与客户端交互的信息，有很多方法可以克服这个限制。对于交互式网站，通过 cookie 来追踪事务状态并且改善程序行为。但是，对于网络服务，客户端不是人，每个请求都可以包含验证凭证。这进一步强调了保证连接安全性的重要性。基于我们的目的，会假设服务器使用**安全套接字层**（**Secure Sockets Layer，SSL**），并且使用基于端口 443 的 HTTPS 连接而不是基于端口 80 的 HTTP 连接。

### 12.2.1 用 REST 实现 CRUD 操作

我们会介绍发明 REST 协议的 3 个基本想法。第 1 个想法是，使用任何方便对象状态的文本序列化表示。第 2 个想法是，可以用 HTTP 的 URI 请求来命名一个对象，一个 URI 包含任何级别的细节，它以统一的格式包含了模式、模块、类和对象标识符。最后，我们可以将 HTTP 方法映射到

CRUD 规则来定义在命名对象上即将执行的操作。

用 HTTP 协议实现 RESTful 服务是在挑战 HTTP 请求的响应的原始定义。这意味着对于一些请求和响应的语义可能会有不同的讨论和意见。相比于介绍各有各自优点的各种选择，我们会建议用一种单一的方法。我们主要关注 Python 语言，而不是设计 RESTful 网络服务器这个更一般性的问题。一个 REST 服务器常常通过下面 5 种基本用法支持 CRUD 操作。

- **创建**：我们会用 HTTP 的 POST 请求创建一个新的对象，而 URI 在这种情况下只提供类信息。一个类似//host/app/blog/的路径可能可以为类命名。响应可以是 201，并且包含最后被保存对象的备份。返回的对象信息可能包括 RESTful 服务器为新创建对象分配的 URI 或者是用于创建 URI 的相关键。POST 请求应该被用于创建一些新的 RESTful 资源。

- **获取-搜索**（**Retrieve-Search**）：用于获取多个对象的请求。我们会使用 HTTP 的 GET 请求，并且包含一个提供查询条件的 URI，通常条件以查询字符串的形式包含在？字符之后。可能的 URI 是//host/app/blog/?title="Travel 2012-2013"。注意，GET 不会改变任何 RESTful 资源的状态。

- **获取-实例**（**Retrieve-Instance**）：这是用于获取单个对象的请求。我们会使用 HTTP 的 GET 请求，并且包含一个在路径中指定了特定对象的 URI。可能的 URI 是//host/app/blog/id/。尽管预期的响应是一个单独的对象，但是为了与搜索的响应兼容，它有可能被保存在一个列表中。由于这个响应是 GET，因此不会改变资源状态。

- **更新**：我们会用 HTTP 的 PUT 请求，并且包含一个指定了目标替代对象的 URI。可能的 URI 是//host/app/blog/id/。响应可以是 200，并且包含一份更新后对象的备份。很明显，这个操作会修改 RESTful 资源。我们可以使用其他号码来代替 200。但是，对于我们的例子，我们依然会使用 200。

- **删除**：我们会用 HTTP 的 DELETE 请求，并且包含一个类似于//host/app/ blog/id/的 URI。响应可以是简单的 204 NO CONTENT，而不用在响应中提供任何对象的细节。

由于 HTTP 协议是无状态的，因此没有登录和注销的规定。每个请求都必须单独验证。我们通常会使用 HTTP 的 Authorization 头提供用户和密码这些验证信息。当选择这种做法时，我们必须也用 SSL 为 Authorization 头的内容提供安全措施。有一些更成熟的替代产品，它们会使用独立的身份管理服务器提供验证令牌而不是仅仅使用凭证。

## 12.2.2 实现非 CRUD 操作

一些应用程序中有一些操作无法被简单地归类为 CRUD。例如，我们可能有一个用于执行复杂计算的**远程过程调用**（**Remote Procedure Call，RPC**）风格的应用程序。计算用的参数通过 URI 提供，所以没有改变 RESTful 服务器上资源的状态。

大多数时候，这些主要执行计算任务的操作可以实现为 GET 请求，因为状态没有改变。但是，作为不可否认计划（non-repudiation scheme）的一部分，如果想要记录请求和响应日志，那么可能需要考虑使用 POST 请求。这对于使用付费服务的网站尤其重要。

## 12.2.3 REST 协议和 ACID

第 10 章 "用 Shelve 保存和获取对象" 中定义了 ACID 属性。这些属性是原子性、一致性、隔离性和持久性，这些是包含多个数据库操作事务的基本属性，这些属性不会自动成为 REST 协议的一部分。当我们确保达到 ACID 属性的要求时，必须考虑到 HTTP 是如何工作的。

每个 HTTP 请求都是原子的，所以，我们应该避免把程序设计成将操作操作分到多个 POST 请求中。反之，我们应该想办法把所有的信息合并在一个单独的请求中。另外，我们必须认识到请求常常来自许多交叉的客户端，也没有一种简洁的方式可以在交叉的请求序列中保证隔离性。如果我们有一个合理的多层架构，我们应该将持久性委托给独立的持久化模块来完成。

为了达到 ACID 属性的要求，常用的一个方法是让 POST、PUT 或者 DELETE 请求包含所有相关的信息。通过提供一个单独的复合对象，应用程序可以在单个 REST 请求中执行所有操作。这些大型的对象成为了文档（documents），它们可能包含多个对象并且作为更复杂事务的一部分。

回到 Blog 和 Post 的关系，我们会发现，为了创建一个新的 Blog 实例，我们可能希望可以处理两种 HTTP POST 请求。这两种请求如下。

- **只有标题而没有其他 POST 对象的 Blog**：可以很容易地为这个对象实现 ACID 属性，因为它只是一个单独的对象。

- **一个包含了 Post 对象集合的复合 Blog 对象**：我们需要序列化 Blog 和所有相关的 Post 实例。这个对象需要在一个 POST 请求中发送。然后，可以通过创建 Blog 对象和相关的 Post 对象，并且当所有的对象都保存后返回一个 201 Created 状态实现 ACID 属性。这可能需要在支持 RESTful 服务器的数据库中执行一个复杂的多语句事务。

## 12.2.4 选择一种表示方法——JSON、XML 或者 YAML

没有理由只选择一种表示方法，相对来说，支持几种不同的表示方法也是很容易的。客户端可以请求使用某种特定的表示方法。客户端可以在下面这些地方指定想要使用的表示方法。

- 可以用 query string 的一部分：`https://host/app/class/id/?form=XML`。

- 可以用 URI 的一部分：`https://host/app;XML/class/id/`。在这个例子中，我们用了分号让程序能够找到请求的表示方法。`app;XML` 语法将程序命名为 `app`，指定格式为 XML。

- 可以使用片段标识符，`https://host/app/class/id/#XML`。

- 可以把它放在 HTTP 请求的 Header 中。例如，可以用 Accept Header 指定表示方法。

这些都是非常好的选择。为了与现有的 RESTful 服务兼容，我们可能需要使用某种特定的格式，用来解析 URI 模式的框架本身可能也会建议使用某种格式。

JSON 是很多 JavaScript 表示层的首选。其他的表示层或者其他种类的客户端可能会倾向于其他的表示方法，例如 XML 或者 YAML。在一些例子中，可能还有其他表示方法。例如，某个特殊的客户端应用程序可能要求使用 MXML 或者 XAML。

## 12.3 实现一个 REST 服务器——WSGI 和 mod_wsgi

REST 是基于 HTTP 建立的，REST 服务器是 HTTP 服务器的扩展。为了稳定性、高性能和安全性，通常会基于某个服务器创建 REST 服务，例如 **Apache Httpd** 或者 **nginx**。这个服务器模式默认不支持 Python，我们需要安装一些扩展模块，其中包含与 Python 应用程序交互接口。

WSGI 是常用的 Web 服务器和 Python 的接口。更多的信息可以参考 http://www.wsgi.org。Python 标准库中包括了 WSGI 引用的实现。关于 Python3 中这个引用的实现是如何工作的，可以参见 PEP333：http://www.python.org/dev/peps/pep-3333/。

WSGI 的目的是用一个相对简单并且容易扩展的 Python API 来将 HTTP 的请求响应处理过程标准化。这让我们可以将复杂的 Python 解决方案结构化为相对独立的模块。我们的目标是建立一系列能够应对增量处理请求的应用程序。这就创建了一种每个环节都会向请求中添加信息的管道。

每个 WSGI 应用程序必须有下面这个 API。

```
result = application(environ, start_response)
```

environ 变量是必须包含环境信息的 dict。start_response 函数必须用来为客户端创建响应，这个函数用来发送响应码和报头。返回值必须是一个可迭代的字符串，也就是响应的主体。

在 WSGI 标准中，术语应用程序有许多不同的意义。一个单独的服务器可能有许多 WSGI 应用程序，这并不是因为 WSGI 有意地推荐或者需要在与底层 WSGI 兼容的应用程序中编写代码，真正的意图是使用更大更复杂的 Web 框架。所有的 Web 框架都会使用 WSGI 的 API 定义来保证兼容性。

WSGI 参考的实现不适合作为一个公开的 Web 服务器。这个服务器没有直接支持 SSL，为了用正确的 SSL 加密封装套接字，我们需要做一些额外的工作。为了访问 80（或者 443）端口，必须用一个拥有特权的用户 ID 在 setuid 模块中运行进程。一个常用的方法是在 Web 服务器中安装 WSGI 扩展模块，或者使用支持 WSGI API 的 Web 服务器，这意味着请求会从使用标准 WSGI 接口的服务器转发给 Python。这让 Web 服务器得以提供静态内容，通过 WSGI 接口访问的 Python 应用程序负责提供动态的内容。

下面是一些用 Python 写的或者支持 Python 插件的 Web 服务器：https://wiki.python.org/moin/webServers。这些服务器（或者插件）适合用来提供稳定、安全、公开的 Web 服务器。

另外一个选择是创建一个独立的 Python 服务器，然后用重定向将请求从公开的服务器上分流到各个独立的 Python 镜像中。当使用 Apache httpd 时，可以通过 mod_wsgi 模块创建独立的 Python 镜像。由于这里我们只关注 Python，所以不会介绍 nginx 和 Apache httpd 的细节。

### 12.3.1 创建简单的 REST 应用程序和服务器

我们会编写一个非常简单的 REST 服务器，用于旋转轮盘（Roulette）。这是一个服务响应一个简单请求的例子。重点将放在 Python 中关于 RESTful Web 服务器的编程部分。如果想要把这个软件作为更大型的 Web 服务器插件，例如 Apache httpd 或者 nginx，还需要做一些其他工作。

首先，我们定义一个简化的轮盘。

```
class Wheel:
    """Abstract, zero bins omitted."""
    def __init__( self ):
        self.rng= random.Random()
        self.bins= [
            {str(n): (35,1),
             self.redblack(n): (1,1),
             self.hilo(n): (1,1),
             self.evenodd(n): (1,1),
             } for n in range(1,37)
        ]
    @staticmethod
    def redblack(n):
        return "Red" if n in (1, 3, 5, 7, 9, 12, 14, 16, 18,
            19, 21, 23, 25, 27, 30, 32, 34, 36) else "Black"
    @staticmethod
    def hilo(n):
        return "Hi" if n >= 19 else "Lo"
    @staticmethod
    def evenodd(n):
        return "Even" if n % 2 == 0 else "Odd"
    def spin( self ):
        return self.rng.choice( self.bins )
```

Wheel 类包含了一个箱子的列表。每个箱子都是一个 dict，键代表的是当球落到箱子中时会成为赢家的注，值是赔率。这里我们只定义了一个很短的下注列表，完整的轮盘下注列表非常庞大。

我们也会忽略零或者双零的箱子。有两种常用的轮盘，这里是定义了常用轮盘的两个 mixin 类。

```
class Zero:
    def __init__( self ):
        super().__init__()
        self.bins += [ {'0': (35,1)} ]

class DoubleZero:
    def __init__( self ):
        super().__init__()
        self.bins += [ {'00': (35,1)} ]
```

Zero mixin 类将 bins 初始化为单零。DoubleZero mixin 类将 bins 初始化为双零。这些是相对简单的箱子，只有定了这个号码本身才能赢得这些箱子的投注。

这里我们使用 mixin 是因为会在后面的一些例子中优化 Wheel。通过使用 mixin，就可以确保每个对于基类 Wheel 的扩展都能够以一致的方式进行工作。关于更多 mixin 风格的设计内容，请参见第 8 章 "装饰器和 mixin——横切方面"。

下面是定义了两种常用轮盘的子类。

```
class American( Zero, DoubleZero, Wheel ):
    pass

class European( Zero, Wheel ):
    pass
```

这两个类用 mixin 扩展了基本的 Wheel 类，它们会为不同轮盘选择不同的初始化箱子的方式，这些 Wheel 的子类可以像下面这样使用。

```
american = American()
european = European()
print( "SPIN", american.spin() )
```

每次执行 spin() 都会产生一个类似下面这样的简单字典。

```
{'Even': (1, 1), 'Lo': (1, 1), 'Red': (1, 1), '12': (35, 1)}
```

dict 中的键是投注的名称，值是包含两个元素、用于表示赔率的元组。上面例子中 Red 12 是赢家，它既是最小的也是偶数。如果我们在 12 上下注，因为赔率是 35 比 1，所以会赢得 35 倍于投注的回报。其他投注的赔率是 1 比 1，我们会赢得和投注一样的回报。

我们定义了一个简单路径来决定使用哪种轮盘的 WSGI 应用程序。一个类似于 http://localhost:8080/european/ 的 URI 会使用欧式轮盘。另外一种路径会使用美式轮盘。

这里是用了 Wheel 实例的 WSGI 程序。

```
import sys
import wsgiref.util
import json
def wheel(environ, start_response):
    request= wsgiref.util.shift_path_info(environ) # 1. Parse.
    print( "wheel", request, file=sys.stderr ) # 2. Logging.
    if request.lower().startswith('eu'): # 3. Evaluate.
        winner= european.spin()
    else:
        winner= american.spin()
    status = '200 OK' # 4. Respond.
    headers = [('Content-type', 'application/json; charset=utf-8')]
    start_response(status, headers)
    return [ json.dumps(winner).encode('UTF-8') ]
```

这里展示了 WSGI 应用程序中一些基本的组成部分。

首先，我们用了 wsgiref.util.shift_path_info() 函数扫描 environ['PATH_INFO'] 的值。这会对请求中的路径信息的一个层次进行解析，它会返回找到的值，当没有提供路径时，它会返回 None。

其次，写日志的那行代码说明如果我们想记录日志则必须将信息写到 sys.stderr 中。任何写到 sys.stdout 的信息都会作为 WSGI 应用程序响应的一部分。在调用 start_response() 之前，任何打印信息的尝试都会导致异常，因为状态码和报头都还没有发送。

再次，我们根据请求计算出响应。这里使用了两个全局变量——european 和 american 来提供行为一致的随机响应序列。如果尝试为每个请求创建一个唯一的 Wheel 实例，那么就表明我们没有以正确的方式使用随机数生成器。

最后，我们用合适的状态和 HTTP 报头组成一个响应。响应的主体是一个 JSON 文档，根据 HTTP 的要求，我们已经用 UTF-8 将这个文档编码为一个符合要求的字节流。

现在可以启动这个服务器的演示版本，这个版本只有一个函数，如下所示。

```
from wsgiref.simple_server import make_server
def roulette_server(count=1):
    httpd = make_server('', 8080, wheel)
    if count is None:
        httpd.serve_forever()
    else:
        for c in range(count):
            httpd.handle_request()
```

wsgiref.simple_server.make_server() 函数创建了服务器对象。这个对象会调用可回调的 wheel() 处理每个请求。我们用了本地的主机名''和一个非特权端口——8080。使用特权端口 80 需要 setuid 特权，而且最好让 **Apache httpd** 服务器处理这个过程。

一旦服务器建立，它就会使用自动持续运行，这是因为使用了 httpd.serve_forever() 方法。但是，对于单元测试，通常更好的方法是处理一定数量的请求，然后停止服务器。

我们可以在终端窗口的命令行中运行这个函数。一旦运行这个函数，就可以用浏览器查看当我们请求 http://localhost:8080/时的响应。当创建某个技术原型或者调试时，这种方法非常有用。

## 12.3.2　实现 REST 客户端

在介绍更智能的 REST 服务器应用程序之前，我们会先介绍如何编写 REST 客户端。下面的函数会用 GET 方式向某个 REST 服务器发送一个简单的请求。

```
import http.client
import json
def json_get(path="/"):
    rest= http.client.HTTPConnection('localhost', 8080)
    rest.request("GET", path)
    response= rest.getresponse()
    print( response.status, response.reason )
    print( response.getheaders() )
    raw= response.read().decode("utf-8")
    if response.status == 200:
        document= json.loads(raw)
        print( document )
    else:
        print( raw )
```

这里展示了 RESTful API 的基本使用方法。http.client 模块包含 4 个步骤的。

- 用 `HTTPConnection ()` 建立连接。

- 用命令和路径发送请求。

- 获取响应。

- 读取响应中的数据。

请求可以包括一个附加的文档（POST 需要使用）和额外的报头。在这个函数中，我们打印了响应中的某些部分。在本例中，我们读取了状态码和表示原因的文本。大多数时候，我们会期望得到状态 200 和 OK 作为原因文本，同时也读取和打印了所有的报头。

最后，我们将整个响应读到一个临时的字符串 raw 中。如果状态码是 200，用 json 模块从响应字符串中加载对象，这个步骤可以恢复从服务器发送的、用 JSON 编码过的序列化对象。

如果状态码不是 200，我们只打印可用的文本。它有可能是一条错误信息或者其他可用于调试的信息。

## 12.3.3 演示 RESTful 服务并创建单元测试

演示 RESTful 服务器相对简单。我们可以导入服务器类和函数定义，然后从终端窗口启动服务器函数。然后，我们可以访问 `http://localhost:8080` 查看响应信息。

为了能够正确地完成单元测试，我们希望客户端和服务器之间的信息交换方式更为统一。对于一个可控的单元测试，我们希望启动然后停止一个服务器进程。接着，我们就可以往服务器发送请求，查看响应的内容。

我们可以用 `concurrent.futures` 模块创建一个独立的子进程来运行服务器。下面的代码段展示了可以成为单元测试用例一部分的某种处理过程。

```
import concurrent.futures
import time
with concurrent.futures.ProcessPoolExecutor() as executor:
    executor.submit( roulette_server, 4 )
    time.sleep(2) # Wait for the server to start
    json_get()
    json_get()
    json_get("/european/")
    json_get("/european/")
```

通过创建 `concurrent.futures.ProcessPoolExecutor` 实例创建了一个独立的进程。接着，我们使用适当的参数值向这个服务器请求了一个函数。

在本例中，我们运行了 `json_get()` 客户端函数两次，用于读取默认路径——/。然后，用 GET 请求了两次 `"/european/"`。

`executor.submit()` 函数让进程池执行 `roulette_server(4)` 函数。现在服务器会处理 4 个请求，然后终止。由于 `ProcessPoolExecutor` 是一个上下文管理器，因此可以保证所有的资源都会被适当地释放。单元测试输出的日志包含类似下面这样的内容。

```
wheel 'european'
127.0.0.1 - - [08/Dec/2013 09:32:08] "GET /european/ HTTP/1.1" 200 62
200 OK
[('Date', 'Sun, 08 Dec 2013 14:32:08 GMT'), ('Server', 'WSGIServer/0.2
CPython/3.3.3'), ('Content-type', 'application/json; charset=utf-8'),
('Content-Length', '62')]
{'20': [35, 1], 'Even': [1, 1], 'Black': [1, 1], 'Hi': [1, 1]}
```

wheel 'european'是 wheel()WSGI 应用程序输出的日志。127.0.0.1 - - [08/Dec/2013 09:32:08] "GET /european/ HTTP/1.1" 200 62 是 WSGI 服务器输出的默认日志,用于展示已经成功地完成了请求的处理。

接下来的 3 行是 json_get()的输出。200 OK 是由第 1 个 print()函数输出的。这些内容会作为服务器响应的一部分返回给客户端。最后,我们打印了经过解码的字典对象,这个对象是从服务器发到客户端的。在本例中,赢家是 20 Black。

同时,请注意,我们原本的元素在经过 JSON 的编码和解码之后被转变为了列表。原本的字典包含'20': (35, 1)。经过编码和解码之后,这里得到的结果是'20': [35, 1]。

请注意,我们用来测试的模块会由 ProcessPool 服务器导入。这个导入的过程还会定位所指定的函数,roulette_server()。由于服务器会在测试中导入模块,因此测试中的模块必须正确地使用_name_ == "__main__"来确保这个模块不会在导入过程中执行任何其他的处理过程,它必须只能被用来提供定义。我们必须确保在定义服务器的脚本中使用这种构造方法。

```
if __name__ == "__main__":
    roulette_server()
```

# 12.4 使用可回调类创建 WSGI 应用程序

我们将 WSGI 应用程序实现为 Callable 对象而不是孤立的函数。这让我们可以在 WSGI 服务器上使用有状态的处理过程,这样的过程不会有潜在的全局变量导致的混乱。在之前的例子中,get_spin()WSGI 应用程序依赖于两个全局变量,american 和 european。应用程序和全局变量之间的绑定可能是非常神秘的。

定义一个类的目的是将处理过程和数据都封装进一个单独的包中,可以用 Callable 对象更好地封装我们的应用程序。这个可以让有状态的 Wheel 和 WSGI 应用程序间绑定更清晰。下面的类将 Wheel 扩展为可回调 WSGI 应用程序。

```
from collections.abc import Callable
class Wheel2( Wheel, Callable ):
    def __call__(self, environ, start_response):
        winner= self.spin() # 3. Evaluate.
        status = '200 OK' # 4. Respond.
        headers = [('Content-type', 'application/json;
charset=utf-8')]
        start_response(status, headers)
        return [ json.dumps(winner).encode('UTF-8') ]
```

我们扩展了基类 Wheel，这个扩展类包含了 WSGI 接口。这个类中没有对请求做任何解析，WSGI 处理过程被削减为只剩两个步骤：运行和响应。我们会在更高层的封装应用程序中处理解析和日志。Wheel2 应用程序只是简单地读取某个结果然后将它编码为另一个结果。

请注意，我们在 Wheel2 类中添加了一个特别的特性。这是定义了一个不属于 Wheel 中 is-a 定义的部分例子，这更偏向于一个 **acts-as** 特性。或许，这应该被定义为 mixin 或者一个装饰器，而不是类的一等特性。

下面是实现了欧洲式轮盘和美国式轮盘的两个子类。

```
class American2( Zero, DoubleZero, Wheel2 ):
    pass

class European2( Zero, Wheel2 ):
    pass
```

这两个子类依赖于基类中的 __call__() 方法函数。正如前面的例子所示，我们使用 mixin 向 wheel 中添加合适的零 bins。

我们将 wheel 从一个简单对象变为了一个 WSGI 应用程序。这意味着更高层的封装应用程序就可以变得稍微简单一些。相比于算出其他对象的值，更高层的应用程序现在只用简单地将请求委托给对象本身。以下是一个修改后的封装应用程序，它选择要旋转的轮盘并且将请求委托给对应对象。

```
class Wheel3( Callable ):
    def __init__( self ):
        self.am = American2()
        self.eu = European2()
    def __call__(self, environ, start_response):
        request= wsgiref.util.shift_path_info(environ) # 1. Parse
        print( "Wheel3", request, file=sys.stderr ) # 2. Logging
        if request.lower().startswith('eu'): # 3. Evaluate
            response= self.eu(environ,start_response)
        else:
            response= self.am(environ,start_response)
        return response # 4. Respond
```

当创建 Wheel3 类的实例时，它会创建两个 wheels。每个 wheel 都是一个 WSGI 应用程序。

当请求到达时，Wheel3 WSGI 应用程序会解析请求。然后，它会将两个参数（environ 和 start_response 函数）传递给另外一个应用程序执行真正的处理过程并且创建响应结果。在许多情况下，这个委托操作也会包含用从请求路径或者报头中解析而来的参数更新 environ 变量。最后，Wheel3.__call__() 函数会调用其他应用程序所得的结果作为响应返回给客户端。

这种风格的委托是 WSGI 应用程序所特有的。这是 WSGI 应用程序互相之间可以非常优雅地结合的原因。注意，在封装程序中，有两个位置可以注入处理逻辑。

● 在调用另一个应用给程序之前，它会修改环境来添加一些信息。

● 在调用了另外的应用程序之后，它可以修改响应文档。

通常，我们会专注于在封装程序中修改环境。但是，在本例中，由于请求非常简单，因此不必用任何额外的信息更新环境。

## 12.4.1　设计 RESTful 对象标识符

序列化对象的过程涉及为每个对象定义某种标识符。对于 shelve 和 sqlite，我们需要为每个对象定义一个字符串类型的键。RESTful 的 Web 服务器有相同的需求，它要求必须定义一个合理的键，这个键可以被用于明确地追踪每个对象。

一个简单的代理键也可以作为 RESTful 的 Web 服务的标识符。我们可以很容易地将这个键用于 shelve 或 sqlite。

这里重要的是 "cool URIs don't change"，参见 http://www.w3.org/Provider/ Style/URI.html。

对于我们而言，定义一个永远都不变的 URI 非常重要。重要的是，永远不要把对象有状态的部分作为 URI 的一部分。例如，一个博客程序可能需要支持多个作者。如果基于作者组织博客中文章的文件夹，那么对于多个作者共同创作的文章，就无法正确表示。同时，当一个作者接管了另一个作者的文章时，我们就会遇到更大的问题。当纯粹的管理功能（例如，拥有权）改变时，我们不希望改变 URI。

一个 RESTful 的应用程序可能会提供许多索引或者搜索条件。但是，区别某个资源或者对象的基本标识应该永远不会随着索引的改变或者重组而改变。

对于相对简单的对象，我们总是能够找到某种标识符——例如，数据库的代理键常被用做标识符。在博客的例子中，通常会使用发布日期（因为不会改变）和标题作为标识符。其中，会将标题中的标点和空格用 "_" 替换。这样做的目的是创建一个无论网站的结构如何改变都不会变化的标识符。增加或者改变索引不会改变博文的基本标识符。

对于更复杂的容器对象，我们必须根据用来引用这些更复杂对象的粒度确定标识符。继续看博客的例子，我们将博客作为一个整体，它包含了若干单独的文章。

博客的 URI 可能类似下面这样。

```
/microblog/blog/bid/
```

最高层的名字（microblog）代表整个应用程序。接下来是资源的类型（blog），最后是某个实例的 ID。

但是，一篇文章的 URI 可能有几种不同的选择。

```
/microblog/post/title_string/
/microblog/post/bid/title_string/
/microblog/blog/bid/post/title_string/
```

当不同的博客中有标题相同的文章时，第 1 个 URI 就无法使用了。在这种情况下，为了让标题唯一，某个作者可能会看到他们的标题后追加了 "_2" 或者其他的一些可以让标题唯一的装饰。不过，我们一般不推荐这样做。

第 2 个 URI 中用了博客 ID（bid）作为上下文或者命名空间来确保 Post 的标题在当前博客的上下文中是唯一的。这种技术经常被扩展为包括其他分支，例如日期，这样可以进一步缩小搜索范围。

第 3 个例子中显式使用了两层 **class/object** 的名称：blog/bid 和 post/title_string。这种做法的缺点是路径更长，但是这让一个复杂的容器可以内置包含多个元素的不同集合。

请注意，REST 服务会影响为持久化存储而定义的 API。实际上，定义 URI 和定义接口的方法名类似。我们必须为它们选择清晰、有意义并且可以长久使用的名字。

## 12.4.2 多层 REST 服务

下面是一个更智能的多层 REST 服务器应用程序。我们会分成不同部分进行讲解。首先，需要为我们的 Wheel 类提供一个轮盘的桌子。

```python
from collections import defaultdict
class Table:
    def __init__( self, stake=100 ):
        self.bets= defaultdict(int)
        self.stake= stake
    def place_bet( self, name, amount ):
        self.bets[name] += amount
    def clear_bets( self, name ):
        self.bets= defaultdict(int)
    def resolve( self, spin ):
        """spin is a dict with bet:(x:y)."""
        details= []
        while self.bets:
            bet, amount= self.bets.popitem()
            if bet in spin:
                x, y = spin[bet]
                self.stake += amount*x/y
                details.append( (bet, amount, 'win') )
            else:
                self.stake -= amount
                details.append( (bet, amount, 'lose') )
        return details
```

Table 类追踪单独匿名玩家的 bets。每个 bet 由轮盘桌上的一个区域的名称和一个整型金额组成。当解析 bet 时，Wheel 类会提供一个旋转一圈的结果给 reslove()方法。接下来，会将投入的注和旋转所赢得的注比较，并且根据是否赢得了更多的注调整玩家的筹码。

我们会定义一个 RESTful 的轮盘服务器，这个服务器会向我们展示用 HTTP POST 实现的一个有状态的事务。我们把轮盘的游戏分成下面 3 个 URI。

- /player/
  - ♦ 用 GET 方法请求这个 URI 会获得一个用 JSON 编码的 dict，这个 dict 中包含了所有用户的信息，包括他们的筹码和当前已经玩的局数。将来可以定义一个合适的 Player 对象并且返回一个序列化的实例来扩展这个方法。
  - ♦ 一个可能的扩展方式是处理 POST 请求，用于创建下注的其他用户。

- /bet/
  - ◆ 用 POST 请求这个 URI 需要包含用于创建投注的一个用 JSON 编码的 dict 或者一个 dict 的列表。每个投注的字典都包含两个键：bet 和 amount。
  - ◆ 用 GET 请求这个 URI 会得到一个 JSON 编码的 dict，这个 dict 用于向我们展示当前的投注和到目前为止的总金额。
- /wheel/
  - ◆ 用不带参数的 POST 请求这个 URI 会旋转轮盘并且计算支出。我们用 POST 实现它是为了强调这个 URI 会改变可用的筹码和用户的状态。
  - ◆ 用 GET 方法请求这个 URI 可能会返回之前的结果，向我们展示上次旋转的结果、上次的支出和上次用户的筹码。这可以作为不可以否认性模式的一部分，它为上次的旋转返回了一个额外的副本。

下面为 WSGI 应用程序家族定义的两个帮助类。

```
class WSGI( Callable ):
    def __call__( self, environ, start_response ):
        raise NotImplementedError
class RESTException( Exception ):
    pass
```

我们简单地扩展了 Callable，在这个类中我们显式地声明将会定义一个 WSGI 应用程序类。我们也定义了一个异常类，在 WSGI 应用程序中可以用它发送错误状态码，这些状态码和 wsgiref 中表示为 Python 一段错误的通用错误码 500 不同。下面是 Roulette 服务器的顶层。

```
class Roulette( WSGI ):
    def __init__( self, wheel ):
        self.table= Table(100)
        self.rounds= 0
        self.wheel= wheel
    def __call__( self, environ, start_response ):
        #print( environ, file=sys.stderr )
        app= wsgiref.util.shift_path_info(environ)
        try:
            if app.lower() == "player":
                return self.player_app( environ, start_response )
            elif app.lower() == "bet":
                return self.bet_app( environ, start_response )
            elif app.lower() == "wheel":
                return self.wheel_app( environ, start_response )
            else:
                raise RESTException("404 NOT_FOUND",
                    "Unknown app in {SCRIPT_NAME}/{PATH_INFO}".format_map(environ))
        except RESTException as e:
            status= e.args[0]
            headers = [('Content-type', 'text/plain; charset=utf-8')]
            start_response( status, headers, sys.exc_info() )
            return [ repr(e.args).encode("UTF-8") ]
```

我们定义了一个封装了其他应用程序的 WSGI 应用程序。wsgiref.util.shift_path_info() 函数会解析路径并且根据 "/" 取出第 1 个单词。基于这个单词的值，我们会调用 3 个 WSGI 应用程序中对应的那个。在本例中，每个应用程序都是类中的一个方法函数。

我们还定义了一个全局的异常处理器，它会将任何 RESTException 实例转化成一个合适的 RESTful 响应。我们没有处理的异常会被转化为 wsgiref 提供的通用状态码 500。以下是 player_app 方法函数。

```
def player_app( self, environ, start_response ):
    if environ['REQUEST_METHOD'] == 'GET':
        details= dict( stake= self.table.stake, rounds= self.
rounds )
        status = '200 OK'
        headers = [('Content-type', 'application/json;
charset=utf-8')]
        start_response(status, headers)
        return [ json.dumps( details ).encode('UTF-8') ]
    else:
        raise RESTException("405 METHOD_NOT_ALLOWED",
            "Method '{REQUEST_METHOD}' not allowed".format_map(environ))
```

我们创建了一个响应对象——details。然后，我们将这个对象序列化为一个 JSON 字符串，然后再用 UTF-8 将这个字符串编码为字节。

如果不小心使用 Post（或者 Put 或 Delete）请求/player/路径，程序会抛出一个异常。顶层的 __call__() 方法会捕获这个异常并且将它转化为一个错误响应。

下面是 bet_app() 函数。

```
def bet_app( self, environ, start_response ):
    if environ['REQUEST_METHOD'] == 'GET':
        details = dict( self.table.bets )
    elif environ['REQUEST_METHOD'] == 'POST':
        size= int(environ['CONTENT_LENGTH'])
        raw= environ['wsgi.input'].read(size).decode("UTF-8")
        try:
            data = json.loads( raw )
            if isinstance(data,dict): data= [data]
            for detail in data:
                self.table.place_bet( detail['bet'],
int(detail['amount']) )
        except Exception as e:
            raise RESTException("403 FORBIDDEN",
             Bet {raw!r}".format(raw=raw))
        details = dict( self.table.bets )
    else:
        raise RESTException("405 METHOD_NOT_ALLOWED",
            "Method '{REQUEST_METHOD}' not allowed".format_map(environ))
    status = '200 OK'
```

```
        headers = [('Content-type', 'application/json; charset=utf-8')]
        start_response(status, headers)
        return [ json.dumps(details).encode('UTF-8') ]
```

这段代码根据不同的请求方法会执行两个不同的处理过程。当使用 GET 方法时，结果是当前投注的字典。当使用 POST 请求时，必须同时传进一些用于定义投注的数据。当尝试使用其他的 HTTP 方法请求时，返回一个错误。

当使用 POST 时，投注的信息会以数据流的方式附加在请求中。我们必须通过一些步骤来读取和处理这些数据。第 1 步是用 environ['CONTENT_LENGTH'] 的值确定需要读取多少字节的数据。第 2 步是解码读取的字节流从而获得客户端发送的原始字符串。

我们用 JSON 编码请求。这里需要强调的是，这不是浏览器或者 Web 服务器处理 HTML 表单用 POST 方法发送的数据的方式。当使用浏览器从 HTML 表单中 POST 数据时，所谓编码只是简单地用 urllib.parse 模块实现的一系列转义操作。urllib.parse. parse_=qs() 模块函数会用 HTML 发送的数据解析编码过的查询字符串（query string）。

对于 RESTful 服务，有时候会使用与 POST 兼容的数据，这样处理 HTML 表单的过程就会和 RESTful 的处理过程非常类似。在其他情况下，会使用一个单独的编码方式，例如 JSON，来创建比 Web 表单生成的引用数据更容易使用的数据结构。

一旦我们获得了 raw 字符串，就可以用 json.loads() 获取这个字符串所表示的对象。本例中，我们期望获得两个类中的一个、一个定义投注的简单 dict 对象，一系列定义了多个投注的 dict 对象。作为一种简单的泛化，我们让单个的 dict 对象成为一个只包含一个元素的序列。这样就可以用一个通用的 dict 实例序列表示需要的投注。

注意，我们的异常处理方法会留下一些投注，但是返回全局的 403 Forbidden 消息。更好的设计方式是使用**备忘录**（**Memento**）模式。当放置投注时，我们可以同时创建一个可以用来撤销任何投注的 memento 对象。实现备忘录模式的一种方法是用 **Before Image** 设计模式。备忘录可以包含在应用某个改变之前所有投注的副本。当异常发生时，我们可以删除已损坏的版本，然后恢复到前一个状态。当使用内嵌的可变对象容器时，这个过程可能会非常复杂，因为我们必须确保复制了所有可变对象。由于这个程序只用于不可变的字符串和整数，为 table.bets 做一份浅拷贝就足够了。

对于 POST 和 GET 方法，响应是相同的。我们将 table.bets 字典序列化为 JSON，然后将它发回给 REST 客户端。这个响应用于确认投注已经成功地放置到台面上。

这个类的最后一个部分是 wheel_app() 方法。

```
def wheel_app( self, environ, start_response ):
    if environ['REQUEST_METHOD'] == 'POST':
        size= environ['CONTENT_LENGTH']
        if size != '':
            raw= environ['wsgi.input'].read(int(size))
            raise RESTException("403 FORBIDDEN",
                "Data '{raw!r}' not allowed".format(raw=raw))
        spin= self.wheel.spin()
        payout = self.table.resolve( spin )
```

```
            self.rounds += 1
            details = dict( spin=spin, payout=payout,
                stake= self.table.stake, rounds= self.rounds )
            status = '200 OK'
            headers = [('Content-type', 'application/json;
charset=utf-8')]
            start_response(status, headers)
            return [ json.dumps( details ).encode('UTF-8') ]
        else:
            raise RESTException("405 METHOD_NOT_ALLOWED",
                "Method '{REQUEST_METHOD}' not allowed".format_
map(environ))
```

这个方法首先确认客户端是通过一个无参的 POST 请求调用它的。这样做是为了确保已经正确地关闭了套接字，并且已经读取并忽略了所有数据。这样做可以避免一个写得很差的客户端在遇到套接字中仍然有未读的数据时崩溃的问题。

一旦处理完这些问题，那么剩下的就是旋转轮盘、解析不同的投注和生成一个包含旋转的结果、支出、玩家的筹码和目前进行轮次的响应。这个结果会存储在 dict 对象中。然后，我们会用 JSON 来序列化这个对象、编码为 UTF-8 并且将它发回给客户端。

请注意，我们避免了处理多个玩家的问题。这会在 /player/ 路径下增加一个类和另外一个 POST 方法。它会添加一些定义，并且有一些额外的信息需要记录。创建新玩家的 POST 处理过程和放置投注的处理过程类似。这是一个很有趣的练习，但是不会涉及任何新的编程技术。

## 12.4.3　创建 roulette 服务器

一旦我们创建了可回调的 roulette 类，就可以用下面的方式创建一个 WSGI 服务器。

```
def roulette_server_3(count=1):
    from wsgiref.simple_server import make_server
    from wsgiref.validate import validator
    wheel= American()
    roulette= Roulette(wheel)
    debug= validator(roulette)
    httpd = make_server('', 8080, debug)
    if count is None:
        httpd.serve_forever()
    else:
        for c in range(count):
            httpd.handle_request()
```

这个函数创建了轮盘 WSGI 应用程序——roulette。它用 simple_server. make_server() 创建了一个服务器，这个服务器会用 roulette 可回调对象处理每个请求。

在本例中，我们也包含了 wsgiref.validate.validator() WSGI 应用程序。这个应用程序用于验证 roulette 应用程序使用的接口，它会用 assert 语句装饰各种 API 来提供一些诊断信息。万一需要考虑 WSGI 应用程序中更严重的编程问题时，它也提供了一些更易读的错误信息。

### 12.4.4 创建 roulette 客户端

用 RESTful 客户端 API 来定义模块是一种常见的做法。通常，客户端的 API 中会包含一些专门为需要请求的服务定制的函数。

我们会定义一个和各种 RESTful 服务器兼容的通用客户端，而不是去定义一些专用的客户端。这个客户端可以作为专门为轮盘定制的客户端的基本组成。下面是一个可以使用 Roulette 服务器的通用客户端。

```
def roulette_client(method="GET", path="/", data=None):
    rest= http.client.HTTPConnection('localhost', 8080)
    if data:
        header= {"Content-type": "application/json; charset=utf-8'"}
        params= json.dumps( data ).encode('UTF-8')
        rest.request(method, path, params, header)
    else:
        rest.request(method, path)
    response= rest.getresponse()
    raw= response.read().decode("utf-8")
    if 200 <= response.status < 300:
        document= json.loads(raw)
        return document
    else:
        print( response.status, response.reason )
        print( response.getheaders() )
        print( raw )
```

客户端会发起 GET 或者 POST 请求，并且它会将 POST 请求的数据编码为 JSON 文档。请注意，用 JSON 编码请求数据绝对不是浏览器处理 HTML 表单 POST 数据的方式。浏览器使用的是 urllib.parse.urlencode() 模块函数实现的编码方式。

我们的客户端函数将 JSON 文档解码，如果状态码处于 [200,300) 半开区间，它会将解码后的数据返回。这个区间中的状态码是成功状态码。我们可以用下面的方式试验客户端和服务器。

```
with concurrent.futures.ProcessPoolExecutor() as executor:
    executor.submit( roulette_server_3, 4 )
    time.sleep(3) # Wait for the server to start
    print( roulette_client("GET", "/player/" ) )
    print( roulette_client("POST", "/bet/", {'bet':'Black', 'amount':2}) )
    print( roulette_client("GET", "/bet/" ) )
    print( roulette_client("POST", "/wheel/" ) )
```

首先，我们创建 ProcessPool 作为我们试验的上下文。我们向服务器提交了一个请求，实际上，请求是 roulette_server_3(4)。一旦服务器启动，我们就可以尝试和服务器交互了。

在本例中，我们请求了 4 次。首先查看玩家的状态。接着，放置一个投注，然后，查看投注的状态。最后，转动轮盘。每个步骤中，我们都打印了响应的 JSON 文档。

日志看起来类似下面这样。

```
127.0.0.1 - - [09/Dec/2013 08:21:34] "GET /player/ HTTP/1.1" 200 27
{'stake': 100, 'rounds': 0}
127.0.0.1 - - [09/Dec/2013 08:21:34] "POST /bet/ HTTP/1.1" 200 12
{'Black': 2}
127.0.0.1 - - [09/Dec/2013 08:21:34] "GET /bet/ HTTP/1.1" 200 12
{'Black': 2}
127.0.0.1 - - [09/Dec/2013 08:21:34] "POST /wheel/ HTTP/1.1" 200 129
{'stake': 98, 'payout': [['Black', 2, 'lose']], 'rounds': 1, 'spin':
{'27': [35, 1], 'Odd': [1, 1], 'Red': [1, 1], 'Hi': [1, 1]}}
```

这段日志展示了服务器响应请求的内容，在台面上创建投注、随机转动轮盘并用结果适当地更新用户状态。

## 12.5 创建安全的 REST 服务

我们可以将应用程序的安全分为两个部分考虑：验证和授权。我们需要知道用户是谁，并且需要确保用户有运行某个 WSGI 应用程序的授权。如果使用用于确保凭证间加密传输的 HTTP 的 Authorization 头，实现这种安全机制就相对容易。

如果我们使用 SSL，就可以简单地使用 HTTP 基本授权（HTTP Basic Authorization）模式。这个版本的 Authorization 头会在每个请求中包含一个用户名和密码。对于更复杂的验证机制，可以使用 HTTP 摘要授权（HTTP Digest Authorization），这种授权需要与服务器交换信息并且获得名为 **nonce** 的数据，这块数据用于以更安全的方式创建摘要。

通常，我们会尽早地在执行过程中完成身份认证的处理。这意味着前端的 WSGI 应用程序会检查 Authorization 头并且更新环境信息或者返回一个错误。理论上，我们将使用一个提供了这种功能的完整的 Web 框架。关于这方面的更多信息，请阅读下节中对这些 Web 框架的讨论。

关于安全性的主题，最重要的建议可能是下面这条。

**永远不要保存密码**

唯一可以存储的是一个"加盐"的重复加密的哈希密码。密码本身必须是不可恢复的，仔细研究"Salted Password Hashing"或者下载一个实现了这种加密的可信库。永远不要存储一个明文或者编码后的密码。

下面的示例类向我们展示了 salted password hashing 是如何工作的。

```
from hashlib import sha256
import os
class Authentication:
```

```
        iterations= 1000
        def __init__( self, username, password ):
            """Works with bytes. Not Unicode strings."""
            self.username= username
            self.salt= os.urandom(24)
            self.hash= self._iter_hash( self.iterations, self.salt, username, password)
        @staticmethod
        def _iter_hash( iterations, salt, username, password ):
            seed= salt+b":"+username+b":"+password
            for i in range(iterations):
                seed= sha256( seed ).digest()
            return seed
        def __eq__( self, other ):
            return self.username == other.username and self.hash == other.hash
        def __hash__( self, other ):
            return hash(self.hash)
        def __repr__( self ):
            salt_x= "".join( "{0:x}".format(b) for b in self.salt )
            hash_x= "".join( "{0:x}".format(b) for b in self.hash )
            return "{username} {iterations:d}:{salt}:{hash}".format(
    username=self.username, iterations=self.iterations,
            salt=salt_x, hash=hash_x)
        def match( self, password ):
            test= self._iter_hash( self.iterations, self.salt, self.
    username, password )
            return self.hash == test # Constant Time is Best
```

这个类为一个给定的用户名定义了 Authentication 对象。这个对象包括用户名、一个每次设置或者重设密码时都会创建的唯一的随机 salt。类中也提供了用于确定给定密码与原始密码是否能够生成相同哈希码的方法——match()。

请注意，我们没有保存密码。我们只保存了密码的哈希码。在比较函数上写了注释（"# Constant Time is Best"）。一种需要用固定时间运行的不是特别快的算法非常适合作为这种比较的算法。我们还没有实现它。

我们也包含了一个相等性测试和一个哈希测试用于强调这个对象是不可变的。我们不能修改任何值。当用于改变密码时，只能丢弃并且重建整个 Authentication 对象。还有一个功能是用 __slots__ 节省存储空间。

请注意，这些算法需要字节字符串而不是 Unicode 字符串。我们需要字节或者是 ASCII 编码的 Unicode 用户名或密码。以下是如何创建用户集合的代码。

```
    class Users( dict ):
        def __init__( self, *args, **kw ):
            super().__init__( *args, **kw )
            # Can never match -- keys are the same.
            self[""]= Authentication( b"__dummy__", b"Doesn't Matter" )
        def add( self, authentication ):
```

```
            if authentication.username == "":
                raise KeyError( "Invalid Authentication" )
            self[authentication.username]= authentication
        def match( self, username, password ):
            if username in self and username != "":
                return self[username].match(password)
            else:
                return self[""].match(b"Something which doesn't match")
```

我们扩展了 dict，增加了用于保存 Authentication 实例的 add() 方法和一个用于确定用户是否在字典中并且拥有正确凭证的 match() 方法。

请注意，match() 这个比较方法的时间复杂度必须是常数。当客户端提供了一个未知的用户名时，我们会创建一个额外的假用户。通过与假用户比较，虽然结果永远是失败的，但是执行时间不会为错误的验证信息提供任何提示。如果我们简单地返回 False，那么找到一个不匹配的用户名会比找到不匹配的密码快。

我们特别禁止了设置验证或者匹配值为""的用户名。这样做的目的是确保假用户名永远不会成为一个可能可以匹配的正确用户名，并且任何尝试匹配它的操作都会失败。下面是我们创建的一个示例用户。

```
users = Users()
users.add( Authentication(b"Aladdin", b"open sesame") )
```

如果想看到这个类内部发生了什么，可以手动创建一个用户。

```
>>> al= Authentication(b"Aladdin", b"open sesame")
>>> al
b'Aladdin' 1000:16f56285edd9326282da8c6aff8d602a682bbf83619c7f:9b86a2a
d1ae0345029ae11de402ba661ade577df876d89b8a3e182d887a9f7
```

这里的 salt 是一个 24 字节字符串，当用户的密码被创建或者修改时，它都会被重置。这个哈希码是包含了用户名、密码和 salt 的重复散列。

## WSGI 验证程序

一旦我们能够保存用户和验证信息，就可以查看请求的 Authentication 头了。下面的 WSGI 应用程序查看 Authentication 头，并且为正确的用户更新环境信息。

```
import base64
class Authenticate( WSGI ):
    def __init__( self, users, target_app ):
        self.users= users
        self.target_app= target_app
    def __call__( self, environ, start_response ):
        if 'HTTP_AUTHORIZATION' in environ:
            scheme, credentials = environ['HTTP_AUTHORIZATION'].split()
            if scheme == "Basic":
```

```
            username,password=base64.b64decode( credentials ).split(b":")
        if self.users.match(username, password):
            environ['Authenticate.username']= username
            return self.target_app(environ, start_response)
    status = '401 UNAUTHORIZED'
    headers = [('Content-type', 'text/plain; charset=utf-8'),
        ('WWW-Authenticate', 'Basic realm="roulette@localhost"')]
    start_response(status, headers)
    return [ "Not authorized".encode('utf-8') ]
```

这个 WSGI 应用程序除了一个目标应用程序之外,还包含一个用户池。当我们创建这个 Authenticate 类的实例时,会提供另一个 WSGI 应用程序——target_app,这个封装的程序只会看到通过验证的用户请求。当 Authenticate 程序被调用时,它会执行一些测试以确保请求来自一个已经通过验证的用户。

- 必须提供一个 HTTP Authorization 头。这个头以 HTTP_AUTHORIZATION 为键保存在 environ 字典中。

- 头的验证模式必须是 Basic。

- **Basic** 模式提供的验证信息必须是用 base64 编码的 username+b":"+password,这段信息必须和某个已定义用户的验证信息匹配。

如果上面的所有测试都通过了,就可以用已验证用户的用户名来更新 environ 字典。然后,目标程序就会被调用。

然后,处理授权的程序就会知道当前用户是已经经过验证的。这种解耦的设计是 WSGI 程序的一个优雅的特性,我们把身份验证放在了另外一个地方。

## 12.6 用 Web 应用程序框架实现 REST

由于一个 REST Web 服务器就是一个 Web 应用程序,因此可以使用任何流行的 Python Web 应用程序框架。在发现了某个框架带来了一些无法接受的问题后,我们可以考虑从头开始编写 RESTful 服务器。在许多情况下,用框架做一个原型能帮助我们弄清任何问题,并且可以将它与没有使用框架的 REST 应用程序做一个详细的比较。

Python 的一些 Web 框架包括了一个或者多个 REST 模块。某些情况下,RESTful 的功能几乎是完全内置的。在其他情况下,创建一个插件可以用最少的代码定义 RESTful Web 服务。

这里是一个 Python Web 框架的列表: https://wiki.python.org/moin/Web Frameworks。这些项目的目的是为创建 Web 应用程序提供一个相对完整的环境。

这里是一个 Python Web 模块包的列表: https://wiki.python.org/moin/Web Components。这是一些可以用来支持 Web 应用程序开发的小工具。

在 PyPI——https://pypi.python.org 上搜索 REST 会得到很多包。很明显,有许多现成的解决方案可以使用。

花一些时间搜索、下载并且学习一些现成的框架可以减少一些开发时的开销。尤其,安全性是很有挑战的一个方面。自己写的安全算法通常都有一些严重的缺陷,用一些别人写的已经经过证明的安全工具会有一些优势。

## 12.7 用消息队列传输对象

multiprocessing 模块用于序列化和传输对象。我们可以用队列和管道序列化对象,然后传输到其他进程中。有许多第三方的项目都提供了完整的消息队列的实现。我们这里着重介绍 multiprocess 队列,因为它是 Python 内置的一个非常优秀的队列。

对于要求高性能的应用程序,可能需要一个更快的消息队列。使用比 pickling 更快的序列化技术可能也是必需的。但是,在本章中,我们只关注 Python 的设计问题。multiprocessing 模块基于 pickle 来编码对象。关于这方面的更多信息可以参见第 9 章 "序列化和保存——JSON、YAML、Pickle、CSV 和 XML"。我们无法简单地提供一个带有限制的 unpickler,这个模块为我们提供了一些相对简单的安全措施以防止 unpickle 问题。

当使用 multiprocessing 时,有一个很重要的设计问题需要考虑:通常最好禁止多个进程(或者线程)同时更改共享对象。同步和锁的问题非常严重(并且很容易出错),所以有一个笑话是。

当面对一个问题时,程序员会想,"我要用多线程。"

通过 RESTful 的 Web 服务或者 multiprocessing 使用进程级别的同步可以避免同步问题,因为没有共享对象。基本的设计原则是将处理过程看作一个由许多离散的步骤组成的管道。每个处理步骤都有一个输入队列和一个输出队列,这个步骤会获取一个对象、执行一些处理过程,然后更新对象。

multiprocessing 的理念和 POSIX 中 shell 管道的概念类似,这种管道命令通常写作 process1 | process2 | process3。这种 shell 管道涉及 3 个通过管道互相连接的并发进程。这种管道与 multiprocessing 的主要不同是,在使用 multiprocessing 时不需要使用 STDIN、STDOUT 并且显式地序列化对象。我们可以相信 multiprocessing 模块对操作系统级基础事务的处理。

POSIX shell 管道有一些限制,每个管道中只有一个生产者和一个消费者。Python 的 multiprocessing 模块允许我们创建包含多个消费者的消息队列。这允许我们定义可以从源进程向多个 sink 进程发散的管道。队列能包含多个消费者让我们可以通过一个单独的 sink 进程创建一个可以对多个源进程结果进行合并的管道。

为了最大化计算机系统的吞吐量,我们需要有足够的等待中的工作,这样就不会有空闲的处理器或者内核。当任意给定的操作系统进程在等待一个资源时,应该至少有另一个进程准备运行。

例如,回到模拟游戏中,我们需要通过多次使用玩家策略或者下注策略(或者都使用)收集重要的模拟统计数据。这里的做法是创建一个处理请求的队列,这样我们计算机的处理器(和核心)就可以充分参与处理我们的模拟操作。

每个处理中的请求都可以作为一个 Python 对象。multiprocessing 模块会序列化对象,这样它就可以通过队列传输到另外一个进程中。

在第 14 章 "Logging 和 Warning 模块" 中，当我们介绍 logging 模块如何使用 multi
processing 队列为每个生产者进程提供单一、集中的日志时，会再次讲解这点。在这些例子中，
在进程间传递的对象是 logging.LogRecord 实例。

## 12.7.1   定义进程

我们必须把每个处理步骤设计成一个简单的循环，从队列中读取请求、处理请求，然后将结果
传递给另外一个队列。这样的设计将很大的问题分解为若干阶段，这些阶段组成了一个管道。由于
这些阶段会并发执行，因此我们可以最大化地利用系统资源。此外，由于这些阶段只包含简单的获
取数据和将结果存入独立队列中的操作，因此不会再有复杂的锁或者共享对象带来的各种问题。一
个进程可以是一个简单的函数或者一个可回调对象。我们会主要介绍进程定义为
multiprocessing.Process 的子类，这样的做法为我们提供了最大的灵活性。

回到我们的模拟游戏，我们可以将模拟过程分解为 3 个步骤的管道。

1.   一个全局的驱动者将模拟请求放入处理队列中（processing queue）。

2.   处于模拟器池的模拟器会从处理队列中获取请求，执行模拟操作，然后将结果放入结果队
     列（results queue）中。

3.   摘要者（summarizer）会从结果队列中获取结果，然后创建一个最终结果的列表。

使用进程池让我们能够并发执行 CPU 可以接受的最大数量的模拟操作，模拟器池可以进行适当
配置，来确保模拟操作能以最快速度执行。

以下是模拟器进程的定义。

```
import multiprocessing
class Simulation( multiprocessing.Process ):
    def __init__( self, setup_queue, result_queue ):
        self.setup_queue= setup_queue
        self.result_queue= result_queue
        super().__init__()
    def run( self ):
        """Waits for a termination"""
        print( self.__class__.__name__, "start" )
        item= self.setup_queue.get()
        while item != (None,None):
            table, player = item
            self.sim= Simulate( table, player, samples=1 )
            results= list( self.sim )
            self.result_queue.put( (table, player, results[0]) )
            item= self.setup_queue.get()
        print( self.__class__.__name__, "finish" )
```

我们扩展了 multiprocessing.Process。这意味着我们必须做两件事情确保能够和
multiprocessing 交互：我们必须保证 super().__init__() 会被执行，并且必须重载 run()。

在 run() 的方法体中，我们使用了两个队列。setup_queue 队列实例会包含 Table 和 Player

对象的两个元组。进程会利用这两个对象执行模拟操作。它会将生成的 3 个元素的元组作为结果放入 result_queue 队列实例中。Simulate 类的 API 如下。

```
class Simulate:
    def __init__( self, table, player, samples ):
    def __iter__( self ): yields summaries
```

迭代器会根据 samples 请求的数量，依次返回对应的统计结果。我们还在 setup_queue 中包含了一个哨兵对象（**sentinel object**）。这个对象用来以一种优雅的方式终止当前的处理过程。如果不用哨兵对象，我们就会被迫终止进程，这有可能破坏锁和其他的系统资源。以下是 Summarize 进程的代码。

```
class Summarize( multiprocessing.Process ):
    def __init__( self, queue ):
        self.queue= queue
        super().__init__()
    def run( self ):
        """Waits for a termination"""
        print( self.__class__.__name__, "start" )
        count= 0
        item= self.queue.get()
        while item != (None, None, None):
            print( item )
            count += 1
            item= self.queue.get()
        print( self.__class__.__name__, "finish", count )
```

这个类也扩展了 multiprocessing.Process。在本例中，我们从队列中获取对象，然后简单地计算它们的总数。一个更有用的进程可能会用一些 collection.Counter 对象来累加一些更有趣的统计数据。

和 Simulation 类一样，我们也会检测哨兵对象然后优雅地关闭处理进程。使用哨兵对象让我们在进程完成工作时及时地关闭处理过程。在一些应用程序中，子进程可能不会被关闭，并且会一致运行下去。

## 12.7.2　创建队列和提供数据

创建队列包括创建 multiprocessing.Queue 或者它的某个子类的实例。在本例中，我们可以用以下方式创建队列。

```
setup_q= multiprocessing.SimpleQueue()
results_q= multiprocessing.SimpleQueue()
```

我们创建了两个定义处理管道的队列。当我们将一个模拟请求放入 setup_q 队列中时，我们预期 Simulation 进程会取出这个请求并且执行模拟过程。这个步骤应该生成由 3 个元素组成的元组作为结果，包括台面、玩家和 results_q 队列中的结果。这个三元组的结果应该反过来指定 Summarize

进程需要完成的工作。以下是我们如何开始一个 Summarize 进程。

```
result= Summarize( results_q )
result.start()
```

下面是我们如何创建 4 个并发的模拟进程。

```
simulators= []
for i in range(4):
    sim= Simulation( setup_q, results_q )
    sim.start()
    simulators.append( sim )
```

这 4 个并发的进程会竞争工作资源，每个都会试图从等待请求的队列中获取下一个请求。一旦这 4 个模拟器满载，未处理的请求会开始填充队列。一旦队列和进程都进入等待，驱动者函数就可以开始将请求存入 setup_q 队列中。以下代码中的循环会生成大量的请求。

```
table= Table( decks= 6, limit= 50, dealer=Hit17(),
    split= ReSplit(), payout=(3,2) )
for bet in Flat, Martingale, OneThreeTwoSix:
    player= Player( SomeStrategy, bet(), 100, 25 )
    for sample in range(5):
        setup_q.put( (table, player) )
```

我们创建了一个 Table 对象，为 3 种下注策略各创建一个 Player 对象并且将一个模拟请求插入到队列中。Simulation 对象会从队列中获取并处理 pickled 的双元组。为了能够有序地终止这 4 个模拟器，需要为每个模拟器定义哨兵对象并插入队列中。

```
for sim in simulators:
    setup_q.put( (None,None) )

for sim in simulators:
    sim.join()
```

我们在队列中为每个模拟器各添加一个可以消费的哨兵的对象。一旦所有的模拟器都消费了哨兵对象，我们等待进程结束然后回到父进程中。

一旦 Process.join() 操作结束，不会再创建任何模拟数据。我们可以在模拟操作的结果队列中也添加一个哨兵对象。

```
results_q.put( (None,None,None) )
result.join()
```

一旦结果队列中的哨兵对象处理完成，Summarize 进程会停止接受输入，这时我们可以使用 join() 将其返回父进程。

我们用 multiprocessing 将对象从一个进程传输到另外一个进程，这让我们可以用一种相对简单的方法创建高性能、多重处理的数据管道。由于 multiprocessing 模块使用了 pickle，因此对于对象行为的限制几乎无法通过管道实现。

# 12.8 总结

我们介绍了用 RESTful Web 服务、`wsgiref` 模块和 `multiprocessing` 模块传输和共享对象，这些技术架构都为对象状态表示的交互提供了支持。如果使用 `multiprocessing`，那么 pickle 会作为它表示状态的方式。如果创建 RESTful Web 服务，必须选择使用哪些表示方式。在本章的例子中，我们只关注 JSON，因为它被广泛应用而且实现非常简单。许多框架也会提供简单的 XML 实现。

通过 WSGI 应用程序框架执行 RESTful Web 服务统一接收 HTTP 请求、反序列化对象、执行请求的功能、序列化结果并且提供响应的过程。由于 WSGI 应用程序的 API 简单、标准，因此我们可以很容易地创建复合应用程序和封装程序。我们经常通过封装的程序以一种简单、一致的方式处理安全性中身份验证的部分。

我们还介绍了用 `multiprocessing` 将消息插入共享队列或者从共享队列中移除消息。使用消息队列的好处是我们可以避免并发更新共享对象所带来的锁问题。

## 12.8.1 设计要素和折中方案

我们也必须决定允许访问的对象粒度以及如何通过清晰的 URI 标识它们。如果使用大对象，很容易地就可以实现 ACID 属性。但是，在我们的应用程序的例子中，这也可能会导致下载或者上传太多数据。在一些情况下，我们需要提供不同的访问级别：支持 ACID 属性的大对象、当客户端应用程序请求数据的一个子集时用于快速响应的小对象。

我们可以用 `multiprocessing` 模块实现更集中的处理过程，这种方式主要是为了在一个可信赖的主机或者多个主机的网络中创建高性能的处理管道。

在某些情况下，我们会合并使用两种设计模式，这样 RESTful 的请求就会由 `multiprocessing` 管道处理。传统的使用了 mod_wsgi 插件的 Web 服务器（例如 Apache HTTPD）可以用 `multiprocessing` 技术通过一个命名管道将请求从 Apache 的前端传递到 WSGI 应用程序的后台。

## 12.8.2 模式演变

当为 RESTful 服务开发公用的 API 时，我们必须注意模式演变的问题。如果我们修改了类的定义，那么要如何修改响应消息呢？如果为了与其他的程序兼容，必须修改外部的 RESTful API，那么需要升级 Python 的 Web 服务来支持改变的 API 吗？

通常，我们必须为 API 提供一个主要的发布版本号。它可能显式地作为路径的一部分，或者通过包含在 `POST`、`PUT` 和 `DELETE` 请求中的数据字段隐式地提供。

我们需要区别对待不会修改 URI 路径或者响应的情况和会修改 URI 或者响应的情况。功能上的轻度改变不会影响 URI 或者响应的结构。

改变 URI 或者响应的结构可能会影响正在运行的应用程序，这些属于主要改变。让应用程序仍然可以正常工作的一种方法是通过模式升级在 URI 路径中包含版本号。例如，`/roulette_2/wheel/`指定了 roulette 服务器的第 2 个发布版本。

## 12.8.3  应用程序软件层次

由于使用 sqlite3 时,应用程序会变得相对复杂,我们的应用程序软件必须层次化得更合理。对于一个 REST 客户端,我们可以看作一个多层的软件架构。

当我们创建 RESTful 服务器时,表示层会被极大地简化。它被缩减为只需要处理基本的请求-响应。它解析 URI 然后用 JSON 或者 XML 文档(或者一些其他的表示方式)响应客户端。这层应该被简化为一个封装了低层功能的精简的 RESTful 外观。

在一些复杂的例子中,用户浏览的最前端的应用程序包含的数据来自多个不同的数据源。集成来自不同数据源的数据的一种简单方法是将每个数据源封装在一个 RESTful API 中,这为我们访问不同的数据源提供了统一的接口。这样的设计让我们可以编写以统一的方式收集这些不同源头的数据。

## 12.8.4  展望

在下一章中,我们将介绍如何使用持久化技术处理配置文件。一个可以人工修改的文件是可配置数据的主要要求。如果我们使用一个大家都很熟悉的持久化模块,那么我们只需编写很少的代码,应用程序就可以解析并验证配置数据。

# 第 13 章
# 配置文件和持久化

配置文件是对象持久化的一种形式。它包括了一个序列化的、在应用程序或服务器中对默认状态可编辑的表示。我们将对第 9 章 "序列化和保存——JSON、YAML、Pickle、CSV 和 XML" 中有关对象的序列化内容进行扩展，创建配置文件。

另外，如果有纯文本的可编辑的配置文件，也必须将应用定义为可配置的。进一步说，我们必须为应用程序定义一些可用的配置对象（或集合）。在许多情况下，会有一系列的系统级的默认值，并允许用户可以对这些值进行编辑。有关配置数据，将介绍 6 种表达方式。

- 作为 Windows 最早的一部分，INI 文件格式的流行部分原因在于它是被系统使用的，而且许多其他配置文件会用到这个格式。
- PY 文件是纯 Python 代码。它有一些优势，因为使用起来很熟悉，并且简单。
- JSON 或 YAML 的可读性都很强并且编辑起来很容易。
- 特性文件经常用于 java 环境中。它使用起来相对简单，并且可读性强。
- XML 文件很流行，但是传输内容有些多余并且有时编辑起来很困难。在 Mac OS 中使用了一种基于 XML 格式的特性列表，即 .plist 文件。

以上格式的每一种都各有优缺点，也不存在最好的技术。在许多情况下，选择用哪种技术需要考虑与其他软件的兼容性或是在社区中很熟悉的格式。

## 13.1 配置文件的使用场景

有两种配置文件的使用场景，有些可以添加第 3 种使用场景，如下两种场景描述得很清楚。

- 需要编辑一个配置文件。
- 软件的一个部分需要读配置文件并使用选项和参数来修改它的行为。

配置文件很少会作为应用程序的主要输入。一个例外的情况是，只是用于模拟时使用配置文件作为主要输入。对于其他大多数情况，配置文件不是主要输入。例如，Web 服务器配置文件是用于定制服务器的行为，但 Web 请求是主要输入之一，数据库或文件系统是另外的主要输入。在 GUI 应用中，用户交互事件是一个输入，而文件或数据库可能是另一种输入，配置文件只对应用适当调控。

在主要输入和配置文件输入之间的界限并不明显。理想情况下，应用程序行为与配置文件内容无关。然而实际上，配置文件会为已有的应用程序带来额外的策略或状态，改变了它的行为。在这种情况下，配置文件就越过了那条线，成为代码的一部分，不仅仅是代码所引用的一个配置。

第 3 种可能的场景是在应用完成更新后将配置保存到一个文件。这种保存对象状态的使用并不常见，因为配置文件中保存了程序的操作状态，已经成为了主要输入。这个场景意味着这两种对象已经在文件中合为了一个：配置参数和操作状态的持久化，最好将对象持久化设计成是一种可读性强的格式。

配置文件会为应用程序提供很多类型的参数值。我们需要适当地对这些不同类型的数据深入理解，然后决定如何最好地表示它们。

- 默认值。
- 设备名称，可能与文件系统的位置重叠。
- 文件系统位置和搜索路径。
- 限制和边界值。
- 消息模板和数据格式的指定。
- 消息文本，所支持的国际化翻译。
- 网络名称，地址和端口号。
- 可选行为。
- 安全键值、标识、用户名和密码。
- 值域。

这些值是相对常见的类型：字符串、整型和浮点数。这些值都有简洁的表示并且编辑起来相对容易。对于 Python 应用解析用户输入来说也很直接。

在一些情形下，会有一个值的集合。例如，一个值域或路径可能会是简单类型的集合。通常，它是一个简单的序列或元组的序列。通常需要为消息文本使用一种类似字典的映射，应用软件的键可以被映射为自定义的自然语言。

还有额外的一个配置项，但它的表示并不像简单类型使用了简洁的文本。我们可以把这一项加入之前的列表中。

- 一些额外的功能、插件和扩展。

  这是有挑战的，因为我们无需为应用程序提供简单的字符串值。配置为应用程序提供了一个对象。当插件包含了更多 Python 代码时，我们将为安装好的 Python 模块提供路径，因为它会使用一个名为 "package.module.object" 的 import 语句。之后应用程序就可以执行 "from package.module import object" 代码并使用指定的类或函数。

对于非 Python 代码，我们有另外两种技术来完成代码的导入。

- 对于不能正确执行的二进制程序，会试着使用 ctypes 模块来调用定义好的 API 方法。
- 对于可以执行的二进制程序，可使用 subprocess 模块提供的一些方式来执行它们。

这两种技术都不是只针对 Python 的，关于它们的介绍到此为止，深入介绍就超出了本章的范围。我们会重点关注获取参数值的核心问题，这些值是如何使用的是一个很大的主题。

# 13.2 表示、持久化、状态和可用性

当打开一个配置文件时，看到的是人性化的对象或对象集合的状态。当对配置文件进行编辑时，我们改变的是对象的持久化状态，这个对象在应用启动（或重启时）将被重新加载。我们从两种常见的角度来看配置文件。

- 一个或一组从参数名到值的映射。
- 一个序列化了的对象，不仅仅是一个简单的映射。

当试图将配置文件缩减为映射时，我们或许想要对配置文件中的关系范围进行限制。在简单的映射中，一切都要使用名称来引用，而且我们必须克服在第 10 章 "用 Shelve 保存和获取对象" 以及第 11 章 "用 SQLite 保存和获取对象" 中所介绍的键的设计问题（当讨论到 shelve 和 sqlite 的键时）。我们为配置中的一部分提供了一个唯一的名称，这样部分之间可以互相引用。

以日志信息为例来看一下它是如何完成对复杂系统进行配置是有帮助的。在 Python 的日志对象中的关系——loggers、formatters、filters 和 handlers——在创建日志时必须同时使用。在标准库的第 16.8 节中，介绍了日志配置文件的两种不同语法。我们将在第 14 章 "Logging 和 Warning 模块" 中进行介绍。

在一些情况下，对复杂的 Python 对象进行序列化或直接使用 Python 代码作为配置文件会更简单一些。如果一个配置文件引入了太多的复杂度，它并没有多少实际价值。

## 13.2.1 应用程序配置的设计模式

有关应用程序配置有两种核心的设计模式。

- 全局属性映射：使用一个全局的对象，它将包含所有的配置参数。它可以是 name: value 的映射对或是包含了属性值的对象。它将使用单例设计模式来确保只有一个实例。
- 对象创建：不再使用单例，而是定义了工厂或是工厂的集合，基于配置数据来创建应用程序的对象。这样一来，配置信息只在程序启动时被使用一次。配置信息不会保存在全局的对象中。

全局属性映射的设计非常流行，因为它很简单并且容易扩展。例如我们会用如下代码定义简单对象。

```
class Configuration:
    some_attribute= "default_value"
```

我们可以使用之前的类定义作为一个全局的属性容器。在初始化时，需要完成部分配置文件的解析逻辑，如下代码所示。

```
Configuration.some_attribute= "user-supplied value"
```

在程序中的其他部分，就可以使用 Configuration.some_attribute 的值。有一点关于它的改进是使用正式的单例设计模式。这通常由一个全局模块来完成，因为导入会相对简单，使用

了一种全局定义的访问方式。

可能会有一个模块名称为configuration.py。在这个文件中,可能会有如下的定义。

```
settings= dict()
```

现在就可以将 configuration.settings 看作是应用设置的一个全局的库。函数或类可以解析这个配置文件,使用应用将使用的配置值来加载这个字典。

在 21 点游戏的模拟中,可能会看到如下代码。

```
shoe= Deck( configuration.settings['decks'] )
```

或者,可能会看到如下的这段代码。

```
If bet > configuration.settings['limit']: raise InvalidBet()
```

通常情况下,我们避免使用全局变量。因为全局变量在程序的任何部分都是可见的,它可能会被忽视,可以使用对象的构造替代全局变量来更好地对配置进行处理。

## 13.2.2   使用对象的构造完成配置

当使用对象的构造配置应用程序时,目的是创建所需的对象。配置文件需要为所需创建的对象提供不同的初始化参数。

通常可以在单一的、全局的 main() 函数中将对象构建的初始化过程的逻辑进行集中处理,它将创建在应用程序中使用的对象。我们将在第 16 章 "使用命令行" 中重温这一部分,并对这些设计问题进行展开介绍。

现在考虑对 21 点游戏中的打牌策略进行模拟。当运行模拟器时,希望统计指定的自变量组合的性能情况。这些变量可能包含一些牌场制度,其中包括牌副的数量、桌的限制和庄家规则。变量可能包括玩家的游戏策略,用于叫牌、停叫、分牌和双倍,也包括玩家的玩牌策略、平均投注、鞑投注或一些更特殊的投注系统。一开始代码可能会像如下这样。

```
import csv
def simulate_blackjack():
    dealer_rule= Hit17()
    split_rule= NoReSplitAces()
    table= Table( decks=6, limit=50, dealer=dealer_rule,
        split=split_rule, payout=(3,2) )
    player_rule= SomeStrategy()
    betting_rule= Flat()
    player= Player( play=player_rule, betting=betting_rule,
rounds=100, stake=50 )

    simulator= Simulate( table, player, 100 )
    with open("p2_c13_simulation.dat","w",newline="") as results:
        wtr= csv.writer( results )
        for gamestats in simulator:
            wtr.writerow( gamestats )
```

这只是一种快速的实现版本，对所有的对象和初始化值进行了硬编码。我们需要为对象和它们的初始化值添加配置参数。

Simulate 类中会有一个 API，代码如下。

```
class Simulate:
    def __init__( self, table, player, samples ):
        """Define table, player and number of samples."""
        self.table= table
        self.player= player
        self.samples= samples
    def __iter__( self ):
        """Yield statistical samples."""
```

这样一来，我们就可以使用一些初始化参数来创建 Simulate() 对象。一旦创建了一个 Simulate() 实例，就可以对其迭代来获取一系列对象统计的信息。

有趣的部分是使用配置参数，而非类名。例如，需要一些参数来标识是否为 dealer_rule 的值创建 Hit17 或 Stand17 的实例。类似地，split_rule 的值可用于不同的类中，用于表示牌场中不同的分牌规则。

对于其他情形，参数被用来为类中的__init__()方法提供参数。例如，牌副的数量、下注限制和 21 点的账单都将作为配置项用于创建 Table 实例。

一旦创建了对象，对象就可以使用 Simulate.run()方法来生成静态的输出。不再需要一个全局的参数池：参数值会通过它们的实例变量绑定在对象中。

对象创建的设计不像全局特性映射那样简单。它的好处是，避免了使用全局变量，使得参数的处理逻辑集中化并突出了一些主要的工厂函数的使用。

在使用对象构建模式时，添加新参数可能会需要对应用程序进行重构，将参数或关系暴露出来。比起从名称到值的全局映射，它的处理过程显得更复杂。

一个明显的优势是从应用程序中移除了复杂的 if 语句。在使用策略设计模式时，更倾向于在对象创建时才做决定。此外，简化了逻辑，if 语句的消除在性能上也会有所提升。

## 13.2.3 实现具有层次结构的配置

在选择配置文件的位置时，会有多种方案。以下有 5 种常见的选择，我们可以使用它们来为配置参数创建具有继承层次结构的配置。

- **应用的安装路径**：实际上，它们和基类的定义类似。这里有两种子方案。小的应用可以安装在 Python 的库结构中，初始化文件也可以安装在那里。对于更大的应用，通常会使用自定义名称来对一个或多个安装目录树进行命名。
  - ◆ **Python 安装目录**：可以使用模块中的__file__属性来查找一个模块的安装位置。在这里，可以使用 os.path.split()来查找配置文件。

```
>>> import this
>>> this.__file__
'/Library/Frameworks/Python.framework/Versions/3.3/lib/
  python3.3/this.py'
```

◆　**应用程序安装目录**：它将基于自己的名称，因此可以使用~theapp/和 os.path.
expanduser()来追踪配置的默认值。

●　**一个系统级的配置目录**：它通常会出现在/etc。在 Windows 中，它会被转化为 C:\etc。可以选
择包含 os.environ['WINDIR']或 os.environ['ALLUSERSPROFILE']的值。

●　**当前用户的 home 目录**：一般地，可以使用 os.path.expanduser()来将~/转换为用户的
home 目录。在 Windows 中，Python 会自动使用%HOMEDRIVE%和%HOMEPATH%环境变量。

●　**当前工作目录**：通常这个目录为./，尽管 os.path.curdir 更灵活些。

●　**命令行参数中命名的文件**：这是一个显式命名的文件，不需要对命名额外地处理。

一个应用程序可以同时包括以上所有的配置选项，从基类（以上列表的第 1 个）到命令行参数。
使用这种方式，安装默认值是通用的并且很少包含用户的特殊设置，这些值可以使用用户指定的值
来重新指定。

意味着通常会有如下代码所示的一个文件列表。

```
import os
config_name= "someapp.config"
config_locations = (
  os.path.expanduser("~thisapp/"), # or thisapp.__file__,
  "/etc",
  os.path.expanduser("~/"),
  os.path.curdir,
)
candidates = ( os.path.join(dir,config_name)
    for dir in config_locations )
config_names = [ name for name in candidates if os.path.exists(name) ]
```

在以上代码中，得到了一组文件目录并通过将目录与配置文件名进行连接，创建了一个文件名列表。

一旦拿到了配置文件名列表，就可以使用命令行参数将文件名附加到列表的最后面，如下面代码所示。

```
config_names.append(command_line_option)
```

它将返回一个位置列表，可用于配置文件或配置默认值的查找。

# 13.3　使用 INI 文件保存配置

INI 文件格式源于早期版本的 Windows。用于解析这个文件的模块为 configparser。

有关更多 INI 文件的详细内容，可以参见 Wikipedia 这篇文章：

http://en.wikipedia. org/wiki/INI_file。

在 INI 文件中，每个部分包括了节和属性。在我们的主程序中，包括了 3 个部分：表配置、玩家配置和全局模拟器数据的收集。

一个 INI 文件看起来如以下代码所示。

```
; Default casino rules
[table]
    dealer= Hit17
    split= NoResplitAces
    decks= 6
    limit= 50
    payout= (3,2)

; Player with SomeStrategy
; Need to compare with OtherStrategy
[player]
    play= SomeStrategy
    betting= Flat
    rounds= 100
    stake= 50

[simulator]
    samples= 100
    outputfile= p2_c13_simulation.dat
```

我们将参数分成了 3 个部分。在每个部分中，我们提供了一些命名的参数，它们与类名和之前所示的应用初始化模型中的初始化值相对应。

可以很简单地对单一文件进行解析。

```
import configparser
config = configparser.ConfigParser()
config.read('blackjack.ini')
```

我们创建了一个解析器实例，然后将目标配置文件名传入解析器。解析器会读取文件，查找其中的每一部分，并对每个部分中所包含的各自的特性进行查找。

如果需要文件支持多个位置，可以使用 `config.read(config_names)`。当为 Config Parser.read() 提供一个文件名列表时，它将按顺序读取每个文件。往往期望先读取最具一般性的，最后读取特殊化的文件。通用的配置文件为软件安装的一部分，将提供用于解析的默认值。而用户特殊指定的配置会在之后被解析，覆盖其中一些默认值。

一旦完成了文件解析，需要能够使用不同的参数和设置。以下所示的这个函数，基于指定的配置对象完成对象的创建，配置对象来自对配置文件的解析。我们将这个过程分为 3 个部分，以下是创建 Table 实例的部分。

```
def main_ini( config ):
    dealer_nm= config.get('table','dealer', fallback='Hit17')
    dealer_rule= {'Hit17': Hit17(),
        'Stand17': Stand17()}.get(dealer_nm, Hit17())
    split_nm= config.get('table','split', fallback='ReSplit')
```

```
split_rule= {'ReSplit': ReSplit(),
    'NoReSplit': NoReSplit(),
    'NoReSplitAces': NoReSplitAces()}.get(split_nm, ReSplit())
decks= config.getint('table','decks', fallback=6)
limit= config.getint('table','limit', fallback=100)
payout= eval( config.get('table','payout', fallback='(3,2)') )
table= Table( decks=decks, limit=limit, dealer=dealer_rule,
    split=split_rule, payout=payout )
```

在 INI 文件中的[table]部分，使用其中的属性来选择类名，并提供初始化值。主要存在以下 3 种情况。

- 从字符串映射到类名：基于字符串类名使用映射来实现对象的查找。上例用来创建 dealer_rule 和 split_rule，为了便于修改，可以将这个映射重构到单独的工厂方法中。

- 获取一个值，可使用 ConfigParser 来解析：这个类可以直接处理 str、int、float 和 bool。这个类中包括了一个复杂的映射，从字符串到布尔类型，使用了大量的公共代码以及 True 和 False 的同义词。

- 非内置类型的处理：对于 payout 的情况，我们使用了一个字符串值，'(3,2)'，Config.parser 中并没有直接支持这个数值类型。有两种方法可以解决这个问题。可以自己试着解析，或者把它的值当作合法的 Python 表达式然后使用 Python 来完成。这样的话，就需要使用 eval() 函数。一些程序员会认为这样做存在安全问题。下一节会对此进行说明。

以下是这个例子的第 2 部分，使用了 INI 文件中的[player]部分中的属性来选择类和参数值。

```
player_nm= config.get('player','play', fallback='SomeStrategy')
player_rule= {'SomeStrategy': SomeStrategy(),
    'AnotherStrategy': AnotherStrategy()}.get(player_nm,SomeStrategy())
bet_nm= config.get('player','betting', fallback='Flat')
betting_rule= {'Flat': Flat(),
    'Martingale': Martingale(),
    'OneThreeTwoSix': OneThreeTwoSix()}.get(bet_nm,Flat())
rounds= config.getint('player','rounds', fallback=100)
stake= config.getint('player','stake', fallback=50)
player= Player( play=player_rule, betting=betting_rule,
    rounds=rounds, stake=stake )
```

它使用了从字符串到类的映射和内置的数值类型。它初始化了两个策略对象，然后基于这两种策略和两个整型在配置文件中的值来创建 Player 实例。

以下是最后一部分，在这里创建了全局的模拟器。

```
outputfile= config.get('simulator', 'outputfile',fallback='blackjack.csv')
samples= config.getint('simulator', 'samples', fallback=100)
simulator= Simulate( table, player, samples )
with open(outputfile,"w",newline="") as results:
    wtr= csv.writer( results )
    for gamestats in simulator:
        wtr.writerow( gamestats )
```

使用了两个在[simulation]部分中的参数，它们在对象创建范围的外部。`outputfile` 特性用于命名一个文件，`samples` 特性将作为参数提供给方法。

## 13.4 使用 eval() 完成更多的文字处理

配置文件中可能会包括一些类型的值，它们并没有简单的字符串表示。例如，集合可能会作为一个元组或 `list` 文本，一个映射可能会作为一个 `dict` 文本。我们有不同的选择来处理这些复杂的值。

这些选择围绕着一个问题，就是转换逻辑需要多复杂的 Python 语法。对于一些类型（`int`、`float`、`bool`、`complex`、`decimal.Decimal` 和 `fractions.Fraction`），可以安全地从字符串转换为一个一个文本值，因为这些类型对象的 `__init__()` 在处理字符串时不需要太多的 Python 语法。

然而，对于其他类型，字符串的转换就不是那么容易了，在处理上有以下几种选择。

- 禁止使用这些类型，使用配置文件的语法和处理规则，将非常简单的值组成复杂的 Python 对象。这很无聊但却是有效的。
- 使用 `ast.literal_eval()` 函数，因为它可以处理 Python 中文本值的许多情况。这通常是最理想的方案。
- 使用 `eval()` 直接执行字符串并创建所需的 Python 对象。这种方式可以比 `ast.literal_eval()` 函数解析更多类型的对象。而这种级别广泛性是否真的必要？

使用 ast 模块来对结果对象进行编译和审查，审查过程会检查 import 语句和一些允许使用模块的小集合。它非常复杂，如果只是简单的则不做审查，或许应该定义一个框架而不是使用应用程序和配置文件。

对于使用 RESTful 的情况，将 Python 对象通过网络传输，使用 `eval()` 直接执行文本当然是不可信任的。参见第 9 章 "序列化和保存——JSON、YAML、Pickle、CSV 和 XML"。

当读取本地的配置文件时，`eval()` 是没用的。在一些情况下，Python 代码的修改就像修改配置文件一样容易。当可以直接改代码时，`eval()` 就不是那么有用了。

这里是使用 `ast.literal_eval()` 代替 `eval()` 的代码示例。

```
>>> import ast
>>> ast.literal_eval('(3,2)')
(3, 2)
```

以上代码放宽了配置文件中的值域。它虽然不支持所有对象，但是它支持大部分文本。

## 13.5 使用 PY 文件存储配置

PY 文件格式意味着使用 Python 代码作为配置文件以及实现应用程序的语言。我们将有一个配置文件，它只是一个简单的模块，配置文件的语法就是 Python。这样就不需要解析过程。

使用 Python 时需要在设计上注意几点。我们有两个全局的策略来使用 Python 作为配置文件。

- **一个最上层的脚本**：在这种情况下，配置文件只是最上层的主程序。

- **一个 exec() 的导入**：在这种情况下，配置文件需要为模块的全局变量提供参数值。

我们可以设计一个最上层脚本文件，如下代码所示。

```
from simulator import *
def simulate_SomeStrategy_Flat():
    dealer_rule= Hit17()
    split_rule= NoReSplitAces()
    table= Table( decks=6, limit=50, dealer=dealer_rule,
        split=split_rule, payout=(3,2) )
    player_rule= SomeStrategy()
    betting_rule= Flat()
    player= Player( play=player_rule, betting=betting_rule,
rounds=100, stake=50 )
    simulate( table, player, "p2_c13_simulation3.dat", 100 )

if __name__ == "__main__":
    simulate_SomeStrategy_Flat()
```

以上代码意味着，不同的配置参数用于创建和初始化对象。我们只是简单地将配置参数写入代码。我们将逻辑提到了一个单独的函数 simulate() 中。

使用 Python 作为配置语言的一个劣势是 Python 语法潜在的复杂性。基于两点原因，这个问题通常是无关紧要的。首先，如果在设计上仔细考虑，配置的语法应该是由一些简单的赋值语句例如 () 和,组成。其次，更重要的一点是，其他配置文件有它们自己复杂的语法，与 Python 的语法区分开了。只使用一种语言可以降低复杂度。

simulate() 函数是从全局的 simulator 应用导入的,这个 simulate() 函数的实现可能会如下代码所示。

```
import csv
def simulate( table, player, outputfile, samples ):
    simulator= Simulate( table, player, samples )
    with open(outputfile,"w",newline="") as results:
        wtr= csv.writer( results )
        for gamestats in simulator:
            wtr.writerow( gamestats )
```

这个函数与桌子、玩家、文件名和其他例子是通用的。

这种配置技术的难点在于缺少方便的默认值。最上层的脚本必须要完成：所有的配置参数都必须进行设置。为所有参数都赋值可能显得有点麻烦，为什么要为很少使用的参数设置默认值？

在一些情况下，这点没有限制。对于一些默认值很重要的场景，会围绕这个限制介绍两种方案。

## 13.5.1　使用类定义进行配置

使用最上层脚本配置有时遇到的难点是缺少方便的默认值。为了提供默认值，可以使用普通的类继承。以下是我们如何使用类定义并基于配置值来创建对象的。

```
import simulation
class Example4( simulation.Default_App ):
    dealer_rule= Hit17()
    split_rule= NoReSplitAces()
    table= Table( decks=6, limit=50, dealer=dealer_rule,
        split=split_rule, payout=(3,2) )
    player_rule= SomeStrategy()
    betting_rule= Flat()
    player= Player( play=player_rule, betting=betting_rule,
rounds=100, stake=50 )
    outputfile= "p2_c13_simulation4.dat"
    samples= 100
```

这样的话，就可以使用默认配置来定义 Default_App。所定义的类还可以被缩减，只提供 Default_App 中需要被重写的值。

也可以使用 mixin 来将定义分为可重用的几个部分。可将我们的类分为桌子、玩家和模拟器组件，然后通过 mixin 将它们组合在一起。有关 mixin 类设计的更多信息，可参见第 8 章 "装饰器和 mixin——横切方面"。

在两种方式中，类定义的使用到达了瓶颈。没有包含方法定义，只准备使用这个类来定义一个实例。然而，可以对一小部分代码段进一步缩减，这样赋值语句就会只在很小的命名空间中，看起来更简洁。

可以修改 simulate() 函数，类定义中接收一个参数。

```
def simulate_c( config ):
    simulator= Simulate( config.table, config.player, config.samples )
    with open(config.outputfile,"w",newline="") as results:
        wtr= csv.writer( results )
        for gamestats in simulator:
            wtr.writerow( gamestats )
```

这个函数从全局的配置对象中获取了相关的值，然后用于创建一个 Simulate 实例并执行。执行结果与之前例子中的 simulate() 函数相同，但是参数结构不同。以下代码演示了如何为函数传递单一实例的。

```
if __name__ == "__main__":
    simulation.simulate_c(Example4())
```

这种方式的一个小缺陷是，它与用于从命令行中获取参数的 argparse 并不兼容，可以使用 types.SimpleNamespace 对象来解决这个问题。

## 13.5.2　通过 SimpleNamespace 进行配置

我们可以使用 types.SimpleNamespace 对象来根据需要进行属性的添加，这和类定义是类似的。

在定义一个类时，所有的赋值语句都在类中完成。当创建一个 SimpleNamespace 对象时，需要显式指定每一个需要获取的 Namespace 的名称。理想情况下，可以使用如下代码创建 SimpleNamespace。

```
>>> import types
>>> config= types.SimpleNamespace(
...      param1= "some value",
...      param2= 3.14,
... )
>>> config
namespace(param1='some value', param2=3.14)
```

如果所有的配置项相互独立，那么它会很好地运行。然而，在以上例子中，在配置中存在一些复杂的依赖。可使用以下两种方式中的任意一种来解决。

● 可以只提供依赖项的值，赋值操作交给应用完成。

● 可以在递增的命名空间中赋值。

只创建依赖项的值的代码如下。

```
import types
config5a= types.SimpleNamespace(
   dealer_rule= Hit17(),
   split_rule= NoReSplitAces(),
   player_rule= SomeStrategy(),
   betting_rule= Flat(),
   outputfile= "p2_c13_simulation5a.dat",
   samples= 100,
   )

config5a.table= Table( decks=6, limit=50, dealer=config5a.dealer_rule,
         split=config5a.split_rule, payout=(3,2) )
config5a.player= Player( play=config5a.player_rule, betting=config5a.
betting_rule,
         rounds=100, stake=50 )
```

在这里，使用了 6 个互相独立的值为配置创建了 SimpleNamespace。然后，对配置进行了修改，添加了两项，它们依赖于其中的 4 个配置项。

config5a 对象在对象中几乎是唯一的，它的创建是由之前的例子中的 Example4() 方法完成的。基类是不同的，属性集合以及它们的值是唯一的。下面是另一种方案，在最上层的脚本中递增地创建配置。

```
import types
config5= types.SimpleNamespace()
config5.dealer_rule= Hit17()
config5.split_rule= NoReSplitAces()
config5.table= Table( decks=6, limit=50, dealer=config5.dealer_rule,
         split=config5.split_rule, payout=(3,2) )
config5.player_rule= SomeStrategy()
config5.betting_rule= Flat()
```

```
config5.player= Player( play=config5.player_rule, betting=config5.
betting_rule,
         rounds=100, stake=50 )
config5.outputfile= "p2_c13_simulation5.dat"
config5.samples= 100
```

同样的，在这一类的配置上，可使用之前所示的 simulate_c()方法。

糟糕的是，会遇到在使用最上层脚本进行配置时所遇到的同样问题。没有简便的方法来为配置对象提供默认值，或许期望使用一个工厂函数来执行导入操作，其中包括使用适当的默认值来创建 SimpleNamespace。

```
From simulation import make_config
config5= make_config()
```

以上代码执行后，就可从工厂函数 make_config()中获得已赋值的默认值。每一个用户指定的配置只需提供需要重写的默认值。

make_config()函数的默认实现代码可能如下。

```
def make_config():
    config= types.SimpleNamespace()
    # set the default values
    config.some_option = default_value
    return config
```

在 make_config()函数中，使用赋值语句对默认配置进行设置。然后应用只需对需要重写的值进行设定。

```
config= make_config()
config.some_option = another_value
simulate_c( config )
```

这样一来，就可以在应用中创建配置并使用一种相对简单的方式来使用它。脚本的核心逻辑很精简。如果使用关键字参数，可以使实现更灵活。

```
def make_config( **kw ):
    config= types.SimpleNamespace()
    # set the default values
    config.some_option = kw.get("some_option", default_value)
    return config
```

这样我们就可以创建如下代码所示的配置。

```
config= make_config( some_option= another_value )
simulate_c( config )
```

以上的实现更简洁，并且和之前例子的逻辑一样清晰。

所有关于第 1 章 "__init__()方法" 中介绍的技术，都应用在这类工厂函数配置的定义中了。如果需要，可以使它的实现具有很高灵活性。它的优势是可以和解析命令行的 argparse 模块很好地结合。我们会在第 16 章 "使用命令行"中对这部分进行展开。

## 13.5.3 在配置中使用 Python 的 exec()

当决定使用 Python 作为配置格式时，可以在一个指定的命名空间中使用 exec() 函数来执行一段代码。假设写了一个如下所示的配置文件。

```
# SomeStrategy setup

# Table
dealer_rule= Hit17()
split_rule= NoReSplitAces()
table= Table( decks=6, limit=50, dealer=dealer_rule,
        split=split_rule, payout=(3,2) )

# Player
player_rule= SomeStrategy()
betting_rule= Flat()
player= Player( play=player_rule, betting=betting_rule,
        rounds=100, stake=50 )

# Simulation
outputfile= "p2_c13_simulation6.dat"
samples= 100
```

以上所示的是一个可读性很好的配置参数集合。它与接下来的节中要介绍的 INI 文件和特性文件类似，可以执行这个文件，使用 exec() 函数创建一种命名空间。

```
with open("config.py") as py_file:
    code= compile(py_file.read(), 'config.py', 'exec')
config= {}
exec( code, globals(), config )
simulate( config['table'], config['player'],
    config['outputfile'], config['samples'])
```

在上例中，显式地使用 compile() 函数创建了一个对象。这是不必要的，可以只是简单地将文件的文本传入 exec() 函数，它可以直接执行代码。

exec() 函数提供了 3 个参数：代码、存放全局变量的字典以及用于存放将要被创建的本地变量的字典。代码块执行后，随着赋值语句的执行，创建了本地变量字典。在上例中，是 config 变量，键将作为变量名。

接下来在程序初始化过程中，可以使用它来创建对象。为 simulate() 函数传入所需的对象来执行模拟过程。config 变量将获得本地变量值，如下代码所示。

```
{'betting_rule': <__main__.Flat object at 0x101828510>,
 'dealer_rule': <__main__.Hit17 object at 0x101828410>,
 'outputfile': 'p2_c13_simulation6.dat',
 'player': <__main__.Player object at 0x101828550>,
```

```
'player_rule': <__main__.SomeStrategy object at 0x1018284d0>,
'samples': 100,
'split_rule': <__main__.NoReSplitAces object at 0x101828450>,
'table': <__main__.Table object at 0x101828490>}
```

然而，初始化必须是一个可写的字典格式：config['table']、config['player']。

由于字典格式不方便，因此可使用一种设计模式，基于第 3 章"属性访问、特性和修饰符"所介绍的技术来实现。下面是一个类，基于字典的键返回了命名的特性。

```python
class AttrDict( dict ):
    def __getattr__( self, name ):
        return self.get(name,None)
    def __setattr__( self, name, value ):
        self[name]= value
    def __dir__( self ):
        return list(self.keys())
```

在使用这个类时，仅当键和 Python 变量名匹配时才可以。有趣的是，如果以如下代码所示的方式来初始化 config 变量，那么这一切都可以使用 exec() 函数来创建。

```python
config= AttrDict()
```

然后，可以使用一种简单的属性格式（config.table、config.player）来实现对象的创建和初始化。这一小部分语法糖在复杂的应用中是有帮助的。其中一种方式是定义这样一个类。

```python
class Configuration:
    def __init__( self, **kw ):
        self.__dict__.update(kw)
```

然后就可以使用命名的属性来将简单的 dict 转换为对象。

```python
config= Configuration( **config )
```

以上代码使用了简洁的属性名的方式来将 dict 转换为对象。当然，仅当字典的键与 Python 变量名匹配时代码才有效。而且，对于平面结构，它的使用是有限制的。不支持嵌套的字典结构，而这种结构在其他格式中是支持的。

# 13.6　为什么执行 exec() 没有问题

之前的节中讨论了 eval()，需要对 exec() 做同样的考虑。

一般地，globals() 的可用集合被严格控制了。对 os 模块或 __import__() 函数的访问，可通过将它们从 globals 中移除来代替，globals 提供给了 exec()。

如果有恶意程序员要破坏配置文件，记住他们对所有的 Python 源文件都是有访问权限的。那么，他们为什么要浪费时间来修改配置，而不直接去改代码？

一个常见的问题是："如果有人认为，他们可以通过配置文件注入代码进而修改补丁破坏应用程序，那么会怎样呢？"这个人只是在迫使应用的其他部分更聪明。避免使用 Python 配置文件不能够阻止恶意程序员使用不明智的方式做一些事情。当然还有很多潜在的缺点，完全不担心 exec() 函数就使用的话不会带来实际好处。

在一些情况下，有必要改变全局的结构。一个高度可自定义的应用可能实际上是一个框架，而不是一个简洁的、完整的应用。

## 13.7  为默认值和重写使用链映射

我们通常会有一个配置文件层次结构。之前，我们列出了一些配置文件可以被安装的位置。例如，configparser 模块被定义用于按顺序读取一些文件，然后通过使用后面文件的值对前面文件的值进行覆盖实现配置的集成。

我们可以使用 collection.ChainMap 类实现元素默认值处理。有关这个类的一些背景，可参见第 6 章"创建容器和集合"。我们需要将配置参数保存为 dict 实例，可使用 exec() 直接执行 Python 语言的配置文件。

使用这种方式，需要将配置参数设计为压平的字典值。包含了大量的复杂配置值，它们来自多个资源的集成，这可能会给应用程序带来负担。有关压平的命名，接下来会介绍一种不错的方式。

首先，基于标准位置创建一个文件列表。

```
from collections import ChainMap
import os
config_name= "config.py"
config_locations = (
  os.path.expanduser("~thisapp/"), # or thisapp.__file__,
  "/etc",
  os.path.expanduser("~/"),
  os.path.curdir,
)
candidates = ( os.path.join(dir,config_name)
    for dir in config_locations )
config_names = ( name for name in candidates if os.path.exists(name) )
```

我们以一个目录列表为开始：安装目录。它包括一个系统的全局目录、一个用户的 home 目录和当前的工作目录。我们将配置文件名放入每个目录中，然后确认文件实际是存在的。

一旦有了候选文件的名称，可以通过对每个文件折叠来创建 ChainMap。

```
config = ChainMap()
for name in config_names:
    config= config.new_child()
    exec(name, globals(), config)
simulate( config.table, config.player, config.outputfile, config.
samples)
```

每个文件包含了新建一个空的可以使用本地变量来更新的 map，exec() 函数会将文件的本地变量添加到由 new_child() 创建的空的 map 中。每个新的 child 更特殊化一些，会覆盖之前加载的配置。

在 ChainMap 中，每个名称的解析都是通过对整个 map 的各个值进行搜索得到的。当加载了两个配置文件到 ChainMap 时，就得到了如下代码所示的结构。

```
ChainMap(
    {'player': <__main__.Player object at 0x10101a710>, 'outputfile':
    'p2_c13_simulation7a.dat', 'player_rule': <__main__.AnotherStrategy
    object at 0x10101aa90>},
    {'dealer_rule': <__main__.Hit17 object at 0x10102a9d0>, 'betting_
    rule': <__main__.Flat object at 0x10101a090>, 'split_rule': <__main__.
    NoReSplitAces object at 0x10102a910>, 'samples': 100, 'player_rule':
    <__main__.SomeStrategy object at 0x10102a8d0>, 'table': <__main__.
    Table object at 0x10102a890>, 'outputfile': 'p2_c13_simulation7.dat',
    'player': <__main__.Player object at 0x10101a210>},
    {})
```

我们有一个 maps 序列。第 1 个 map 中是最后定义的本地变量，它们是重写的值；第 2 个 map 中有应用的默认值；还有第 3 张空的 map，因为 ChainMap 总是至少包括一张空 map。当创建 config 的初始值时，一张空的 map 就被创建了。

这种做法的唯一缺陷是初始化必须使用字典格式，config['table']，config ['player']。可以对 ChainMap() 进行扩展，为字典项添加属性访问。

以下是一个 ChainMap 的子类。如果认为 getitem() 的字典格式太笨重就可以使用这个类。

```
class AttrChainMap( ChainMap ):
    def __getattr__( self, name ):
        if name == "maps":
            return self.__dict__['maps']
        return super().get(name,None)
    def __setattr__( self, name, value ):
        if name == "maps":
            self.__dict__['maps']= value
            return
        self[name]= value
```

现在就可以使用 config.table 来代替 config['table'] 了。在 ChainMap 的扩展实现中存在一个重要的限制：我们不能够使用 maps 作为一个属性。Maps 键是父类 ChainMap 中的第 1 级属性。

# 13.8 使用 JSON 或 YAML 文件存储配置

可以使用 JSON 或 YAML 文件完成配置值的存储，这种方式相对容易一些。语法相对友好一些。可以使用 YAML 表达各种各样的数据。然而，使用 JSON 的话，对象类的范围较窄一些，可像以下代码这样来定义一个 JSON 配置文件。

```
{
    "table":{
        "dealer":"Hit17",
        "split":"NoResplitAces",
        "decks":6,
        "limit":50,
        "payout":[3,2]
    },
    "player":{
        "play":"SomeStrategy",
        "betting":"Flat",
        "rounds":100,
        "stake":50
    },
    "simulator":{
        "samples":100,
        "outputfile":"p2_c13_simulation.dat"
    }
}
```

JSON 文档看起来像是嵌套的字典，这正是在加载文件时所创建的对象，可以使用以下代码来加载一个配置文件。

```
import json
config= json.load( "config.json" )
```

这样就可以使用 config['table']['dealer'] 来查找用于庄家规则的类，也可以使用 ['player']['betting'] 来查找玩家特定的玩牌策略的类名。

不像 INI 文件，可以像对待一个值序列那样，对 tuple 进行编码。按照这个逻辑，config['table']['payout'] 的值可以当作是两个元素的序列，并不必严格遵照 tuple 那样的处理方式。然而，在访问配置文件时没有必要一定要使用 ast.literal_eval()。

以下代码演示了我们如何使用这个嵌套结构，这里只列出 main_nested_dict() 函数的第 1 部分。

```
def main_nested_dict( config ):
    dealer_nm= config.get('table',{}).get('dealer', 'Hit17')
    dealer_rule= {'Hit17':Hit17(),
        'Stand17':Stand17()}.get(dealer_nm, Hit17())
    split_nm= config.get('table',{}).get('split', 'ReSplit')
    split_rule= {'ReSplit':ReSplit(),
        'NoReSplit':NoReSplit(),
        'NoReSplitAces':NoReSplitAces()}.get(split_nm, ReSplit())
    decks= config.get('table',{}).get('decks', 6)
    limit= config.get('table',{}).get('limit', 100)
    payout= config.get('table',{}).get('payout', (3,2))
    table= Table( decks=decks, limit=limit, dealer=dealer_rule,
        split=split_rule, payout=payout )
```

这与之前所演示的 `main_ini()` 函数类似。如果使用 `configparser` 与上一个版本的实现对比一下，就会发现复杂度基本是一样的。命名方面相对简单了一些，使用了 `get('table',{}).get('decks')` 来代替 `config.getint('table','decks')`。

最大的不同是加粗显式的那行代码。JSON 格式提供了正确解码的整数值和值序列。不必使用 `eval()` 或 `ast.literal_eval()` 来对 `tuple` 进行解码。另一部分中，创建 `Player` 和 `Simulate` 对象的配置，和 `main_ini()` 的版本是类似的。

## 13.8.1 使用压平的 JSON 配置

如果使用将多个配置文件进行集成的方式来完成默认值的初始化，就不能同时使用 `ChainMap` 和嵌套的字典结构。因此，要么对程序的参数压平，要么对不同的参数数据源进行合并。

可以在名字之间简单地使用.操作符来对命名进行压平操作。下面所示的是一个压平后的 JSON 文件。

```
{
"player.betting": "Flat",
"player.play": "SomeStrategy",
"player.rounds": 100,
"player.stake": 50,
"table.dealer": "Hit17",
"table.decks": 6,
"table.limit": 50,
"table.payout": [3, 2],
"table.split": "NoResplitAces",
"simulator.outputfile": "p2_c13_simulation.dat",
"simulator.samples": 100
}
```

以上文件的优势是，可以使用 `ChainMap` 计算来自不同参数源的配置值。也简化了对指定参数值查找的语法。当拿到一个配置文件名列表时，`config_names`，可以像如下代码这样操作。

```
config = ChainMap( *[json.load(file) for file in reversed(config_names)] )
```

以上代码基于一个反序的配置文件名列表创建了 `ChainMap`。为什么要反序？因为所希望的列表顺序为，特殊化的在前面，一般化的在后面。`configparser` 所需要的列表也是反序的，而且通过将新项持续地添加到列表头部以达到持续创建 `ChainMap` 的目的，反序也是必需的。在这里，只是简单地加载一个 `dict` 列表进入 `ChainMap` 中，而且在使用 `key` 进行搜索时，第 1 个 `dict` 将出现在搜索结果的第 1 个位置。

可以使用一个类似这样的方法来加强 `ChainMap` 的实现。以下代码演示了第 1 部分，创建 `Table` 实例。

```
def main_cm( config ):
    dealer_nm= config.get('table.dealer', 'Hit17')
    dealer_rule= {'Hit17':Hit17(),
```

```
        'Stand17':Stand17()}.get(dealer_nm, Hit17())
    split_nm= config.get('table.split', 'ReSplit')
    split_rule= {'ReSplit':ReSplit(),
        'NoReSplit':NoReSplit(),
        'NoReSplitAces':NoReSplitAces()}.get(split_nm, ReSplit())
    decks= int(config.get('table.decks', 6))
    limit= int(config.get('table.limit', 100))
    payout= config.get('table.payout', (3,2))
    table= Table( decks=decks, limit=limit, dealer=dealer_rule,
        split=split_rule, payout=payout )
```

至于其余部分,创建 `Player` 和 `Simulate` 对象的配置,和 `main_ini()` 版本的实现是类似的。

使用 `configparser` 将这个版本的实现与之前的比较,可以看到复杂度基本是相同的。以上实现在命名上相对简单,使用了 `int(config.get('table.decks'))` 来代替 `config.getint('table','decks')`。

## 13.8.2  加载 YAML 配置

因为 YAML 语法包括了 JSON 的语法,因此对于之前的示例,可以使用 YAML 或者 JSON 加载。以下定义的是一个 JSON 文件,使用的是嵌套字典的写法。

```
player:
  betting: Flat
  play: SomeStrategy
  rounds: 100
  stake: 50
table:
  dealer: Hit17
  decks: 6
  limit: 50
  payout: [3, 2]
  split: NoResplitAces
simulator: {outputfile: p2_c13_simulation.dat, samples: 100}
```

比起纯 JSON,这个文件的语法好一些,更容易进行编辑。对于配置中大多数为字符串和整数的应用,这种格式有很多好处。加载过程和加载 JSON 文件是相同的。

```
import yaml
config= yaml.load( "config.yaml" )
```

和嵌套字典所遇到的限制一样,需要对命名进行压平来解决默认值的问题。

如果要支持除字符串和整数外的更多类型,可以通过对类名进行编码并创建自定义的实例来扩展 YAML。这里是一个 YAML 文件,用于创建模拟器所需的配置对象。

```
# Complete Simulation Settings
table: !!python/object:__main__.Table
  dealer: !!python/object:__main__.Hit17 {}
```

```
  decks: 6
  limit: 50
  payout: !!python/tuple [3, 2]
  split: !!python/object:__main__.NoReSplitAces {}
player: !!python/object:__main__.Player
  betting: !!python/object:__main__.Flat {}
  init_stake: 50
  max_rounds: 100
  play: !!python/object:__main__.SomeStrategy {}
  rounds: 0
  stake: 63.0
samples: 100
outputfile: p2_c13_simulation9.dat
```

我们对类名和实例的构造器使用 YAML 进行了编码，这样就可以对 Table 和 Player 定义
完整的初始化，可以像以下这样使用初始化文件。

```
import yaml
if __name__ == "__main__":
    config= yaml.load( yaml1_file )
    simulate( config['table'], config['player'],
        config['outputfile'], config['samples'] )
```

在上例中，可以看到 YAML 配置文件可以直接被编辑。YAML 格式具备 Python 同样的能力，但
需要更复杂的语法。对于上例来说，使用 Python 配置脚本比 YAML 更好一些。

# 13.9  使用特性文件存储配置

特性文件通常在 Java 程序中使用。在 Python 中一样可以使用它们。它们解析起来更容易，
并且可以使用方便的容易掌握的格式来对配置参数进行编码。有关这种格式的更多信息，可参见：
http://en.wikipedia.org/wiki/.properties。如下是一个特性文件的示例。

```
# Example Simulation Setup

player.betting: Flat
player.play: SomeStrategy
player.rounds: 100
player.stake: 50

table.dealer: Hit17
table.decks: 6
table.limit: 50
table.payout: (3,2)
table.split: NoResplitAces

simulator.outputfile = p2_c13_simulation8.dat
simulator.samples = 100
```

以上文件的语法更简洁，这是它的一个优势。`section.property` 这样的命名很常见。在一个复杂的配置文件中，它的名字会很长。

## 13.9.1 解析特性文件

在 Python 标准库中，没有内置的特性解析器。可以从 Python 的包管理系统中下载一个特性文件解析器（https://pypi.python.org/pypi）。然而，它不是一个复杂的类，在高级面向对象编程中它是一个不错的实践。

我们将这个类分为最外层的 API 函数和较为底层解析函数。这里是一些全局的 API 方法。

```python
import re
class PropertyParser:
    def read_string( self, data ):
        return self._parse(data)
    def read_file( self, file ):
        data= file.read()
        return self.read_string( data )
    def read( self, filename ):
        with open(filename) as file:
            return self.read_file( file )
```

以上实现的功能是对文件名、文件或是一个文本块进行解析。它沿用了 `configparser` 的设计风格。一种常见的方式（更少的使用方法）是使用 `isinstance()` 来决定参数类型以及处理逻辑。

文件名是字符串类型，文件通常是 `io.TextIOBase` 的实例。文本块也是字符串，基于这一点，许多库使用 `load()` 来加载文件和文件名，使用 `loads()` 来加载简单的字符串。以下这种设计方式和 `json` 模块是一致的。

```python
    def load( self, file_or_name ):
        if isinstance(file_or_name, io.TextIOBase):
            self.loads(file_or_name.read())
        else:
            with open(filename) as file:
                self.loads(file.read())
    def loads( self, string ):
        return self._parse(data)
```

这些方法同样支持文件、文件名或文本块。这些附加的方法名提供了一个 API，使用起来更简便。重要的是，在不同的库、包和模块中，需要进行一致性的设计。以下是 `_parse()` 方法的实现。

```python
key_element_pat= re.compile(r"(.*?)\s*(?<!\\)[:=\s]\s*(.*)")
    def _parse( self, data ):
        logical_lines = (line.strip()
            for line in re.sub(r"\\\n\s*", "", data).splitlines())
        non_empty= (line for line in logical_lines
            if len(line) != 0)
        non_comment= (line for line in non_empty
            if not( line.startswith("#") or line.startswith("!") ) )
```

```
for line in non_comment:
    ke_match= self.key_element_pat.match(line)
    if ke_match:
    key, element = ke_match.group(1), ke_match.group(2)
    else:
    key, element = line, ""
key= self._escape(key)
element= self._escape(element)
yield key, element
```

这个方法使用了 3 个表达式生成器，用于对特性文件中的物理行和逻辑行提供一些全局功能。表达式生成器分为 3 种语法规则。支持延迟执行是它的一个优势。在 `for line in non_comment` 语句执行之前，表达式生成器不会产生任何的中间结果。

对于第 1 个表达式，赋值给了 `logical_lines` 变量，对以\为结尾的物理行进行合并，来创建更长的逻辑行。开头（和结尾）的空格被移除了，只留下了行内容。正则表达式 r"\\\n\s*"用于匹配所有以\为结尾的当前行以及所有开头是空格的下一行。

第 2 个表达式赋值给了 `non_empty`，只会对长度大于 0 的行进行迭代。它会过滤掉空白行。

第 3 个表达式，`non_comment` 只会对没有以#或!开头的行进行迭代，以#或!为开头的行会被过滤掉。

使用了这 3 种表达式生成器，`for line in non_comment` 循环只会对没有注释的、非空的、移除了空格的逻辑行进行迭代。在循环体中，在剩余的行中取出一部分，将键和值分离，然后执行 `self._escape()` 函数来对转义序列进行扩展。

键值对的模式 `key_element_pat` 会查找没有转义的:，=或者是周围都是空白的空格。它使用断言进行了封装，使用（?<!\\）来表示正则表达式必须是没有被转义的，之后的模式都不能以\开头。这意味着(?<!\\)[:=\s]是没有被转义的:，或=，或者空格。

如果键值对模式没有匹配到任何结果，就意味着缺少分隔符。我们将这种情况视为没有提供与相关键匹配的值。

因为键值构成了两个元素的元组，它可以被转换为字典，它提供了一个配置的映射表，就像之前所看到的一些配置表示模型一样。它也可以作为一个序列来展示排序好的原文件的内容。最后的部分是一个方法，用于将转义符转换为最终字符。

```
def _escape( self, data ):
    d1= re.sub( r"\\([:#!=\s])", lambda x:x.group(1), data )
    d2= re.sub( r"\\u([0-9A-Fa-f]+)", lambda x:chr(int(x.
group(1),16)), d1 )
    return d2
```

`_escape()` 方法函数执行了两次替换。第 1 次将转义的标点符号以纯文本的格式替代，将\:，\#，\!，\=的\移除。对于 Unicode 转义符，进制字符串用于创建正确的 Unicode 字符，替换掉\uxxxx 序列。将十六进制的数转换为整数，进行了字符替换。

为了消除中间变量，两次替换可以被合并为一次操作，这样可以提高性能。合并后的代码如下。

```
d2= re.sub( r"\\([:#!=\s])|\\u([0-9A-Fa-f]+)",
    lambda x:x.group(1) if x.group(1) else chr(int(x.
group(2),16)), data )
```

而这一小部分的性能优化与复杂的正则表达式以及替换函数所带来的开销互相抵消了。

## 13.9.2 使用特性文件

在使用特性文件时，有两种选择。可以使用 configparser 的设计方式对多个文件进行解析，然后基于不同值的合并结果创建一种映射。或者使用 ChainMap 模式为每个配置文件创建特性序列的映射。

ChainMap 处理过程相对简单，并提供了所需的功能。

```
config= ChainMap(
    *[dict( pp.read(file) )
        for file in reversed(candidate_list)] )
```

我们将文件列表顺序翻转了：包含最特殊化设置的放在列表中第 1 个位置，包含最一般化配置的放最后面。一旦完成了 ChainMap 的加载，就可以使用特性来完成 Player、Table 和 Simulate 实例的创建和初始化。

比起要为一种包含了多个数据源的映射做更新，这种方式似乎更容易一些。它沿用了用于处理 JSON 和 YAML 配置文件的方式。

还可以使用这样的方式来对 ChainMap 进行扩展，与之前看到的 main_cm() 函数类似。这里是代码的第 1 部分，创建 Table 实例。

```
import ast
def main_cm_str( config ):
    dealer_nm= config.get('table.dealer', 'Hit17')
    dealer_rule= {'Hit17':Hit17(),
        'Stand17':Stand17()}.get(dealer_nm, Hit17())
    split_nm= config.get('table.split', 'ReSplit')
    split_rule= {'ReSplit':ReSplit(),
        'NoReSplit':NoReSplit(),
        'NoReSplitAces':NoReSplitAces()}.get(split_nm, ReSplit())
    decks= int(config.get('table.decks', 6))
    limit= int(config.get('table.limit', 100))
    payout= ast.literal_eval(config.get('table.payout', '(3,2)'))
    table= Table( decks=decks, limit=limit, dealer=dealer_rule,
        split=split_rule, payout=payout )
```

与 main_cm() 函数实现的不同点在于 payout 元组的处理。在之前的实现里，JSON（和 YAML）可以解析元组。当使用特性文件时，所有的值都是简单的字符串。必须使用 eval() 或 ast.literal_eval() 来执行传入的值。main_cm_str() 函数的其余部分与 main_cm() 函数是相同的。

# 13.10  使用 XML 文件——PLIST 以及其他格式保存配置

正如在第 9 章"序列化和保存——JSON、YAML、Pickle、CSV 和 XML"中所看到的，Python 的 xml 包中提供了多个用于解析 XML 文件模块。由于 XML 文件使用的普遍性，在 XML 文档与 Python 对象间的转换通常是必要的。不像 JSON 和 YAML，XML 的转换不是那么容易。

一种常见的方式是使用 XML 将配置数据表示在 .plist 文件中。更多有关 .plist 格式的信息，参见 http://developer.apple.com/documentation/Darwin/Reference/ManPages/ man5/plist.5.html。

苹果用户可以使用 man plist 命令来查看这个页面。.plist 格式的优势是它使用了一些非常一般化的标签，这使得 .plist 文件的创建和解析很容易。以下的例子中包含了配置参数的 .plist 文件。

```xml
<?xml version="1.0" encoding="UTF-8"?>
<!DOCTYPE plist PUBLIC "-//Apple//DTD PLIST 1.0//EN" "http://www.
apple.com/DTDs/PropertyList-1.0.dtd">
<plist version="1.0">
<dict>
  <key>player</key>
  <dict>
    <key>betting</key>
    <string>Flat</string>
    <key>play</key>
    <string>SomeStrategy</string>
    <key>rounds</key>
    <integer>100</integer>
    <key>stake</key>
    <integer>50</integer>
  </dict>
  <key>simulator</key>
  <dict>
    <key>outputfile</key>
    <string>p2_c13_simulation8.dat</string>
    <key>samples</key>
    <integer>100</integer>
  </dict>
  <key>table</key>
  <dict>
    <key>dealer</key>
    <string>Hit17</string>
    <key>decks</key>
    <integer>6</integer>
    <key>limit</key>
    <integer>50</integer>
    <key>payout</key>
    <array>
        <integer>3</integer>
        <integer>2</integer>
```

```
        </array>
        <key>split</key>
        <string>NoResplitAces</string>
     </dict>
  </dict>
</plist>
```

在这个例子中，演示了嵌套的字典结构，有很多与 Python 类型兼容的 XML 标签。

| Python 类型 | Plist 标签 |
| --- | --- |
| str | <string> |
| float | <real> |
| int | <integer> |
| datetime | <date> |
| boolean | <true/>或<false/> |
| bytes | <data> |
| list | <array> |
| dict | <dict> |

正如在之前的例子中，<key>的值是字符串。这样就为模拟器应用提供了编码良好的 plist，其中包含了配置参数。可使用相对容易的方式来加载一个.plist。

```
import plistlib
print( plistlib.readPlist(plist_file) )
```

这将重构配置参数。然后可以使用之前在介绍 JSON 配置文件的节中提到的main_nested_dict()函数来操作这个嵌套的字典。

当使用单一模块函数来解析文件时，.plist 格式显得非常好用。与 JSON 或特性文件一样，缺少对 Python 自定义类的支持。

## 自定义 XML 配置文件

有关更复杂的 XML 配置文件，可以参见 http://wiki.metawerx.net/wiki/Web.xml。这个文件中同时包含了特殊标签和一般标签，这些文档解析起来很困难，这里有两种常见的方式。

● 　写一个文档处理类，使用 XPath，根据数据完成对标签的查询。这样的话，就需要写特性（或方法）进行查询 XML 结构中所需要的信息。

● 　将 XML 文档转换为一个 Python 的数据结构，这种方式和之前看到的 plist 模块是一致的。

基于 Web.xml 文件的例子，在配置模拟器应用时，可以设计自定义的 XML 文档。

```
<?xml version="1.0" encoding="UTF-8"?>
<simulation>
    <table>
```

```
            <dealer>Hit17</dealer>
            <split>NoResplitAces</split>
            <decks>6</decks>
            <limit>50</limit>
            <payout>(3,2)</payout>
        </table>
        <player>
            <betting>Flat</betting>
            <play>SomeStrategy</play>
            <rounds>100</rounds>
            <stake>50</stake>
        </player>
        <simulator>
            <outputfile>p2_c13_simulation11.dat</outputfile>
            <samples>100</samples>
        </simulator>
    </simulation>
```

这是一个特殊化的 XML 文件。我们没有提供 DTD 或 XSD，因此没有使用根据模型来验证 XML 的方式。然而，这个文件非常小，很容易调试，并且初始化过程与之前例子中提到的类似。这里是一个 Configuration 类，使用 XPath 查询来从文件中获取信息。

```
import xml.etree.ElementTree as XML
class Configuration:
    def read_file( self, file ):
        self.config= XML.parse( file )
    def read( self, filename ):
        self.config= XML.parse( filename )
    def read_string( self, text ):
        self.config= XML.fromstring( text )
    def get( self, qual_name, default ):
        section, _, item = qual_name.partition(".")
        query= "./{0}/{1}".format( section, item )
        node= self.config.find(query)
        if node is None: return default
        return node.text
    def __getitem__( self, section ):
        query= "./{0}".format(section)
        parent= self.config.find(query)
        return dict( (item.tag, item.text) for item in parent )
```

我们实现了 3 种方法来加载 XML 文档：read()、read_file()和 read_string()。它们都是对 xml.etree.ElementTree 类中方法的代理实现，这与 configparser API 是一致的。我们也会使用 load()和 loads()，因为它们也是相应的对 parse()和 fromstring()的代理实现。

至于配置数据的访问，我们实现了两种方法：get()和__getitem__()。可以像这样来使用 get()方法：stake= int(config.get('player.stake',50))以及像这样来使用__getitem__()

方法：stake= config['player']['stake']。

解析过程比.plist 文件稍微复杂些。然而，XML 比相同内容的.plist 格式相对简单。

可以对特性文件使用在之前的节中所介绍的main_cm_str()函数来完成配置的处理过程。

## 13.11　总结

我们介绍了很多用于表示配置参数的方法。它们的大多数都基于在第 9 章 "序列化和保存——JSON、YAML、Pickle、CSV 和 XML" 中介绍的序列化技术。configparser 模块提供了另外一种格式，为一些用户提供了方便。

对于配置文件来说，关键功能是内容可以被很容易地编辑。基于这个原因，pickle 文件并不是推荐的格式。

### 13.11.1　设计要素和折中方案

配置文件可以简化应用程序的运行和服务器的启动，可以将所有相关参数放在容易读写的文件中。可以将这些文件放在配置的控制范围内，追踪修改历史记录，并使用它们来提高软件质量。

在使用这些文件时，在格式上有一些选择，它们编辑起来都很容易，但在解析的难易程度上以及对 Python 数据编码的限制上，它们是不同的。

- **INI 文件**：这些文件解析起来很容易并且只限制使用字符串和数字。
    - ◆ **Python 代码（PY 文件）**：这些文件在配置中使用脚本。不需要解析，类型没有限制。它们使用一个 exec() 文件，它解析起来很容易并且类型没有限制。
- **JSON 或 YAML 文件**：这些文件解析起来很容易。它们支持字符串、数字、字典和集合。YAML 可以对 Python 进行编码，但为什么不直接使用 Python？
- **特性文件**：这些文件需要特殊的解析器。只能使用字符串。
- **XML 文件**：
    - ◆ **.plist 文件**：这些文件解析起来很容易。它们支持字符串、数字、字典和集合。
    - ◆ **自定义的 XML**：这些文件需要特殊的解析器。它们只能使用字符串。

在多种应用或服务器共存的环境中，需要选择一个更好的配置文件格式。如果有其他的应用使用了.plist 或 INI 文件，就需要做出选择：哪种格式使用起来更容易。

从对象可以被表示的广度来看，配置文件可以被分为 4 类。

- 只有字符串的简单文件：自定义 XML，特性文件。
- 简单的 Python 文本的简单文件：INI 文件。
- 支持 Python 文本、集合以及字典的更复杂的文件：JSON、YAML、.plist 和 XML。
- 一切和 Python 相关的：可以使用 YAML，但当 Python 具备了更清晰的语法时，不必要再使用 YAML。

## 13.11.2　创建共享配置

在第 17 章 "模块和包的设计" 中，会介绍一些有关模块设计需要考虑的点以及什么样的模块适合使用单例设计模式。意味着只需要导入模块一次，实例是共享的。

正是因为这一点，需要将配置定义在一个单独的模块中，然后进行导入。这样就可以在不同的模块间共享一个公共的配置。在每个模块中导入共享的配置模块。配置模块用于查找配置文件然后创建配置对象。

## 13.11.3　模式演化

配置文件是面向公共 API 的一部分。在设计应用时，需要解决模式演化的问题。当修改一个类定义时，如何修改配置？

由于配置文件中包含了默认值，它们通常带来了灵活性。从原则上来说，它们完全是可选的。

当软件的主版本更新时——在 API 或数据库模型发生变化时——配置文件也可能需要做很大的改动。为了区分新旧版本的配置参数，配置文件的版本号也需要改。

当版本发生大改动时，配置文件（例如数据库、输入和输出文件和 API）需要考虑兼容性。在处理配置参数的默认值时，需要考虑到主版本的改动。

对应用程序来说，配置文件是第 1 级输入。没有任何一种可以经过深思熟虑的可替代方案。像其他的输入输出一样，它需要经过仔细的设计。当我们看第 14 章 "Logging 和 Warning 模块" 以及第 16 章 "使用命令行" 时，会对如何解析配置文件的基础部分进行展开介绍。

## 13.11.4　展望

在之后的几章中，我们将会介绍有关高扩展性的设计要素。在第 14 章 "Logging 和 Warning 模块" 中，将介绍如何使用 logging 和 warnings 模块来完成审计信息的创建和调试。在第 15 章 "可测试性的设计" 中，会介绍有关可测试性的设计，以及如何使用 unittest 和 doctest。在第 16 章 "使用命令行" 中，会介绍如何使用 argparse 模块来完成选项和参数的解析，进一步使用命令设计模式创建程序组件，这样一来，在无需修改 shell 脚本的前提下就可以完成组件的扩展性和可结合性。在第 17 章 "模块和包的设计" 中，将会介绍有关模块和包的设计。在第 18 章 "质量和文档" 中，会介绍如何创建设计说明文档，它能够诠释软件功能的正确性和可靠性。

# 第 3 部分

## 测试、调试、部署和维护

Logging 和 Warning 模块

可测试性的设计

使用命令行

模块和包的设计

质量和文档

# 测试、调试、部署和维护

在进行 Python 应用程序开发时，会涉及一些除面向对象设计之外的技巧。接下来会关注一些主题，不单是单纯的编程，还需要关注如何解决用户的问题：

- 第 14 章 "Logging 和 Warning 模块" 会介绍如何使用 Logging 和 Warning 模块来创建审计和调试信息。不单单使用 print() 函数，还会有额外的一些操作。Logging 模块提供了很多功能，可以使用简单的、统一的接口生成审计、调试信息以及文本消息。由于它是高度可配置的，可用于生成详细的调试信息或者使用相关选项来完成。

- 我们会介绍到可测试性的设计并在第 15 章 "可测试性的设计" 中会介绍如何使用 unittest 和 doctest。自动化测试应该被认为是必要的。如果自动化测试不能说明代码是有效的，那么不能认为软件已经完成。

- 命令行接口为程序提供了更多的选项和参数。通常应用于小型的、基于文本的程序以及长时间运行的服务。然而，即使是 GUI 应用也可以使用命令行选项来配置。第 16 章 "使用命令行" 会介绍如何使用 argparse 模块来完成选项和参数的解析。我们会进一步使用 Command 设计模式来构建程序，用于完成在无需对 Shell 脚本进行重排序的前提下进行程序的扩展。

- 第 17 章 "模块和包的设计" 会介绍如何设计模块和包。比起之前介绍的类设计，这是更高层面上的设计。模块和类一些设计理念是共同的：包裹、扩展和创造。会介绍模块与类、包与模块的结构，而不会涉及具体的数据或操作。

- 第 18 章 "质量和文档" 会介绍如何写设计文档，说明软件的可靠性以及如何被构建的。

这部分会介绍几种使用额外模块来提高软件质量的方法。不像第 1 部分 "用特殊方法实现 Python 风格的类" 以及第 2 部分 "持久化和序列化" 这样的主题，这里要介绍的工具将不仅局限于只是解决某种特殊的问题。这些主题有助于从整体上理解熟练掌握 Python 面向对象的编程思想。

# 第 14 章
# Logging 和 Warning 模块

有一些基本的日志记录技术既可以在调试中使用也可以为应用程序提供运行支持。特别地，好的日志可以帮我们证明应用程序符合安全性和审计的要求。

我们经常会遇到需要记录多个包含不同种类信息的日志情况。我们可能会将安全、审计和调试日志分别记录到不同的日志文件中。在一些情况下，我们可能希望把所有信息都记录到一个日志文件中。本章会介绍一些需要这样做的例子。

为了确定程序是正常工作的，用户可能想要看到冗长的输出。这些输出和调试的输出信息不同，最终用户关注的是程序是如何解决他们的问题的。例如，他们可能会改变输入或者用不同的方法处理程序的输出。设定信息级别能够根据用户的需要生成包含不同级别信息的日志。

warnings 模块能为开发者和用户提供有用的信息。对于开发者而言，我们可能会用 warnings 来通知你某个 API 已经不再维护了。对于用户而言，可能希望向你说明，虽然结果有问题，但是严格来说，它并不是错误的。一些有问题的假设或者令人迷惑的默认值需要向用户提前指出。

当软件维护工程师想要收集一些有用的调试信息时，需要启用日志。我们很少会有情况需要包含所有信息的调试信息：产生的日志文件可能根本无法阅读。通常，我们只需要用于追踪某个特定问题的那部分调试信息，这样就可以修改单元测试用例并且修复软件。

当尝试解决程序崩溃的问题时，可能需要创建一个用于捕获最后几个事件的循环队列。我们可能也可以利用这个队列找到问题，而不用筛选巨大的日志文件。

## 14.1 创建基本日志

创建日志有两个必要的步骤。

- 通过 logging.getLogger() 函数获得 logging.Logger 实例。
- 用获得的 Logger 创建消息。有许多用于创建不同重要性级别消息的方法，例如 warn()、info()、debug()、error() 和 fatal()。

但是，这两个步骤不足以给我们提供任何输出。只有当我们需要查看输出的时候，才会使用第 3 个步骤。有一些日志是为调试准备的，所以我们并不总是希望看到这种日志。还有一个可选的步骤是配置

logging 模块的 handlers、filters 和 formatters，可以用 logging.basicConfig()函数完成这些配置。

就技术上而言，甚至可能可以跳过第 1 步。我们可以用 logging 模块顶层函数默认的日志记录器。在第 8 章"装饰器和 mixin——横切方面"中，介绍过这种日志记录器，但是由于当时主要关注的是装饰而不是日志，因此没有深入讲解它。建议你不要使用默认的根记录器。为了弄清楚为什么最好不要使用根记录器，我们需要先介绍一点背景知识。

Logger 的实例是通过名称标识的。名称中用".-"分别的字符串组成了一个层次结构。根记录器的名称是""——空字符串。所有其他的 Loggers 都是这个根 Logger 的孩子。

由于这棵树的名称是 Loggers，因此我们通常会用根 Logger 来配置整棵树。当找不到正确的 Logger 时，我们也会使用它。如果把根 Logger 也作为某个模块的一等日志，那么只会制造混乱。

除了名称之外，可以在 Handlers 列表中配置 Logger 确定要将消息写到哪里，也可以在 Filters 列表中配置 Logger 确定哪种消息可以通过以及需要拒绝哪种消息。日志记录器是记录日志的基本 API：我们用日志记录器创建 LogRecords。然后，这些记录会被发送给 Filters 和 Handlers，之后，被接受的记录会被格式化并保存在本地文件中或者通过网络传输到其他地方。

最佳实践是为每个类或者模块都定义一个单独的日志记录器。由于 Logger 的名称是由".-"分隔的字符串，因此 Logger 的名称不会与类或者模块名冲突，我们还会为日志记录器定义一个与应用程序的层次结构类似的结构。我们可能会有一个以下面的代码作为开始的类。

```
import logging
class Player:
    def __init__( self, bet, strategy, stake ):
        self.logger= logging.getLogger( self.__class__.__qualname__ )
        self.logger.debug( "init bet {0}, strategy {1}, stake {2}".
format(
            bet, strategy, stake) )
```

这段代码会确保这个类使用的 Logger 对象的名称与当前类的全名匹配。

## 14.1.1 创建共享的类级记录器

正如我们在第 8 章"装饰器和 mixin——横切方面"中看到的，通过在类的外部创建日志记录器的装饰器，可以让定义类级的日志记录器变得更清晰一些。下面是我们定义的装饰器。

```
def logged( class_ ):
    class_.logger= logging.getLogger( class_.__qualname__ )
    return class_
```

这段代码将 logger 创建为类的一个属性，所有的实例都可以使用这个属性。现在，可以像下面这样定义类。

```
@logged
class Player:
    def __init__( self, bet, strategy, stake ):
        self.logger.debug( "init bet {0}, strategy {1}, stake {2}".format(
            bet, strategy, stake) )
```

这段代码可以确保类中日志记录器的名称和我们预期的一致。然后，就可以在各个方法中使用 `self.logger`，并且对于它是正确的 `logging.Logger` 实例充满信心。

当我们创建 Player 实例时，会想要尝试使用一下日志记录器。默认情况下，我们不会看到任何输出。`logging` 模块的初始配置没有包含任何能够生成输出的 **hanlder** 或者日志级别。为了看到一些输出，我们需要修改 `logging` 的配置。

使用 `logging` 模块的最大好处是可以在类和模块中使用日志记录的功能，而不用担心全局的配置问题。默认的行为是无声的，并且只会带来一点点开销。基于这个原因，我们可以在每个类中都包含日志记录的功能。

## 14.1.2  配置日志记录器

为了能够在日志中看到输出，我们需要提供两个配置信息。

● 把我们使用的日志记录器与一个可以生成明显输出的 **handler** 关联起来。

● 这个 **handler** 需要一个用于传递日志信息的日志级别。

Logging 模块包含了许多配置方法，我们会在这里向你展示 `logging.basicConfig()`。稍后，会单独介绍 `logging.config.dictConfig()`。

`logging.basicConfig()` 方法根据一些参数来创建一个用于记录输出日志的 `logging.handlers.StreamHandler`。在许多情况下，我们需要的就是下面的代码。

```
import logging
import sys
logging.basicConfig( stream=sys.stderr, level=logging.DEBUG )
```

这段代码会配置一个用于向 `sys.stderr` 写入信息的 `StreamHandler` 实例。它会传递日志级别大于等于给定日志级别的信息。可以用 `logging.DEBUG` 来确保能够看到所有的信息。默认的级别是 `logging.WARN`。

完成了这个配置之后，就可以看到调试信息了。

```
>>> p= Player( 1, 2, 3 )
DEBUG:Player:init bet 1, strategy 2, stake 3
```

默认的格式会显示日志级别（DEBUG）、日志记录器的名称（Player）和生成的字符串。`LogRecord` 中还包含其他的一些可以显示的属性。通常，这个默认格式就足够了。

## 14.1.3  开始和关闭日志记录系统

`logging` 模块禁止手动地修改全局的状态信息。全局的状态在 `logging` 模块内部处理。我们可以将应用程序写成独立的部分，然后通过 `logging` 接口确保这些部分之间可以正常交互。例如，可以在一些模块中包含 `logging`，而在其他的模块中完全不用包含它，不用担心兼容性有问题或者配置有缺失。

更重要的是，我们可以记录应用程序的所有请求而不需要配置任何的 **handlers**。顶层的主要脚本完全可以不用 import logging。在本例中，日志代码中不会产生错误或者问题。

由于日志天生就是松耦合的，因此在应用程序的顶层只配置一次是很容易做到的。我们只应该在应用程序的 if \_\_name\_\_ == "\_\_main\_\_":中配置 logging。我们会在第 16 章 "使用命令行"中详细讲解这点。

大多数的 handler 都包含缓冲区。大多数情况下，缓冲区将正常刷新。尽管不用在意日志系统是如何关闭的，但是用 logging.shutdown() 确保所有的缓冲区都被刷新了会更可靠一些。

当处理顶层的错误和异常时，我们有两种明确的技术用于确保所有的缓冲区都被写入，其中一种技术是在 try:代码块中使用 finally 语句。

```
import sys
if __name__ == "__main__":
    logging.config.dictConfig( yaml.load("log_config.yaml") )
    try:
        application= Main()
        status= application.run()
    except Exception as e:
        logging.exception( e )
        status= 2
    finally:
        logging.shutdown()
    sys.exit(status)
```

这个例子展示了我们是如何尽早配置 logging 以及尽可能晚地关闭 logging 的。这就确保了尽可能多的程序可以使用已经配置好的日志记录器。这段代码还包括了一个异常处理的日志记录器，但是，在一些程序中，所有的异常都在 main() 函数中处理，使得 except 语句显得多余了。

另外一种方法是用 atexit handler 来关闭 logging。

```
import atexit
import sys
if __name__ == "__main__":
    logging.config.dictConfig( yaml.load("log_config.yaml") )
    atexit.register(logging.shutdown)
    try:
        application= Main()
        status= application.run()
    except Exception as e:
        logging.exception( e )
        status= 2
    sys.exit(status)
```

这个版本的代码向我们展示了如何用 atexit handler 调用 logging.shutdown()。当应用程序退出时，会调用给定的函数。如果 main() 函数中已经正确地处理了异常，那么可以用简单得多的 status= main(); sys.exit(status) 替代 try:块。

还有第 3 种技术是用上下文管理器来控制日志记录。我们会在第 16 章 "使用命令行"中介绍这种方法。

## 14.1.4　使用命名的日志记录器

有 4 种常见的需要用 logging.getLogger() 为 Loggers 命名的情况，我们通常会选择和应用程序结构一致的名称。

- **模块名**：当模块包含大量的小函数或者创建大量对象的类时，我们可能会声明一个模块级的全局 Logger 实例。例如，当扩展 tuple 时，我们不希望每个实例中都包含一个 Logger 的引用。通常会定义一个全局的 Logger，而且通常这个创建过程在模块的头部完成。在本例中，就在 imports 之后。

```
import logging
logger= logging.getLogger( __name__ )
```

- **对象实例**：在前面的代码中，当我们在 __init__() 方法中创建 Logger 时，展示过在对象实例中使用 Logger 的例子。这里，每个对象中的 Logger 都是唯一的，想单纯通过全名来区分可能会导致一些令人误解的情况，因为一个类可以有多个实例。一个更好的设计是在日志记录器的名称中包含一个唯一的实例标识符。

```
def __init__( self, player_name )
    self.name= player_name
    self.logger= logging.getLogger( "{0}.{1}".format(
        self.__class__.__qualname__, player_name ) )
```

- **类名**：之前我们定义简单的装饰器时，演示过如何在类中使用 Logger。我们可以用 __class__.__qualname__ 作为 Logger 的名字并且将 Logger 作为一个整体赋值给类。该类的所有实例会共享这个 Logger。

- **函数名**：对于经常使用的小函数，经常会使用前面展示的模块级日志。对于很少使用的大型函数，可能会在函数中创建日志。

```
def main():
    log= logging.getLogger("main")
```

这里最重要的是确保 Logger 的名称与软件架构相符，这为我们提供了最透明的日志，简化了调试过程。

但是，在一些情况下，我们可能会创建一个更复杂的 Logger 集合。有可能来自于同一个类但属于不同种类的信息。两个常见的例子是财务审计日志和安全访问日志。我们可能希望 Loggers 具有一些平行的结构：一个以 audit. 作为名称的前缀，另一个以 security. 作为名称的前缀。一个类可能会包含更特定的 Loggers，例如，以 audit.module.Class 或者 security.module.Class 为名的 Loggers。

```
self.audit_log= logging.getLogger( "audit." + self.__class__.__qualname__ )
```

一个类中包含多个日志对象允许我们更精细地控制输出的类型。我们可以为每个 Logger 配置不同的 handlers。在下面的部分中，我们会使用更高级的配置将输出重定向到不同的目标位置。

## 14.1.5 扩展日志等级

logging 模块预定义了 5 个重要性级别。每个级别都有一个（或者两个）带有级别号码的全局变量。重要性级别代表的是从调试信息（很少重要到需要显示出来）到关键的或是致命的错误（总是非常重要）的一个可选范围。

| 日志模块变量 | 值 |
| --- | --- |
| DEBUG | 10 |
| INFO | 20 |
| WARNING 或者 WARN | 30 |
| ERROR | 40 |
| CRITICAL 或者 FATAL | 50 |

如果需要更精细地控制哪些信息可以用，哪些信息需要拒绝，我们可以添加额外的级别。例如，一些应用程序支持多个详细级别。类似地，一些应用程序包含了不同级别的调试信息。对于不需要太多信息的普通日志，我们可能会将日志级别设置为 logging.WARNING，这样只有警告和错误信息会被输出。对于详细程度的第 1 个级别，为了查看提示性信息，我们可以将级别设为 logging.INFO。对于详细程度的第 2 个级别，我们会希望添加一个值是 15 的级别，并且让根日志记录器包含这个新级别。

我们可以像下面这样定义详细信息的新级别。

```
logging.addLevelName(15, "VERBOSE")
logging.VERBOSE= 15
```

可以通过 Logger.log() 方法使用新级别，这个方法接受一个级别数字作为参数。

```
self.logger.log( logging.VERBOSE, "Some Message" )
```

由于添加一个像这样的级别不会带来什么额外的开销，因此它们经常被滥用。这里的关键是，一个级别将很多概念合并进了一个单独的数字代码中——可见性和错误行为。级别应该被局限于用来表示一个简单的可见性或者错误范围。任何更复杂的部分都应该通过 Logger 名称或者 Filter 对象来完成。

## 14.1.6 定义指向多个目标输出的 handler

有些情况下，我们需要将日志发送到多个不同的目标，如下所示。

● 可能希望有两份日志，这样可以提高运营的可靠性。

● 可能希望使用复杂的 Filter 对象为不同的消息创建子集。

● 可能希望为不同的目标定义不同的级别，通过这种方式分离调试信息和指示性信息。

● 可能希望基于 Loggers 的名称定义不同的 handlers 来代表不同的日志源。

当然，我们也能把这些合并起来用于十分复杂的情况。为了创建多个目标输出，必须创建多个 Handlers。每个 Handler 可能包含一个自定义的 Formatter、一个可选的级别和一个可选的 Filters 对象的列表。

一旦定义好了多个 Handlers，我们就可以将 Loggers 与对应的 Handlers 绑定起来。Loggers 会创建一种适当的层次结构，这意味着我们可以用高层或者低层的名称将 Loggers 绑定到 Handlers。由于 Handlers 中包含了一个级别过滤器，我们可以让不同的 Handlers 基于级别输出不同类型的信息。同样地，如果需要更复杂的过滤操作，我们可以显式地使用 Filter 对象。

尽管我们可以通过 logging 模块的 API 配置目标输出，但是，更清晰一些的通常做法是将日志细节定义在配置文件中。一个优雅的解决方案是用 YAML 标记作为配置字典。可以用一种相对直接的方法加载字典——使用 logging.config.dictConfig(yaml. load(somefile))。

YAML 标记 configparser 作为默认标记显得更简洁一些。Python 标准库中关于 logging.config 的文档就使用了 YAML 作为范例，因为这种标记法非常简洁，所以我们会遵循这个模式。

下面是包含了两个 handlers 和两个 loggers 配置文件的范例。

```
version: 1
handlers:
  console:
    class: logging.StreamHandler
    stream: ext://sys.stderr
    formatter: basic
  audit_file:
    class: logging.FileHandler
    filename: p3_c14_audit.log
    encoding: utf-8
    formatter: basic
  formatters:
  basic:
    style: "{"
    format: "{levelname:s}:{name:s}:{message:s}"
loggers:
  verbose:
    handlers: [console]
    level: INFO
  audit:
    handlers: [audit_file]
    level: INFO
```

我们定义了两个处理程序：console 和 adudit_file。console 是发送到 sys.stderr 的 StreamHandler。请注意，我们必须以 URI 风格语法中的 ext://sys.stderr 来命名外部的 Python 资源。在当前上下文中，外部的意思是配置文件的外部。这个假设是当前的值是一个简单的字符串，而不是一个指向某个对象的引用。audit_file 是一个会写入指定文件中的 FileHandler。默认情况下，会用 a 模式打开文件，向文件末尾添加内容。

我们还定义了一个格式化器，命名为 basic，它根据我们从 basicConfig() 中获得的格式来生成日志格式。如果我们不使用它,我们的信息会使用一个有些不同的默认格式,这种默认格式只包含信息文本。

最后,我们定义了两个顶层的日志记录器:verbose 和 audit。所有顶层名称为 verbose 的日志记录器都会使用 verbose 实例。然后,我们就能用类似 verbose.example.SomeClass 这样的 Logger 名称来创建 verbose 的子实例。每个日志记录器中都可以包含多个处理程序,在本例中,只包含了一个。另外,我们为每个日志记录器都指定了日志级别。

下面代码演示了如何加载这个配置文件。

```
import logging.config
import yaml
config_dict= yaml.load(config)
logging.config.dictConfig(config_dict)
```

我们将 YAML 文本转化为 dict,然后用 dictConfig() 函数使用指定的字典配置日志。下面是一些获取日志记录器并且输出消息的例子。

```
verbose= logging.getLogger( "verbose.example.SomeClass" )
audit= logging.getLogger( "audit.example.SomeClass" )
verbose.info( "Verbose information" )
audit.info( "Audit record with before and after" )
```

我们创建了两个 Logger 对象,一个属于 verbose 家族树,另一个属于 audit 家族树。当我们写入 verbose 日志记录器时,会在命令行中看到输出。但是,当我们写入 audit 日志记录器时,我们在命令行中什么都看不到,记录会写到一个文件中,文件的名称保存在配置文件中。

当我们仔细查看 logging.handlers 模块时,可以看到有大量的处理程序供我们使用。默认情况下,logging 模块会使用老式的%风格的格式化说明。这些格式化说明与 str.format() 方法的不同。当我们定义格式化参数时,使用{风格的格式化说明,这和 str.format() 是一致的。

## 14.1.7  管理传播规则

Loggers 的默认行为会将一条日志记录从命名的 Logger 一直往上经过所有的父级 Loggers 传到根 Logger。我们可以在更低层的 Loggers 中包含一些特殊的行为,但是需要在根 Logger 中定义所有 Loggers 的默认行为。

由于日志记录的传播性,根日志记录器也需要处理来自我们定义的低层 Loggers 的日志记录。如果子日志记录器定义了输出并且允许传播,这会导致重复的输出:第 1 个输出来自子日志记录,然后又从父日志记录器输出了一次。当子日志记录器生成输出时,如果我们想要避免重复,我们必须关闭低层日志记录器的传播特性。

我们前面的例子中没有配置根级别的 Logger。如果我们应用程序中的某些部分没有以 audit. 或者 verbose. 作为名称前缀创建日志记录器,那么这个额外的日志记录器不会与 Handler 关联。我们可以配置一个更高层的名称或者配置一个可以捕获全部信息的根级别的日志记录器。

如果我们需要添加一个根级别的日志记录器来捕获这些其他名称,那么我们要注意传播法则。

下面是对配置文件的修改。

```
loggers:
  verbose:
    handlers: [console]
    level: INFO
    propagate: False # Added
  audit:
    handlers: [audit_file]
    level: INFO
    propagate: False # Added
  root: # Added
    handlers: [console]
    level: INFO
```

我们关闭了两个低层的日志记录器的传播功能：verbose 和 audit，添加了一个新的根级别的日志记录器。由于这个日志记录器没有名称，所以我们声明了一个与 loggers: 平行的顶层字典 root:。

如果我们不关心这两个低层日志记录器的传播功能，那么 verbose 或者 audit 的每条记录都会被处理两次。在 audit 的例子中，处理两次可能正好是我们所预期的。审计数据会在命令行输出一次，同时也会写入审计文件中。

关于 logging 模块的重点是不用修改现有的应用程序就可以改进和控制日志记录。通过配置文件，我们几乎可以完成任何需求。由于 YAML 是一种相对比较优雅的标记法，因此我们可以很简单地编码许多功能。

## 14.2　理解配置

basicConfig() 方法能够保留在完成配置之前创建的所有日志处理器。但是，logging. config.dictConfig() 方法会默认禁用所有在配置完成前创建的日志处理器。

当组建一个庞大复杂的应用程序时，在 import 过程中，我们可能会创建模块级的日志处理器。主脚本引入的模块可能会在 logging.config 创建完成之前创建日志记录器。同样地，任何全局的对象或者类定义都可能在配置完成前创建日志记录器。

我们通常需要在配置文件中添加下面这行代码。

```
disable_existing_loggers: False
```

这行代码可以确保配置完成前创建的所有日志处理器仍然会将信息传播到配置文件创建的根日志记录器中。

## 14.3　为控制、调试、审计和安全创建专门的日志

日志有很多不同种类，我们会关注下面的 4 种。

- **错误和控制**（**Errors and Control**）：应用程序基本的错误和控制产生的主要日志用于帮助用户确认程序是否真的按他们所预期的结果运行。这种日志会包含足够的错误信息，用户可以用这些信息修正他们的问题然后重新运行应用程序。如果用户启用了详细日志，它会在这个主要的错误日志中记录更多的信息，并且为日志控制提供更多用户友好的细节。

- **调试**（**Debugging**）：程序员和运维工程师会使用这种日志，它可以包含更复杂的实现细节。我们几乎不会想要启用完整的调试日志，但是经常会针对特定的模块或者类启用调试日志。

- **设计**（**Audit**）：这种日志用于正式确认追踪的数据已经改变，这样我们就可以保证所有的处理过程都正确完成了。

- **安全**（**Security**）：这种日志可以被用来记录哪些用户通过了验证，还可以用来确认程序遵守了授权规则。它也能被用于检测某些涉及重复密码失败类型的攻击。

对于这些不同种类的日志，我们常常会有不同的格式和处理的需求。同样地，这些日志中的一部分可以被随时启用或者禁用。主要的错误日志和控制日志通常只包含非调试信息。我们可能会有一个应用程序的结构类似下面的代码。

```
from collections import Counter
class Main:
    def __init__( self ):
        self.balance= Counter()
        self.log= logging.getLogger( self.__class__.__qualname__ )
    def run( self ):
        self.log.info( "Start" )

        # Some processing
        self.balance['count'] += 1
        self.balance['balance'] += 3.14

        self.log.info( "Counts {0}".format(self.balance) )

        for k in self.balance:
            self.log.info( "{0:.<16s} {1:n}".format(k, self.balance[k]) )
```

我们创建了一个与类的全名（**Main**）匹配的日志记录器。我们已经往这个日志记录器中写入了提示性信息用于展示应用程序正常启动和停止。在本例中，我们用 Counter 收集余额的信息，这些信息可以用来确认已经处理过的数据的数量是正确的。

在某些情况下，在处理结束时，我们会显示更正式的余额信息。我们可能会用类似下面这样的代码提供更容易阅读的信息。

```
for k in balance:
    self.log.info( "{0:.<16s} {1:n}".format(k, balance[k]) )
```

这个版本会在日志中用独立的行显示键和值。错误和控制日志通常使用最简单的格式，这种日志中可能只会展示信息文本和少量其他文本，或者完全没有其他文本。我们可能会使用类似下面这样的方式来使用日志 Formatter 对象。

```
formatters:
  control:
    style: "{"
    format: "{levelname:s}:{message:s}"
```

这样的配置让 formatter 展示日志级别名称（INFO、WARNING、ERROR、CRITICAL）和信息文本。这里忽略了大量的细节，只为用户提供了基本的好处。我们把这个格式化器称为 control。

在下面的代码中，我们将控制格式化器和命令行处理程序结合使用。

```
handlers:
  console:
    class: logging.StreamHandler
    stream: ext://sys.stderr
    formatter: control
```

这段代码将 control formatter 和 console handler 一起使用。

## 14.3.1　创建调试日志

通常，程序员会启用调试日志来监视开发中的程序。它通常是只关注特定的功能、模块或者类。因此，我们会经常通过名称启用或者禁用日志记录器。在配置文件中，我们可能只会将一些日志记录器的级别设为 DEBUG，而其他的都是 INFO 甚至可能是 WARNING 级别。

我们常常会将调试信息的设计作为类设计的一部分。事实上，我们可能会将调试能力作为类设计中一个特殊的质量功能。这可能意味着要接受大量的日志请求。例如，我们可能会基于基本的类状态信息执行复杂的计算。

```
@logged
class OneThreeTwoSix( BettingStrategy ):
    def __init__( self ):
        self.wins= 0
    def _state( self ):
        return dict( wins= self.wins )
    def bet( self ):
        bet= { 0: 1, 1: 3, 2: 2, 3: 6 }[self.wins%4]
        self.logger.debug( "Bet {1}; based on {0}".format(self._
state(), bet) )
    def record_win( self ):
        self.wins += 1
        self.logger.debug( "Win: {0}".format(self._state()) )
    def record_loss( self ):
        self.wins = 0
        self.logger.debug( "Loss: {0}".format(self._state()) )
```

在这个类定义中，我们创建了一个_state()方法用于暴露相关的内部状态，这个方法只是用来支持调试需要。我们禁止使用 self.__dict__，因为通常这样会包含太多无用的信息。然后，我们就可以在方法函数的不同位置追踪这个状态的变化。

调试输出通常是通过修改配置文件中用于启用/禁用调试的配置选择性地启用，参照下面这个修改配置文件。

```
loggers:
    betting.OneThreeTwoSix:
        handlers: [console]
        level: DEBUG
        propagate: False
```

我们基于类的全名来标识特定类的日志记录器。本例中假设已经定义了一个名为 console 的处理程序，关闭日志传播，这样就可以避免调试信息被复制到根日志记录器中。

这种设计的潜在想法是我们不希望简单地在命令行中通过-D 选项或者-DEBUG 选项就可以启用调试日志。为了进行高效的调试，我们通常希望可以通过配置文件选择性地启用日志记录器。我们会在第 16 章"使用命令行"中介绍命令行的问题。

## 14.3.2 创建审计和安全日志

审计和安全日志通常会在两个处理程序中重复：主控制处理程序和用来检查审计与安全的文件处理程序，这意味着我们需要做下面几件事情。

- 为审计和安全定义额外的日志处理器。
- 为这个日志处理器定义多个处理程序。
- 可选地为审计处理程序定义不同的格式。

正如前面所展示的，通常，我们会为审计或者安全日志创建独立的日志结构。为日志记录器创建独立的结构比尝试通过新的日志级别引入审计或者安全日志要简单得多。创建新的日志级别是很有挑战的，因为信息本质上属于 INFO 信息；它们不属于偏向 WARNING 方面的 INFO，因为它们不是错误；同时它们也不属于 DEBUG 方面的 INFO，因为它们不是可选的。

下面是可以用来创建包含审计功能的类的装饰器。

```
def audited( class_ ):
    class_.logger= logging.getLogger( class_.__qualname__ )
    class_.audit= logging.getLogger( "audit." + class_.__qualname__ )
    return class_
```

这个装饰器创建了两个日志记录器。一个的名称和类的全名相同，另一个在类全名前加了 audit.前缀，这个日志记录器就属于审计日志层次体系。下面演示了如何使用这个装饰器。

```
@audited
class Table:
    def bet( self, bet, amount ):
        self.audit.info( "Bet {0} Amount {1}".format(bet, amount) )
```

我们创建了一个会在 audit 层次结构的日志记录器中生成记录的类。我们可以配置日志系统处理这个日志记录器额外的层次结构，来看一下我们需要的两个处理程序。

```
handlers:
  console:
    class: logging.StreamHandler
    stream: ext://sys.stderr
    formatter: basic
  audit_file:
    class: logging.FileHandler
    filename: p3_c14_audit.log
    encoding: utf-8
    formatter: detailed
```

console 处理程序用 basic 格式记录面向用户的日志，aduit_file 处理程序使用更复杂的 detailed 格式化器。下面是这些 handlers 引用的 formatters。

```
formatters:
  basic:
    style: "{"
    format: "{levelname:s}:{name:s}:{message:s}"
  detailed:
    style: "{"
    format: "{levelname:s}:{name:s}:{asctime:s}:{message:s}"
    datefmt: "%Y-%m-%d %H:%M:%S"
```

basic 格式只会显示信息的 3 个属性。detailed 格式会复杂一些，因为日期的格式和信息的其他格式是用不同的方式完成的。我们用 { 风格格式化全局信息，下面是两个 Logger 的定义。

```
loggers:
  audit:
    handlers: [console,audit_file]
    level: INFO
    propagate: True
  root:
    handlers: [console]
    level: INFO
```

我们为 audit 层次结构定义了一个日志记录器。audit 的所有孩子都会将消息写入 console Handler 和 audit_file Handler 中。根日志记录器会规定其他的日志记录器只能使用 console。现在，我们将会看到两种审计消息。

console 可能包含下面这样的内容。

```
INFO:audit.Table:Bet One Amount 1
INFO:audit.Table:Bet Two Amount 2
```

audit_file 看起来可能类似下面这样。

```
INFO:audit.Table:2013-12-29 10:24:57:Bet One Amount 1
INFO:audit.Table:2013-12-29 10:24:57:Bet Two Amount 2
```

这种重复记录日志的方式不但为我们提供了主 console 日志上下文中的审计信息，同时也将重点的审计信息保存在单独的日志文件中以供日后分析使用。

# 14.4 使用 warnings 模块

面向对象开发往往需要对类或模块进行重大的重构。当我们第 1 次编写应用程序时，很难保证 API 是完全正确的。事实上，在设计中为了确保 API 完全正确所花费的时间可能是浪费的：当我们更深入地了解了问题域和用户的需求之后，Python 的灵活性允许大规模地修改现有程序。

我们可以用来支持设计演化过程的其中一个工具就是 warnings 模块。对于 warnings 模块，有两个明显的和一个模糊的用例。

- 用于提醒开发者 API 的变化，通常用于废弃的或者即将废弃的功能。默认情况下，废弃和即将废弃的警告不会出现。当运行 unittest 模块时，这些消息不会被隐藏，这可以帮助确保我们在正确使用最新的包。
- 用于提醒用户配置有问题。例如，某个模块可能有一些可选实现，当最佳的实现不可用时，我们希望可以警告用户当前没有在使用最佳的实现。
- 我们可能会通过警告用户计算结果中可能包含其他问题的方式打破极限。我们的应用程序可以运行的范围是很模糊的。

对于前两种情况，我们通常会使用 Python 的 warnings 模块显示有一些可以修复的问题。对于第 3 种情况，我们可能会用 logger.warn() 方法警告用户有一些潜在的问题。对于这种潜在问题的情况，我们不应该依赖于 warnings 模块，因为默认情况下，警告信息只会显示一次。

在一个应用程序中，我们可能会看到下面这些行为。

- 理想情况下，应用程序正常结束并且完成所有工作，这样的结果确定是有效的。
- 应用程序生成了一些警告信息，但是仍然正常结束，这些警告信息意味着结果不可信。所有的输出文件都是可读的，但是这些输出的质量和完整性值得怀疑。这种情况可能会让用户感到迷惑，在下面的部分中，我们会围绕这些特殊的不确定性来展示软件设计中一些潜在的问题。
- 应用程序可能生成了一些错误信息，但是仍然正常结束了。很明显，这样的结果肯定是错误的并且不应该被用于除调试以外的任何场景。logging 模块可以帮助我们再细分这些错误。一个产生了错误的程序可能仍然可以正常结束。我们通常用 CRITICAL（或者 FATAL）来指出 Python 程序可能没有正确终止，而且输出的文件可能有损坏。我们通常将 CRITICAL 保留给顶层的 try: 块使用。
- 程序可能会在操作系统级别上崩溃。在这种情况下，Python 的异常处理和日志系统可能不会生成任何消息。同样地，这种情况下生成的结果是不可用的。

第 2 种情况中的值得怀疑的结果不是一个好设计。使用警告——不管是用 warnings 模块还是 logging 中的 WARN 信息——对用户并没有太大帮助。

## 14.4.1 用警告信息显示 API 变化

当我们改变某个模块、包或者类的 API 时，可以用 warnings 模块提供一个方便的标记。这会在已经废弃的或者即将废弃的方法中抛出一个警告信息。

```
import warnings
class Player:
    __version__= "2.2"
    def bet( self ):
        warnings.warn( "bet is deprecated, use place_bet",
          DeprecationWarning, stacklevel=2 )
        etc.
```

当我们这么做之后，任何调用 `Player.bet()` 的应用程序都会收到 Deprecation Warning。默认情况下，这种警告信息不会显示。但是，我们可以通过调整 warnings 的过滤器米显示信息，代码如下所示。

```
>>> warnings.simplefilter("always", category=DeprecationWarning)
>>> p2= Player()
>>> p2.bet()
__main__:4: DeprecationWarning: bet is deprecated, use place_bet
```

这种技术让我们可以定位应用程序中所有因为 API 的改变而需要一起改变的地方。如果单元测试覆盖率接近 100%，使用这种简单的技术可能可以找出所有使用了废弃方法的地方。

由于这种警告信息对于计划和管理软件变更很有价值，因此我们有 3 种方式用于确保我们会看到应用程序中的所有警告信息。

● 命令行中的-Wd 选项会将所有警告的 action 设置为 default。这会启用普通的废弃警告。当我们运行 python3.3 -Wd 时，我们会看到所有的废弃警告。

● 使用总是在 warnings.simplefilter('default')模式下执行的 unittest 模块。

● 在我们的程序中包含 warnings.simplefilter('default')。这会将 default 应用到所有的警告中，与-Wd 命令行选项相同。

## 14.4.2 用警告信息显示配置问题

对于某个类或者模块，我们可能会提供多种实现。我们通常会用一个配置文件参数来决定哪种实现是适合的。关于这种技术的更多细节，参见第 13 章"配置文件和持久化"。

但是，在一些情况下，应用程序会默认依赖于其他的一些包是否是 Python 安装程序的一部分。其中一种实现是最优的，另外一种实现可能是备用计划。一种常用的技术是尝试多个 import 的备选包来定位某个已安装的包。当配置可能存在问题时，我们可以通过生成警告信息的方式来显示这些问题。下面是管理这种可选的一种实现方法。

```
import warnings
try:
    import simulation_model_1 as model
except ImportError as e:
    warnings.warn( e )
if 'model' not in globals():
```

```
    try:
        import simulation_model_2 as model
    except ImportError as e:
        warnings.warn( e )
if 'model' not in globals():
    raise ImportError( "Missing simulation_model_1 and simulation_model_2" )
```

我们尝试一个模块执行一次导入。如果尝试失败，我们会尝试导入另一个模块。我们用 if 语句来减少内嵌的异常。如果选择多于两种，内嵌的异常会形成一个看起来非常复杂的异常。通过使用额外的 if 语句，我们可以平行化一系列的候选项，这样就不会有内嵌的异常了。

我们可以通过改变消息的类型来更好地管理这种警告信息。在前面的代码中，这就是 UserWarning。这些信息默认都会显示，这样就可以向用户证明现在的配置不是最优的。

如果我们将类型改变为 ImportWarning，默认情况下就不会显示警告信息。当选择不同的包不会对用户造成影响时，这种类型提供了一种通用的不显示警告的操作。运行-Wd 选项会显示 ImportWarning 消息，这是一种典型的开发人员会用到的技术。

我们可以通过改变调用 warnings.warn() 的方式来改变警告的类型。

```
warnings.warn( e, ImportWarning )
```

这行代码把警告的类型改为默认不显示。对于使用-Wd 选项的开发人员，这些信息仍然是可见的。

## 14.4.3　用警告信息显示可能存在的软件问题

针对最终用户设计警告信息的想法有一些让人费解：应用程序到底是正常工作还是有问题？这些警告信息意味着什么？用户哪些地方操作不当？

由于这种潜在的歧义，在用户界面显示警告信息不是一个好主意。要使警告信息真正有用，程序应该正常工作或者完全无法工作。当错误发生时，错误信息应该包含对用户处理该问题的建议。我们不应该强迫用户能够判断输出的质量并决定这些输出是否适用，这一点是需要强调的。

> 程序应该正常工作或者完全无法工作。

一个可能不会引起歧义的有关用户警告信息的用法是警告用户输出是不完整的。例如，应用程序可能无法建立完整的网络连接。基本的结果是正确的，但是其中一个数据源无法正常工作。

在某些情况下，应用程序执行的操作不是用户所请求的，但是结果仍然是正确可用的。在网络问题的例子中，程序会使用一个默认的行为来代替基于网络资源的行为。通常，用一些正确的但不完全符合用户所请求的来替代失败是一种很好的警告方式。这种警告最好通过 logging 的 WARN 级别完成，而不是 warnings 模块。warnings 模块生成的信息只显示一次，但是我们可能希望向用户提供更多的细节。下面是我们如何使用一个简单的 Logger.warn() 在日志中描述问题。

```
try:
    with urllib.request.urlopen("http://host/resource/", timeout= 30 ) as resource:
        content= json.load(resource)
except socket.timeout as e:
    self.log.warn("Missing information from http://host/resource")
    content= []
```

如果发生超时，警告信息会写入日志中，但是程序仍然继续运行。资源的内容会被设置为一个空列表，日志信息每次都会写入。对于程序中的某个给定位置，warnings 模块的警告通常只显示一次，之后就不会再显示。

# 14.5　高级日志——最后一些信息和网络目标地址

我们会介绍两种可以帮助提供更有用的调试信息的更高级技术。第 1 种技术是 log tail：，这是一些重大事件前最后几个日志消息的缓冲区，其目的是用一个小文件查看应用程序终止前的最后几条日志消息。这有点像将 OS 的 tail 命令自动应用到完整的日志输出中。

第 2 种技术是用日志框架提供的功能将日志信息通过网络发送给集中的日志处理服务。这种技术可以用来整合来自不用服务器的日志信息。我们需要为日志创建发送者和接收者。

## 14.5.1　创建自动的 tail 缓冲区

log tail 缓冲区是 logging 框架的一个扩展。我们会通过扩展 MemoryHandler 略微改变它的行为。MemoryHandler 内置的行为包括 3 种写入模式：当缓冲区满时，写入到另一个 handler；当 logging 关闭时，写入所有缓冲的消息；更重要的是，当某个给定级别的消息被记录时，写入整个缓冲区。

我们会稍微修改第 1 种写入模式。我们会将最老的信息从缓冲区中移除，其他的信息仍然会留在缓冲区中，而不是当缓冲区满时写入到另外一个 handler 中，其他两种写入模式保持不变。这样做的结果是会写入 logging 关闭之前和错误发生之前的一些信息。

我们通常在一个更高级别的错误信息被记录前，将内存处理程序配置为一直缓冲消息的状态。这样做的目的是为了当错误发生时会写入缓冲区中的信息。

为了能够理解这个例子，重要的是定位到 Python 的安装位置，详细地理解 logging.handlers 模块。

基于 TailHandler 类创建时定义的容量，MemoryHandler 的这个扩展会保存最后的几条信息。

```
class TailHandler(logging.handlers.MemoryHandler):
    def shouldFlush(self, record):
        """
        Check for buffer full or a record at the flushLevel or higher.
        """
        if record.levelno >= self.flushLevel: return True
        while len(self.buffer) >= self.capacity:
            self.acquire()
```

```
    try:
        del self.buffer[0]
    finally:
        self.release()
```

我们扩展了 MemoryHandler，它会累积日志消息直到超出设定的容量。当达到最大容量时，添加新消息时会移除旧消息。请注意，我们必须锁定数据结构允许多线程访问日志。

如果收到一条特定级别的消息，那么整个结构都会写入到目标处理程序中。通常，这个目标处理程序是 FileHandler，为了调试需要和技术支持，这个处理程序会将消息写入文件的尾部。

另外，当 logging 关闭时，最后的一些消息也会被写入文件尾部。这意味着程序正常结束，不需要调试或者技术支持。

通常，我们会向这种类型的处理程序发送一条 DEBUG 消息，这样就可以得到很多程序崩溃的细节。在配置过程中应该显示地将级别设置为 DEBUG，而不是使用默认的级别。

下面是一个使用 TailHandler 的配置。

```
version: 1
disable_existing_loggers: False
handlers:
  console:
    class: logging.StreamHandler
    stream: ext://sys.stderr
    formatter: basic
  tail:
    (): __main__.TailHandler
    target: cfg://handlers.console
    capacity: 5
formatters:
  basic:
    style: "{"
    format: "{levelname:s}:{name:s}:{message:s}"
loggers:
  test:
    handlers: [tail]
    level: DEBUG
    propagate: False
root:
  handlers: [console]
  level: INFO
```

TailHandler 的定义向我们展示了 logging 其他的一些可配置功能，它向我们展示了在配置文件中使用类引用和其他元素。

在配置中，我们引用了一个自定义类。前面配置文件中的 cgf://handlers.console 文本引用了定义在配置文件的 handlers 部分中的 console 处理程序。出于演示目的，我们让 tail 的 target 指向的 StreamHandler 使用 sys.stderr。如前所述，另外一种可能的设计是使用指向调试文件的 FileHandler。

我们为使用 tail 处理程序的日志记录器创建了 test 层次结构。写入到这些日志记录器中的消息会被缓存，只有在发生错误或者 logging 关闭时才会显示。

下面是一个演示脚本。

```
logging.config.dictConfig( yaml.load(config8) )
log= logging.getLogger( "test.demo8" )
print( "Last 5 before error" )
for i in range(20):
    log.debug( "Message {:d}".format(i) )
log.error( "Error causes dump of last 5" )
print( "Last 5 before shutdown" )
for i in range(20,40):
    log.debug( "Message {:d}".format(i) )
logging.shutdown()
```

在错误发生前，我们生成了 20 条消息。然后，在关闭 logging 和刷新缓存区前我们又生成了 20 条消息。这段脚本会产生类似下面这样的输出。

```
Last 5 before error
DEBUG:test.demo8:Message 16
DEBUG:test.demo8:Message 17
DEBUG:test.demo8:Message 18
DEBUG:test.demo8:Message 19
ERROR:test.demo8:Error causes dump of last 5
Last 5 before shutdown
DEBUG:test.demo8:Message 36
DEBUG:test.demo8:Message 37
DEBUG:test.demo8:Message 38
DEBUG:test.demo8:Message 39
```

tail 处理程序默认忽略中介消息。由于设置的最大容量是 5，因此错误发生（或者关闭 logging）之前的最后 5 条消息会被显示。

## 14.5.2　发送日志消息到远程的进程

一种高性能的设计模式是用多个进程处理一个单一的问题。我们的应用程序可能部署在多个应用程序服务器上或者是使用多个数据库客户端。对于这种架构，我们通常希望为不同进程提供集中的日志处理机制。

用来创建统一日志的一种技术是包含准确的时间戳，然后将来自多个日志文件的记录整理为一个统一的日志。通过远程地从多个并发的生产者进程将日志记录到一个消费者进程，就可以避免分类和整合这些额外的处理过程。

我们的共享日志解决方案会使用 multiprocessing 的共享日志。更多关于多进程的信息，参见第 12 章 "传输和共享对象"。

建立多进程应用程序需要 3 个步骤。

- 首先，创建共享队列对象，这样一来日志消费者就可以筛选消息。
- 其次，创建从队列中获取日志记录的消费者进程。
- 最后，我们会创建用于处理真正应用程序工作的生产者进程池，这些进程会将记录写入共享队列。

ERROR 和 FATAL 消息可以通过 SMS 和 E-mail 向关心它们的用户提供即时通知。消费者也可以以相对慢的速度处理和整合日志文件有关的工作。

创建生产者和消费者的顶层父应用程序和 Linux 中启动多个 OS 级别进程的 init 程序类似。如果我们使用和 init 一样的设计模式，那么父应用程序可以监视多个子生产者程序，观察它们是否崩溃。同时，它也可以记录相关的错误甚至尝试重启程序。

下面是消费者进程的定义。

```
import collections
import logging
import multiprocessing
class Log_Consumer_1(multiprocessing.Process):
    """In effect, an instance of QueueListener."""
    def __init__( self, queue ):
        self.source= queue
        super().__init__()
        logging.config.dictConfig( yaml.load(consumer_config) )
        self.combined= logging.getLogger(
            "combined." + self.__class__.__qualname__ )
        self.log= logging.getLogger( self.__class__.__qualname__ )
        self.counts= collections.Counter()
    def run( self ):
        self.log.info( "Consumer Started" )
        while True:
            log_record= self.source.get()
            if log_record == None: break
            self.combined.handle( log_record )
            words= log_record.getMessage().split()
            self.counts[words[1]] += 1
        self.log.info( "Consumer Finished" )
        self.log.info( self.counts )
```

这个进程是 multiprocessing.Process 的子类，我们会用 start() 方法启动它，基类会启动一个子进程运行 run() 方法。

当进程运行时，它会从队列中获取日志记录并将它们转发给一个日志记录器实例。在本例中，我们会创建一个特殊的日志记录器，它会以父类的名字 combined.命名，源进程中的所有记录都会写入这个日志记录器。

另外，基于每条信息的第 2 个单词，我们会提供一些计数信息。在本例中，我们已经将信息文本中的第 2 个单词设计为进程的 ID 号码。这个计数会向我们展示有多少条信息被成功处理过。

下面是一个为这个过程创建的配置文件。

```
version: 1
disable_existing_loggers: False
handlers:
  console:
    class: logging.StreamHandler
    stream: ext://sys.stderr
    formatter: basic
formatters:
  basic:
    style: "{"
    format: "{levelname:s}:{name:s}:{message:s}"
loggers:
  combined:
    handlers: [ console ]
    formatter: detail
    level: INFO
    propagate: False
root:
  handlers: [ console ]
  level: INFO
```

我们使用基本格式定义了简单的命令行 Logger，也用 combined.为开头的名字定义了记录器层次结构的顶层。这些记录器会被用于显示合并后的来自于多个生产者的输出。

下面是日志生产者。

```
class Log_Producer(multiprocessing.Process):
    handler_class= logging.handlers.QueueHandler
    def __init__( self, proc_id, queue ):
        self.proc_id= proc_id
        self.destination= queue
        super().__init__()
        self.log= logging.getLogger(
            "{0}.{1}".format(self.__class__.__qualname__, self.proc_id) )
        self.log.handlers = [ self.handler_class( self.destination ) ]
        self.log.setLevel( logging.INFO )
    def run( self ):
        self.log.info( "Producer {0} Started".format(self.proc_id) )
        for i in range(100):
            self.log.info( "Producer {:d} Message {:d}".format(self.
proc_id, i) )
        self.log.info( "Producer {0} Finished".format(self.proc_id) )
```

生产者没有做太多配置。它只是简单地用类全名和实例标识符（self.proc_id）获取一个日志记录器。它将处理程序的列表设置为 QueueHandler，它只是对 Queue 的一个封装实例，这个日志记录器的级别被设定为 INFO。

我们将 handler_class 定义为类的一个属性，因为我们计划改变它。对于第 1 个例子而言，

它会是 `logging.handlers.QueueHandler`。对于后一个例子而言，我们会使用另外一个类。

真正完成这个工作的进程会用这个日志记录器创建日志信息。这些信息会加入队列中，等待中央消费者处理。在本例中，这个进程简单地用最快的速度清空缓冲区中的 102 条消息。

下面是我们如何启动消费者和生产者，我们会用一些小步骤展示这个过程。首先，我们创建队列。

```
import multiprocessing
queue= multiprocessing.Queue(100)
```

这个队列太小，无法在瞬间清空 10 个生产者的 102 条信息。这里用小队列的原因是当消息丢失时可以查看原因，下面是如何启动消费者进程的代码。

```
consumer = Log_Consumer_1( queue )
consumer.start()
```

下面是我们如何启动生产者进程数组。

```
producers = []
for i in range(10):
    proc= Log_Producer( i, queue )
    proc.start()
    producers.append( proc )
```

和我们预期的一样，10 个并发的生产者将会让队列溢出。每个生产者都会收到一些队列慢的异常，这些异常就意味着消息丢失了。

下面是我们如何正确地结束这个处理过程。

```
for p in producers:
    p.join()
queue.put( None )
consumer.join()
```

首先，我们等待每个生产者进程结束，然后加入父进程。其次，我们将一个哨兵对象插入队列中，这样消费者进程就会正确结束。最后，我们等待消费者进程结束并加入父进程。

## 14.5.3 防止队列溢出

日志模块默认的行为是用 `Queue.put_nowait()` 方法将信息插入队列中。这么做的优点是允许生产者的运行不受记录日志带来的延迟影响。这样做的缺点是，在最坏情况下，如果队列太小而无法处理大量涌入的日志消息，那么这些消息就会丢失。

我们有两种方法能够合理地处理这种消息大量涌入的情况。

● 我们可以把 `Queue` 换成大小没有限制的 `SimpleQueue.SimpleQueue`。由于它的 API 有一些不同，我们需要扩展 `QueueHandler`，用 `Queue.put()` 替换 `Queue.put_nowait()`。

● 当队列满这种少见的情形发生时，可以减慢生产者的速度，只需要稍微修改 `QueueHandler`，

用 `Queue.put()` 替代 `Queue.put_nowait()`。

有趣的是，相同的 **API** 修改可以同时适用于 `Queue` 和 `SimpleQueue`。下面是修改的代码。

```
class WaitQueueHandler( logging.handlers.QueueHandler ):
    def enqueue(self, record):
        self.queue.put( record )
```

我们用一个不同的 `Queue` 的方法替换了 `enqueue()` 的方法体。现在，我们可以使用 `SimpleQueue` 或者 `Queue`。如果使用 `Queue`，当队列满时它会等待，从而避免了丢失消息。如果使用 `SimpleQueue`，队列的尺寸会稍微增大来保存所有的消息。

下面是修改后的生产者类。

```
class Log_Producer_2(Log_Producer):
    handler_class= WaitQueueHandler
```

这个类使用了我们的新 `WaitQueueHandler`。这个生产者的其他部分与前面版本相同。

其余的用于创建 `Queue` 和启动消费者的脚本保持不变。生产者都是 `Log_Producer_2` 的实例，但是，用于启动和加入的脚本与第 1 个例子中使用的代码相同。

这个版本运行得更慢，但是不会丢失任何消息。我们可以通过创建更大的队列容量来提高性能。如果我们创建可以容纳 1020 条消息的队列，那么本例中的性能就会达到最优。找到一个最优的队列容量需要进行仔细的实验。

# 14.6　总结

我们介绍了如何使用 `logging` 模块和更高级的面向对象设计技术。我们创建了与模块、类、实例和函数相关联的日志。我们用装饰器创建日志，这种日志作为一致的横切方面应用于多个类中。

我们介绍了如何使用 `warnings` 模块来显示配置有问题或者方法已经废弃。我们可以将 `warnings` 用于其他目的，但是必须注意滥用 `warnings` 而导致一种不知道应用程序是否正常工作的模糊情况。

## 14.6.1　设计要素和折中方案

`logging` 模块支持审计、调试和一些安全需求。我们可以用记录日志的方式作为保存处理步骤记录的简单方式。通过选择性地启用和禁用日志，可以为那些处理真实世界的数据时需要了解代码是如何工作的开发人员提供支持。

`warnings` 模块支持调试和维护的功能。我们可以用它提醒开发人员 **API** 问题、配置问题和其他潜在的漏洞来源。

当使用 `logging` 模块时，我们会经常创建大量不同的日志记录器，这些记录器都包含一些 `handlers`。我们可以用 `Logger` 名称的层次结构引入新的或者专用的日志消息集合。一个类不能包含两个日志记录器是没有理由的：因为一个可以用于审计，另一个可以用于更通用的调试。

我们可以引入新的日志级别数字，但是必须非常小心。级别可能会混淆开发人员关注的（debug、info 和 warning）信息和用户关注的（info、error 和 fatal）信息。调试消息中有特定的一部分不需要一直显示的失败错误消息中。我们可以为详细信息或者可能是详细调试信息增加一个级别，但是这已经是关于级别的所有改变。

`logging` 模块允许我们为不同的目的提供多个配置文件。作为开发人员，我们可以考虑用配置文件将日志级别设置为 DEBUG 以及为开发中的模块启用特殊的日志记录器。对于最后的部署，我们可以用配置文件将日志级别设置为 INFO 并且为支持更正式的审计或者安全审查提供不同处理程序。

我们会包含 *Zen of Python* 中的一些思想。

错误永远不应该被忽略。

除非是显式地忽略。

`warnings` 和 `logging` 模块直接支持这种想法。

这些模块更倾向于全局的质量，而不是问题的特定解决方案。它们允许我们通过比较简单的编程获得一致性。随着我们的面向对象设计变得更大、更复杂，我们可以更专注于待解决的问题，而不用浪费时间考虑基础架构的问题。此外，这些模块允许我们修改输出，为开发人员或者用户提供有用的信息。

## 14.6.2　展望

在后面的章节中，我们会介绍可测试性以及如何使用 `unittest` 和 `doctest` 模块。自动化测试是软件的基本要求，在自动化测试提供足够的证据向我们展示代码正常工作之前，都不应该认为编码工作已经完成。我们会介绍一些更容易测试的面向对象的设计技术。

# 第 15 章
# 可测试性的设计

高质量的程序必须写自动化测试，需要尽最大的努力来确保软件是工作的。黄金法则是为了可交付性，功能必须包含单元测试。

没有自动化测试的情况下，功能就不能被确保是工作的并且不应该被使用。正如 Kent Beck 在极限编程中所提到的："任何没有经过自动测试的功能就等于不存在的功能"。

关于程序功能的自动化测试，有两个基本点。

- **自动化**：这意味着没有人工的评审工作。测试包含了一个脚本，用于对比实际结果和期望的结果。

- **功能**：它们会被隔离进行测试，来确保可以独立工作。这是单元测试，意味着每个单元中包含了足够的信息来实现指定功能。理想情况下，它是很小的单元，例如一个类。然而，也可以是更大的单元，例如模块或者包。

在 Python 中内置了两个测试框架，简化了自动化测试的编码。接下来会介绍如何使用 doctest 和 unittest 来做自动化测试。为了使测试更实用，会介绍几点在单元测试时需要考虑到的地方。

有关更详细的内容，可以阅读 Ottinger 和 Langr 的 **FIRST**（**Fast Isolated Repeatable Self-validating Timely**）特性：速度快、隔离、可重复、自我验证和及时。大多数情况下，可重复和自我验证需要一个自动化测试框架。及时意味着测试的编写要早于被测试的代码。参见 http://pragprog.com/magazines/2012-01/unit-tests-are-first。

## 15.1　为测试定义并隔离单元

因为测试是基本的，可测试性在设计的考虑过程中是一个重要的环节。设计也必须要支持测试和调试，因为不使用的类是没有价值的。一个类需要被证明是可以工作的，这一点是很重要的。

理想情况下，会希望有一个测试的层次结构。最底层是单元测试。在这里，我们对每个类或函数进行隔离测试是为了确保它符合 API 的标准。每个类或函数在测试中都是一个单元。在单元测试上面是集成测试。一旦可以确定每个类或函数是可以独立工作的，就可以对一组类进行测试。也可以测试整个模块和整个包。完成集成测试之后，就可以对整个应用进行自动化测试。

这并不是有关测试的所有种类，还可以做性能测试以及安全漏洞测试。然而，我们会重点关注自动化测试，因为它是整个应用的重心。测试的层次结构揭示了很重要的复杂性。对于类或一组类的测试用例的定义可以是非常狭义的。随着向集成测试中添加更多的单元，输入的值域也增加了。当尝试对整个应用进行测试时，手动操作成为了一个可选的输入，包括在测试过程中关闭设备、拔出电源，或是将桌子上的东西推下去，看一下当设备掉在距离桌面 3 英尺的硬地板上时一切是否仍然正常。由于可能的场景非常多，因此使得应用完全做到自动化测试是非常困难的。

我们会重点关注最容易实现自动化测试的方式。只有完成了单元测试，在更大的持续集成的系统才有可能正常运行。

## 15.1.1  最小化依赖

在设计类时，必须要考虑到类的依赖关系：它所依赖的类和依赖于它的类。为了简化类定义的测试，需要将它从依赖的类中隔离出来。

以 Deck 类为例，它依赖于 Card 类。我们可以很容易地将 Card 类隔离出来进行测试，但是当需要对 Deck 类进行测试时，需要将它对 Card 类的依赖拿掉。

以下是一个 Card 类的定义，在之前介绍过了。

```
class Card:
    def __init__( self, rank, suit, hard=None, soft=None ):
        self.rank= rank
        self.suit= suit
        self.hard= hard or int(rank)
        self.soft= soft or int(rank)
    def __str__( self ):
        return "{0.rank!s}{0.suit!s}".format(self)
class AceCard( Card ):
    def __init__( self, rank, suit ):
        super().__init__( rank, suit, 1, 11 )
class FaceCard( Card ):
    def __init__( self, rank, suit ):
        super().__init__( rank, suit, 10, 10 )
```

可以看到这些类中的每一个都有一个直接的继承层次结构。每个类都可以被隔离出来进行测试，因为它们只包含了两个方法和 4 个属性。

可以（错误）定义一个 Deck 类，包含一些相关依赖。

```
Suits = '♣', '♦', '♥', '♠'
class Deck1( list ):
    def __init__( self, size=1 ):
        super().__init__()
        self.rng= random.Random()
        for d in range(size):
            for s in Suits:
                cards = ([AceCard(1, s)]
```

```
              + [Card(r, s) for r in range(2, 12)]
              + [FaceCard(r, s) for r in range(12, 14)])
              super().extend( cards )
        self.rng.shuffle( self )
```

以上设计有两点缺陷。首先，它与 Card 类层次结构中的 3 个类是紧耦合的。无法将 Deck 从 Card 中分离出来做单元测试。其次，它依赖于随机数生成器，不是一个可重复的测试。

一方面，Card 是一个非常简单的类，可以很容易将 Deck 以及所包含的 Card 一起测试。另一方面，可能会想重用扑克牌或者皮纳克尔牌，它们在 21 点游戏中有不同的行为。

理想情况下，可以使 Deck 独立于任何 Card 的实现。如果做到了这一点，就能够在不依赖 Card 实现的前提下，对 Deck 进行测试，也可以对任何 Card 与 Deck 的组合情况进行测试。

以下实现使用了工厂函数，是一种比较好的解耦方式。

```
def card( rank, suit ):
    if rank == 1: return AceCard( rank, suit )
    elif 2 <= rank < 11: return Card( rank, suit )
    elif 11 <= rank < 14: return FaceCard( rank, suit )
    else: raise Exception( "LogicError" )
```

card() 函数会基于传入的 rank 值完成 Card 子类的创建。这样一来，Deck 类就可以使用这个函数来完成创建 Card 实例的过程。我们通过插入一个中间函数将两个类的定义分离。

还有其他用于将 Card 类从 Deck 类解耦的方式。可以对工厂函数进行重构，将它变成 Deck 类的方法。也可以通过使用类级别的属性，或初始化方法参数的方式将类名独立出来进行绑定。

在以下这个例子中，在初始化方法中使用了复杂的绑定来代替工厂函数。

```
class Deck2( list ):
    def __init__( self, size=1,
        random=random.Random(),
        ace_class=AceCard, card_class=Card, face_class=FaceCard ):
        super().__init__()
        self.rng= random
        for d in range(size):
            for s in Suits:
                cards = ([ace_class(1, s)]
                + [ card_class(r, s) for r in range(2, 12) ]
                + [ face_class(r, s) for r in range(12, 14) ] )
                super().extend( cards )
        self.rng.shuffle( self )
```

然而，这个初始化过程有些多余，Deck 类并没有与 Card 类的层次结构或是特殊的随机数生成器存在耦合。为了可测试性，可以提供一个包含了已知种子的随机数生成器。也可以使用其他用于简化测试的类（例如 tuple）来替代 Card 类的相关定义。

在下一节中，我们会重点关注另一种 Deck 类的实现。它将使用 card() 工厂函数。在工厂函数中，封装了 Card 层次结构的绑定并使用了一些规则，根据 rank 将 card 类分离出来，可以单独测试。

## 15.1.2　创建简单的单元测试

我们将对 Card 类层次结构和 card() 工厂函数创建一些简单的单元测试。

由于 Card 的相关类都很简单，因此没有必要对它们过度地进行测试。总存在一种不会太复杂的方式。如果盲目地进行测试驱动开发，在开发过程中就需要为一个只包含了几个简单的属性和方法的类写很多没必要的单元测试。

测试驱动开发只是一个建议，而并不是质量守恒定律，理解这一点很重要。它并不是一种不思考就必须要遵从的一种规则。

有几种关于测试方法命名的方式。我们会重点关注一种包含了测试条件和期望结果的命名风格。关于这种命名方式有以下 3 种写法。

- 可以使用_should_将命名分为两个部分，例如 StateUnderTest_should_Expected Behavior，包含了状态和结果。我们将重点关注这种方式。
- 可以使用由 when_和_should_组成的包含两个部分的名称，例如 when_State UnderTest_should_ExpectedBehavior，也是包含了状态和结果，但是使用了更多的命名语法。
- 可以使用一个包含了 3 个部分的名称，UnitOfWork_StateUnderTest_Expected Behavior。它结合了要测试的工作单元进行说明，在读测试日志时会很有用。

更多信息，可以参考 http://osherove.com/blog/2005/4/3/namingstandards-for-unit-tests.html。

可以通过对 unittest 模块进行配置来使用不同的模式对测试方法进行查找。可以将它配置为查找 when_。可以简单地使用内置的查找模式，将所有的测试方法名以 test 开头。

以下是 Card 类的一个测试方法示例。

```
class TestCard( unittest.TestCase ):
    def setUp( self ):
        self.three_clubs= Card( 3, '♣' )
    def test_should_returnStr( self ):
        self.assertEqual( "3♣", str(self.three_clubs) )
    def test_should_getAttrValues( self ):
        self.assertEqual( 3, self.three_clubs.rank )
        self.assertEqual( "♣", self.three_clubs.suit )
        self.assertEqual( 3, self.three_clubs.hard )
        self.assertEqual( 3, self.three_clubs.soft )
```

我们定义了一个测试方法 setUp()，创建了一个被测试类的对象，也为这个对象定义了两个测试。因为这里没有实际的交互，在测试名称中也没有包含测试的状态。它们的行为非常简单，应该总是工作的。

有些人会质疑这样做有些过度测试了，因为测试代码多于应用程序代码。答案是不会，因为它没有过度。实际上并没有一种规定，要求应用程序代码要比测试代码多。而事实上，这样的对比是没有意义的。重要的是，即使很小的类可能都会有 bug。

只是对属性值进行测试并没有测试到类的逻辑。正如在之前的例子中所看到的，关于测试属性值有两种观点。

● 从黑盒的角度来看，我们应该忽视实现。这样的话，需要对所有的属性进行测试。而在属性中，有些有可能是特性，也应该被测试。

● 从白盒的角度来看，可以对实现细节进行验证。如果打算这样测试，可能需要稍微琢磨一下哪些属性该被测试。例如，suit 属性就不需要太多的测试。而对于 hard 和 soft 属性，需要多一些的测试。

有关更多信息，可以参见 http://en.wikipedia.org/wiki/White-box_testing 和 http://en.wikipedia.org/ wiki/Black-box_testing。

当然，还需要对 Card 类层次结构中的其余部分进行测试，这里只演示 AceCard 这个测试用例。介绍完这个例子，FaceCard 这个测试用例也应该清楚了。

```
class TestAceCard( unittest.TestCase ):
    def setUp( self ):
        self.ace_spades= AceCard( 1, '♠' )
    def test_should_returnStr( self ):
        self.assertEqual( "A♠", str(self.ace_spades) )
    def test_should_getAttrValues( self ):
        self.assertEqual( 1, self.ace_spades.rank )
        self.assertEqual( "♠", self.ace_spades.suit )
        self.assertEqual( 1, self.ace_spades.hard )
        self.assertEqual( 11, self.ace_spades.soft )
```

在这个测试用例中，也先创建了一个 Card 实例，这样就可以测试字符串输出。它对这张牌中每个属性都进行了检查。

## 15.1.3 创建一个测试组件

定义一个测试组件通常是有用的。默认情况下，会使用 unittest 包来对测试进行搜索。当在多个测试模块中对测试进行收集时，最好在每个测试模块中都定义一个测试组件。如果每个模块都定义了一个 suite()函数，就可以使用各个模块中定义的 suite()函数来进行测试的查找操作。而且，如果要自定义一个 TestRunner，也需要使用一个测试组件，可以使用如下代码来执行测试。

```
def suite2():
    s= unittest.TestSuite()
    load_from= unittest.defaultTestLoader.loadTestsFromTestCase
    s.addTests( load_from(TestCard) )
    s.addTests( load_from(TestAceCard) )
    s.addTests( load_from(TestFaceCard) )
    return s
```

我们先基于 3 个 `TestCases` 类的定义创建了一个测试组件，然后将它传入 `unittest.TextTestRunner()` 实例。在 `unittest` 中我们使用了默认的 `TestLoader`。`TestLoader` 先对 `TestCase` 类进行扫描，找出所有的测试方法。`TestLoader.testMethodPrefix` 的值为 `test`，这是查找类中测试方法的匹配方式，加载器使用方法名来创建测试对象。

有两种方式来使用 `TestCases`，其中基于 `TestCase` 的命名方法使用 `TestLoader` 来创建测试用例是其中一种。在接下来的节中，会介绍手动创建 `TestCase` 实例。在这里的例子中，我们不会依赖 `TestLoader`。可使用以下代码来运行测试组件。

```
if __name__ == "__main__":
    t= unittest.TextTestRunner()
    t.run( suite2() )
```

可以看到如下输出：

```
...F.F
======================================================================
FAIL: test_should_returnStr (__main__.TestAceCard)
----------------------------------------------------------------------
Traceback (most recent call last):
  File "p3_c15.py", line 80, in test_should_returnStr
    self.assertEqual( "A♠", str(self.ace_spades) )
AssertionError: 'A♠' != '1♠'
- A♠
+ 1♠
======================================================================
FAIL: test_should_returnStr (__main__.TestFaceCard)
----------------------------------------------------------------------
Traceback (most recent call last):
  File "p3_c15.py", line 91, in test_should_returnStr
    self.assertEqual( "Q♥", str(self.queen_hearts) )
AssertionError: 'Q♥' != '12♥'
- Q♥
+ 12♥


----------------------------------------------------------------------
Ran 6 tests in 0.001s

FAILED (failures=2)
```

`TestLoader` 类分别为每一个 `TestCase` 类创建了两个测试，一共 6 个测试。测试名称即方法名称，以 `test` 开头。

这里有个很明显的问题。测试所提供的期望结果与类定义并没有匹配。需要为 `Card` 的相关类做一些开发工作来通过这个组件的测试。关于这个 bug 的修改，留给读者来完成。

## 15.1.4　包含边界值测试

当需要对 `Deck` 类整体进行测试时，需要保证几点：覆盖到了所有需要用到的 `Cards` 类，并且被正确洗牌了。这里并不需要对出牌进行测试，因为会依赖于 `list` 和 `list.pop()` 方法。因为它们是 Python 内置的，所以不需要额外的测试。

我们希望测试 Deck 类的创建和洗牌过程，独立于任何 Card 类层次结构。如之前提到的，可以使用一个工厂方法来对 Deck 和 Card 的定义进行解耦。工厂方法的添加会需要更多的测试。如果考虑一下之前在 Card 类层次结构中找出的 bug，就可以看出这并不是坏事。

以下是工厂函数的一个测试。

```python
class TestCardFactory( unittest.TestCase ):
    def test_rank1_should_createAceCard( self ):
        c = card( 1, '♣' )
        self.assertIsInstance( c, AceCard )
    def test_rank2_should_createCard( self ):
        c = card( 2, '♦' )
        self.assertIsInstance( c, Card )
    def test_rank10_should_createCard( self ):
        c = card( 10, '♥' )
        self.assertIsInstance( c, Card )
    def test_rank10_should_createFaceCard( self ):
        c = card( 11, '♠' )
        self.assertIsInstance( c, Card )
    def test_rank13_should_createFaceCard( self ):
        c = card( 13, '♣' )
        self.assertIsInstance( c, Card )
    def test_otherRank_should_exception( self ):
        with self.assertRaises( LogicError ):
            c = card(14, '♦')
        with self.assertRaises( LogicError ):
            c = card(0, '♦')
```

我们没有对所有 13 种牌面值进行测试，因为从 2 到 10 可以看作是同样的情况。而我们所做的，正是结合了 Boris Beizer 的建议。

Bug 隐藏在角落里，并聚集在边界。

测试用例中应该包含纸牌的所有边界值。因此，需要对牌面值 1、2、10、11 和 13，以及不合法的 0 和 14 进行测试。其中包括了牌面值的最大值和最小值的情况，并为小于最小值和大于最大值分别设计了一个测试用例。

当运行时，这个测试用例会出现一些错误。其中一个错误是使用了未定义的异常 `LogicError`。它的定义是 `Exception` 的一个子类，可定义了这个异常后还有一些其他错误，这部分留给读者进行修正。

## 15.1.5 为测试模仿依赖

为了对 Deck 进行测试，有两种方式来解决依赖问题。

● **模仿**：可以为 Card 类创建一个模仿类和一个模仿的 card() 工厂函数，用于创建模仿类的对象。使用模仿对象的优势是我们有足够的信心可以将被测试单元从整个解决方案中独立出来，它弥补了其他类产生的 bug。潜在的缺陷是，我们可能会需要对一个行为超复杂的模仿类进行调试，来确保它正确地替代了实际类。

● **集成**：如果我们非常确定 Card 类层次结构和 card() 工厂函数是工作的，我们可以使用它们来测试 Deck。这种做法偏离了纯单元测试的轨道，单元测试提倡移除所有的依赖。在实践中它可以很好地工作，然而，对于一个可以通过所有单元测试的类来说，它与模仿类同样是可以信赖的。对于在非常复杂、有状态的 API 的环境中，应用类可能比模仿类更值得信赖。这种做法的缺陷是，底层的一个类一旦不工作，会导致所有依赖它的测试失败。而且，使用非模仿类来对 API 的一致性做详细测试也是很困难的。模仿类可以追踪调用记录，可以统计模仿类被调用的次数以及参数的使用次数。

可以使用 unittest 包中的 unittest.mock 模块来对已有类打补丁用于测试，也可以用于定义模仿类。

在设计一个类时，必须要考虑到在单元测试中需要被模仿的依赖部分。对于 Deck 例子来说，有 3 处依赖需要模仿。

● **Card 类**：这个类很简单，只需要为它创建一个不基于任何实现的模仿类。由于 Deck 类的行为并不依赖 Card 中的任何功能，因此 Card 的模仿对象很简单。

● **card()工厂函数**：需要使用一个模仿函数来替代这个函数，用于判断 Deck 对这个函数的调用是否是正确的。

● **random.Random.shuffle()方法**：为了判断是否使用了正确的参数值在调用这个方法，可以使用一个模仿类来追踪它的使用而不再包含洗牌行为。

以下是使用了 card()工厂函数的 Deck 的实现。

```
class Deck3( list ):
    def __init__( self, size=1,
        random=random.Random(),
        card_factory=card ):
        super().__init__()
        self.rng= random
        for d in range(size):
            super().extend(
                card_factory(r,s) for r in range(1,13) for s in Suits
)
        self.rng.shuffle( self )
    def deal( self ):
    try:
        return self.pop(0)
    except IndexError:
        raise DeckEmpty()
```

以上定义有两点依赖，通过参数传入__init__()方法中。它需要一个随机数生成器 random 和一个纸牌工厂 card_factory，并已经为它们设置了默认值。在测试时，也可以使用模仿对象来代替默认值对象。

引入了一个 deal() 方法，打牌的行为改变了对象。如果 deck 是空的，deal() 方法会抛出 DeckEmpty 异常。

在以下这个测试用例中可以看出，deck 被正确地创建了。

```
import unittest
import unittest.mock

class TestDeckBuid( unittest.TestCase ):
    def setUp( self ):
        self.test_card= unittest.mock.Mock( return_value=unittest.
mock.sentinel )
        self.test_rng= random.Random()
        self.test_rng.shuffle= unittest.mock.Mock( return_value=None )
    def test_deck_1_should_build(self):
        d= Deck3( size=1, random=self.test_rng, card_factory= self.
test_card )
        self.assertEqual( 52*[unittest.mock.sentinel], d )
        self.test_rng.shuffle.assert_called_with( d )
        self.assertEqual( 52, len(self.test_card.call_args_list) )
        expected = [
            unittest.mock.call(r,s)
                for r in range(1,14)
                    for s in ('♣', '♦', '♥', '♠') ]
        self.assertEqual( expected, self.test_card.call_args_list )
```

在以上用例的 setUp() 方法中，我们创建了两个模仿对象。其中纸牌工厂函数 test_card 是一个模仿函数。返回值也只是模拟的，是一个 sentinel 对象，而不是 Card 实例。由于 sentinel 是唯一的对象，因此可以用于确定所创建的实例数量是正确的。它和所有其他的 Python 对象都是不同的，这样就可以找出那些没有使用正确返回语句而返回了 None 的函数。

我们创建了一个 random.Random() 生成器的实例，但是我们使用了模仿函数，在其中直接返回 None 来代替 shuffle() 方法的返回值。这样，我们就可以为方法返回一个定值从而判断出 shuffle() 方法在被调用时是否使用了正确的参数。

在我们的测试中，使用两个模仿对象创建了一个 Deck 类，然后为这个 Deck 的实例 d 做了一些断言。

- 52 张牌都被创建了。它们是 52 个 mock.sentinel 对象的备份，可以看出，只有工厂函数参与了对象的创建。
- shuffle() 方法被 Deck 的实例所调用。从这里可以看出，一个模仿对象是如何追踪调用记录的，可以使用 assert_called_with() 来确定，调用 shuffle() 的时候，需要指定参数值。
- 工厂函数被调用了 52 次。
- 在调用工厂函数时，使用了所期望的牌面值和花色的值序列作为参数。

在 Deck 类定义中有一个小 bug，因此这个测试没有通过。这个 bug 的修复作为练习留给读者完成。

### 15.1.6 为更多的行为使用更多的模仿对象

在之前所示的例子中，使用了模仿对象来测试 Deck 类的创建。使用 52 个相同的模仿对象导致很难确定 Deck 出牌行为的正确性，我们会定义一个不同的模仿对象来测试出牌功能。

这里是第 2 个测试用例，用来确保 Deck 类的出牌行为是正确的。

```
class TestDeckDeal( unittest.TestCase ):
    def setUp( self ):
        self.test_card= unittest.mock.Mock( side_effect=range(52) )
        self.test_rng= random.Random()
        self.test_rng.shuffle= unittest.mock.Mock( return_value=None )
    def test_deck_1_should_deal( self ):
        d= Deck3( size=1, random=self.test_rng, card_factory= self.
test_card )
        dealt = []
        for c in range(52):
            c= d.deal()
            dealt.append(c)
        self.assertEqual( dealt, list(range(52)) )
        def test_empty_deck_should_exception( self ):
            d= Deck3( size=1, random=self.test_rng, card_factory= self.
test_card )
            for c in range(52):
                c= d.deal()
        self.assertRaises( DeckEmpty, d.deal )
```

纸牌工厂函数的模仿对象使用了 side_effect 从参数来调用 Mock()。当传入一个可迭代对象时，会返回每次迭代时的值。

我们对 shuffle() 方法进行了模仿，来确定纸牌实际上没有被洗。希望它们保持原来的顺序，这样测试就可以有一个可预测的期望值。

在第 1 个测试（test_deck_1_should_deal）中，将 52 张牌的结果存入变量 dealt 中。然后断言在这个变量中，包含的 52 个牌面值与模仿纸牌工厂相匹配。

在第 2 个测试（test_empty_deck_should_exception）中，打出 Deck 实例中所有的牌。然而，多了一次 API 请求。断言是，在打完所有的牌后，Deck.deal() 方法会抛出正确的异常。

由于 Deck 类相对简单，可以将 TestDeckBuild 和 TestDeckDeal 合并为一个类，需要更复杂的模仿对象。而在这个例子中，可以对测试用例进行重构使它们变得简单，这一点不是必需的。然而，对测试过度的简化可能会导致一些 API 功能的测试遗漏。

## 15.2 使用 doctest 来定义测试用例

相比 unittest 模块，doctest 模块为我们提供了一种相对简单的测试方式。对于很多简单交互的用例，可以在 docstring 中表示，并使用 doctest 来进行自动化测试。它会将文档和测试用例合并为一个包。

对于模块、类、方法或函数，doctest 的用例被写成了 docstring。在一个 doctest 用例中，向我们展示了 Python 中交互的提示>>>、语句和回复。在 doctest 模块中，包含了一个在 docstring 中查找这些示例的应用。它运行指定的示例，并将 docstring 中期望的结果与实际结果进行对比。

对于更大的、更复杂的类定义而言，可能会有一些挑战。在一些用例中，可以看到这样的做法使得例子中打印出的结果很难被使用，需要使用 unittest 中更复杂类或函数来进行比较。

如果设计 API 时足够谨慎，就可以创建一个可以用于交互的类。如果它可被用于交互，然后就可以基于交互来创建一个 doctest 的例子。

事实上，在一个设计良好的类中有两个属性可以被用于交互，并且在文档字符串中包括了 doctest 的例子。许多内置的模块包含了在 API 中 doctest 的例子。我们所下载的许多其他包中也会包含 doctest 的例子。

对于简单的函数，可以提供如下所示的文档。

```
def ackermann( m, n ):
    """Ackermann's Function
    ackermann( m, n ) -> 2↑^{m-2}(n+3) - 3

    See http://en.wikipedia.org/wiki/Ackermann_function and
    http://en.wikipedia.org/wiki/Knuth%27s_up-arrow_notation.

    >>> from p3_c15 import ackermann
    >>> ackermann(2,4)
    11
    >>> ackermann(0,4)
    5
    >>> ackermann(1,0)
    2
    >>> ackermann(1,1)
    3

    """
    if m == 0: return n+1
    elif m > 0 and n == 0: return ackermann( m-1, 1 )
    elif m > 0 and n > 0: return ackermann( m-1, ackermann( m, n-1 ) )
```

我们定义了 ackermann 函数的一个版本，包括了一些 docstring 注释，其中有与 Python 交互的 5 个示例回复。第 1 个示例回复是 import 语句，不应该包含输出，在其余 4 个示例输出中展示了函数的不同返回值。

在这个用例中，结果都是正确的。没有留下任何隐藏的 bug 给读者作为测试，我们可以使用 doctest 模块来运行这些测试。当作为程序来运行时，命令行参数就是需要被测试的文件。

doctest 程序对所有的 docstring 进行查找，并在这些字符串中查找要进行交互的 Python 例子。在 doctest 文档中提供了用于字符串查找的正则表达式，这一点很重要。在我们的例子中，为了辅助 doctest 解析器的工作，在最后一个 doctest 例子后面添加了一个很难发现的空白行。

可以使用命令行来运行 doctest。

```
python3.3 -m doctest p3_c15.py
```

如果一切正常，不会有任何提示。可以通过添加-v 选项来查看执行的详细结果。

```
python3.3 -m doctest -v p3_c15.py
```

它将显示出每个 docstring 以及每个从 docstring 中所返回的测试用例的详细信息。

不需要任何引用任何测试以及包含测试的组件，它就能显示出不同的类、函数以及方法。这样就可以确定我们的测试在 docstring 中被正确地格式化了。

在一些用例中会包含一些输出，在使用 Python 与这些输出交互起来很困难。在这些用例中，需要为 docstring 提供一些注释，说明一下如何对测试用例以及所期望的执行结果进行解析。

对于复杂的输出，可以使用一种特殊的注释字符串。可以使用以下所示的两种方式中的任何一种来启用（或禁用）已有的指令，以下是第 1 种命令。

```
# doctest: +DIRECTIVE
```

以下是第 2 种命令。

```
# doctest: -DIRECTIVE
```

在期望结果的处理上，有多种修改方式。大多数是关于空格特殊处理的场景，以及如何对比实际结果与期望结果。

有关完全匹配原则，在 doctest 文档中是这样强调的。

"doctest 是重要的，需要与期望结果完全匹配"。

 即使是一个字符不匹配，测试也会失败。需要向一些期望的输出中添加一些灵活性。如果发现添加灵活性很困难，unittest 是一个不错的选择。

以下是一些特殊情况，期望结果与实际结果匹配起来不是很容易。

● Python 不保证字典键的顺序。使用另一种结构来代替 some_dict，例如 sorted(some_dict.items())。

● 方法函数 id()和 repr()涉及物理内存地址，如果使用#doctest: +ELLIPSIS 指令来显示 id()和 repr()并在示例输出中使用...来替换 ID 和地址，Python 不保证它们是一致的。

● 浮点数值在不同平台可能是不同的。总是使用格式化或对数位进行截取的方式来显示浮点数是有意义的。可以使用"{:.4f}".format(value)或 round(value,4)来确保非符号位被忽略了。

- 在 Python 中，并不保证集合中元素的顺序。可以使用 sorted(some_set) 来代替 some_set。
- 不应当使用当前的日期或时间，因为它们不能保证一致性。涉及日期或时间的测试需要使用一个特殊的时间或日期，一般通过模拟的 time 或者 datetime 来实现。
- 操作系统中的参数，例如文件大小或者时间戳，都是经常变化的，不应该使用。有时，可能会在 doctest 脚本中包含安装和卸载来管理 OS 资源。在其他情况下，推荐对 os 模块进行模仿。

以上的考虑点意味着，我们的 doctest 模块中可能会包含一些额外的处理，而不仅仅是 API，可能使用过类似以下这样的代码。

```
>>> sum(values)/len(values)
3.142857142857143
```

它展示了从一种特殊实现中返回的完整输出。我们不能简单地将它复制粘贴到 docstring 中，浮点数结果可能会不同。需要做如下这样的修改。

```
>>> round(sum(values)/len(values),4)
3.1429
```

这个值被四舍五入了，在不同的实现中是不会变化的。

## 15.2.1 将 doctest 与 unittest 相结合

在 doctest 模块中有一个钩子，可以基于 docstring 的注释创建一个适当的 unittest.TestSuite。这意味着，可以在大应用中同时使用 doctest 和 unittest。

我们需要创建一个 doctest.DocTestSuite() 实例。它会从一个模块的 docstring 中创建一个组件。如果没有指定模块，将使用当前运行的模块创建组件，可以像如下代码这样来使用一个模块。

```
import doctest
suite5= doctest.DocTestSuite()
t= unittest.TextTestRunner(verbosity=2)
t.run( suite5 )
```

我们基于当前模块的 doctest 字符串创建了一个组件，suite5。我们在这个组件上使用了 unittest TextTestRunner。另一种方式是，可以将 doctest 组件与其他 TestCases 相结合来创建更大、更完整的组件。

## 15.2.2 创建一个更完整的测试包

对于大型应用来说，每一个应用模块中可以包含一个单独的模块，存放模块中的 TestCases。可以并行地使用两种包结构：在应用模块中使用 src 结构，在测试模块中使用 test 结构。以下两种目录树展示了这些模块的结构。

```
src
    __init__.py
    __main__.py
    module1.py
    module2.py
    setup.py
test
    __init__.py
    module1.py
    module2.py
    all.py
```

可以看到，两种结构并不是完全并行的。通常不会为 setup.py 包含一个自动化单元测试。一个良好设计的 __main__.py 可能不需要一个单独的单元测试，因为它不应该包含太多代码。在第 16 章 "使用命令行" 中，会详细介绍几种设计 __main__.py 的方式。

我们可以创建一个最上层的 test/all.py 模块，将所有这些测试放进一个组件中。

```python
import module1
import module2
import unittest
import doctest
all_tests= unittest.TestSuite()
for mod in module1, module2:
    all_tests.addTests( mod.suite() )
    all_tests.addTests( doctest.DocTestSuite(mod) )
t= unittest.TextTestRunner()
t.run( all_tests )
```

我们基于其他测试模块中的组件创建了一个单独的组件 all_tests，这样就可以使用一个方便的脚本来运行有效的测试。

还有几种可以使用 unittest 模块中测试查找功能的方法达到同样的目的。我们将从命令行来执行包级别的测试，如以下代码所示。

**python3.3 -m unittest test/*.py**

这将使用 unittest 中的默认测试查找功能来对指定文件中的 TestCases 进行查找。这样做的缺点是，会依赖于 shell 脚本功能，而非纯 Python 功能。有时通配符文件规范使得开发更复杂，因为未完成的模块可能会被测试。

# 15.3  使用安装和卸载

在 unittest 模块中，存在 3 个级别的安装和卸载。这里是 3 种不同的测试范围：方法、类和模块。

● **在测试用例中使用 setUp() 和 tearDown() 方法**：这些方法可以确保在 TestCase 类中，每个单独的测试方法都能够被正确地安装和卸载。我们通常会使用 setUp() 方法来创建单元中的对象以及所需要的模仿对象。通常我们不会在这些方法中做代价很大的事情（例如，创建整个数据库），因为这些方法会在每个测试方法的执行前后都被调用。

- **在测试用例中使用 `setUpClass()` 和 `tearDownClass()` 方法**：在同一个 TestCase 类中，这些方法只会执行一次安装和卸载。这些方法会为每个方法创建这样的调用顺序：`setUp()`、`testMethod()`、`tearDown()`。在这里进行数据库中测试数据或测试模型的创建和销毁是不错的选择。

- **在模块中使用 `setUpModule()` 和 `tearDownModule()` 函数**：这些函数会在模块内所有 TestCase 类创建之前执行一次性的安装。在运行 TestCase 类之前，可以在这里执行测试数据库的创建和销毁。

- **很少情况下会需要定义所有的 `setUp()` 和 `tearDown()` 方法**。有一些测试场景将会成为可测试性设计的一部分，这些场景的基本区别是集成的程度。如之前所提到的，在测试层次结构中会包含 3 层：隔离的单元测试、集成测试和系统测试。有以下几种方法，包含了测试工作中所用到的不同的安装和卸载功能。

- **没有集成——没有依赖**：一些类或函数没有依赖。它们不会依赖于文件、设备、其他进程或其他主机。其他类中的一些外部资源可以被模仿。当 `TestCase.setUp()` 方法的开销和复杂度很小时，可以直接创建所需要的对象。如果要模仿的对象非常复杂，可以使用类级别的 `TestCase.SetUpClass()` 来降低模拟对象创建的开销，它将用在被测试的方法中。

- **内部集成——有部分依赖**：在类或模块之间进行自动化集成测试通常涉及复杂的安装情况。我们可能会有一个复杂的、类级别的 `setUpClass()` 方法或模块级别的 `setUpModule()` 来预备集成测试的环境。当使用在第 10 章"用 Shelve 保存和获取对象"以及第 11 章"用 SQLite 保存和获取对象"所介绍的数据访问层时，就可以进行类定义和访问层的集成测试。其中包括测试数据库的初始化或 shelf 所需要的测试数据。

- **外部集成**：可以使用系统中更复杂的组件来进行自动化集成测试。在这些用例中，可能会需要依赖外部进程或创建数据库并使用数据来初始化。这种情况下，可以使用 `setUpModule()` 为模块中所有的 TestCase 类创建空数据库。当使用在第 12 章"传输和共享对象"中所介绍的 RESTful Web 服务或对第 17 章"模块和包的设计"中介绍的宏观编程（**Programming In The Large，PITL**）进行测试时，这种方式会很有用。

有关单元测试的概念需要注意的是，被测试的单元并没有一种明确的定义。单元可以是一个类、一个模块、一个包，甚至是一个已经集成的软件组件的集合，仅仅需要从环境隔离，成为测试单元。

在测试集成化测试时，需要明确知道被测试的组件，这点是重要的。我们不需要对 Python 的类库进行测试，它们有自己的测试。同样地，我们也不需要对 OS 进行测试。集成测试一定要重点测试我们所写的代码，而不是我们下载安装的代码。

## 15.3.1 使用 OS 资源进行安装和卸载

在许多情况下，测试用例会需要一个特殊的 OS 环境。当使用外部资源，例如文件、目录或进程时，可能会需要在测试之前对它们进行初始化，可能也需要在测试前将这些资源移除，也可能在测试最后卸载这些资源。

假如有一个函数 rounds_final()用于对指定文件进行处理，需要测试在特殊情况下这个函数的行为，例如文件不存在，通常会看到以下结构的 TestCases。

```
import os
class Test_Missing( unittest.TestCase ):
    def setUp( self ):
        try:
            os.remove( "p3_c15_sample.csv" )
        except OSError as e:
            pass
    def test_missingFile_should_returnDefault( self ):
        self.assertRaises( FileNotFoundError, rounds_final, "p3_c15_
sample.csv", )
```

我们需要处理这样一种异常，试图移除一个不存在的文件。这个测试用例中的 setUp()方法可以确保所需的文件不存在。一旦 setUp()保证文件真的缺失，可以使用缺失的文件名 **"p3_c15_sample.csv"** 作为参数来执行 rounds_final()函数。我们期望它会抛出 FileNotFoundError 错误。

注意，FileNotFoundError 是 Python 中 open()方法的默认行为。它根本不需要测试。这样就有一个重要的问题：为什么要测试一个内置的功能？如果我们进行的是黑盒测试，我们需要对外部接口的所有功能进行测试，包括所期望的默认行为。如果进行的是白盒测试，可能希望测试异常处理的 try:语句，它在 rounds_final()函数内部。

p3_c15_sample.csv 文件名在测试中被重复使用了。有些人会认为即使是测试代码，也要应用 DRY 原则。关于这点有一个限制，在写测试时，执行多少这样的优化是有价值的。以下是建议。

> 测试代码不够稳定是可以接受的。对应用作的很小的改动都会导致测试失败，这真的是好事情。测试只需要简单清楚，不需要稳定性和可靠性。

## 15.3.2 结合数据库进行安装和卸载

当使用数据库和 ORM 层时，会经常需要创建测试数据库、文件、目录或服务器进程。为了确保其他测试可以运行，在测试通过后可能会需要卸载测试数据库，而在测试失败后可能不会想要卸载数据库。不对数据库进行任何操作，就可以根据执行结果对失败的测试进行分析。

在一个复杂的、多层的架构中，管理测试范围是重要的。回顾一下第 11 章 "用 SQLite 保存和获取对象" 中，我们不需要对 SQLAlchemy 的 ORM 层或 SQLite 数据库进行测试。在应用测试的外部，这些组件有它们自己的测试过程。然而，由于 ORM 层创建了数据库定义 SQL 语句，并基于代码创建 Python 对象，因而不能够轻易对 SQLAlchemy 进行模仿并希望使用它的方式是正确的。我们需要对应用 ORM 层的使用方式进行测试，而无需对 ORM 层自身进行测试。

在测试用例安装的情况中，有一种情况很复杂，会涉及创建数据库，并基于指定测试的示例数据来初始化数据库。在使用 SQL 时，会运行一个相当复杂的 SQL DDL 脚本来创建需要的表，然后使用另一个 SQL DML 来初始化这些表。至于卸载，会使用另外一个复杂的 SQL DDL 脚本来完成。

这样的测试用例将会很冗长，因此我们将它分为 3 部分：一个用于创建数据库模型的函数、`setUpClass()` 方法以及单元测试的其他部分。

以下是创建数据库的函数。

```python
from p2_c11 import Base, Blog, Post, Tag, assoc_post_tag
import datetime

import sqlalchemy.exc
from sqlalchemy import create_engine

def build_test_db( name='sqlite:///./p3_c15_blog.db' ):
    engine = create_engine(name, echo=True)
    Base.metadata.drop_all(engine)
    Base.metadata.create_all(engine)
    return engine
```

以上代码通过移除与 ORM 类相关的表，并重新创建新表来刷新数据库。这样是为了得到一个刷新的数据库，并且直到最后一次运行单元测试，这个数据库与改变后的设计是同步的。

在这个例子中，我们使用了一个文件来创建 SQLite 数据库。我们可以使用 SQLite 数据库的 in-memory 功能来使得测试运行得更快。使用内存数据库的缺点是，无法使用存储的数据库文件来调试失败的测试。

以下是使用 `TestCase` 子类的例子。

```python
from sqlalchemy.orm import sessionmaker
class Test_Blog_Queries( unittest.TestCase ):
    @staticmethod
    def setUpClass():
        engine= build_test_db()
        Test_Blog_Queries.Session = sessionmaker(bind=engine)
        session= Test_Blog_Queries.Session()

        tag_rr= Tag( phrase="#RedRanger" )
        session.add( tag_rr )
        tag_w42= Tag( phrase="#Whitby42" )
        session.add( tag_w42 )
        tag_icw= Tag( phrase="#ICW" )
        session.add( tag_icw )
        tag_mis= Tag( phrase="#Mistakes" )
        session.add( tag_mis )

        blog1= Blog( title="Travel 2013" )
```

```
                session.add( blog1 )
                b1p1= Post( date=datetime.datetime(2013,11,14,17,25),
                    title="Hard Aground",
                    rst_text="""Some embarrassing revelation.
                        Including ⊗ and ⚓ """,
                    blog=blog1,
                    tags=[tag_rr, tag_w42, tag_icw],
                    )
                session.add(b1p1)
                b1p2= Post( date=datetime.datetime(2013,11,18,15,30),
                    title="Anchor Follies",
                    rst_text="""Some witty epigram. Including ☺ and ☀ """,
                    blog=blog1,
                    tags=[tag_rr, tag_w42, tag_mis],
                    )
                session.add(b1p2)

                blog2= Blog( title="Travel 2014" )
                session.add( blog2 )
                session.commit()
```

由于我们定义了 setUpClass()，因此在这个类的测试运行前将会创建一个数据库。我们可以定义很多测试方法，它们共享一个公共的数据库配置。一旦完成了数据库的创建，就可以创建会话并插入数据。

我们将把会话生成器对象作为类级别的属性，Test_Blog_Queries.Session = sessionmaker (bind=engine)。然后就可以将这个类级别的对象用在 setUp() 以及每个测试方法中。

以下是 setUp() 和两个单独测试方法的定义。

```
def setUp( self ):
    self.session= Test_Blog_Queries.Session()

def test_query_eqTitle_should_return1Blog( self ):
    results= self.session.query( Blog ).filter(
        Blog.title == "Travel 2013" ).all()
    self.assertEqual( 1, len(results) )
    self.assertEqual( 2, len(results[0].entries) )

def test_query_likeTitle_should_return2Blog( self ):
    results= self.session.query( Blog ).filter(
        Blog.title.like("Travel %") ).all()
    self.assertEqual( 2, len(results) )
```

setUp() 方法创建了一个新的、空的会话对象。这样会确保每次查询都必须生成 SQL 并从数据库获取数据。

query_eqTitle_should_return1Blog() 测试会查找请求的 Blog 实例，并通过 entries 的关系导航到 Post 实例。请求的 filter() 部分不会测试应用的定义，它会调用 SQLAlchemy 和 SQLite。最后断言中的 results[0].entries 会对类定义进行测试。

query_likeTitle_should_return2Blog()几乎完全是在对 **SQLAlchemy** 和 **SQLite** 进行测试。它并没有对我们的应用作任何有意义的测试，只是出现了 title 和 Blog 属性。这种测试主要放在初始化时期完成，这使得应用的 **API** 显得更明确，尽管它们没有提供像测试用例那样的价值。

以下是另外两个测试方法。

```
def test_query_eqW42_tag_should_return2Post( self ):
    results= self.session.query(Post)\
        .join(assoc_post_tag).join(Tag).filter(
            Tag.phrase == "#Whitby42" ).all()
    self.assertEqual( 2, len(results) )
def test_query_eqICW_tag_should_return1Post( self ):
    results= self.session.query(Post)\
    .join(assoc_post_tag).join(Tag).filter(
        Tag.phrase == "#ICW" ).all()
    self.assertEqual( 1, len(results) )
    self.assertEqual( "Hard Aground", results[0].title )
    self.assertEqual( "Travel 2013", results[0].blog.title)
    self.assertEqual( set(["#RedRanger", "#Whitby42", "#ICW"]),
set(t.phrase for t in results[0].tags))
```

query_eqW42_tag_should_return2Post()测试执行了一个复杂的查询，根据指定标签查找所有文章。它测试到了很多类定义中的关系。

类似地，对于 query_eqICW_tag_should_return1Post()测试也使用了一个复杂的查询。它测试了通过 results[0].blog.title 来完成从 Post 到所属 Blog 的过程，也测试到了通过 set(t.phrase for t in results[0].tags)来完成从 Post 到相关的 Tags 集合的导航。我们必须使用一个显示的 set()，因为 **SQL** 不保证结果的顺序。

TestCase 子类 Test_Blog_Queries 的重要之处在于它通过 setUpClass()方法创建了一个数据库模型和一个特殊定义的行集合。对于数据库应用来说，这种安装测试是有帮助的。它可能会非常复杂，通常从文件或 JSON 文档中完成示例行的加载，而并不是直接编码在 **Python** 中。

## 15.4　TestCase 的类层次结构

继承在 TestCase 类中是有效的。理想情况下，每个 TestCase 是唯一的。实际上，在用例之间会有公共的功能，可使用以下 3 种方式来共享 TestCase 类之间的共同点。

- **通用的 setUp()**：可能会有一些在多个 TestCase 中使用的数据，没有必要重复这些数据。如果一个 TestCase 类中只包含 setUp()或 tearDown()的定义而没有任何测试方法，这样是合法的，但是它会导致很困惑的日志，因为它没有包含测试。

- **通用的 tearDown()**：为包含了 OS 资源的测试创建一个公共的清理函数是常见的。我们可能会希望移除文件和目录或终止子进程。

- **公共的结果检查函数**：对于逻辑复杂的测试，可以使用公共的结果检查方法来对结果中的一些特性进行验证。

回顾一下第 3 章 "属性访问、特性和修饰符"，例如，`RateTimeDistance` 类。这个类基于两个其他值为一个字典中缺失的值进行了赋值。

```python
class RateTimeDistance( dict ):
    def __init__( self, *args, **kw ):
        super().__init__( *args, **kw )
        self._solve()
    def __getattr__( self, name ):
        return self.get(name,None)
    def __setattr__( self, name, value ):
        self[name]= value
        self._solve()
    def __dir__( self ):
        return list(self.keys())
    def _solve(self):
        if self.rate is not None and self.time is not None:
            self['distance'] = self.rate*self.time
        elif self.rate is not None and self.distance is not None:
            self['time'] = self.distance / self.rate
        elif self.time is not None and self.distance is not None:
            self['rate'] = self.distance / self.time
```

它的每个单元测试方法会包含以下代码：

```python
self.assertAlmostEqual( object.distance, object.rate * object.time )
```

如果我们使用 `TestCase` 的很多子类，可以继承并使用以下这个方法来完成验证：

```python
def validate( self, object ):
    self.assertAlmostEqual( object.distance, object.rate * object.time )
```

这样一来，只需在每个测试中包含 `self.validate(object)` 来确认所有的测试都提供了正确性一致的定义。

单元测试模块中的一个重要定义是测试用例使用了正确的类并且正确地使用了继承。我们可以像定义应用中类那样，谨慎地对 `TestCase` 类层次结构的细节进行定义。

# 15.5 使用外部定义的期望结果

对于一些应用而言，用户可以表达出描述软件行为的处理规则。在其他情况下，分析师或设计师会将用户的意思转换为软件行为的描述。

在许多情况下，用户如果能够提供具体期望结果的示例会带来很多好处。对于一些面向商务的应用来说，用户可能更倾向于使用 Excel 表格来展示输入和期望输出的示例数据。有了用户提供的数据，可以简化软件的开发。

任何时候，如果可能的话，应当由真实用户提供正确结果的示例数据。创建过程描述或软件规格说明是非常难的。创建具体示例并基于它们来生成软件规格说明会降低复杂度并减少一些困惑。进一步说，它进入了测试用例驱动开发的研发模式。给定了一套测试用例，我们就有了关于完成的具体定义。对软件项目状态的追踪相当于是在问，今天我们有多少个测试用例，它们通过了多少。

一旦给定一个具体示例的电子表格，就需要把每一行转换为一个 TestCase 实例，然后可以基于这些对象创建一个套件。

对于本章中的例子，我们从一个 TestCase 子类中加载了测试用例，使用了 unittest.defaultTestLoader.loadTestsFromTestCase 来查找所有名称以 test 为起始的所有方法。加载器从每个方法中创建了一个测试对象并将它们合并到一个测试套件中。实际上，由加载器创建的每个对象都是不连续的，通过在类构造函数中使用测试用例名 SomeTestCase ("test_method_name") 来完成。传入 SomeTestCase__init__() 函数的参数将作为类定义中的方法名。每一个方法都被单独阐述为一个测试用例。

对这个例子来说，我们将使用其他方式来创建测试用例的实例。定义一个包含一个测试的类，然后将这个 TestCase 类的多个实例加载到套件中。这时，TestCase 类只能被定义一次，而且默认情况下，方法名应该为 runTest()。我们不会使用加载器来创建测试对象，将直接基于外部提供的数据来创建它们。

这里看一个需要测试的具体函数。它在第 3 章 "属性访问、特性和修饰符" 中介绍过了。

```
from p1_c03 import RateTimeDistance
```

这个类在初始化时提前计算了很多属性。这个简单函数的用户以电子表格的形式给我们提供了一些测试用例，它来自我们所提取的 CSV 文件。有关更多 CSV 文件的信息，可以参见第 9 章 "序列化和保存——JSON、YAML、Pickle、CSV 和 XML"。我们需要将每一行转换为 TestCase。

```
rate_in,time_in,distance_in,rate_out,time_out,distance_out
2,3,,2,3,6
5,,7,5,1.4,7
,11,13,1.18,11,13
```

可以使用以下这个测试用例来基于 CSV 文件中的每行数据创建测试实例：

```
def float_or_none( text ):
    if len(text) == 0: return None
    return float(text)

class Test_RTD( unittest.TestCase ):
    def __init__( self, rate_in,time_in,distance_in,
        rate_out,time_out,distance_out ):
        super().__init__()
        self.args = dict( rate=float_or_none(rate_in),
            time=float_or_none(time_in),
            distance=float_or_none(distance_in) )
        self.result= dict( rate=float_or_none(rate_out),
            time=float_or_none(time_out),
            distance=float_or_none(distance_out) )
```

```
    def shortDescription( self ):
        return "{0} -> {1}".format(self.args, self.result)
    def setUp( self ):
        self.rtd= RateTimeDistance( **self.args )
    def runTest( self ):
        self.assertAlmostEqual( self.rtd.distance, self.rtd.rate*self.
rtd.time )
        self.assertAlmostEqual( self.rtd.rate, self.result['rate'] )
        self.assertAlmostEqual( self.rtd.time, self.result['time'] )
        self.assertAlmostEqual( self.rtd.distance, self.
result['distance'] )
```

float_or_none()函数是用于处理 CSV 源数据常见的方式。它将每个单元格的文本转换为 float 数值或 None。

Test_RTD 类做 3 件事。

● __init__()方法将一行电子表格的数据转换为两个字典的值：输入值 self.args 和期望的输出值 self.result。

● setUp()方法用于创建 RateTimeDistance 对象并提供输入参数值。

● runTest()方法会基于用户提供的数据来对结果进行检查进而简化输出的验证过程。

还提供了一个 shortDescription()方法，返回了对测试的简单总结，这对于调试是有帮助的。可以使用如下代码创建一个套件：

```
import csv
def suite9():
    suite= unittest.TestSuite()
    with open("p3_c15_data.csv","r",newline="") as source:
        rdr= csv.DictReader( source )
        for row in rdr:
            suite.addTest( Test_RTD(**row) )
    return suite
```

我们打开了 CSV 文件，然后对每行测试用例进行读取并转换为 dict 对象。如果 CSV 列标题与 Test_RTD.__init__()方法的期望值相匹配，那么每行会成为一个测试用例对象并会被加载进入套件中。如果列标题不匹配，会得到一个 KeyError 异常，需要对电子表格进行修改，与 Test_RTD 类匹配。可以使用如下方式来运行测试。

```
t= unittest.TextTestRunner()
t.run( suite9() )
```

输出如下：

```
..F
======================================================================
FAIL: runTest (__main__.Test_RTD)
{'rate': None, 'distance': 13.0, 'time': 11.0} -> {'rate': 1.18,
'distance': 13.0, 'time': 11.0}
```

```
-------------------------------------------------------------------
Traceback (most recent call last):
  File "p3_c15.py", line 504, in runTest
    self.assertAlmostEqual( self.rtd.rate, self.result['rate'] )
AssertionError: 1.1818181818181819 != 1.18 within 7 places


-------------------------------------------------------------------
Ran 3 tests in 0.000s

FAILED (failures=1)
```

用户提供的数据有一个小问题，提供的是一个只被四舍五入到两位的值。要么提供的数据需要被修改为更多位数，要么在测试中需要支持两位数。

依赖用户提供精确的示例数据，可能不太实际。如果用户提供的数据无法足够精确，那么我们的测试就需要根据用户的输入包含更多的四舍五入。电子表格显示的数据看上去都已经是精确的 decimal 类型了，它们可能已经被四舍五入或者被转换为了只是一个近似值的浮点数，因此这项工作是有挑战的。在多数情况下，可以假设数据全部已经被四舍五入了，而不必通过对电子表格做的逆向工程来试图解析用户的意图。

## 15.6 自动化集成和性能测试

我们可以使用 unittest 包对那些不是单独的类定义进行测试。如之前所介绍的，可以使用 unittest 来对一个由多个集成的组件组成的单元进行自动化测试，仅当软件中每个隔离的组件都已经通过了单元测试时，才进行这样的集成测试。当一个组件没有通过单元测试时，去调试一个失败的集成测试是没有意义的。

性能测试可以在多个集成的层面上被完成。对于大应用来说，对整个系统进行性能测试不会带来太多好处。有一种传统的观点是，一个程序中 10% 的代码占了整个执行时间的 90%。因此，我们不必要对整个系统进行优化，我们只需要对造成性能瓶颈的部分进行评测。

在一些情况下，我们有一个用于搜索的数据结构。移除这个搜索会带来显著的性能提升。正如我们在第 5 章 "可调用对象和上下文的使用" 中实现记忆化可以带来显著的性能提升，因为避免了重复计算。

为了执行正确的性能测试，需要遵照以下 3 个步骤。

● 通过结合使用设计审查与代码分析来找出可能对应用造成性能问题的部分。Python 标准库中有两个分析模块。除非有复杂的需求，cProfile 才会对应用需要关注的部分进行查找。

● 使用 unittest 创建一个自动化测试场景来展示任何实际中的性能问题。使用 timeit 或 time.perf_counter() 来收集性能数据。

● 对选择的测试用例代码进行优化，直到性能满意为止。

目的是为了尽可能多的自动化，并避免为了带来性能的提升对代码进行模糊意义的修改。大多数情况下，对核心数据结构或算法（或两者）进行修改会导致大规模的重构。自动化测试会使得大规模重构更实际。

一个尴尬的情形是性能测试中缺少一个具体的合格与否的标准。在没有对"足够快"下定义时，让程序更快些可能是必要的。当有评测性能的标准时，事情总会容易一些，性能测试可以用来衡量结果是否正确的同时运行时间能否接受。

可以使用以下代码进行性能测试。

```
import unittest
import timeit
class Test_Performance( unittest.TestCase ):
    def test_simpleCalc_shouldbe_fastEnough( self ):
        t= timeit.timeit(
        stmt="""RateTimeDistance( rate=1, time=2 )""",
        setup="""from p1_c03 import RateTimeDistance"""
        )
        print( "Run time", t )
        self.assertLess( t, 10, "run time {0} >= 10".format(t) )
```

以上代码使用了 unittest 来完成自动化性能测试。因为 timeit 模块对指定语句执行了 1000000 次，这样可以使得测试结果更准确。

在之前的例子中，每个 RTD 结构的执行时间需要小于 1/100000 秒，执行 1000000 次应该小于 10 秒。

## 15.7 总结

我们介绍了使用 unittest 和 doctest 来创建自动化单元测试，也介绍了可以创建测试套件，测试的集合可以被打包起来重用，被放入套件中获得更大的范围，而无需依赖自动化测试查找进程。

我们还介绍了如何创建模仿对象，这样可以隔离软件单元对其进行测试，也介绍了几种安装和卸载的方式。这样就可以应对包含了复杂的初始化状态或存储结果的测试。

doctest 和 unittest 都很好地符合了单元测试的 FIRST（Fast Isolated Repeatable Self-Validating Timely）特性。FIRST 特性如下。

● 速度快：只要不是写得很糟糕的测试，doctest 和 unittest 的性能都会很好。

● 隔离：在 unittest 的包中提供了一个模仿模块，可以用于隔离类定义。进一步说，我们可以使用这一点对设计进行评估来确保组件之间是彼此隔离的。

● 可重复性：使用 doctest 和 unittest 做自动化测试来确保可重复性。

● 自我检验：基于测试用例条件来创建测试结果，确保在测试中没有包含主观的判断。

● 及时性：一旦完成了类、函数或模块的骨架，就可以编写和运行测试用例。即使一个类的测试中只包括返回 pass 的逻辑，也可以作为一个测试脚本来运行。

在软件管理方面，测试总数和通过的测试总数在软件状态报告中有时是非常有用的。

## 15.7.1 设计要素和折中方案

创建软件时，测试用例也是需要交付的。任何没有自动化测试的功能也是不应该存在的，没有测试的功能是不能被相信的。如果不能被相信，就不应该被使用。

唯一的权衡点是，使用 `docttest` 还是 `unittest`，或两者一起使用。对于简单的程序，`doctest` 是不错的选择。对于复杂一些的场景，就有必要使用 `unittest`。对于一些框架，API 文档需要包括一些示例，那么两者一起使用就比较好。

在一些情况下，创建完整的 `TestCase` 类定义的模块就足够了。可使用 `TestLoader` 类和测试查找功能来实现测试查找。

在普遍情况下，`unittest` 包含了使用 `TestLoader` 从每个 `TestCase` 子类中提取测试方法。将这些测试方法打包到一个类中，它们将共享类级别的 `setUp()`，有可能也会共享 `setUpClass()` 方法。

也可以不必使用 `TestLoader` 来创建 `TestCase` 实例。这样的话，`runTest()` 的默认方法就被定义来包含测试用例的断言，可以基于这种类的实例创建一个套件。

最难的部分是可测试性的设计。为了确保单元可以被独立地测试，需要移除依赖，有时会认为这样做增加了软件设计的复杂度。对于大部分情况，发现并移除依赖是一种时间上的投资，为的是创建可维护性更强和更灵活的软件。

一般的规则是：类之间包含隐式依赖是糟糕的设计。

可测试的设计中会包含显式的依赖，它们可以被使用模仿对象轻易地替代。

## 15.7.2 展望

在下一章中，我们会介绍如何以命令行作为起始来编写完整的应用，还会介绍几种在 Python 应用中处理启动选项、环境变量和配置文件的方法。

在第 17 章 "模块和包的设计" 中，会对应用设计的扩展方面进行介绍。如何将应用组合到大的应用中以及如何将大的应用分解为小的部分。

# 第 16 章
# 使用命令行

命令行启动选项、环境变量和配置文件对许多应用程序都非常重要，特别是服务器的实现。有许多方法可以处理程序启动和创建对象的过程。我们会在本章中探讨两个问题：参数解析和应用程序的总体架构。

本章中会扩展第 13 章"配置文件和持久化"中介绍的配置文件处理，我们会使用更多为命令行程序和顶层服务器提供的技术。我们还会扩展第 14 章"Logging 和 Warning 模块"中介绍的一些日志记录的设计方法。

在下一章中，我们会扩展这些原则来继续介绍一种被称为宏观编程的架构设计方法。我们会用命令模式定义不用借助 shell 脚本就可以定义可聚合的软件组件。当编写在应用程序服务器上使用的后台处理组件时，这种方法非常有用。

## 16.1　操作系统接口和命令行

通常，shell 会用一些构成 OS API 的信息来启动应用程序。

- shell 会为每个应用程序提供环境变量的集合。在 Python 中，这些集合可以通过 os.environ 访问。

- shell 会准备 3 种标准文件。在 Python 中，这 3 种文件对应的是 sys.stdin、sys.stdout 和 sys.stderr。还有一些其他的模块，例如 fileinput 可以访问 sys.stdin。

- shell 会将命令行解析为一些单词，命令行的一部分可以通过 sys.argv 来访问。Python 会提供原始命令行中的一些信息，我们会在下面的部分中详细介绍这点。对于 POSIX 操作系统，shell 可能会替换 shell 的环境变量并展开通配符文件名。在 Windows 中，简单的 cmd.exe shell 不会为我们展开文件名。

- 操作系统也维护了一些上下文设置，例如当前工作目录、用户 ID 和用户组。这些可以通过 os 模块访问。它们没有作为参数在命令行中提供。

OS 希望应用程序结束时能够提供一个数字状态码。如果我们想访问一个特定的数字状态码，可以在应用程序中使用 sys.exit()。如果我们的程序正常结束，Python 会返回 0。

shell 的操作是操作系统 API 的重要部分。对于一行给定的输入，基于（更复杂的）引用规则和替换选项，shell 会执行一系列的替换操作。然后，它会将生成的结果转换为用空格分隔的一行单词。第 1 个单词一定是内置的 shell 命令（例如 cd 或者 set）或者某个文件的名称。shell 会在它定义的 PATH 中搜索这个文件。

命令中的第 1 个单词指定的文件必须拥有 execute (x) 权限。shell 命令 chmod +x somefile.py 让一个文件成为可执行文件。如果文件名匹配但是该文件不是可执行的，就会得到一个 OS Permission Denied 错误。

一个可执行文件开头的一些字节包含一个幻数，shell 会基于这个数字来决定执行这个文件的方式。一些幻数指出该文件是可执行二进制文件，shell 可以启动一个子 shell 来执行它。其他的幻数，尤其是 b'#!'，指出该文件是脚本，需要使用解释器来执行。这种文件第 1 行的其他部分是解释器的名称。

我们经常用下面这行指令。

```
#!/usr/bin/env python3.3
```

如果一个 Python 文件拥有执行权限并且以这行作为首行，那么 shell 会运行 env 程序。env 程序的参数（python 3.3）会初始化配置环境并且在 Python 3.3 程序中运行第 1 个参数所指定的 Python 文件。

事实上，通过可执行脚本从操作系统 shell 到 Python 的步骤类似下面这样。

1. shell 解析 ourapp.py -s someinput.csv。第 1 个单词是 ourapp.py。这个文件在 shell 的 PATH 中并且拥有 x 可执行权限。shell 打开文件找到 #! 字节。shell 读取这行的剩余部分并找到一个新的命令：/usr/bin/env python3.3。

2. shell 解析新的 /usr/bin/env 命令，这个文件是可执行的二进制文件。所以，shell 启动这个程序。然后，这个程序启动 python3.3。原来命令行中的单词序列作为操作系统 API 的一部分提供给 Python。

3. Python 将从这个取自原始命令行中的单词中提取第 1 个参数前的所有选项。Python 会使用这些最开始的选项。第 1 个参数是要运行的文件名。这个文件名参数和所有其他的单词会分别保存在 sys.argv 中。

4. Python 基于找到的选项执行正常的启动操作。由于我们使用了 -s 选项，因此 Python 可能会使用 site 模块设置查找路径——sys.path。如果我们使用 -m 选项，Python 将用 runpy 模块启动我们的应用程序。这些脚本文件可能都会被编译成字节码。

5. 我们的应用程序可以用 sys.argv 解析选项，用 argparse 模块解析参数。我们的应用程序可以使用 os.environ 中的环境变量。它也可以解析配置文件，更多关于这个主题的更多信息，可参见第 13 章 "配置文件和持久化"。

如果没有提供文件名，Python 解释器会从标准输入中读取。如果标准输入是命令行（在 Linux 的术语中被称为 TTY），那么 Python 会进入 **Read-Execute-Print Loop (REPL)** 并且显示 >>> 提示符。当作为开发者时会经常使用这种模式，但是通常不会在最终的应用程序中使用这种模式。

另外一种可能是标准输入是一个重定向的文件，例如，python <some_fileor some_app |

python。这两种输入都是正确的，但是可能让人难以理解。

## 参数和选项

为了能够运行程序，shell 将命令行解析为一串单词。所有已经启动的程序都可以使用这串单词。通常，第 1 个单词是为了让 shell 可以理解命令。命令行中其余的单词被理解为选项和参数。

有若干用于处理选项和参数的准则，下面这些是基本的规则。

- 选项先出现。它们以-或--为前缀。有两种格式：-letter 和--word。有两种选项：带参选项和无参选项。无参选项的例子是用-V 或者--version 显示版本。带参选项的一个参数是-m module，-m 选项后面必须带有一个模块名。

- 不带参数的短格式（单一字母）选项可以组合在单个的-之后。方便起见，我们可以用-bqv 作为-b -q -v 选项的组合。

- 参数最后出现。它们没有前置的-或者--。有两种常用的参数。

  - ◆ 对于位置参数，位置是有意义的。我们可能有两个这样的位置参数：一个输入文件名和一个输出文件名。这个顺序很重要是因为输出文件会被修改。当涉及覆盖文件的操作时，通过位置进行简单的区分需要非常小心，因为可能会引起混乱。

  - ◆ 参数列表，这些参数在语义上是平等的。我们可能有一些代表输入文件名的参数。这种方式适合 shell 匹配文件名。当我们说 process.py *.html 时，shell 会将*.html 命令扩展为代表文件名的位置参数。（这在 Windows 中无法工作，所以必须使用 glob 模块。）

除了上面这些规则外，还有一些细节没有介绍。关于命令行选项的更多信息，可以参考 http://pubs.opengroup.org/onlinepubs/9699919799/basedefs/V1_chap12.html#tag_12_02。Python 的命令行包含超过 12 种选项可以用于控制 Python 中一些行为的细节。如果想知道这些选项是什么，可参见 *Python Setup and Usage* 文档。位置参数对于 Python 命令行而言是需要运行的脚本的名称，这是我们的应用程序中最顶层的文件。

# 16.2　用 argparse 解析命令行

通常，使用 argparse 包含以下 4 个步骤。

1. 创建 ArgumentParser。这里，我们可以为你提供命令行接口的总体信息，包括描述、改变已显示选项、参数的格式和-h 是否作为"帮助"选项。通常，我们只需要提供描述，其他的选项都有合理的默认值。

2. 定义命令行选项和参数。可以通过用 ArgumentParser.add_argument()方法函数添加参数来定义。

3. 通过解析 sys.argv 命令行创建用于描述选项、选项参数和总体命令行参数的命名空间对象。

4. 用创建好的命名空间对象配置应用程序和处理参数。有很多其他的方法可以优雅地处理这个过程，它包括解析配置文件和命令行参数。我们会介绍其中的一些设计。

argparse 的一个重要功能是它为我们提供了统一的选项和参数的接口。选项和参数的主要不同是它们可以出现的次数。选项是可选的,所以可以出现零次或多次。参数通常出现一次或多次。

我们可以简单地通过下面的代码创建解析器。

```
parser = argparse.ArgumentParser( description="Simulate Blackjack" )
```

我们提供了描述,因为这个选项没有合适的默认值。下面是为应用程序定义命令行 API 的一些通用模式。

- **简单的 on-off 选项**:我们通常会将这种选项视为一个-v 或者--verbose 选项。
- **带参数选项**:这可能是-s ','或者-separator '|'选项。
- **位置参数**:当我们需要将输入文件和输出文件作为命令行参数时可以使用。
- **所有其他参数**:当我们有许多输入文件时可以使用。
- **--version**:用于显示版本号和退出的特殊选项。
- **--help**:这个选项会显示帮助和退出。这是默认行为,我们不需要对这个行为做任何实现。

一旦定义了参数,就可以解析和使用它们。下面演示了我们是如何解析它们的。

```
config= parser.parse_args()
```

config 对象是 argparse.Namespace 对象,这个类和 types.SimpleNamespace 类似。它本身包含许多属性,我们也可以很容易地将更多的属性添加到这个对象中。

我们会逐一介绍这 6 种常用的参数。ArgumentParser 类中有许多聪明成熟的选项可以使用。它们中的大多数已经超出了通常的命令行参数处理的简单准则。通常,我们应该避免使用一些使描述程序变得非常复杂的选项,例如 find。当选项变得很复杂时,我们可能已经不知不觉地在 Python 之上创建了领域特定语言。为什么不直接使用 Python 呢?

## 16.2.1　简单的 on/off 选项

我们会用单个字母的短名称来定义一个简单的 **on-off** 选项,也可以提供一个更长的名称,还应该提供一个显式的操作。如果忽略更长的名称或者更长的名称不适合作为 Python 的变量,我们可能会希望提供一个目标变量。

```
parser.add_argument( '-v', '--verbose', action='store_true', default=False )
```

这会定义命令行选项的长版本和短版本。如果用户输入了选项,它会将 verbose 选项设为 True。如果用户没有提供选项,versbose 选项默认为 False。下面是该选项的一些常见变化。

- 我们可能将 action 改为'store_false'并将默认值设为 True。
- 有时候,我们可能会用 None 作为默认值,而不是 True 或者 False。
- 有时候,我们会使用'store_const'作为 action,并且包含一个额外的 const=参数。这让我们可以保存除了简单的布尔值之外的其他值,例如日志级别或者其他对象。

- 可能也会用'count'作为 action，这样使得该选项可以重复并能够递增 count 的值。在这种情况下，默认值通常是 0。

如果我们使用日志记录器，可能会用类似下面的代码来定义调试选项。

```
parser.add_argument( '--debug', action='store_const', const=logging.
DEBUG, default=logging.INFO, dest="logging_level" )
```

我们将 action 改为 store_const，这意味着常量将被保存并提供 logging．DEBUG 的某个特定常量。这意味着生成的选项对象可以直接为配置根日志记录器提供需要的值。然后，可以简单地将日志记录器配置为使用 config.logging_level，而不必再使用任何的匹配或者条件处理过程。

## 16.2.2　带参数选项

我们会定义一个长名称和可选短名称的带参选项。我们会定义一个用于保存参数提供的值的 action。我们也可以提供一个类型转换，以便希望把字符串转换为 float 或者 int 值。

```
parser.add_argument( "-b", "--bet", action="store", default="Flat",
choices=["Flat", "Martingale", "OneThreeTwoSix"], dest='betting_rule')
parser.add_argument( "-s", "--stake", action="store", default=50,
type=int )
```

第 1 个例子定义了两个版本的命令行语法，包括长版本和短版本。当解析命令行参数值时，选项之后必须带有一个字符串值，并且它必须来自于可用的 choices。目标名称——betting_rule 会接收选项的参数字符串。

第 2 个例子也定义了两个版本的命令行语法，它包含了一个类型转换。当解析参数值时，这个语法会保存选项之后的整数。长名称——stake 会成为解析器创建的选项对象的值。

在某些情况下，会有一些和参数相关的值。在本例中，我们可以提供一个将空格分隔的多个值整合为一个列表的 nargs="+"选项。

## 16.2.3　位置参数

我们用不带"-"装饰的名称来定义位置参数。对于固定数量位置参数的情况，我们会将它们添加进解析器中。

```
parser.add_argument( "input_filename", action="store" )
parser.add_argument( "output_filename", action="store" )
```

当解析参数值时，这两个位置参数字符串会保存在最终的命名空间对象中。我们可以用 config.input_filename 和 config.output_filename 访问这些参数值。

## 16.2.4　所有其他参数

我们用不带有"-"装饰的名称来定义参数列表，并且用 nargs=变量提供建议信息。如果包含一个或者多个参数值，我们指定 nargs="+"。如果包含零个或者多个参数值，我们指定 nargs="+"。如果参数是可选的，我们指定 nargs="?"。这会将所有其他参数的值作为一个单独的序列保存在最后生成的命名空间对象中。

```
parser.add_argument( "filenames", action="store", nargs="*", metavar="file..." )
```

当文件名列表是可选的时，它通常意味着如果没有提供特别的文件名就会使用 STDIN 或者 STDOUT。

如果我们指定了 nargs=，那么生成的结果就是一个列表。如果我们指定 nargs=1，那么生成的对象就是只包含一个元素的列表。如果我们忽略 nargs，那么结果就是用户提供的单一值。

创建一个列表（即使它只包含一个元素）会为我们提供很多方便，因为我们可能希望用下面的方式来处理参数。

```
for filename in config.filenames:
    process( filename )
```

在某些例子中，我们可能希望提供一些包含 STDIN 的输入文件。这种需求的通用作法是将-文件名作为参数。我们必须在应用程序中以类似下面的方式来处理这种需求。

```
for filename in config.filenames:
    if filename == '-':
        process(sys.stdin)
    else:
        with open(filename) as input:
            process(input)
```

这段代码试图处理多个文件名，有可能包括-来显示什么时候应该在文件列表中处理标准输入。我们可能会将 with 语句放在 try:块中。

## 16.2.5    --version 的显示和退出

由于显示版本号的选项经常被使用，因此我们可以用下面的快捷方式显示版本信息。

```
parser.add_argument( "-V", "--version", action="version", version=_version__ )
```

这个例子假设在文件的某个地方我们定义了一个全局模块__version__ = "3.3.2"，这个特殊的 action="version"的副作用是在显示了版本信息之后会退出程序。

## 16.2.6    --help 的显示和退出

显示帮助的选项是 argparse 模块的默认功能。另外一种特殊情况允许我们通过-h 或--help的默认设置改变 help 选项。这需要两样东西。首先，我们必须创建一个 add_help=False 的解析器。这会禁用内置的-h、--help 功能。这么做了之后，会添加一个 action="help"，指定我们想用的参数（例如，'-?'）。这会显示帮助文本并且退出。

# 16.3    集成命令行选项和环境变量

环境变量的一般规则是，它们和命令行选项及参数类似，属于配置输入。在大多数情况下，我们将很少更改的设置保存为环境变量。通常，我们会通过.bashrc 或者.bash_profile 文件设置它们，这样每次我们登录时，对应的值都会被更新。我们可以考虑将环境变量设置在更全局的/etc/bashrc 文件中，这样它们就会应用于所有的用户。我们也可以用命令行设置环境变量，但是这些设置只会保存到会话结束之前。

在某些情况下，我们所有的配置都可以在命令行中提供。在本例中，环境变量可以作为很少需要被更改的变量的一种选择。

在其他情况下，我们提供的配置值可能会被隔离到环境变量提供的设置中，这些设置不同于命令行选项提供的。我们可能需要从环境变量中获取一些值，然后将这些值与来自于命令行的一些值合并。

我们可以用环境变量来为配置对象设置默认值。在解析命令行参数前，我们希望可以先收集这些值。在这种情况下，命令行参数可以覆盖环境变量，有两种常用的实现方式。

- **在定义命令行参数时，显式设置值**：这样做的优点是可以在帮助消息中显示默认值。它只针对环境变量和命令行选项重合的情况。我们可能希望用 SIM_SAMPLES 环境变量提供一个可以被覆盖的默认值。

```
parser.add_argument( "--samples", action="store",
    default=int(os.environ.get("SIM_SAMPLES",100)),
    type=int, help="Samples to generate" )
```

- **在解析过程中隐式设置值**：这种方式让我们可以很容易地将环境变量和命令行选项合并到一个单独的配置中。我们可以用默认值先生成一个命名空间，然后用从命令行解析生成的值来覆盖它。这为我们提供了 3 个级别的选项值：定义在解析器中的默认值、写入命名空间中的覆盖值和最后由命令行提供的覆盖值。

```
config4= argparse.Namespace()
config4.samples= int(os.environ.get("SIM_SAMPLES",100))
config4a= parser.parse_args( namespace=config4 )
```

 参数解析器可以为非简单字符串的值提供类型转换。但是，收集环境变量不会自动触发类型转换。对于包含非字符串值的选项，我们必须在应用程序中执行类型转换。

## 16.3.1　提供更多的可配置默认值

我们可以将配置文件与环境变量和命令行选项进行合并，这为我们提供了 3 种为应用程序提供配置的方法。

- 配置文件的层次结构可以提供默认值。有关如何做到这一点的示例，可参见第 13 章 "配置文件和持久化"。
- 环境变量可以提供覆盖配置文件的方法，这可能意味着需要将一个环境变量的命名空间翻译为配置文件的命名空间。
- 用命令行选项定义最后的覆盖操作。

使用全部 3 种方法可能不是一个好选择。如果有太多的地方需要搜索，追踪一个设置会变得麻烦。最终决定使用哪种方式提供配置通常需要与应用程序和框架的总体结构保持一致。我们应该努力使我们的程序和其他模块无缝结合。

我们会介绍本主题的两个小变化。第 1 个例子向我们展示了如何用环境变量覆盖配置文件设置。第 2 个例子向我们展示了如何用配置文件覆盖全局的环境变量配置。

## 16.3.2　用环境变量覆盖配置文件设置

我们会用 3 个阶段的处理过程来合并环境变量，并赋予它们比配置文件设置更高的优先级。首先，我们会从环境变量中创建一些默认设置。

```
env_values= [
    ("attribute_name", os.environ.get( "SOMEAPP_VARNAME", None )),
    ("another_name", os.environ.get( "SOMEAPP_OTHER", None )),
    etc.
]
```

创建类似这样的映射可以将外部的环境变量名称（SOMEAPP_VARNAME）改写为与我们的应用程序配置属性匹配的内部配置名称（attribute_name）。对于没有定义的环境变量，会将 None 作为它们的默认值。稍后我们会单独介绍这部分。

接下来，我们会解析配置文件层次结构来获取后台配置信息。

```
config_name= "someapp.yaml"
config_locations = (
    os.path.curdir,
    os.path.expanduser("~/"),
    "/etc",
    os.path.expanduser("~thisapp/"), # or thisapp.__file__,
)
candidates = ( os.path.join(dir,config_name)
    for dir in config_locations )
config_names = ( name for name in candidates if os.path.exists(name) )
files_values = [yaml.load(file) for file in config_names]
```

我们按照重要性顺序从高（用户所有的）到低（安装文件的一部分）创建了一个路径列表。对于每个确实存在的文件，解析文件的内容，然后创建从名称到值的映射。我们依赖于 YAML 标记，因为它很灵活并且容易理解。

我们可以用这些资源建立一个 ChainMap 对象的实例。

```
defaults= ChainMap( dict( (k,v) for k,v in env_values if v is not None
), *files_values )
```

我们将多个映射合并到一个 ChainMap 中。程序会首先搜索环境变量。当值存在于环境变量中时，程序会先在用户的配置文件中搜索该值，如果用户配置文件没有提供值，那么会接着在其他配置文件中搜索。

我们可以用下面的代码解析命令行参数并且更新这些默认值。

```
config= parser.parse_args( namespace=argparse.Namespace( **defaults ) )
```

我们将 ChainMap 配置文件的设置转换为一个 argparse.Namespace 对象。然后，我们解析命令行选项并更新这个命名空间对象。由于在 ChainMap 中环境变量最先出现，因此它们会覆盖所有的配置文件。

### 16.3.3　用配置文件覆盖环境变量

一些应用程序会将环境变量作为可以被配置文件覆盖的基础默认值。在本例中，我们会改变创建 ChainMap 的顺序。在上面的例子中，我们将环境变量放在第 1 个。我们可以将 env_config 放在 defaults.maps 的最后，这样它就作为最后的选择。

```
defaults= ChainMap( *files_values )
defaults.maps.append( dict( (k,v) for k,v in env_values if v is not
None ) )
```

终于，我们可以使用下面的代码来解析命令行参数并更新这些默认值。

```
config= parser.parse_args( namespace=argparse.Namespace( **defaults )
)
```

我们将配置文件设置的 ChainMap 转换为了一个 argparse.Namespace 对象。然后，我们解析命令行参数来更新这个命名空间对象。由于环境变量位于 ChainMap 的最后，它们会提供任何配置文件中所缺少的值。

### 16.3.4　让配置文件理解 None

这个三阶段设置环境变量的过程包含许多常见的参数和配置项的设置。我们并非总是需要环境变量、配置文件和命令行参数。一些应用程序可能只需要使用这些技术中的一小部分。

我们会经常需要保留 None 值的类型转换。保留 None 值可以确保我们能知道还没有设置环境变量。下面是一个更完整的类型转换方式，它是 None-aware 的。

```
def nint( x ):
    if x is None: return x
    return int(x)
```

我们可以在下面的上下文中使用这个 nint() 转换方法来获取环境变量。

```
env_values= [
    ('samples', nint(os.environ.get("SIM_SAMPLES", None)) ),
    ('stake', nint(os.environ.get( "SIM_STAKE", None )) ),
    ('rounds', nint(os.environ.get( "SIM_ROUNDS", None )) ),
]
```

如果某个环境变量没有被设置，就会使用 None 作为默认值。如果环境变量已经设置，那么这个值会被转换为一个整数。在后面的处理步骤中，我们可以基于 None 值用非 None 的正确的值来创建字典。

## 16.4 自定义帮助文档的输出

下面是 argparse.print_help() 直接打印的一些典型输出。

```
usage: p3_c16.py [-v] [--debug] [--dealerhit {Hit17,Stand17}]
                 [--resplit {ReSplit,NoReSplit,NoReSplitAces}]
[--decks DECKS]
                 [--limit LIMIT] [--payout PAYOUT]
                 [-p {SomeStrategy,AnotherStrategy}]
                 [-b {Flat,Martingale,OneThreeTwoSix}] [-r ROUNDS] [-s
STAKE]
                 [--samples SAMPLES] [-V] [-?]
                 output

Simulate Blackjack

positional arguments:
    output

optional arguments:
    -v, --verbose
    --debug
    --dealerhit {Hit17,Stand17}
    --resplit {ReSplit,NoReSplit,NoReSplitAces}
    --decks DECKS
    --limit LIMIT
    --payout PAYOUT
    -p {SomeStrategy,AnotherStrategy}, --playerstrategy
{SomeStrategy,AnotherStrategy}
    -b {Flat,Martingale,OneThreeTwoSix}, --bet {Flat,Martingale,OneThre
eTwoSix}
    -r ROUNDS, --rounds ROUNDS
    -s STAKE, --stake STAKE
    --samples SAMPLES
    -V, --version               show program's version number and exit
    -?, --help
```

默认的帮助文本是基于解析器定义的 4 个方面创建的。

● usage 行是选项的摘要。我们可以用自己的 usage 文本替换默认的，这样就可以省略一些不常用的细节。

● 接下来是描述信息。在默认情况下，我们提供的文本会被适当清理一下。在本例中，我们提供了只有两个单词的描述，所以没有明显的清理操作。

● 然后，显示参数。首先是位置参数，然后是选项，和它们定义的顺序一致。

● 在这之后，会显示一段可选的结束文本。

在一些情况下,这种简短的提示就足够了。但是,在其他情况下,我们可能需要提供更多细节。关于包含更多细节的帮助文本,我们有 3 层的支持。

- **在参数定义中添加 help=**:当自定义帮助文本的细节时,需要从这里开始。
- **用某个其他的帮助文本格式化类创建更美观的输出**:这是在创建 ArgumentParser 时,通过 formatter_class=参数完成的。注意,ArgumentDefaultsHelp Formatter 需要为参数定义提供 help=,它会将所提供的文本作为默认值添加到帮助文本中。
- **扩展 ArgumentParser 类并且覆盖 print_usage()和 print_help()方法**:总是可以创建一个新的帮助文本格式化器。如果必须选择这么复杂的选项,那么可能已经走的远了。

我们的目标是提高可用性。即使应用程序能够正常工作,也可以通过提供命令行的支持让程序更容易被使用从而建立用户的信任。

# 16.5 创建顶层 main()函数

在第 13 章"配置文件和持久化"中,我们介绍了两个应用程序配置设计模式。

- **全局特性映射**:在前面的例子中,我们用 ArgumentParser 创建的 Namespace 对象实现了全局特性映射。
- **对象创建**:对象创建的目的是基于配置参数创建需要的对象实例,实际上就是将全局特性映射降级为 main()函数中的局部特性映射并且不会保存特性。

在前面的部分中,我们向你展示的是使用局部的 Namespace 对象来收集所有的参数。从这里开始,我们可以创建必要的应用程序对象,它们将会做真正的应用程序工作。这两种设计模式不是对立的,而是互补的。我们用 Namespace 收集一组一致的值,然后基于这个 Namespace 中的值创建不同的对象。

这样我们就需要为顶层函数进行设计。在介绍实现方法之前,我们需要为这个函数起一个合适的名字,有两种方法可以命名这个函数。

- 命名它为 main(),因为这是作为整个应用程序起点的通用术语。
- 不要命名为 main(),因为 main()不明确,所以从长远来看没有意义。

我们也认为这里不需要二选一,我们应该同时做到以上两点。定义一个名为 verb_noun()短语的顶层函数很好地描述了操作。增加一行 main= verb_noun 来提供一个可以帮助其他开发者了解应用程序工作方式的 main()函数。

这个包含两个部分的实现使得我们可以通过扩展来改变 main()的定义。我们可以添加函数并且重新为 main 分配名称。作为维持程序稳定和日益增加的 **API** 的需要,老的函数名仍然被保留。

下面是一个顶层的应用程序脚本,它基于配置 Namespace 对象创建多个对象。

```
import ast
import csv
def simulate_blackjack( config ):
    dealer_rule= {'Hit17': Hit17, 'Stand17': Stand17,}[config.dealer_rule]()
```

```
            split_rule=     {'ReSplit': ReSplit, 'NoReSplit': NoReSplit, 'NoReSplitAces':
NoReSplitAces,
    }[config.split_rule]()
        try:
            payout= ast.literal_eval( config.payout )
            assert len(payout) == 2
        except Exception as e:
            raise Exception( "Invalid payout {0}".format(config.payout) )
from e
        table= Table( decks=config.decks, limit=config.limit,
dealer=dealer_rule,
            split=split_rule, payout=payout )
        player_rule= {'SomeStrategy': SomeStrategy,
        'AnotherStrategy': AnotherStrategy,}[config.player_rule]()
        betting_rule= {"Flat":Flat,"Martingale":Martingale, "OneThreeTwoSix": OneThreeTwoSix,
    }[config.betting_rule]()
        player= Player( play=player_rule, betting=betting_rule,
            rounds=config.rounds, stake=config.stake )
        simulate= Simulate( table, player, config.samples )
        with open(config.outputfile, "w", newline="") as target:
            wtr= csv.writer( target )
            wtr.writerows( simulate )
```

这个函数依赖于外部通过配置属性提供的 Namespace 对象。因为它没有被命名为 main()，所以我们将来可以把它改为和 main 意义不同的函数。

我们创建多个所需的对象——Table、Player 和 Simulate。将基于配置参数的初始值为这些对象进行配置。

事实上，我们已经完成了实际工作。在所有的对象创建完成后，真正的工作是那行突出显示的：wtr.writerows( simulate )。程序 90%的时间都会花在这里，生成示例并且将它们写入需求的文件中。

GUI 应用程序也遵循类似的模式，它们进入主循环来处理 GUI 事件，这个模式也可以应用于进入主循环处理请求的服务器。

我们依赖于需要将配置对象作为参数传递。这是减少依赖项的测试策略。这个顶层的 simulate_blackjack()函数不依赖于配置创建的细节。然后，我们可以在应用程序脚本中使用这个函数。

```
if __name__ == "__main__":
        logging.config.dictConfig( yaml.load("logging.config") )
    config5= gather_configuration()
    simulate_blackjack( config5 )
    logging.shutdown()
```

这是业务间关系分离的做法。我们将应用程序的工作嵌套进两个层次的模块中。

外层的模块通过日志定义。我们在所有其他应用程序模块的外部定义了日志记录机制，这样做是为了确保在不同的顶层模块、类和函数试图配置日志记录机制时没有冲突。如果应用程序的任何特定部分尝试配置日志记录机制，那么这样的修改会导致冲突。尤其是，当我们介绍将应用程序融合成更大的复合处理单元时，需要确保这两个被融合的应用程序不会导致日志记录配置的冲突。

内层的模块是通过应用程序配置定义的。我们不希望独立的应用程序模块间有冲突，而是希望允许命令行 API 在不影响应用程序的前提下演化。我们希望可以将应用程序的处理流程嵌入独立的环境中，可能通过 multiprocessing 或者一个 RESTful 网络服务器来定义。

## 16.5.1 确保配置遵循 DRY 原则

在参数解析器的创建和使用参数配置应用程序之间，可能会有违背 DRY 的地方。我们用一些重复的键创建参数。

我们可以通过创建一些全局内部配置消除这种重复。例如，我们可能这样定义全局配置。

```
dealer_rule_map = { "Hit17": Hit17, "Stand17", Stand17 }
```

我们可以用它来创建参数解析器。

```
parser.add_argument( "--dealerhit", action="store", default="Hit17",
choices=dealer_rule_map.keys(), dest='dealer_rule')
```

我们可以用它创建工作对象。

```
dealer_rule= dealer_rule_map[config.dealer_rule]()
```

这种做法消除了重复。当程序持续演变时，它允许我们在某处添加新的类定义和参数键映射，它也允许我们像下面这样创建外部 API 的简写形式或者重写外部 API。

```
dealer_rule_map = { "H17": Hit17, "S17": Stand17 }
```

从命令行（或配置文件）字符串到应用程序类的映射有 4 种类型。使用这些内置的映射可以简化 simulate_blackjack()函数。

## 16.5.2 管理嵌套的配置上下文

在某种程度上，嵌套上下文的出现意味着顶层的脚本看起来应该类似下面的代码。

```
if __name__ == "__main__":
    with Logging_Config():
        with Application_Config() as config:
            simulate_blackjack( config )
```

我们添加了两个上下文管理器。更多的信息，参见第 5 章"可调用对象和上下文的使用"。下面是两个上下文管理器。

```
class Logging_Config:
    def __enter__( self, filename="logging.config" ):
        logging.config.dictConfig( yaml.load(filename) )
    def __exit__( self, *exc ):
        logging.shutdown()
```

```
class Application_Config:
    def __enter__( self ):
        # Build os.environ defaults.
        # Load files.
        # Build ChainMap from environs and files.
        # Parse command-line arguments.
        return namespace
    def __exit__( self, *exc ):
        pass
```

Logging_Config 上下文管理器配置日志记录。它同时也确保了当应用程序结束时会正确地关闭日志。

Application_Config 上下文管理器可以从一系列的文件中获取配置信息和命令行参数。在本例中，使用上下文管理器不是必需的。但是，使用它为我们留下了可扩展的余地。

这种设计模式可能明确围绕应用程序启动和关闭的各种关系。尽管对于大多数应用程序，这样的设计可能有点复杂，但是这种设计与 Python 中上下文管理器的思想一致，同时随着应用程序逐渐增长，它也会为我们提供很多帮助。

当面对持续增长和扩展的应用程序时，我们通常会使用大规模编程技术。对于这种技术，将可更改的应用程序处理上下文与很少更改的处理上下文分离是非常重要的。

## 16.6　大规模程序设计

让我们在 21 点模拟程序中添加一个功能：分析结果。我们有许多方式来实现这个新添加的功能。我们的考虑包括两个维度，这带来了大量的组合。考虑其中一个维度是如何设计新功能。

- 添加一个函数。
- 使用命令模式。

另一个维度是如何包装新的功能。

- 编写一个新的顶层脚本文本。我们会基于文件的名称，比如 simulate.py 和 analyze.py，创建新的命令。
- 添加一个新的参数到应用程序中允许脚本执行模拟或者分析功能。我们会有类似于 app.py simulate 和 app.py analyze 的命令。

这 4 种组合都是实现这个功能的合适方式。我们会专注于使用**命令**设计模式。首先，我们会将现有的应用程序修改为使用命令设计模式。然后，会通过添加功能的方式扩展应用程序。

### 16.6.1　设计命令类

许多应用程序都隐式使用了命令设计模式。毕竟，我们在处理数据。为了使用这种模式，至少需要一个用于定义应用程序如何转换、创建或者使用数据的主动词（active-voice verb）。简单的应用程序可能只包含一个实现为一个函数的动词。这种情况下，使用命令类设计模式可能没有帮助。

更复杂的应用程序会包含多个相关的动词。GUI 应用程序和 Web 服务器的一个主要功能就是它们可以完成多项工作、执行多个命令。在许多情况下，GUI 的菜单选项定义了应用程序的动词领域。

在一些情况下，设计应用程序是从分解一个更大、更复杂的动词开始的。我们可以把全局的处理过程分解为几个更小的命令步骤，然后将这些步骤合并成最终的应用程序。

当研究应用程序的演变时，我们经常会看到这样一种模式——新的功能与当前应用程序合并。在这些情况下，每个新的功能都可以成为添加到应用程序类层次中的一种独立的命令子类。

下面是抽象的命令基类。

```
class Command:
    def set_config( self, config ):
        self.__dict__.update( config.__dict__ )
    config= property( fset=set_config )
    def run( self ):
        pass
```

我们通过将 config 属性设置为 types.SimpleNamespace 或者 argparse.Namespace，甚至是另外一个 Command 实例来配置这个 Command 类。这段代码会用 namespace 对象中的值来填充实例变量。

一旦对象配置完成，我们就可以通过调用 run() 方法来设置它并开始执行命令工作。这个类实现的是一个相对简单的用例。

```
    main= SomeCommand()
    main.config= config
    main.run()
```

下面是一个实现了 21 点模拟操作的具体子类。

```
class Simulate_Command( Command ):
    dealer_rule_map = {"Hit17": Hit17, "Stand17": Stand17}
    split_rule_map = {'ReSplit': ReSplit,
        'NoReSplit': NoReSplit, 'NoReSplitAces': NoReSplitAces}
    player_rule_map = {'SomeStrategy': SomeStrategy,
        'AnotherStrategy': AnotherStrategy}
    betting_rule_map = {"Flat": Flat,
        "Martingale": Martingale, "OneThreeTwoSix": OneThreeTwoSix}

    def run( self ):
        dealer_rule= self.dealer_rule_map[self.dealer_rule]()
        split_rule= self.split_rule_map[self.split_rule]()
        try:
            payout= ast.literal_eval( self.payout )
            assert len(payout) == 2
        except Exception as e:
            raise Exception( "Invalid payout {0}".format(self.payout) )
from e
        table= Table( decks=self.decks, limit=self.limit,
```

```
        dealer=dealer_rule,
            split=split_rule, payout=payout )
        player_rule= self.player_rule_map[self.player_rule]()
        betting_rule= self.betting_rule_map[self.betting_rule]()
        player= Player( play=player_rule, betting=betting_rule,
            rounds=self.rounds, stake=self.stake )
        simulate= Simulate( table, player, self.samples )
        with open(self.outputfile, "w", newline="") as target:
            wtr= csv.writer( target )
            wtr.writerows( simulate )
```

这个类实现了基本的顶层函数，这个函数用于配置不同的对象然后执行模拟操作。我们将前面介绍的 simulate_blackjack() 函数封装起来创建了 Command 类的一个具体的扩展类。这可以像下面的代码这样将其用在主脚本中。

```
if __name__ == "__main__":
    with Logging_Config():
    with Application_Config() as config:
        main= Simulate_Command()
        main.config= config
        main.run()
```

尽管我们可以让这个命令成为 Callable 并且用 main() 代替 main.run()，但是，这里使用可调用对象可能会引起混乱。我们显式地分离了以下 3 个设计问题。

- **构造**：特意保留初始化为空。在后面的部分中，我们会向你介绍一些 PITL 的例子，在这些例子中，我们会从一些很小的组件命令创建出一个更大的复合命令。
- **配置**：通过 property 设置器将配置导入，这样就与创建和控制的代码分离了。
- **控制**：在构造和配置完成后，这是真正执行命令定义的操作部分。

当我们介绍可回调对象和函数时，构造是定义的一部分。配置和控制被合并为函数调用本身的一部分。如果我们想要定义可回调对象，就必须牺牲一部分灵活性。

## 16.6.2　添加用于分析的命令子类

我们会扩展应用程序，添加分析功能。由于我们在使用命令设计模式，因此可以为分析功能再添加另一个子类。

下面是我们的分析功能。

```
class Analyze_Command( Command ):
    def run( self ):
        with open(self.outputfile, "r", newline="") as target:
            rdr= csv.reader( target )
            outcomes= ( float(row[10]) for row in rdr )
            first= next(outcomes)
            sum_0, sum_1 = 1, first
            value_min = value_max = first
```

```
        for value in outcomes:
            sum_0 += 1 # value**0
            sum_1 += value # value**1
            value_min= min( value_min, value )
            value_max= max( value_max, value )
    mean= sum_1/sum_0
    print(
    "{4}\nMean = {0:.1f}\nHouse Edge = {1:.1%}\nRange = {2:.1f}
{3:.1f}".format(
        mean, 1-mean/50, value_min, value_max, self.outputfile) )
```

从统计学的角度来看，这段代码意义不大。但是，这里的关键是向你展示用第 2 个使用配置命名空间的命令完成和我们的模拟相关的工作。我们用了 outputfile 配置参数命名来执行一些统计分析的文件。

### 16.6.3 向应用程序中添加更多的功能

前面，我们介绍了一种支持多个功能的通用方法。一些应用程序中使用了多个顶层的 main 程序，它们分别位于独立的 .py 脚本文件中。

当我们想要合并不同文件中的命令时，我们必须编写一个用于创建更高层次的复合程序的 shell 脚本。再引入另一个工具和另一种语言来做 PITL 看起来不是一个好主意。

一个更灵活一些的方法是创建独立的脚本文件，然后基于位置参数来选择某个顶层 Command 对象。在我们的例子中，我们想要选择模拟或者分析命令。为此，可以在命令行参数中添加一个参数以解析下面的代码。

```
parser.add_argument( "command", action="store", default='simulate',
choices=['simulate', 'analyze'] )
parser.add_argument( "outputfile", action="store", metavar="output" )
```

这段代码会更改命令行 API 并将顶层动词添加到命令行中。我们可以很容易地将参数映射到对应的类名。

```
{'simulate': Simulate_Command, 'analyze': Analyze_Command}[options.
command]
```

这允许我们创建更高级的复合功能。例如，我们可能想要将模拟和分析合并到一个全局的程序中。同时，也希望可以不用 shell 就能够实现这点。

### 16.6.4 设计更高级的复合命令

下面我们会介绍如何基于一些命令设计一个复合命令。我们用两种设计策略：复合对象和复合类。

如果我们使用复合对象，那么复合命令就是基于内置的 list 或者 tuple。我们可以扩展或封装某个现有的序列。我们会创建复合的 Command 对象作为保存其他 Command 对象的集合。我们可能会考虑一些类似下面这样的代码。

```
simulate_and_analyze = [Simulate(), Analyze()]
```

这样做的缺点是我们还没有为独特的复合命令创建新类。我们创建了一个通用的复合对象,并且用实例填充它。如果想要创建更高级的复合对象,就必须基于内置的序列类解决底层的 Command 类和更高层的复合 Command 对象间不对称的问题。

我们倾向于把一个复合命令也当作命令的一个子类。如果使用复合类,那么对于底层命令和更高层的复合命令,我们会获得一个更一致的结构。

下面是一个实现了一系列其他命令的类。

```
class Command_Sequence(Command):
    sequence = []
    def __init__( self ):
        self._sequence = [ class_() for class_ in self.sequence ]
    def set_config( self, config ):
        for step in self._sequence:
            step.config= config
    config= property( fset=set_config )
    def run( self ):
        for step in self._sequence:
            step.run()
```

我们定义了一个类级变量——sequence,它包含一系列的命令类。当对象初始化时,__init__() 会用 self.sequence 中的命名类对象构造一个内部的实例变量——_sequence。

当配置完成后,它会被推送给每个复合对象。当复合命令通过 run()执行时,该操作会被委托给复合命令中的每个组件来完成。

下面是基于两个 Command 子类创建的另一个 Command 子类。

```
class Simulate_and_Analyze(Command_Sequence):
    sequence = [Simulate_Command, Analyze_Command]
```

现在,我们可以创建一个包含一系列独立步骤的类。由于这是 Command 类的一个子类,它包含必要的多态性 API。现在,可以用这个类创建复合命令,因为它与其他 Command 的子类兼容。

现在,我们对参数解析过程做一个很小的修改就可以将这个功能添加到应用程序中。

```
parser.add_argument( "command", action="store", default='simulate',
choices=['simulate', 'analyze', 'simulate_analyze'] )
```

我们简单地将另外一个选择添加到参数选项中,还需要修改参数选项字符串和类之间的映射。

```
{'simulate': Simulate_Command, 'analyze': Analyze_Command, 'simulate_
analyze': Simulate_and_Analyze}[options.command]
```

请注意,我们不应该用类似于 both 这样模糊的名称来合并两个命令。如果程序中没有这种模糊的概念,我们就为扩展和修改应用程序保留了可能。用命令设计模式让添加功能变得很容易。我们可以定义复合命令或者将一个很大命令分解为一些更小的命令。

打包和实现可能包括添加一个选项并将该选项映射到一个类名。如果我们使用更完整的配置文件（参见第 13 章"配置文件和持久化"），就可以直接在配置文件中提供类名并且保存从选项字符串到类的映射。

## 16.7 其他的复合命令设计模式

现在，我们可以辨别一些不同的复合命令设计模式。在前面的例子中，我们设计了一系列的复合命令。我们可以从 bash shell 的复合操作符：`;`，`&`，`|`,和组合操作符：`(;)`中寻找灵感。除了这些之外，我们可以在 shell 中使用 `if`、`for` 和 `while` 循环。

我们介绍了 `Command_Sequence` 类中的序列操作符（`;`）。序列的概念无处不在，所以许多编程语言（例如 shell 和 Python）都不需要显式的操作符，而是简单地使用行末作为隐式的序列操作符语法。

shell 的操作符创建了两个并发执行的命令。我们可以创建一个带有 `run()`方法的 `Command_Concurren` 类，这个类使用 `multiprocessing` 创建两个子进程并且会等待这两个子进程结束。

shell 中的`|`操作符会创建一个管道：一个命令的输出缓冲区是另外一个命令的输入缓冲区，同时，命令是并发执行的。在 Python 中，我们需要创建一个队列和两个用于读写队列的进程。这是一个更复杂的情况，它包括用队列中的对象填充不同子对象的配置。第 12 章"传输和共享对象"中有一些结合队列使用 `multiprocessing` 在并发进程间传递对象的例子。

shell 中的 `if` 语句有许多不同的用例。但是，没有什么令人信服的原因不通过 Command 子类的一个方法来提供有一个原生的 Python 实现。创建一个复杂的 Command 类模仿 Python 的 `if-elif-else` 处理过程并不会为我们带来什么帮助。我们可以并且也应该只使用 Python。

类似地，shell 中的 `while` 和 `for` 命令也不需要我们在更高级的 Command 类中定义。我们可以简单地在 Python 的方法中使用它们。

下面是一个 for-all 的类定义，它将一个现有的命令应用于集合中的所有值。

```
class ForAllBets_Simulate( Command ):
    def run( self ):
        for bet_class in "Flat", "Martingale", "OneThreeTwoSix":
            self.betting_rule= bet_class
            self.outputfile= "p3_c16_simulation7_{0}.dat".format(bet_class)
            sim= Simulate_Command()
            sim.config= self
            sim.run()
```

我们在应用程序中遍历 3 个用于下注的类，对于其中的每个类，我们都修改了配置、创建了一个模拟程序并运行。

请注意，这个 for-all 类与前面定义的 `Analyze_Command` 类不兼容。我们不能只是简单地创建能够反映不同业务领域的复合对象。`Analyze_Command` 类运行一个单独的模拟程序，但是 `ForAllBets_Simulate` 运行一系列的模拟程序。我们有两种方法可以创建互相兼容的业务领域：可以创建一个 Analyze_All 命令或者 ForAllBets_Sim_and_Analyze 命令。选用哪种设计取决于用户的需求。

# 16.8 与其他应用程序集成

当使用 Python 与其他应用程序集成时，有一些方法我们可以使用。很难提供一个全面的概述，因为应用程序太多了，而且每个应用程序都包含自己独特的功能。我们可以介绍一些通用的设计模式。

- Python 可能会作为应用程序的脚本语言。对大多数例子而言，下面列表中的应用程序简单地把 Python 作为添加功能的主要方法：https://wiki.python.org/moin/AppsWithPythonScripting。

- 一个 Python 模块可以实现应用程序的 API。有许多应用程序包含用于提供应用程序 API 绑定的 Python 模块。某个语言的应用程序的开发者通常会为其他的语言提供 API 库，包括 Python。

- 可以用 ctypes 模块直接用 Python 实现另外一个程序的 API。当应用程序库是用 C 或者 C++编写的时候，这种方式工作可以很好地工作。

- 可以用 STDIN 和 STDOUT 创建 shell 级别的管道，这个管道将我们的应用程序连接到另外一个应用程序中。当创建与 shell 兼容的应用程序时，我们可能也会考虑使用 fileinput 模块。

- 可以用 subprocess 模块访问应用程序的命令行接口。这可能还包括需要连接到应用程序的标准输入输出接口来与它正确交互。

- 也可以用 C 或 C++编写自己的与 Python 兼容的模块。在本例中，我们用 C 实现外部应用程序的 API，提供 Python 应用程序可以使用的类或函数。比起使用 ctypes 的 API，这样做的性能可能会更好。由于这需要编译 C 或 C++，它需要更多的工具来完成。

这个级别的灵活性意味着我们通常使用 Python 作为集成框架或者作为将小应用程序合并为更大的复合应用程序的粘合剂。当将 Python 作为集成框架使用时，我们通常会包含在另外一个应用程序中定义的类和对象镜像定义。

还有一些其他的设计要素我们会保留到第 17 章 "模块和包的设计" 中介绍。这些都是高级的架构设计要素，已经超出了使用命令行的范畴。

# 16.9 总结

我们介绍了如何使用 argparse 和 os.environ 来获取命令行参数和配置参数。这是基于第 13 章 "配置文件和持久化" 中介绍的技术创建的。

我们可以用 argparse 实现许多通用的命令行功能。这包含通用功能，例如显示版本号并退出或者显示帮助文本并退出。

我们介绍了用命令设计模式创建可以通过扩展或重构来添加功能的应用程序。我们的目标是显式地保持顶层的主函数体尽可能地精简。

## 16.9.1 设计要素和折中方案

命令行 API 是最终应用程序的重要组成部分。尽管我们大多数的精力都花在设计应用程序在运行时的行为，但是我们需要注意两个临界状态：启动和关闭。当我们启动应用程序时，它必须易于配置。同样地，它必须优雅地关闭，正确地刷新所有输出缓冲区并且释放所有的操作系统资源。

当编写公开的 API 时，我们必须处理模式演化问题的一个变种。由于我们的应用程序一直在演变并且关于用户的信息也在演变，这导致我们会修改命令行 API。这可能意味着我们会有一些旧功能或者旧语法。它可能也意味着我们必须破坏与旧命令行设计的兼容性。

在许多情况下，我们会需要确保主版本号是我们应用程序名称的一部分。我们不应该将顶层的模块命名为 someapp，而应该考虑以 someapp1 开头，这样版本号总是作为应用程序名称的一部分。不应该通过添加版本号作为新后缀的方式修改命令行 API，因为以 someapp1 开始保留了转变到 someapp2 开始的可能。

## 16.9.2 展望

在下一章中，我们会扩展一些顶层的设计要素并且介绍模块和包的设计。一个小型的 Python 应用程序可以作为一个模块，它可以被导入到一个更大的应用程序中。一个复杂的 Python 应用程序可能是一个包。它可能还包括一些其他的应用程序模块，同时，它也可以被包含到一些更大规模的应用程序中。

# 第 17 章
# 模块和包的设计

Python 为我们提供了一些高层面上的结构来组织软件。在第 1 部分"用特殊方法实现 Python 风格的类"中，我们介绍了一些如何使用类定义正确地将结构和行为进行绑定的技巧。在本章中，将介绍如何使用模块对类、函数和全局对象进行封装。关于模块的组织，会使用包作为一种设计方案来对相关模块进行组织。

在 Python 中，创建简单的模块很容易。任何时候，我们在创建一个 Python 文件的同时就创建了一个模块。随着设计范围的扩大以及复杂度的增加，需要使用包对模块进行组织，从而使维护更清晰，这点很重要。

我们也会有一些特殊模块。对于大的应用来说，我们会实现一个__main__模块。这个模块用于给应用提供 OS 命令行接口。它的设计不能阻碍应用中简单的重用，这样才能创建更大、更复杂的应用。

在选择如何安装模块上也有一些灵活性。可以使用默认的安装目录、环境变量的设置、.pth 文件以及 Python 的 lib/site-packages 目录，它们都各有优缺点。

在分发 Python 代码时，我们要避免复杂的问题。有很多技术可以用于创建一个 Python 项目的源代码分支。有些不适用于面向对象设计。在 Python 标准库的第 30 章中，解决了一些物理文件包的问题，在分发 Python 模块的文档中，在创建代码分支上提供了一些信息。

## 17.1 设计一个模块

模块是 Python 中实现和重用的单元。所有的 Python 编程都是在模块层面提供的。类是面向对象设计和编程的基础。模块——类的集合——是在 Python 中更高层面上的可重用单元。

一个 Python 模块是一个文件，文件扩展名必须为.py。在.py 之前的文件名必须为一个有效的 Python 名。在 Python 语言参考的第 2.3 节中，为我们提供了命名的完整定义。其中的一点是：在 ASCII 范围（U+0001..U+007F）内，标识符的有效字符与 Python 2.x 相同：大小写字母（A~Z）、下划线，以及不能作为标识符开始的数字（0~9）。

在 OS 文件中允许使用比在 Python 名称中更多 ASCII 范围内字符，这一点复杂度可以被忽略。文件名（不包括.py）将作为模块名称。

每次创建一个.py 文件，就创建了一个模块。通常，创建一个 Python 文件时不需要做太多的设计。为了创建可重用的模块，在本章中，会介绍一些设计上的考虑因素。

> 出于私有的目的，Python 也会创建.pyc 和.pyo 文件；忽略它们就可以了。有些程序员试图去使用.pyc 文件作为一种已编译的对象代码来替代.py 文件，以达到对源代码保密的目的，以至于浪费了很多脑细胞。我们需要强调一点，.pyc 文件可以很容易地被反编译，无法达到任何保密的目的。如果需要阻止对应用的任何逆向工程，可能需要考虑换一种语言。

## 17.1.1 一些模块设计的方法

有关 Python 模块的设计，有 3 种常见的设计方案。

- 库模块：它们意味着要被导入的部分，包括类、函数以及一些创建全局变量的赋值语句。它们不包括任何实际的工作，因此不必担心在导入时会产生副作用的问题。我们会介绍两种用例。
  - ◆ 全局模块：一些模块的设计将被导入作用于全局范围，创建一个模块命名空间，包含了所有项的集合。
  - ◆ 项集合：一些模块被设计为包含一些独立项的导入，而不是创建一个模块对象。
- 主要脚本模块：它们意味着从命令行执行。它们包含的不仅是类和函数定义，还包括做实际工作的语句，可能会产生副作用。由于副作用的存在，它们不能做导入。如果试图导入一个主要脚本模块，它将被执行——做实际的工作，可能会更新文件或在运行时做模块被设计要做的事情。
- 条件脚本模块：这些模块有两个用例：它们可以被导入并且也可以从命令行执行。这些模块将包含主要导入的开关，正如在 Python 标准库中 28.4 节中所介绍的__main__——最高级别的脚本环境。

以下是基于库文档被简化后的条件脚本。

```
if __name__ == "__main__":
    main()
```

main()函数做了脚本的工作。这个设计支持两种情况：run 和 import。当模块从命令行运行时，它执行了 main()并且做了所期望的工作。当模块被导入时，函数不会被执行，模块只是用于提供定义，而没有做实际的工作。

建议使用更复杂的方式，如第 16 章"使用命令行"中所介绍的。

```
if __name__ == "__main__":
    with Logging_Config():
        with Application_Config() as config:
            main= Simulate_Command()
```

```
main.config= config
main.run()
```

这样做的目的是反映出以下这个设计的基本要素。

导入模块时，应该只有很少的副作用。

对于导入来说，创建一些模块级别的变量是可以接受的副作用。而实际工作——访问网络资源、打印输出、更新文件以及其他的副作用——在导入模块时不应该发生。

没有使用__name__ == "__main__"的主要脚本模块通常是糟糕的，因为它不会被导入或重用。更糟的是，文档工具很难与主要脚本模块一起工作，而且很难测试。如果使用文档工具导入模块，就会导致一些不可预见的事情发生。类似地，在测试时要避免将导入模块作为测试的一个步骤。

## 17.1.2  模块和类

在定义模块和类时，会涉及以下几点。

- 模块和类在 Python 中都有一个名称。模块通常使用以小写字母开头的名称，类通常使用以大写字母开头的名称。
- 模块和类的定义都是包含了对象的命名空间。
- 模块在全局命名空间 sys.modules 中是单例的对象。类定义在命名空间中是唯一的，要么在全局命名空间__main__中或是一些本地的命名空间。类不是单例，定义可以被替换。一旦完成了导入，模块不能再次被导入，除非被删除。
- 在命名空间中，类或模块的定义可以被作为语句序列来执行。
- 模块中函数的定义等价于类定义中的静态方法。
- 模块中类的定义等价于另一个类中的类定义。

在模块和类之间有两点明显的区别。

- 不能创建模块的实例，它总是单例的，但可以创建类的多个实例。
- 在模块的赋值语句中将创建在模块命名空间内的全局变量，它可以在整个模块中被使用。类定义中的赋值语句将在类命名空间中创建一个变量，它需要一个限定词来区分全局变量。

模块与类相似。模块、包和类都可用于封装数据并将属性和一些操作进行处理，被存入对象中。

模块和类很相似，在它们之间做选择会需要在设计上做一些决策和权衡。在大多数情况下，instance of 是决定的因素。模块的单例功能意味着使用的模块（或包）中所包含的类和函数只会被定义一次，即使导入多次也是一样的结果。

　　然而，有些模块具备类的风格。例如，logging 模块，通常在其他模块中被导入。单例功能意味着日志配置只需要设置一次，会应用到所有的模块中。

　　类似的，对于配置模块，也会在多个地方被导入。这时单例意味着配置可被导入到任意模块中，但它们是全局的。

　　但编写的程序使用的是单一连接的数据库，包含多个函数的模块与单例的类是类似的。数据库访问层可以通过应用进行导入，但它将成为一个单例的、全局的共享对象。

## 17.1.3　模块中应该包含的内容

　　Python 模块中有一个典型的组织结构。关于这一点，在 PEP8 中有一些定义，可以参见 http://www.python.org/dev/peps/pep-0008/。

　　模块的第 1 行可以是以#!为开头的注释，用于标注版本号，如下所示。

```
#!/usr/bin/env python3.3
```

　　这样会有助于 OS 的工具进行相关操作，例如以 bash 为可执行的脚本文件来查找 Python 解释器。在 Windows 中，这行代码将为#!C:\Python3\python.exe。

　　更早的 Python 模块会包含一行注释来标识文本的编码格式，如下所示。

```
# -*- coding: utf-8 -*-
```

　　编码格式注释在 Python3 中不是必需的，OS 的编码信息已经足够了。早期的 Python 实现会假设文件都是以 ASCII 编码的，对于没有使用 ASCII 编码的文件，就需要使用编码格式注释来进行说明。

　　模块中接下来的几行应该为 3 层引号的模块文档字符串，用于定义模块文件中的内容。和 Python 中其他文档字符串一样，在文本的第 1 段要进行总结说明。接下来要对模块内容、目的以及使用作完整的定义和说明。可以包含 RST 标记语言，这样就可以使用文档工具基于文档字符串生成优雅的输出。我们会在第 18 章 "质量和文档" 对这一点进行说明。

　　在写完文档字符串之后，就可以添加版本信息了，如下所示。

```
__version__ = "2.7.18"
```

　　这是为了确定在程序的其他位置所引用的版本号一致。它的定义是在文档字符串之后、模块体之前。然后是模块的 import 语句。一般地，它们出现在模块的前面。

　　在 import 语句之后，接下来是模块中类和函数中变量的定义。它们没有固定的顺序，但要确保程序能够正确地运行并要考虑到代码的可读性。

> Java 和 C++倾向于每个文件定义一个类。这样的限制不够明智。
> 它不适用于 Python，也更不是一种法则。

　　如果文件包含了多个类，那么可能会认为这个模块有点不好维护。如果发现自己使用了很大的注释块来将模块分成几个部分，这意味着这个模块的复杂度已经超出了它的范围。当有多个模块时，可以使用包来管理。

在一些模块中另一种常见的功能是在模块命名空间内创建对象。使用有状态的模块变量（例如类级别的属性）就不是一个好想法。缺乏对这些变量的可见度会造成困惑。

有时，使用全局模块很方便。在 logging 模块中大量地使用了这一点。另一个例子是 random 模块创建 Random 类默认实例的方式。这使得很多模块级别的函数能够为随机数提供简单的 API。我们不必去创建 random.Random 的实例。

## 17.2 全局模块和模块项

在库模块内容的选择上，有两种方式。一些模块被集成为了一个整体，一些则为互不相关项的集合。当将模块定义为一个整体时，通常会包含一些类或函数作为模块中面向公共的 API。当将模块定义为解耦的项的集合时，每个类或函数都是独立的。

通常在导入和使用模块的方式上会有所区别，以下为 3 个不同的方式。

● 使用 import some_module 命令。

some_module.py 模块文件将被执行并且结果对象被放在了名为 some_module 的命名空间中。在使用模块中对象时，就需要使用限定名称，例如 some_module.this 和 some_module.that。这种命名方式使得模块看起来是一个整体。

● 使用 from some_module import this 命令。

some_module.py 模块文件将被执行并且只有命名的对象被创建在了当前的本地命名空间中。通常，这是全局的命名空间。现在可以使用 this 或 that 而无需限定名称。这种方式使得模块看起来像是一个没有关联的对象集合。

● 使用 from math import sqrt, sin , cos 命令。

这种方式会为我们提供一些数学函数而无需限定名称。

● 使用 from some_module import * 命令。

它的默认行为是对命令空间中的非私有名称进行导入。私有名称以_起始。可以显式地限制模块中要导入的名称，通过提供__all__列表来完成。它是一个字符串对象名称的列表；这些名称是由 import * 语句阐述的。

可以使用__all__变量来对工具函数进行隐藏。它们是创建模块的一部分，但并不是要暴露给客户端 API 的一部分。

再次回顾 21 点游戏中一副牌的设计，在默认情况下，可以不必导入花色的实现细节。假设我们有一个 cards.py 模块，如以下代码所示。

```
__all__ = ["Deck", "Shoe"]
class Suit:
    etc.
suits = [ Suit("♣"), Suit("♦"), Suit("♥"), Suit("♠") ]
```

```
class Card:
    etc.
def card( rank, suit ):
    etc.
class Deck:
    etc.
class Shoe( Deck ):
    etc.
```

Suit 和 Card 类的定义被保存在了__all__变量中。而实现的细节，card()函数和 suits 变量默认将不被导入。例如，当执行以下代码时。

```
from cards import *
```

这条语句将只在应用脚本中创建 Deck 和 Shoe，与那些在__all__变量中显式指定的名称相一致。当执行以下命令时，它会导入模块，但不会向全局命名空间中添加任何名称。

```
import cards
```

尽管没有导入到命名空间中，我们仍可以通过访问 cards.card()方法来创建 Card 类。

以上每种技术都各有优劣。一个全局模块需要使用模块名称进行限定，这使得对象的源位置是明确的。从模块中导入项会缩短它们的名称，简化了编程的复杂度并增强了可读性。

# 17.3 包的设计

设计包的一个重要原则是不要设计。在 *Zen of Python* 中这样提到：

"平坦好过嵌套。"

在 Python 标准库中也可以看到这一点。库的结构相对平坦，只有少数嵌套的模块。深度嵌套的包可能被过度使用了。我们要对过分嵌套保持怀疑。

一个包由一个目录和一个__init__.py 文件组成。目录名称必须为适当的 Python 名称，OS 的名称中包含了很多在 Python 的命名中不允许使用的字符。

通常使用以下 3 种方式来进行包的设计。

- 对于简单的包，使用一个目录和一个空的__init__.py 文件。这个包的名称将被作为内部模块名称的限定词，例如以下代码。

```
import package.module
```

- 一个模块中的包可以包含一个__init__.py 文件作为模块的定义，可以从包目录中导入其他模块。或者，它可以作为包含了最上层模块和被限定的子模块的大规模设计中的一部分。可以使用以下代码进行导入。

```
import package
```

- 目录是 \_\_init\_\_.py 文件中可替代的一种实现方式，可使用如下代码。

```
import package
```

第 1 种方式相对简单。一旦添加了 \_\_init\_\_.py 文件，就完成了包的创建。其他两种方式涉及更多方面，接下来会具体介绍。

## 17.3.1　包与模块的混合设计

在一些情况中，设计演化成相当复杂的模块——这时使用单一的文件是一个糟糕的主意。可能需要将这个复杂的模块重构为一个包含了多个小模块的包。

这样一来，包的结构就像以下代码所示这样简单。以下是命名为 blackjack 包目录中的 \_\_init\_\_.py 文件。

```
"""Blackjack package"""
from blackjack.cards import Shoe
from blackjack.player import Strategy_1, Strategy_2
from blackjack.casino import ReSplit, NoReSplit, NoReSplitAces,
Hit17, Stand17
from blackjack.simulator import Table, Player, Simulate
from betting import Flat, Martingale, OneThreeTwoSix
```

以上代码演示了如何创建一个模块风格的包，它实际上是一个组件，每个部分是从其他子模块中导入的。然后在全局应用中可以执行以下代码。

```
from blackjack import *
table= Table( decks=6, limit=500, dealer=Hit17(),
        split=NoReSplitAces(), payout=(3,2) )
player= Player( play=Strategy_1(), betting=Martingale(), rounds=100,
stake=100 )
simulate= Simulate( table, player, 100 )
for result in simulate:
    print( result )
```

以上代码演示了我们如何使用 from blackjack import * 来定义源于其他包的一些类，而且有一个全局的 blackjack 包，包含了以下模块。

- 在 blackjack.cards 包中包含了 Card、Deck 和 Shoe 的定义。
- 在 blackjack.player 包中包含了打牌的多种策略。
- 在 blackjack.casino 包中包含了用于自定义牌场规则的一些类。
- 在 blackjack.simulator 包中包含了最上层的模拟工具。
- 在 betting 包中，也包含了应用需要的不同玩牌策略，它们对于 21 点游戏不是唯一的，但是对于每个游戏都适用。

这个包的架构或许可以简单地优化我们的设计。如果每个模块都简单一些或者更内聚，它的可读性会更强并且更容易理解。将每个模块隔离，升级起来更容易。

## 17.3.2　使用多种实现进行包的设计

在一些情况中，会包含一个最上层的 __init__.py 文件，需要在包目录不同的实现中做选择。决定可以基于平台、CPU 架构或者 OS 库的可用性。

关于包设计的不同实现，以下有两种常用和一种不太常见的设计方式。

- 检查 platform 或 sys 来决定实现的细节以及使用 if 语句来决定要导入的内容。

- 试图使用 import 并使用 try 语句块来捕捉异常，在异常中对不同配置的情形做判断。

- 这种方式不太常见，应用可通过检查配置参数来决定要导入的内容。这种方式有些复杂。在导入应用配置和基于配置导入其他应用模块之间会存在先后顺序的问题。抛开先后顺序的复杂度，导入会容易很多。

以下是 some_algorithm 包的 __init__.py，它的实现基于平台信息。

```
import platform
bits, linkage = platform.architecture()
if bits == '64bit':
    from some_algorithm.long_version import *
else:
    from some_algorithm.short_version import *
```

它使用了 platform 模块来获取平台的架构信息。这里存在一个顺序依赖，但对标准库模块的依赖好过对复杂的应用配置模块依赖。

我们将在 some_algorithm 包中提供两个模块，long_version 模块提供了一种 64 位的实现；short_version 模块提供了另外一种实现。设计必须具有模块同构性，这和类的同构性是类似的。两种模块都要包含具有相同的名称的 API 的类和函数。

如果两个模块的文件中都定义了名为 SomeClass 的类，就可以在应用中使用如下代码。

```
import some_algorithm
process= some_algorithm.SomeClass()
```

我们就可以像导入模块一样导入 some_algoritm 包。包会查找一种比较合适的实现并提供所需类和函数的定义。

用于替代 if 语句的另一种方式是使用 try 语句来查找可用的实现方式。当有不同的分支时，这种技术可以很好地工作。而往往一个具有平台特殊性的分支会包含一些在平台内唯一的文件。

在第 14 章 "Logging 和 Warning 模块" 中，在为配置文件错误事件提供预警的上下文中，我们演示了这种设计方式。对于一些情形，追踪不同的配置信息算不上一次预警，因为不同的配置是一种设计的功能。

这里是一个 some_algorithm 包的 __init__.py，基于包中模块文件的可用性选择一种实现方式。

```
try:
    from some_algorithm.long_version import *
except ImportError as e:
    from some_algorithm.short_version import *
```

它依赖于两个不同的分支，要么包含 some_algorithm/long_version.py 文件，要么包含 some_algorithm/short_version.py 文件。如果没有找到 some_algorithm.long_version 模块，那么 short_version 将被导入。

它并不能被扩展成支持超过两种或 3 种不同的实现。随着选择数量的增加，except 语句块将产生深度的嵌套。只能将每个 try 包裹在 if 中来创建平坦式设计。

# 17.4　主脚本和__main__模块的设计

最上层的主脚本会完成应用程序的执行。在一些情况下，会有多个主脚本，因为应用会做多种不同的事情。如何写最上层主脚本，主要有以下 3 种方式。

- 对于小应用来说，可以使用 python3.3some_script.py 来运行程序。这也是在大多数例子中所介绍的方式。
- 对于更大一些的应用，会使用一个或多个文件，使用 OS chmod +x 命令标记为可执行文件。可以将这些可执行文件放在 Python 的 scripts 目录中，与 setup.py 安装文件放在一起。然后使用命令行通过运行 some_script.py 来执行程序。
- 对于复杂的应用，可以在程序包中添加一个 __main__.py 模块。为了使接口简洁，标准库中提供了 runpy 模块和 -m 命令行选项来使用这种特殊命名的模块。可以使用 python3.3 -m some_app 来运行。

我们会详细介绍后两种方式。

## 17.4.1　创建可执行脚本文件

使用可执行脚本文件时，分为两个步骤：使得它可执行并包含一个 #!（"shebang"）行。接下来会具体介绍。

我们使用了 chmod +x some_script.py 来标记可执行脚本。然后，包含了一行 shebang。

```
#!/usr/bin/env python3.3
```

这一行会引导 OS 使用命名的程序来执行脚本文件。这样一来，就使用了 /usr/ bin/env 程序来查找 python3.3 程序，进而运行了脚本。Python3.3 程序将提供脚本文件作为输入。

一旦脚本文件被标记为可执行——并且包含第 1 行——就可以在命令行使用 some_ script.py 来运行脚本。

对于更复杂的应用，最上层脚本可以用于完成其他模块和包的导入。保持这些最上层可执行脚本文件尽可能的简单，这点是重要的。有关可执行脚本文件的设计，之前已经强调过了。

- 保持脚本模块尽可能的小。
- 脚本模块不应该包含新的或独特的代码。它应该总是完成已有代码的导入。
- 没有单独存在的程序。

我们的设计目标中必须总是包含组合的思想以及扩展性。如果程序的一部分包含在 Python 库中，而在脚本目录中包含另外一些部分，这种情况是尴尬的。主脚本文件应该尽可能的简短，如下代码所示。

```
import simulation
with simulation.Logging_Config():
    with simulation.Application_Config() as config:
        main= simulation.Simulate_Command()
        main.config= config
        main.run()
```

一切实际工作的代码都是从一个叫作 simulation 的模块中导入的。在这个模块中不存在唯一或特有的代码。

## 17.4.2　创建__main__模块

为了使用 runpy 接口，可以使用简单的实现。向我们应用中最上层的包中添加一个小的__main__.py 模块。之前已经强调过了有关最上层可执行脚本文件的设计。

总应该通过对一个应用进行重构来创建更大、更复杂组合的应用。如果在__main__.py 中包含了一些功能，就需要将它们提到其他模块中，以清晰的、可导入的名称来命名，这样就可以被其他应用重用。

__main__.py 模块应该看起来像以下代码这样精简。

```
import simulation
with simulation.Logging_Config():
    with simulation.Application_Config() as config:
        main= simulation.Simulate_Command()
        main.config= config
        main.run()
```

我们对创建工作的上下文的过程进行了最大程度的化简。所有的实际工作都是从包中导入的。并且，我们假设__main__.py 模块永不会被导入。

以上所示就是__main__模块中应该有的一切。我们的目的是让我们的应用能够具有最大化的重用能力。

## 17.4.3　大规模编程

在以上的示例中，介绍了为什么不能将特有的实际工作代码放入__main__.py 模块中。我们将对现有的包进行扩展来演示一个示例。

可以想象我们有一个泛型的静态包，命名为 stats 和一个最上层的__main__.py 模块。它的实现是基于命令行接口，对指定的 CSV 文件进行描述性统计。这个应用包含了如下所示的命令行 API。

```
python3.3 -m stats -c 10 some_file.csv
```

命令行中通过使用-c选项来指定要分析的列。同时文件名在命令行中作为一个位置参数被提供。

进一步假设，我们出现了重大的设计问题。我们在 stats/__main__.py 模块中定义了一个高层次的函数 analyze()。

我们的目的是将它与 21 点模拟进行结合。由于出现了设计失误，因此它不能很好地工作，或许我们认为可以这样做。

```
import stats
import simulation
import types
def sim_and_analyze():
    with simulation.Application_Config() as config_sim:
        config_sim.outputfile= "some_file.csv"
        s = simulation.Simulate()
        s.run()
    config_stats= types.SimpleNamespace( column=10, input="some_file.
csv" )
    stats.analyze( config_stats )
```

使用了 stats.analyze()来假设外层的接口是包的一部分，不是__main__.py 的一部分。这种通过在__main__()中定义函数实现的简单组合造成了不必要的复杂度。

我们希望避免被迫这样做。

```
def analyze( column, filename ):
    import subprocess
    subprocess.check_call( "python3.3 -m stats -c {0} {1}".format(
        column, filename) )
```

我们应该不必通过命令行 API 来创建可组合的 Python 应用。为了创建一个已有应用的合理组成成分，我们需要对 stats/__main__.py 进行重构，移除模块中的所有定义并把它们放入包中从而能够在全局范围内使用。

# 17.5 设计长时间运行的应用

长时间运行的应用服务会从某种队列中读取请求并生成相应的回复。在许多情况下，会使用 HTTP 协议并将创建的应用服务添加到网络服务框架中。有关如何基于 WSGI 设计模式来实现 RESTful 的网络服务，可参见第 12 章 "传输和共享对象"。

桌面 GUI 应用与服务有很多共同的功能，它会从队列中读取鼠标和键盘操作的事件，对每种事件进行处理并返回相应的 GUI 回复。在一些情况中，回复可能为文本组件的更新。在另一些情况中，会打开或关闭一个文件，菜单项的状态可能会发生改变。

对于以上两种情况，应用的核心功能都是无限循环的处理事件或请求。由于这些循环很简单，因此它们通常为框架的一部分。对于 GUI 应用来说，可能会使用如下代码来实现循环。

```
root= Tkinter.Tk()
app= Application(root)
root.mainloop()
```

对于 Tkinter 应用，最高层组件的 `mainloop()` 获得 GUI 事件并把它们交给框架中的适当组件来处理。当对象完成了事件的处理——最上层组件，像上例中的 `root`——会执行 `quit()` 方法，然后循环会被终止。

对于一个基于 WSGI 的网络服务框架，可能会使用以下代码来实现循环。

```
httpd = make_server('', 8080, debug)
httpd.serve_forever()
```

在这个例子中，服务中的 `serve_forever()` 方法会得到每个请求并交给应用来处理——在本例中为 debug。当应用执行了服务的 `shutdown()` 方法，循环将被终止。

通常还需要在其他方面来区分长时间运行的应用。

- 健壮性：对于一般情况，这种需求不需要。所有的软件都应该能够运行。然而，当需要与外部 OS 或网络资源交互时，就可能有超时和其他错误，它们必须被很好地解决。对于插件式设计的应用框架来说，插件和扩展组件中的错误应该能够被全局的框架很好地处理。Python 中原生的异常处理就已经足够用来写出健壮的程序。

- 可审计：一个简单的、集中的日志不是在所有情况下都够用的。在第 14 章 "Logging 和 Warning 模块" 中，我们介绍了几种技术来创建多种日志用于满足安全或金融审计方面的需求。

- 可调试：原生的单元测试和集成测试降低了复杂调试工具的需要。然而，对于外部资源和软件插件或扩展所带来的复杂性，在不提供调试支持的情况下，它们很难处理。使用更复杂的日志系统或许会有帮助。

- 可配置性：除了要提供简单的补丁，我们还需要能够启用或禁用应用的功能。例如，启用或禁用调试日志，是一种常见的配置。在一些情况中，我们希望在不需要完全终止并重启应用的情况下来完成配置的变更。在第 13 章 "配置文件和持久化" 中，我们介绍了一些有关应用配置的技术。在第 16 章 "使用命令行" 中，我们扩展了这些技术。

- 可控制：对于简单的长时间运行服务，可以通过重启来完成对不同配置的加载。为了确保缓存被清空并且 OS 资源被释放，使用信号机制比 SIGKILL 强行关闭要好一些。Python 在 signal 模块中提供了信号处理的能力。

对于最后两种——动态配置和干净关闭——使得能够区分主事件或请求输入和次要控制的输入。这个控制输入能够为配置或关闭提供额外的请求。

我们有很多方式能够通过一个额外的通道来提供异步输入。

- 最简单的方式之一就是使用 multiprocessing 模块创建队列。这样一来，就能够使用简单的客户端管理程序来与这个队列进行交互,完成控制或查询服务,或是通过 GUI 进行其他操作。有关 multiprocessing 模块的更多信息,可参见第 12 章"传输和共享对象"。我们能够在客户端和服务之间传递控制或状态对象。

- 在 Python 标准库的第 18 章中定义了更底层的技术。这些模块也可用于与长运行的服务或 GUI 应用进行交互。它们没有像创建队列或通过 multiprocessing 实现管道那样复杂。

一般地,更多的情况下我们会使用 multiprocessing 来实现更高层面的可用的 API。底层的一些技术(socket、signal、mmap、asyncore 和 asynchat)相对简单,只会提供少量功能。它们应该用于更高层面中模块的内部支持,例如 multiprocessing。

# 17.6  使用 src、bin 和 test 来组织代码

正如在前面节中所介绍的,不需要复杂的目录结构。简单的 Python 应用可以生成简单的目录,其中可以包含应用模块、测试模块和 setup.py 以及 REAME。这是一种简单、有效的方式。

然而对于相对复杂的模块和包,经常需要更结构化一些。对于复杂结构,常用的方式是将 Python 代码分为 3 部分。举一个具体的例子,对于名为 my_app 的应用,会创建以下几个典型的目录。

- my_app/my_app:这个目录中包含了应用的所有代码。这里包括了各种模块和包。只是对目录命名 src 提供的信息还不够。这个 my_app 目录应该包含一个空的 __init__.py 文件,这样应用也充当了包的角色。

- my_app/binor my_spp/scripts:这个目录中可以包含任何来自 OS 命令行 API 的脚本。可以通过使用 setup.py 来将这些脚本复制到 Python 的 scripts 目录中。如之前所介绍的,它们应该像 __main__.py 模块那样非常简短,并且它们可以被 Python 代码当作 OS 文件名的别名。

- my_app/test:这个目录可以包含不同的 unittest 模块。这个目录中也应该包含一个空的 __init__.py 文件,这样它就可以被看作是包。也可以在整个包中包含 __main__.py 来运行所有的测试。

为了避免缺失版本号造成的困惑,最上层的目录名 my_app 可以使用一个版本号来标记。可以使用 my_app-v1.1 作为最上层目录名。在最上层目录中的应用必须有一个适当的 Python 名称,这样就可以将 my_app-v1.1/my_app 作为应用的路径。

为了将应用安装到 Python 标准库结构中,最上层目录应该包含 setup.py 文件。详细信息可参见 Python 模块的分支。当然,在这个目录中还需要包含一个 README 文件。

当应用模块和测试模块在不同的目录中时,在运行测试的时候需要对应用进行引用,作为一个安装模块。可以使用 PYTHONPATH 环境变量来完成。可以使用如下代码来运行测试套件。

```
PYTHONPATH=my_app python3.3 -m test
```

我们在执行命令的同一行设置了一个环境变量。看起来可能有些奇怪,但它是 bash shell

的第 1 级功能，这使得我们可以对 PYTHONPATH 环境变量做本地化的定义。

# 17.7 安装 Python 模块

关于 Python 模块和包的安装，有以下几种方式。

● 可以写 setup.py 并使用分支功能模块 distutils 来将包安装到 Python 的 lib/
site-packages 目录。可参见 Python 的分支模块。

● 可以在 PYTHONPATH 环境变量中进行设置，在其中包含包和模块。可以临时的保存在
shell 中，或者保存在~/bash_profile 或系统的/etc/profile 中。在下一节中会对
此深入介绍。

● 可以通过包含 .pth 文件来向导入路径添加目录。这些文件可以放在本地目录或
lib/site-packages 来实现对模块或包的引用。更多信息可以参见 Python 标准库的
文档。

● 本地目录也是一个包。它通常出现在 sys.path 中的第 1 级。如果创建的是简单的单模
块 Python 应用，它显得很方便。对于复杂一些的应用，当前目录会随着我们对不同文件
的编辑而改变，这样一来，这种方式就不合适了。

环境变量可以被存为临时的或永久的。可以使用以下命令在交互的会话中对其进行设置。

```
export PYTHONPATH=~/my_app-v1.2/my_app
```

以上设置完成后，在查找模块时，PYTHONPATH 会包含命名目录。通过这样的一个对环境变量的
改变，就完成了模块的安装。并没有向 Python 的 lib/site-packages 目录中添加任何东西。

这是一个临时性的设置，而且在关闭终端会话时修改可能会丢失。一种方案是修改
~/.bash_profile，保存对环境变量的修改。只需要向.bash_profile 中添加 export 这一行，
这样在每次登录时包就会被使用。

对于共享服务器的用户，可以将环境变量的设置放在/etc/profile 中，这样就不必对
~/.bash_profile 进行修改了。对于独立工作站的用户，比起修改系统设置，基于 distutils
配置 setup.py 会更简单一些。

对于 Web 应用而言，需要修改 Apache 的配置，包含对必要的 Python 模块访问。为了能够快
速部署修改后的应用，对于大型的复杂应用，通常不需要使用 setup.py。通常会使用一系列应用
目录并做简单的.pth 修改或者 PYTHONPATH 修改，来将它们移至新版本中。

对于以下这种目录，用户为 myapp。

```
/Users/myapp/my_app-v1.2/my_app
/Users/myapp/my_app-v1.3/my_app
```

这样就可以在保持已有版本的基础上并行地创建一个新版本。我们可以通过修改 PYTHONPATH
为/Users/myapp/my_app-v1.3/my_app 来完成从 1.2 版本到 1.3 版本的切换。

# 17.8 总结

我们介绍了一些在设计模块和包时要考虑的点。在模块和单例类之间做了深入的对比。在设计一个模块时，数据结构和过程封装的一些基本问题与类设计时所考虑的是相关的。

当设计一个包时，尽量不使用过度嵌套的结构。当有多种实现时，我们就需要使用包；我们介绍了几种方式来应对实现的变化。有时需要定义一个包，将许多模块组合起来放入这个包中。我们介绍了如何使用 __init__.py 来完成包内部的导入。

## 17.8.1 设计要素和折中方案

对于很深的包层次结构，可以将功能组织到定义的函数中。可以对所定义的函数和它们的相关数据进行组织，放入一个类中。我们可以将相关类组合为一个模块，并将相关模块组合为一个包。

当我们将软件理解为一种用于获取并表示信息的语言时，就需要思考类和模块所代表的是什么。模块为 Python 软件结构、分支、使用和重用的单元。为了减少异常，模块的设计必须考虑到可重用性。

对于大多数情况，我们会使用类，因为会需要创建类的多个实例。通常（但不是所有情况），类中会包含有状态的实例变量。

当考虑使用单例类时，如果真正需要类，那么使用单例的必要就不是很明显了。独立函数的存在可能和单例类的意义是相同的。在一些情况中，模块中独立的函数很适用，因为模块是可继承的单例。

在一般情况下，会使用有状态的模块——例如有状态的类。模块就是一个包含了可被修改的本地变量的命名空间。

当创建不可变类时（使用 __slots__，扩展 tuple，或重写属性的 setter 方法），我们不能够轻易地创建一个不可变模块。几乎没有一个模块是不可变对象。

小型应用可以为单一模块。大型应用通常为一个包。由于模块化设计的需要，包通常被设计为可重用的。更大应用的包中应该包含一个 __main__ 模块。

## 17.8.2 展望

在下一章中，我们会综合应用一些面向对象的设计技巧。统观设计与实现的质量问题，其中一个考虑因素是要确保我们的软件是可信任的，而可信任的一个方面就是具备连贯的、易用的文档。

# 第 18 章
# 质量和文档

好的软件不是偶然产生的而是精雕细琢出来的。一个可交付的产品包含可读的、准确的文档。我们会介绍两种从代码生成文档的工具：pydoc 和 Sphinx。如果使用一个轻量级的标记语法来编写文档，可以增强 Sphinx 工具的能力。我们会介绍一些 **ReStructured Text（RST）** 的功能来让文档的可读性更好。

文档是软件质量的一个重要方面，它是建立信任的其中一个方面。测试用例是建立信任的另外一种方法。用 doctest 编写测试用例同时达到了这两个质量要求。

我们还会简单介绍大纲式编程技术。这种技术的主要目的是编写漂亮的、容易理解的文档。同时，这个文档包含所有的带有注释和设计细节的源代码。大纲式编程不简单，但是它可以为我们带来高质量的代码和非常清晰、完整的文档。

## 18.1 为 help() 函数编写 docstrings

Python 为我们提供了许多地方可以编写文档。包、模块、类或者函数的定义中都包含一个描述被定义对象的字符串。在本书中，我们没有在任何例子中使用文档注释（docstrings），因为我们主要关注 Python 的编程细节，而不是需要交付的、完整的软件产品。

当我们开始学习高级面向对象设计技术并且关注整个可交付的产品时，文档注释就成为可交付产品中的一个重要部分了。文档注释可以为我们提供一些重要的信息。

● API：参数、返回值和抛出的异常。

● 对预期行为的描述。

● 可选的，提供 doctest 的测试结果。更多关于测试的信息，参见第 15 章 "可测试性的设计"。

当然，我们可以在文档注释中包括更多的信息。我们可以提供关于设计、架构和需求的更多细节。在某些时候，这些更抽象、高级的问题和 Python 代码没有直接关系。这种高级设计和需求不属于代码或者文档注释。

help() 函数提取并显示文档注释，它会对文本执行一些基本的格式化操作。help() 函数通过 site 包安装在交互式 Python 环境中。这个功能实际上是定义在 pydoc 包中的。大体上，我们可以通过导入并且扩展这个包来自定义 help() 的输出。

编写适合 help() 的文档相对简单。下面是 help(round) 的一个典型输出。

```
round(...)
    round(number[, ndigits]) -> number

    Round a number to a given precision in decimal digits (default 0
digits).
    This returns an int when called with one argument, otherwise the
    same type as the number. ndigits may be negative.
```

这段代码展示了编写文档所有必要的元素：总结、API 和描述。API 和总结在第 1 行：function( parameters ) -> results。

描述文本定义了函数的功能。更复杂的函数可能会对异常或者对这个函数非常重要的、唯一的边界情况进行描述。例如，round() 函数没有描述细节、可能抛出的 TypeError。

一个面向 help() 的文档注释应该是不带有任何标记的纯文本。我们添加一些 RST 标记，但是 help() 不会使用这些标记。

我们只需要提供文档注释，help() 就会开始工作。由于这种做法非常简单，因此没有任何原因不这么做。每个函数和类都需要一些文档注释，这样 help() 就可以显示一些有用的信息。

# 18.2　用 pydoc 编写文档

我们用库模块 pydoc 从 Python 代码中生成 HTML 文档。当我们在交互式 Python 环境中使用 help() 时，就是在使用这个模块。这个函数会生成不带标记的、基于文本模式的文档。

当我们用 pydoc 生成文档时，我们会以下面 3 种方式中的一种来使用它。

● 准备文本模式的文档文件，然后用命令行工具例如 more 或者 less 查看它们。

● 准备 HTML 文档并且保存在文件中以供之后的浏览使用。

● 运行一个 HTTP 服务器并且创建需要立刻浏览的 HTML 文件。

我们可以运行下面的命令行工具为某个模块准备基于文本的文档。

```
pydoc somemodule
```

我们也可以使用下面的代码。

```
python3.3 -m pydoc somemodule
```

任意一个命令都会基于 Python 代码创建文本文档。关于输出的显示，可以使用 less（在 Linux 或 Mac OS X 上）或 more（在 Windows 上）命令，这样可以将大量的输出在程序中分页显示。

在一般情况下，pydoc 会假设我们提供了要导入的模块名称。这意味着该模块必须在 Python 的导入路径中。另外一种方式是，我们可以通过包含一个路径分隔符/（在 Linux 或 Mac OS X 上）或\（在 Windows 上）来指定一个带有 .py 扩展名的物理文件名。某些类似 pydoc ./mymodule.py 的命令可以获取导入路径之外的文件。

我们可以用-w 选项来查看 HTML 文档。这个选项会将 HTML 文件写到本地目录中。

```
python3.3 -m pydoc -w somemodule
```

然后，我们可以在浏览器中打开 somemodule.html 来读取给定模块的文档。第 3 个选项是启动一个用于特殊目的的 Web 服务器来浏览包或模块的文档。除了简单地启动一个服务器之外，我们可以将启动服务器和加载默认浏览器的过程进行合并。下面是在 8080 端口启动一个服务器的简单方式。

```
python3.3 -m pydoc -p 8080
```

这行命令会启动一个 HTTP 服务器，这个服务器会查询当前目录中的代码。如果当前的目录是一个正确的包（也就是包含一个__init__.py 文件），那么这个服务器就会创建一个顶层模块索引。

一旦我们启动了一个服务器，就可以将浏览器定位到 http://localhost:8080 来查看文档。我们也可以利用重写规则指向这个 pydoc 服务器上的一个本地 Apache 服务器，这样我们的团队就可以在 Web 服务器上共享这个文档。

我们也可以同时启动一个本地服务器和一个浏览器。

```
python3.3 -m pydoc -b
```

这行命令会定位一个未被使用的端口、启动一个服务器，然后启动指向这个服务器的默认浏览器。请注意，这里使用了 python3.3 命令，这在老版本的 Python 中无法工作。

自定义 pydoc 的输出不容易。各种样式和颜色都有效地硬编码在类定义中。修改和扩展 pydoc，让它可以使用外部的 CSS 样式会是一项很有趣的工作。

# 18.3  通过 RST 标记提供更好的输出

我们可以使用一个更完善的工具集使文档变得更好。有几件事情我们希望能做，如下所示。

● 调整演示文档，包含一些重点标记，例如粗体、斜体和颜色。

● 为参数、返回值、异常和 Python 对象间的交叉引用提供语义标记。

● 提供查看代码的链接。

● 过滤包含的或者被拒绝的代码。我们可以调整这个筛选机制来包含或者去除一些组件和成员：标准库模块、以__开头的私有成员、以__开头的系统成员或者基类成员。

● 修改 CSS 为生成的 HTML 页面提供不同的样式。

我们可以通过在文档注释中使用更完整的标记满足前两个要求，我们需要用到 RST 标记语言。为了满足后 3 个要求，我们需要一个额外的工具。

一旦我们开始使用更完整的标记，就可以拓展 HTML，让它包含可以生成格式更好的文档的 LaTex。这使得我们可以从一个单独的输入源生成除 HTML 外的 PostScript 或者 PDF 输出。

RST 是简单的轻量级标记。Python 的 docutils 项目有许多很好的教程和总结，更多的细节可以参见 http://docutils.sourceforge.net。

下面的页面有一个快速概览：http://docutils.sourceforge.net/docs/user/rst/quickstart.html。

docutils 工具集的目的是为我们提供一个非常聪明的解析器，这样我们就可以使用非常简单的标记。HTML 和 XML 依赖于相对简单的解析器，把创建复杂标记的职责留给用户（或者编辑工具）。XML 和 HTML 可以在各种不同的情景中使用，但是 docutils 解析器主要针对自然语言文本。正是因为这种相对狭窄的针对面，docutils 能够基于空白行和一些 ASCII 的标点推断我们的目的。

对我们来说，docutils 解析器可以解析下面 3 种基本的文本。

● 文本块：段落、头、列表、引用、代码示例和 doctest 块。这些文本通过空行分隔。

● 内联标记可以出现在文本块中。这包括用简单的标点在文本块中标记字符。有两种内联标记，我们会在后面的部分介绍一些关于这两种标记的细节。

● 指令也是文本块，但是指令以 .. 作为每行开头的前两个字符。指令是开放式的并且可以被扩展为向 docutils 中添加功能的工具。

## 18.3.1　文本块

文本块就是一个简单的段落，通过空行与其他段落分隔。这是 RST 标记的基本单元。RST 基于使用的模式可以识别许多不同种类的段落，下面是一个标题的例子。

```
This Is A Heading
=================
```

这行文字会被解析为标题，因为它以一连串的特殊字符作为下划线。

docutils 解析器完全根据标题的使用方式推断出标题的层次。我们必须与标题和它们的嵌套方式保持一致。这样的做法有助于选择和保持一个标准。这样的做法还有助于保持文档的平坦，避免引入复杂的嵌套标题。通常只需要 3 个层次，这意味着我们可以使用 ====、----和~~~~作为这 3 个层次。

列表项目以特殊字符开头，内容必须缩进。Python 和 RST 都使用 4 个空格的缩进。但是，几乎可以使用任何一致的缩进都可以。

```
Bullet Lists

-    Leading Special Character.

-    Consistent Indent.
```

注意段落间的空行。对于某些类型的简单项目列表，空行不是必需的。通常，使用空行会是一个好主意。

数字列表以数字或者字符和罗马数字开头。如果需要自动生成数字，可以用#作为列表项目的开头。

```
Number Lists

1.    Leading digit or letter.

2.    Auto-numbering with #.
```

```
#.  Looks like this.
```

我们可以利用这种缩进规则在列表中创建列表。它可能很复杂，但是 docutils 的 RST 解析器通常都能够理解你的意图。

引用文字块就是简单的缩进文本。

```
Here's a paragraph with a cool quote.

    Cool quotes might include a tip.

Here's another paragraph.
```

通过::双冒号表示代码示例，代码块会缩进并且以空行结束。尽管::可以放在行末或者自身作为独立的行，将::作为独立的行让我们可以更容易找到代码示例。

下面是代码示例。

```
::

    x = Deck()
    first_card= x.pop()
This shows two lines of code. It will be distinguished from surrounding text.
```

docutils 解析器也会定位 doctest 的素材并将它设定为特殊格式，与处理代码块的方法类似。它们以>>>开头，以空行结束。

下面是 doctest 生成的一些示例输出。

```
>>> x= Unsorted_Deck()
>>> x.pop()
'A♣'
```

测试的输入结果中最后的空行是必需的，但是这个空行也很容易被忽略。

## 18.3.2　RST 内联标记

在大多数文本块中，我们可以包含内联标记。但不能在代码示例或 doctest 块中包含内联标记。请注意，也不能内嵌内联标记。

RST 内联标记包含许多常见的 ASCII 文本处理。例如，我们通常用*emphasis*和**strong emphasis**分别生成斜体和粗体。我们可能想强调文本块中的代码段，用"literal"强制使用等宽字体。

我们也可以在内联标记中包含交叉引用。尾随的_意味着指向引用，前置的_意味着指向目标。例如，我们可能以'some phrase'_作为引用。然后，可以使用_'some phrase'作为这个引用的目标。我们不需要为节标题提供显式的目标：我们可以引用'This Is A Heading'_，因为所有的节标题都已经定义为目标。对于 HTML 输出，这会生成我们所预期的<a>标记。对于 PDF 输出，这会生成文本链接。

我们不能内嵌内联标记。很少有情况会需要使用内联标记，使用太多的排版技巧反而会带来视觉上的混乱。如果我们需要使用很多排版技巧，那么我们可能应该直接用 LaTex。

内联标记也可以包含显式的角色指示器。写法是 :role: 跟着 'text'。简单的 RST 角色相对比较少。我们可以考虑用 :code:'some code' 明确表示文本中有代码存在。当我们介绍 Sphinx 时，有许多角色指示器。使用显式的角色可以提供大量的语义信息。

当所做的事情包含了复杂的数学概念时，我们可以考虑用 LaTex 的数学排版功能。这种功能使用 :math: 角色，它看起来类似后面这样：:math:'a=\pi r^2'。

角色是开放式的。我们可以为 docutils 提供一个配置来添加新的角色。

## 18.3.3　RST 指令

RST 也包含指令。指令写在以 .. 开头的块中，可能会包含一些缩进的内容，也可能包含一些参数。RST 包含了大量的可以用来创建更完善文档的指令。对于准备文档字符串，我们很少会使用过多的指令。指令是开放式的，例如 Sphinx 这样的工具会通过添加指令生成更完善的文档。

3 个常用的指令是 image、csv-table 和 math。如果我们的文档中包含一张图片，我们可以用下面的方式包含它。

```
.. image:: media/some_file.png
   :width: 6in
```

我们将文件命名为 media/some_file.png。我们也为它提供了 width 参数来确保我们的图片与文档页的布局吻合。还有其他的一些参数可以用来调整图片的显示。

- :align：我们可以提供关键字，例如 top、middle、bottom、left、center 或者 right。这个值作为 HTML 的 <img> 标记的 align 属性的值。
- :alt：这是另外一种图片的表示方法，这个值被作为 HTML 的 <img> 标记的 alt 属性的值。
- :height：这个参数代表图片的高度。
- :scale：这个参数代表比例因子，可以用这个因子代替高度和宽度。
- :width：这个参数代表图片的宽度。
- :target：这是图片的目标超链接。这可以是一个完整的 URI 或者一个 'name'_ 表单的 RST 引用。

对于高度和宽度，CSS 中任何长度的单元都可以使用。这包括 em（元素字体的高度）、ex（字符 "x" 的高度）、px（像素）和绝对尺寸：in、cm、mm、pt（point）和 pc（pica）。

我们可以用以下面的方式在文档中包含一个表。

```
.. csv-table:: Suits
   :header: symbol, name
```

```
"'♣'", Clubs
"'♦'", Diamonds
"'♥'", Hearts
"'♠'", Spades
```

这允许我们用简单的 CSV 标记表示一个复杂的 HTML 表格的数据。我们可以用 math 指令表示一个更复杂的公式。

```
.. math::
    c = 2 \pi r
```

这允许我们编写作为独立方程式的更复杂的 LaTex 数学表达式。这些表达式也可以进行编号和交叉引用。

### 18.3.4 学习 RST

学习使用 RST 的一种方法是安装 docutils 并且用 rst2html.py 脚本来解析 RST 文档，然后将它转换为 HTML 页面。通过一个简单的测试文档就可以轻松地向我们展示 RST 的不同特性。

所有项目的需求、架构和文档都可以用 RST 编写，然后转换为 HTML 或者 LaTex。用 RST 编写用户故事，然后将这些文件放入一个可以随着这些故事被讨论、投入开发和实现而重新组织的目录中，这样的做法是相对快速的。一些更复杂的工具可能并不会比 docutils 更具有价值。

使用纯文本文件和 RST 标记的优势是我们可以同时轻松地管理文档和代码。我们没有使用专用的文字处理文件格式。我们没有使用冗长的 HTML 或者 XML 标记，这些标记语法在真实项目中必须压缩。我们只是存储更多的文本和源代码。

如果我们使用 RST 创建文档，也可以使用 rst2latex.py 脚本创建 .tex 文件，通过运行 LaTex 工具集可以基于这个文件创建 postscript 或者 PDF 文档。这需要用到 LaTex 工具集，通常，我们会使用 TexLive。参见 http://www.tug.org/texlive/，这个页面介绍了一组更完善的工具，可以将 Tex 转换为优雅的最终文件。TexLive 包含了可以用来将 LaTex 的输入转换为 PDF 文件的 pdfTex 工具。

## 18.4 编写有效的文档字符串

当编写文档字符串时，我们需要考虑我们的受众需要的基本信息是什么。当我们介绍如何使用库模块时，我们需要知道什么？不管我们问什么问题，其他的程序员通常也会有同样的问题。当我们编写文档字符串时，不应该超过下面的两个边界。

- 最好避免抽象概述、高层需求、用户故事或者没有直接与代码相关的背景信息。我们应该让文档字符串专注于代码本身。我们应该在一个独立的文档中提供背景信息。类似 Sphinx 这样的工具可以将背景材料和代码合并到一个单独的文档中。

- 最好也避免过度详细地描述这个实现的工作细节。因为代码都是现成的，所以没有理由在文档中重复代码。如果代码写的太晦涩难懂，那么我们可能需要重写，把它写得更清晰一些。

开发者想知道的最重要的事情可能是一个关于如何使用 Python 对象的示例程序。使用 RST 标记::的文本块是这些示例的骨干。

我们通常会用下面的方式编写代码示例。

```
Here's an example::

    d= Deck()
    c= d.pop()
```

一个缩进块之前的双冒号::让这个缩进块被 RST 解析器识别为一段代码，并且会以文本的形式传递给最终的文档。

除了示例之外，正式的 API 描述也非常重要。我们会在后面的部分中介绍一些描述 API 定义的技术。这些技术都基于 RST 的字段清单（field list）语法。这种语法非常简单，这也让它非常灵活。

我们了解了如何编写示例和 API 之后，还会有一些其他因素需要考虑。我们还需要哪些其他元素依赖于上下文，大约有以下 3 种情况。

- **文件**（包括包和模块）：在这些例子中，我们为一系列的模块、类或者函数提供了概览或介绍。我们需要在文件中提供一个简单的蓝图或者不同元素的概览。当模块相对比较小时，我们可以在这个级别上提供 doctest 和代码示例。
- **类**（包括方法函数）：我们通常会在这里提供用于描述类 API 的代码实例和 doctest 块。由于类可能是有状态的而且可能包含相对复杂的 API，因此我们可能需要提供更长的文档。独立的方法函数通常都会有详细的文档来描述它们。
- **函数**：我们可以提供用于讲解函数的代码示例和 doctest 块。因为函数通常是没有状态的，所以我们可以包含一个相对简单的 API 描述。在一些情况下，我们可以避免更复杂的 RST 标记并且专注于 help() 函数的文档。

我们会介绍这些广泛的、模糊的文档上下文中的一些细节。

## 18.5　编写文件级别的文档字符串——包括模块和包

包和模块的目的是包含一系列的元素。包可以包含模块、类、全局变量和函数。模块可以包含类、全局变量和函数。这些容器顶层的文档字符串可以作为描述包或模块的通用特性的蓝图。具体的细节留给各个类或函数来描述。

我们可能会有一个类似下面的模块文档字符串。

```
Blackjack Cards and Decks
=========================
This module contains a definition of "Card", "Deck" and "Shoe"
suitable for Blackjack.
The "Card" class hierarchy
--------------------------
The "Card" class hierarchy includes the following class definitions.
```

```
"Card" is the superclass as well as being the class for number
cards.
"FaceCard" defines face cards: J, Q and K.
"AceCard" defines the Ace. This is special in Blackjack because it
creates a soft total for a hand.
We create cards using the "card()" factory function to create the
proper
"Card" subclass instances from a rank and suit.
The "suits" global variable is a sequence of Suit instances.
>>> import cards
>>> ace_clubs= cards.card( 1, cards.suits[0] )
>>> ace_clubs
'A♣'
>>> ace_diamonds= cards.card( 1, cards.suits[1] )
>>> ace_clubs.rank == ace_diamonds.rank
True

The "Deck" and "Shoe" class hierarchy
-----------------------------------------
The basic "Deck" creates a single 52-card deck. The "Shoe"
subclass creates a given number of decks. A "Deck" can be shuffled
before the cards can be extracted with the "pop()" method. A
"Shoe" must be shuffled and *burned*. The burn operation sequesters
a random number of cards based on a mean and standard deviation. The
mean is a number of cards (52 is the default.) The standard deviation
for the burn is also given as a number of cards (2 is the default.)
```

这个文档字符串中大部分的文本为这个模块的内容提供了蓝图。它描述了类层次，让我们可以更容易地定位一个相关的类。

文档字符串包含基于 doctest 的 card() 工厂函数的一个简单示例。它指出这个函数是整个模块的一个重要功能。为 Shoe 类提供 doctest 说明可能是有意义的，因为这个类可能是这个模块中最重要的部分。

这个文档字符串包含了一些内联的 RST 标记，这些标记用等宽字体表示类名。这些节标题以===和---作为下划线。RST 解析器可以识别出以===作为下划线的标题是以---作为下划线的标题的副标题。

我们会在后面的章节中介绍如何用 Sphinx 生成文档。Sphinx 会使用 RST 标记生成外观好看的 HTML 文档。

## 18.5.1 用 RST 标记编写详细的 API 文档

使用 RST 标记的好处是能够提供正式的 API 文档。API 参数和返回值用 RST 的字段列表格式化。通常，字段的格式如下。

```
:field1: some value
:field2: another value
```

字段列表是一系列的字段标签（:label:）和一个与标签相关的值。标签通常很短，根据需要，值可能很长。参数列表也被用于向指令提供参数。

当字段列表的文本出现在 RST 文档中时，docutils 工具可以创建一个美观的、类似表格的输出。在 PDF 中，它看起来可能类似下面的代码。

```
field1  some value
field2  another value
```

我们会用 RST 字段列表的一种扩展形式来编写 API 文档。我们会将字段名扩展为一个包含多个部分的元素。我们会添加一些关键字作为前缀，例如 param 或者 type。前缀之后是参数名。

有一些字段前缀可以选择。我们可以选择下面这些前缀中的任何一个：param、parameter、arg、argument、key 和 keyword。例如，我们可能会写下面这样的代码。

```
:param rank: Numeric rank of the card
:param suit: Suit of the card
```

我们通常用 param（或 parameter）作为位置参数、key（或 keyword）作为关键字参数。我们建议不要在 Python 代码的文档中使用 arg 或 argument，因为它们与 Python 的语法类别不匹配。这些前缀可以被用于为其他语言的 shell 脚本或 API 文档。

这些字段列表的定义会被统一记录到一个缩进的块中。Sphinx 工具也会比较文档中和函数参数列表中的名称，确保它们是匹配的。

我们也可以用 type 作为前缀定义参数类型。

```
:type rank: integer in the range 1-13.
```

由于 Python 很灵活，因此这种定义的细节可能不是必需的。在许多情况下，参数值只需要是简单的数字:param somearg:，可以包含一些通用类型的信息作为描述。我们在前面的例子中已经展示了这种样式：Numeric rank of the card。

对于有返回值的函数，我们应该描述结果，可以用 returns 或者 return 字段标签汇总返回值。我们也可以正式地用 rtype 指出返回值的类型。我们可能会编写下面这样的代码。

```
:returns: soft total for this card
:rtype: integer
```

另外，我们应该也包含关于这个函数特有的异常信息。有 4 个别名可以用于这个字段：raises、raise、except 和 exception。我们可能会编写下面这样的代码。

```
:raises TypeError: rank value not in range(1, 14).
```

我们也可以描述类的属性。对于这种情况，可以用 var、ivar 或者 cvar。可能会编写类似下面这样的代码。

```
:ivar soft: soft points for this card; usually hard points, except for aces.
:ivar hard: hard points for this card; usually the rank, except for face cards.
```

我们应该用 ivar 表示实例变量，用 cvar 表示类变量。但是，对于最后的 HTML 输出而言，没有任何不同。

这些字段列表用于为类、类方法和独立的函数准备文档字符串。我们会在后面的部分中介绍这些字段的用法。

## 18.5.2　编写类和方法函数的文档字符串

类通常会包含许多元素、属性和方法函数。一个有状态的类的 API 可能相对会复杂一些。创建对象、改变状态以及可能在对象的生命快结束时还需要进行垃圾回收。我们可能想在类的文档字符串或方法函数的文档字符串中对这些状态改变中的一些（或全部）进行描述。

我们会用字段列表技术在全局的类文档字符串中记录类变量。这通常会专注于使用:ivar variable:、:cvar variable:和:var variable:字段列表元素。

每个独立的方法函数还会用字段列表定义参数并返回每个方法函数抛出的异常和返回值。下面是我们开始编写带有描述类和方法函数文档字符串类的一种方法。

```
class Card:
    """Definition of a numeric rank playing card.
    Subclasses will define "FaceCard" and "AceCard".
    :ivar rank: Rank
    :ivar suit: Suit
    :ivar hard: Hard point total for a card
    :ivar soft: Soft total; same as hard for all cards except Aces.
    """
    def __init__( self, rank, suit, hard, soft=None ):
        """Define the values for this card.

        :param rank: Numeric rank in the range 1-13.
        :param suit: Suit object (often a character from '♣♥♦♠')
        :param hard: Hard point total (or 10 for FaceCard or 1 for AceCard)
        :param soft: The soft total for AceCard, otherwise defaults to hard.
        """
        self.rank= rank
        self.suit= suit
        self.hard= hard
        self.soft= soft if soft is not None else hard
```

当我们在文档字符串中包含这种 RST 标记时，类似 Sphinx 这样的工具就可以格式化出非常美观的 HTML 输出。我们已经为你提供了实例变量类级别的文档和其中一个方法函数参数的方法级别文档。

当与 help() 一起使用时，RST 是可见的。这样的做法不是非常让人反感，因为它在语义上是有意义的并且不会产生困惑。这意味着我们可能需要在 help() 文本和 Sphinx 文档中做出的一些平衡。

### 18.5.3 编写函数文档字符串

一个函数文档字符串可以用字段列表格式化来定义参数、返回值和抛出的异常。下面是一个包含了文档字符串的示例函数。

```
def card( rank, suit ):
    """Create a "Card" instance from rank and suit.
    :param rank: Numeric rank in the range 1-13.
    :param suit: Suit object (often a character from '♣♥♦♠')
    :returns: Card instance
    :raises TypeError: rank out of range.

    >>> import p3_c18
    >>> p3_c18.card( 3, '♥' )
    3♥
    """
    if rank == 1: return AceCard( rank, suit, 1, 11 )
    elif 2 <= rank < 11: return Card( rank, suit, rank )
    elif 11 <= rank < 14: return FaceCard( rank, suit, 10 )
    else:
        raise TypeError( 'rank out of range' )
```

这个函数的文档字符串包含参数定义、返回值和抛出的异常。有 4 个单独的字段列表元素被用于标准化 API。我们也已经包含了一个 doctest 序列。当我们在 Sphinx 中为这个模块编写文档时,我们会获得一个非常美观的 HTML 输出。另外,我们可以用 doctest 工具来确认函数与简单的测试用例匹配。

## 18.6 更复杂的标记技术

还有一些标记技术可以让文档更易读。尤其是,我们通常希望在类定义中创建有用的交叉引用。我们可能也希望为一个文档中的节和主题创建交叉引用。

在纯 RST(就是没有 Sphinx)中,我们需要提供引用了文档不同部分的正确 URL,我们有以下 3 种引用。

- **隐式的节标题引用**:可以用'Some Heading'_引用 Some Heading 节。这可以应用于所有 docutils 能够识别的标题。
- **显式的目标引用**:可以用 target_引用_target 在文档中的位置。
- **文档内引用**:必须创建显式引用节标题的完整 URL。docutils 会将节标题翻译为小写,并且用-替换标点符号。这允许我们在外部的文档中创建指向节标题的引用,类似这样:'Design <file:build.py.html#design>'_。

当我们使用 Sphinx 时,我们会获得更多文档内、交叉引用的能力。这些能力使得我们避免编写包含大量细节的 URL。

# 18.7 用 Sphinx 生成文档

Sphinx 工具能够生成外观非常好看的多格式文档。通过它，我们可以很容易地将来自于源代码的文档和来自外部的带有设计笔记、需求或者背景信息的文件进行合并。

Sphinx 可以在 http://sphinx-doc.org 上找到。下载过程可能会比较复杂，因为 Sphinx 依赖于另外几个项目。更容易的做法可能是首先安装 setuptools，这里面包含了 easy_install 脚本，然后用这个脚本来安装 Sphinx。它可以帮助追踪那些必须先安装的、项目额外的细节。

关于 setuptools 的帮助信息，查看 https://pypi.python.org/pypi/setuptools。

一些开发作者倾向于使用 pip 来完成这种类型的安装。关于 pip 的信息，可参见 https://pypi.python.org/pypi/pip。

Sphinx 的教程写得非常好。可以从这些教程开始学习，并且确保你可以使用 sphinx- quickstart 和 sphinx-build 命令。通常，make 程序会负责运行 sphinx-build，这样的方式简化了一些 Sphinx 命令行的使用。

## 18.7.1 使用 Sphinx 的快速启动

sphinx-quickstart 的一个很方便的功能是能够通过一个交互式问答会话填充非常复杂的 config.py。

下面是这种会话的一部分，用于展示这个会话看起来是怎样的，我们标出了一些不是最佳的默认响应。

对于更复杂的项目，从长期来看，将文档从工作代码中分离出来更简单。在全局的项目树中创建一个 doc 目录通常是一个好主意。

```
Enter the root path for documentation.
> Root path for the documentation [.]: doc
```

对于非常小的文档，与代码和 HTML 交叉没有问题。对于更大的文档，尤其是对于可能用于生成 LaTex 和 PDF 的文档，保持这些文件与文档的 HTML 版本的独立性会为我们带来方便。

```
You have two options for placing the build directory for Sphinx
output.
Either, you use a directory "_build" within the root path, or you
separate
"source" and "build" directories within the root path.
> Separate source and build directories (y/N) [n]: y
```

下一批问题指出了一些特定的加载项，它以下面的备注开头。

```
Please indicate if you want to use one of the following Sphinx extensions:
```

我们会建议使用一些对常见的 Python 开发最有用的加载项。对于第 1 次使用 Sphinx 的用户，这些加载项足以让我们能够开始使用 Sphinx 并且生成优秀的文档。当然，对于特定的项目需求和目标会需要其他方案。

我们几乎总是希望包含 autodoc 功能来从文档注释中生成文档。如果我们用 Sphinx 在 Python 程序外部生成文档，我们可能需要关闭 autodoc。

> autodoc: automatically insert docstrings from modules (y/N) [n]: y

如果我们有 doctest 的示例，可以让 Sphinx 运行这些 doctest 示例。对于小项目，其中的大部分测试都是通过 doctest 来完成的，这种做法非常方便。对于更大的项目，我们通常会有包含 doctest 的单元测试脚本。通过 Sphinx 执行 doctest 和通过正式的单元测试执行都是很好的选择。

> doctest: automatically test code snippets in doctest blocks (y/N)
[n]: y

一个成熟的开发过程中可能有许多紧密关联的项目，这可能包括多个相关的 Sphinx 文档目录。

> intersphinx: link between Sphinx documentation of different projects
(y/N) [n]:

todo 扩展允许我们在文档注释中包含一个 ..todo:: 指令。然后，可以在文档中官方的 to-do 列表中添加一个特殊的 ..todolist:: 指令。

> todo: write "todo" entries that can be shown or hidden on build
(y/N) [n]:

覆盖率报告可以作为质量保证指标。

> coverage: checks for documentation coverage (y/N) [n]:

对于包含很多数学函数的项目，使用 LaTex 工具集让我们可以将数学函数排版为美观的图片并且包含在 HTML 中。它也会在 LaTex 的输出中保留原始的数学函数。MathJax 是一个基于网页的 JavaScript 库，我们也可以用下面的方式来使用它。

> pngmath: include math, rendered as PNG images (y/N) [n]: y
> mathjax: include math, rendered in the browser by MathJax (y/N) [n]:

对于非常复杂的项目，我们可能需要生成不同的文档。

> ifconfig: conditional inclusion of content based on config values
(y/N) [n]:

大部分应用程序的文档都会描述 API。我们应该包含 autodoc 混合 viewcode 功能。viewcode 选项允许读者查看代码，这样他们就可以了解详细的实现细节。

> viewcode: include links to the source code of documented Python
objects (y/N) [n]: y

autodoc 和 doctest 功能意味着我们可以专注于在代码中编写文档注释，只需要编写非常少的 Sphinx 文档文件来提取文档注释信息。对于一些开发者而言，能够专注代码减少了与编写文档相关的恐惧成分。

## 18.7.2　编写 Sphinx 文档

软件开发的项目中有两个通用的起点。

● 　创建一些起始文档，并且这些文档要保留下来。

● 　无，从零开始。

当项目以一些遗留的文档开始时，这些文档可能包含需求、用户故事或者架构笔记。它可能也包括组织政治的笔记、过期的预算和进度表，还有其他一些和技术无关的材料。

在理想状况下，这些起始文档已经是文本文件了。如果不是的话，它们可能是基于可以被保存为文本的某些文字处理格式。当我们有面向文本的起始文档后，添加 RST 标记来向我们展示大纲结构并且将这些文本文件组织成一个简单的目录结构就变得相对简单了。

没有理由将内容保留为文字处理文档。一旦它作为软件开发项目的技术文档的一部分，RST 就可以允许更灵活地使用初始信息。

一种会有困难的情况是，初始文档是用 Keynote、PowerPoint 或者一个类似的工具创建的一套幻灯片。将这些文件转换成以文本为中心的 RST 很困难，因为图表和图片是幻灯片中最主要的内容。在这些情况下，我们有时候最好能够将演示文本导出为一个 HTML 文档，然后将它保存在 Sphinx 的 doc/source/_static 目录下。这允许我们可以通过简单的 RST 链接将原始的材料集成进 Sphinx 中，这种链接通常以下面的形式呈现：'Inception <_static/inception_doc/index.html>'_。

当使用交互式的、基于网页的工具来管理项目或者用户故事时，起始和背景文档需要通过简单的 URL 引用来处理，这种引用的形式是：'Background<http://someservice/path/to/page.html>'_。

通常以一个包含一些占位符的轮廓作为书写文档的开始是最容易的，因为文档的内容会随着软件开发的进行逐渐增加。一种基于 4+1 视图架构的结构可能会对我们有帮助。起始文档通常作为场景或者 4+1 视图中用户故事的一部分。有时候，起始文档会作为开发或者物理部署的一部分。

更多关于 4+1 架构的信息，可以参考下面的页面。

http://en.wikipedia.org/wiki/4%2B1_architectural_view_model

我们可以在 index.html 根下创建 5 个顶层的文档：user_stories、logical、process、implementation 和 physical。每个都必须包含一个 RST 标题，但是在文件中不需要任何其他文本。

然后我们可以更新 Sphinx 的 index.rst 文件默认生成的 .. toctree:: 目录。

```
.. Mastering OO Python documentation master file, created by
   sphinx-quickstart on Fri Jan 31 09:21:55 2014.
   You can adapt this file completely to your liking, but it should at least
   contain the root 'toctree' directive.

Welcome to Mastering OO Python's documentation!
===============================================
```

```
Contents:

.. toctree::
   :maxdepth: 2

      user_stories
      logical
      process
      implementation
      physical

Indices and tables
==================
* :ref:'genindex'
* :ref:'modindex'
* :ref:'search'
```

一旦我们有了顶层的结构，就可以用 make 命令创建文档。

```
make doctest html
```

这行命令会运行我们的测试用例，如果所有的测试通过，它会创建 HTML 文档。

## 18.7.3　在文档中加入 4+1 视图

随着开发的进行，4+1 视图可以被用于组织不断增加的细节。这种技术通常用在文档注释外部的信息中。

我们用 user_stories.rst 文档来收集用户故事、需求和其他高层的背景注释。如果用户故事变得越来越复杂，这个文档会逐渐演变为一个目录树。

我们用 logical.rst 文档来收集初始面向对象设计的类、模块和包。这应该作为我们设计思路的起源。它可能包含替代方案、笔记、数学背景、正确性证明和逻辑软件设计的图表。对于设计清晰的相对简单的项目，这个文件可能会保持为空。对于复杂的项目，这个文件可能会描述一些复杂的分析和设计，这些信息会作为实现的背景或理由。

最后的面向对象设计是 implementation.rst 文件中的 Python 模块和类。我们会介绍多一些关于这个文件的细节，因为这会成为我们的 API 文档。这部分将直接基于 Python 代码和 RST 标记的文档字符串。

process.rst 文档可以收集关于动态性、运行时行为的信息。这些信息包括了一些主题，例如并发性、分布式和集成。它也有可能包括关于性能和可扩展性。网络设计和协议的使用也有可能在该文档中描述。

对于更小的应用程序，哪些材料应该保存在 process 文档中不是非常清晰。这个文档可能会与逻辑设计和全局的架构信息重合。当有疑问时，我们必须力求基于受众对于信息的需求来明确哪些信息是必要的。对于一些用户而言，许多的小文档是很有帮助的。对于其他的一些用户，他们更倾向于一个大型文档。

physical.rst 文件是我们记录部署细节的地方。我们会将配置小细节的描述保存在这个文件中：环境变量、配置文件格式细节、可用的日志记录器名称以及其他管理与技术支持所需要的信息。这可能也包含配置信息，例如服务器名称、IP 地址、账号名、目录名和相关的注释。在一些公司里，管理员可能会觉得其中有些细节不适合作为通用的软件文档。

## 18.7.4 编写实现文档

implementation.rst 文档可以用 automodule 创建文档。下面是如何开始编写一份 implementation.rst 文档。

```
Implementation
===============

Here's a reference to the 'inception document <_static/inception_doc/
index.html>'_

The p3_c18 module
---------------------

.. automodule:: p3_c18
    :members:
    :undoc-members:
    :special-members:

The simulation_model module
-------------------------------

.. automodule:: simulation_model
    :members:
    :undoc-members:
    :special-members:
```

我们用了两种 RST 标题：有一个单独的顶层标题和两个副标题。RST 推断出了父标题和子标题间的关系。在本例中，我们在父标题上用了"==="作为下划线，在子标题上用了"---"作为下划线。

我们为你提供了一个复制到_static 目录下的文档的显式引用——inception_doc。我们在单词 inception document 和实例文档的 index.html 文件间创建了一个复杂的 RST 链接。

在两个副标题中，我们用 Sphinx 的.. automodule::指令从两个模块中提取文档字符串。我们为 automodule 指令提供了 3 个参数。

- :members:：这个指令包含模块的所有成员。我们可以列出显式的成员类和函数，而不是列出所有的成员。

- :undoc-members:：这个指令包含缺少适当文档注释的成员。在开发的开始阶段，使用这个指令很方便，我们会获得一些最基本的 API 信息。

- :special-members:：这个指令包含了默认情况下没有包含在 Sphinx 文档中的特殊方

法名成员。

这个文档会提供相对完整的视图，但有时过于完整，如果我们又不使用 undoc_members: 和:special-members:指令，我们会获得一个更小、信息更集中的文档。

我们的 implementation.rst 文档可以随着项目的演变而变化。我们会添加 automodule 引用作为已完成的模块。

.. automodule::指令的组织方式可以为我们提供一份包含复杂的模块或包的集合的蓝图或者概述。我们花了一些时间组织文档呈现的方式，这样它就可以向我们展示软件的组件之间是如何协作的，这比大量的空话更有价值。关键在于不要编写大量记叙性的文本，并为其他的开发者提供引导。

## 18.7.5　用 Sphinx 创建交叉引用

Sphinx 扩展了 RST 中可以使用的交叉引用技术。最重要的交叉应用能力是可以直接引用特定的 Python 代码的功能。这些交叉引用会用:role: 'text'语法调用内联的 RST 标记。在本例中，大量额外的角色都是来自于 Sphinx。

我们有下面几种可用的交叉引用角色。

- :py:mod:'some_module'语法会生成指向这个模块或者包的定义的链接。
- :py:func:'some_function'语法会生成指向函数定义的链接，可以使用带有 module.function 或 package.module.function 的全名。
- :py:data:'variable' 和 :py:const:'variable' 语法会生成指向定义在 .. py:data:: variable 指令中的模块变量的链接。常量只是一个不应该被修改的变量。
- :py:class:'some_class'语法会链接到类定义。可以使用类似 module.class 这样的全名。
- :py:meth:'class.method'语法会链接到一个方法的定义。
- :py:attr:'class.attribute'语法会链接到定义在一个.. py:attribute:: name 指令中的属性。
- :py:exc:'exception'语法会链接到一个定义好的异常。
- :py:obj:'some_object'语法可以创建一个指向对象的通用链接。

如果我在文档注释中使用"SomeClass"，我们会得到用等宽字体显示的类名。如果我们使用:py:class:'SomeClass'，会获得一个指向类定义的正确引用，这个引用通常对我们更有帮助。

每个角色都带有:py:前缀，因为 Sphinx 可以用来编写关于 Python 之外的其他语言的文档。通过在每个角色上使用:py:前缀，Sphinx 可以合理地提供语法补充和高亮显示。

下面的文档注释包含指向其他类和异常的显式的交叉引用。

```
def card( rank, suit ):
    """Create a :py:class:'Card' instance from rank and suit.

    :param rank: Numeric rank in the range 1-13.
```

```
:param suit: Suit object (often a character from '♣♥♦♠')
:returns: :py:class:'Card' instance
:raises :py:exc:'TypeError': rank out of range.
Etc.
"""
```

通过使用:py:class:'Card'而不是"Card"，我们可以在这个注释块和Card类的定义间创建显式的链接。类似地，我们使用:py:exc:'TypeError'来创建一个指向这个异常定义的显式链接。

另外，我们可以通过.._some-name::定义一个链接目标，并且在Sphinx文档树的任意文档中，可以通过:ref:'some-name'来引用这个标签。some-name这个名称必须是唯一的。为了确保这种唯一性，通常定义某种层次结构会是一个好方法，这样一来名称就是从文档到节到主题的某种路径。

### 18.7.6  将 Sphinx 文件重构为目录

对于更大的项目，我们需要使用目录而不是简单的文件。在本例中，我们将使用下面的步骤把一个文件重构为目录。

1.  添加目录：implementataion。
2.  将原始的 implementation.rst 文件移动到 implementation/index.rst。
3.  修改原始的 index rst 文件。转换..toctree::指令引用 implementation/ index 而不是 implementation。

然后，我们可以开始在 implementation 目录下工作，在 implementation/index.rst 文件中使用.. toctree::指令包含本目录中的其他文件。

当我们的文档被分为包含简单文本文件的简单目录时，我们可以以修改小的、集中的文件。每个开发者都可以做出一些重要贡献而不会在试图修改一个大型的文字处理文档时遇到文件共享冲突的情况。

## 18.8  编写文档

软件质量的一个重要组成部分来自指出产品不仅仅是针对编译器或解释器的代码。正如我们在第 15 章"可测试性的设计"中介绍的，不能使用不可信任的代码。在本章中，建议将测试作为建立信任的基本元素。我们希望更泛化一些。除了具体的测试之外，还有其他一些质量属性让代码可用。可靠性就是其中一个属性。

在下面的情况下，我们会信任代码。

●  理解用例。

●  理解数据模型和处理模型。

●  理解测试用例。

当我们介绍更多技术质量属性时，会发现这些都是关于理解的。例如，调试似乎意味着我们可以确保理解应用程序是如何工作的。审计似乎也意味着，为了证明我们对处理过程的理解是正确的，我们可以通过查看具体的示例来表明它们在按照我们的预期工作。

文档建立了信任。更多关于软件质量的信息，可以从阅读这个页面开始：http://en.wikipedia. org/wiki/Software_quality。有很多关于软件质量的知识需要学习，它是一个很大的主题，这里介绍的只是其中非常小的一个方面。

## 18.9　大纲式编程

分离文档和代码的想法可以看成是人为分离。历史上，我们在代码外部编写文档是因为编程语言相对来说不透明并且偏重于高效的编译，编程语言本身并不注重清晰地阐述。人们用了很多技术试图减少工作代码和关于代码的文档间的距离。例如，嵌入更完善的注释一直是传统做法。Python在这样的做法上更进一步，它在包、模块、类和函数中包含了正式的文档注释。

软件开发中的大纲式编程方法由 Don Knuth 首先提出。这种编程方式的想法是一个单一的源文档可以生成高效的代码和美观的文档。对于面向机器的汇编语言和类似于 C 的语言，从源代码的语言（强调翻译的标记）换到一个强调清晰阐释的文档还有一个额外的好处。另外，一些大纲式编程语言作为高层编程语言，这种做法可能适合 C 或者 Pascal，但是对于 Python 没有直接的帮助。

大纲式编程鼓励更深入地理解代码。在 Python 的例子中，源代码一开始的可读性非常好，可以让一个 Python 程序容易理解不需要复杂的大纲式编程。事实上，对于 Python 而言，大纲式编程的主要好处是让更深层次的设计和用例信息能够以一种比简单的 Unicode 文本更易读的方式来表达。

更多关于这方面的信息，可以查看 http://en.wikipedia.org/wiki/Software_quality 和 http://xml. coverpages.org/xmlLitProg.html。DonaldKnuth 写的 *Literate Programming* 中有关于这个主题的完整描述。

### 18.9.1　大纲式编程用例

当创建大纲式程序时，有两个基本目标。

- **一个工作程序**：这是从源文档中提取的代码，这些代码是为编译器或者解释器准备的。
- **易读的文档**：这是为演示提供的阐释、代码和其他任何对我们有帮助的标记。这个文档是随时可以查看的 HTML。或者它基于 RST，然后我们可以用 `docutils` 的 `rst2html.py` 将它转换为 HTML 格式。或者它基于 LaTex，然后我们通过一个 LaTex 处理器来执行它并创建一个 PDF 文档。

工作程序目标意味着我们的大纲式编程文档将会覆盖所有的源代码文件。尽管这看起来有点吓人，但是我们必须记住组织良好的代码片段不需要太多复杂的手动工作，在 Python 中，代码本身就可以很清晰并且是有意义的。

易读的文档目标意味着我们希望生成包含一些其他样式而不只是字体的文档。尽管大多数的代码是以等宽字体表示，但是这种字体并不是最易读的。基本的 Unicode 字符集没有包括有用的字体变种，例如粗体或者斜体。这些额外的显示细节（字体变更、字号变更和样式变更）必须保持演变来让文档更加可读。

在许多情况下,我们的 PythonIDE 会给 Python 的代码加上颜色,这对我们也是有帮助的。书面交流的历史包括很多可以增强可读性的功能,它们中没有哪个可以用在只使用一种字体的简单 Python 源代码中。

另外,一份文档应该围绕问题和解决方案来组织。在许多编程语言中,代码自身无法遵循一种明确的组织方法,因为它会限制于语法的技术考虑和编译顺序。

我们的两个目标可以归结为两个技术用例。

● 将一份原始的文本转换为代码。

● 将一份原始的代码文本转换为最终文档。

我们可以在某种程度上用一些深刻的方法重构这两个用例。例如,我们可以从代码中提取文档。这是 pydoc 模块的功能,但是这个模块无法正确地处理标记。

我们可以将代码和最终文档这两个版本编写为同型的。这是 PyList 项目采取的方法。最终文档可以通过文档注释和#注释完全嵌入 Python 代码中。代码可以通过::文本块完全嵌入 RST 文档中。

## 18.9.2 使用大纲式编程工具

有许多**大纲式编程(Literate Programming,LP)**工具可以使用。根据工具的不同,基本的要素也不同,这些要素是用于将解释从代码中分离的高层标记语言。

我们编写的源文件将包含下面 3 种元素。

● 作为解释和描述的标记文本。

● 代码。

● 用于从代码中分离文本(带有标记)的高层标记。

由于 XML 的灵活性,它可以作为大纲式编程的高层标记。但是,编写 XML 不简单。有一些工具基于原始的 Web(和新的 CWeb)的工具可以处理类似 LaTex 的标记。有一些工具将 RST 作为高层标记。

然后,选择一个工具的基本步骤是仔细研究这个工具所使用的高层标记。如果我们发现标记很容易书写,就可以使用它来生成源文档。

Python 带来了一种有趣的挑战。由于我们有了基于 RST 的工具,例如 Sphinx,我们可以创建非常大纲式的文档注释。这让我们可以创建两层文档。

● 大纲式编程的注释和代码以外的背景。这应该作为通用的背景材料,而不是只关注代码本身。

● 嵌入文档注释中的引用和 API 文档。

这为我们带来了一个愉快的、不断进化的大纲式编程方法。

● 首先,我们可以通过将 RST 标记嵌入文档注释中作为开始,这样 Sphinx 生成的文档就会拥有很好的外观并且为实现方法的选择提供了合理的解释。

● 我们可以跳过信息集中的文档注释，创建背景文档。这个文档可能会包含关于设计决策、架构、需求和用户故事的信息。尤其是，不属于代码的非功能性质量需求描述。

● 一旦我们开始标准化这个高层的设计文档，可以更容易地使用 LP 工具。然后，这个工具会规定我们将文档和代码合并到一个单一的全局文档结构中的方式。我们可以使用 LP 工具提取代码并生成文档，一些 LP 工具也可以被用于运行测试套件。

我们的目标是创建不但设计合理而且值得信赖的软件。正如前面介绍的，我们有很多建立信任的方式，包括提供一个整洁、清晰的解释来说明为什么我们的设计是合理的。

如果我们使用类似 PyLit 这样的工具，可能会创建类似下面这样的 RST 文件。

```
#############
Combinations
#############

.. contents::

Definition
==========

For some deeper statistical calculations,
we need the number of combinations of *n* things
taken *k* at a time, :math:'\binom{n}{k}'.

.. math::

    \binom{n}{k} = \dfrac{n!}{k!(n-k)!}

The function will use an internal "fact()" function because
we don't need factorial anywhere else in the application.

We'll rely on a simplistic factorial function without memoization.

Test Case
=========

Here are two simple unit tests for this function provided
as doctest examples.

>>> from combo import combinations
>>> combinations(4,2)
6
>>> combinations(8,4)
70

Implementation
==============
Here's the essential function definition, with docstring:
```

```
::

    def combinations( n, k ):
        """Compute :math:'\binom{n}{k}', the number of
        combinations of *n* things taken *k* at a time.

        :param n: integer size of population
        :param k: groups within the population
        :returns: :math:'\binom{n}{k}'
        """
```

An important consideration here is that someone hasn't confused
the two argument values.
```
::

        assert k <= n
```

Here's the embedded factorial function. It's recursive. The Python
stack limit is a limitation on the size of numbers we can use.
```
::

    def fact(a):
        if a == 0: return 1
        return a*fact(a-1)
```

Here's the final calculation. Note that we're using integer division.
Otherwise, we'd get an unexpected conversion to float.
```
::

    return fact(n)//( fact(k)*fact(n-k) )
```

这是完全用 RST 标记编写的文件。它包含一些解释文本，一些正式的数学表达式，甚至还有一些测试用例。这些元素为我们提供了额外的细节来支持相关的代码块。考虑到 PyLit 的工作方式，我们将文件命名为 combo.py.txt。我们可以利用这个文件做以下 3 件事情。

● 可以用 PyLit 以下面的方式从这个文件中提取代码。

```
python3.3 -m pylit combo.py.txt
```

这行命令从 combo.py.txt 创建 combo.py。这是一个可以直接使用的 Python 模块。

● 也可以使用 docutils 将这个 RST 格式化为 HTML 页面，这个 HTML 页面包含了比原始的单字体文本更易读的文档和代码。

```
rst2html.py combo.py.txt combo.py.html
```

这行命令创建了可以查看的 combo.py.html。docutils 会使用 mathajax 包来排版文本中数学相关的部分，生成外观很好的输出。

● 另外，还可以用 PyLit 运行 doctest 并且确认这个程序确实在正常工作。

```
python3.3 -m pylit --doctest combo.py.txt
```

这行命令会从代码中提取 doctest 块，并且通过 doctest 工具运行它们。我们会看到所有测试（一个导入和两个函数计算，共计 3 个）都会生成所预期的结果。

最后生成的网页看起来可能类似下面的截图。

我们的目标是创建值得相信的软件。一份整洁、清晰的文档阐述为什么我们的设计是合理的，对于建立这种信任非常重要。通过在一个单一的源文本中并排地编写软件和文档，可以确保文档是完整的并且为设计决策和全局的软件质量提供一份合理的审核。一个简单的工具就可以将工作代码和文档从一个单一的文件中提取出来，这样我们就可以很容易地创建软件和文档。

## 18.10　总结

我们介绍了用下面 4 种方式创建可用的文档。

● 可以在文档注释包括一些软件的信息。

● 可以用 pydoc 从软件中提取 API 引用信息。

● 可以用 Sphinx 创建更复杂、更详细的文档。

● 同样地，可以用大纲式编程工具创建更深入、更有意义的文档。

## 设计要素和折中方案

我们应该将文档注释当作与其他 Python 源代码一样重要。它确保了 `help()` 函数和 `pydoc` 可以正常工作。和单元测试用例一样，文档注释应该被看作软件的必需组成部分。

Sphinx 创建的文档可能具有非常好的外观，它将让我们可以并行地编写文档与代码。我们的目标一直是与其他的 Python 特性无缝集成。用 Sphinx 会为文档的获取和创建引入一个额外的目录结构。

随着我们设计不同的类，如何描述设计的问题几乎会变得和最后获得设计本身一样重要。如果软件无法快速清晰地解释，它通常会被视为不可信任。

花一些时间编写一份说明文档可能会发现一些隐藏的复杂性或者不合常规的行为。在这些情况下，我们可能不应该重构一个设计来修正漏洞或者提升性能，更应该做的是让软件变得更容易描述，可描述性是具有巨大价值的质量因素。